PHILIPPIKA

Marburger altertumskundliche Abhandlungen 21

Herausgegeben von
Joachim Hengstl, Torsten Mattern,
Robert Rollinger, Kai Ruffing
und Orell Witthuhn

2008
Harrassowitz Verlag · Wiesbaden

Renate Germer

Handbuch der altägyptischen Heilpflanzen

2008
Harrassowitz Verlag · Wiesbaden

Gedruckt mit Unterstützung der Wilhelm-Hahn-und-Erben-Stiftung.

Schriftführender Herausgeber: Orell Witthuhn

Bibliografische Information der Deutschen Nationalbibliothek
Die Deutsche Nationalbibliothek verzeichnet diese Publikation in der Deutschen Nationalbibliografie; detaillierte bibliografische Daten sind im Internet über http://dnb.dnb.de abrufbar.

Bibliographic information published by the Deutsche Nationalbibliothek
The Deutsche Nationalbibliothek lists this publication in the Deutsche Nationalbibliografie; detailed bibliographic data are available on the Internet at http://dnb.dnb.de.

Informationen zum Verlagsprogramm finden Sie unter
http://www.harrassowitz-verlag.de

Druck und Verarbeitung: BoD, Hamburg
Printed in Germany

ISSN 1613-5628
ISBN 978-3-447-05632-8

Inhaltsverzeichnis

Einleitung 7

Hinweise auf die botanische Identität einer Pflanze 9

Ägyptische Pflanzennamen in der Materia Medica des Dioskurides 13

Weiterleben altägyptischer Heilpflanzennamen im Koptischen 15

Die altägyptischen pflanzlichen Heilmittel und ihre Anwendung 17

Heilpflanzen der heutigen ägyptischen Volksmedizin, die wahrscheinlich bereits in pharaonischer Zeit genutzt wurden 173

- Anhang 1: Bezeichnungen der „Propheten" nach Dioskurides 369
- Anhang 2: Von den Ägyptern verwendete Bezeichnungen nach Dioskurides 370
- Anhang 3: Pflanzen und Pflanzenprodukte der koptischen Schriften 373

Abgekürzt aufgeführte Literatur und Kurzbezeichnungen der medizinischen Papyri 375

Bildquellen 377

Indices 381

- Index der altägyptischen Pflanzennamen und Pflanzenprodukte 381
- Index der lateinischen Pflanzennamen 383
- Index der deutschen Pflanzennamen 385

I Einleitung

Vor mehr als zwanzig Jahren bearbeitete ich in meiner Dissertation die altägyptischen Heilpflanzen[1]. Damals versuchte ich, für die einzelnen Pflanzen oder ihre Produkte einen Anwendungsschwerpunkt in den medizinischen Rezepturen herauszufiltern. Dieser gab dann Hinweise auf die pharmazeutischen Eigenschaften einer Pflanze und somit auch auf ihre Identifizierung. Weiterhin wurden zuvor vorgeschlagene Deutungen altägyptischer Drogennamen anhand der in der Zwischenzeit erfolgten archäobotanischen Arbeiten überprüft. Das Ergebnis war, dass nur eine kleine Gruppe gesicherter Pflanzennamen übrig blieb. Diese bestand vor allem aus Nutzpflanzen, über die aus anderen Texten weitere Informationen vorlagen, sodass eine Identifizierung möglich war. Viele dieser Pflanzen haben jedoch nur eine geringe pharmazeutische Wirkung wie Obst-, Gemüse- oder Getreidearten. Sie spiegeln sicherlich nicht den wirkungsvollen Arzneischatz der altägyptischen Ärzte wieder, der sogar im Ausland hoch angesehen war, wie es uns ein Amarnabrief[2] und der Schriftwechsel mit dem hethitischen Königshof[3] zeigen.

In der Zwischenzeit sind einige weitere Arbeiten zur Deutung altägyptischer Pflanzennamen erschienen, jedoch bieten sie keine wesentlich neuen Erkenntnisse.

Es stellt sich nun die Frage, ob es vielleicht heute einen anderen Ansatz gibt, mehr über den altägyptischen Heilpflanzenschatz zu erfahren. Seit der Erstellung meiner Dissertation hat sich unser Wissen über die Nutzung von Pflanzen im Alten Ägypten aufgrund botanischer Untersuchungen von Pflanzenresten erheblich erweitert. Diese Arbeiten umfassen nicht mehr nur die Kulturpflanzenforschung, sondern auch die Rekonstruktion der natürlichen Flora der damaligen Zeit. Die Erstellung des Codex von Vartavan und Amorós[4] zeigt in eindrucksvoller Weise, wie viele Pflanzen wir bereits für die pharaonische Zeit belegen können, sowohl an einheimischen Pflanzen, eingeführten Kulturpflanzen als auch importierten Pflanzenprodukten. Hinzu kommen die chemischen Analysen von Pflanzenmaterialien, hier sind vor allem die Untersuchungen von Serpico zu nennen[5], die ganz neue Erkenntnisse über die Nutzung von verschiedenen Harzen erbracht haben.

Die Arbeiten von Vivi Täckholm[6] und ihren Nachfolgern Boulos[7] und Hadidi[8] geben uns eine gesicherte Bestandsaufnahme der heutigen ägyptischen Flora. Vergleichbare Arbeiten haben Zohary und Mitarbeiter für Palästina erstellt[9], das in pharaonischer Zeit enge Handelskontakte zu Ägypten hatte, der sich auch auf Pflanzen und Pflanzenprodukte bezog.

1 Germer, Arzneimittelpflanzen.

2 William L. Moran, The Armarna Letters, Baltimore 1992, EA 49.

3 Elmar Edel, Ägyptische Ärzte und ägyptische Medizin am hethitischen Königshof, Rheinisch-Westfälische Akademie der Wissenschaften, 179. Sitzung am 18. Oktober 1972 in Düsseldorf, Göttingen 1976.

4 Vartavan and Amorós, Codex.

5 Serpico, in: Nicholson and Shaw, Materials.

6 Vivi Täckholm, Flora I–IV; Täckholm, Students' Flora.

7 Boulos, Flora I–IV.

8 M. Nabil el Hadidi ed., Taeckholmia Additional Series, Kairo 1980 f; M. Nabil el Hadidi ed., Flora Aegyptiaca, Vol. 1; Kairo 2000.

9 Zohary, Flora Palaestina I–IV.

Noch in den Anfängen ist hingegen die chemische Analyse von Pflanzenstoffen in ägyptischen Pflanzen und deren mögliche pharmazeutische Wirkung. Begonnen wurden Arbeiten dieser Art durch Untersuchungen an der Universität Hannover von Prof. Helmut Duddeck und Mitarbeitern sowie an der Universität Bayreuth von Prof. Karlheinz Seifert und Mitarbeitern in Zusammenarbeit mit Kollegen des Herbariums der Universität Kairo und dem Dokki Agricultural Research Centre. Hier sind sicher in Zukunft noch viele wichtige Informationen zu erwarten.

Wenig wurde bisher die Frage beachtet, ob sich möglicherweise die Nutzung von Heilpflanzen von pharaonischer Zeit bis in die jetzige ägyptische Volksmedizin erhalten hat. Dies liegt zum Teil daran, dass nur wenige schriftliche Informationen über die heutige Verwendung von Heilpflanzen in Ägypten vorliegen. Die wichtigste Quelle war bis vor einigen Jahren neben einigen Einzeluntersuchungen das Werk von Prosper Alpin[10] aus dem 17. Jahrhundert und eine Liste der 1920 auf dem Kairener Drogenbasar erhältlichen Heilmittel von Ducros[11]. Jetzt gibt es die Untersuchungen von Moursi[12] zum nubischen Heilpflanzenschatz der heutigen Zeit, sowie für die nordafrikanische Volksmedizin, die auch Ägypten mit einschließt, von Boulos[13].

Das Wissen um die Wirksamkeit der im pharaonischen Ägypten genutzten Heilpflanzen hat sich jedoch nicht nur in der dortigen Volksmedizin erhalten. Durch die wissenschaftlichen Kontakte in ptolemäischer und römischer Zeit, sind ägyptische medizinische Erfahrungen in die griechische und römische Heilkunde übergegangen und haben sich in deren medizinischen Schriften erhalten. In welchem Umfang das geschah, lässt sich zur Zeit noch nicht mit Sicherheit sagen. Einzeluntersuchungen zeigen aber die Übernahme ägyptischen Medizinwissens in verschiedenen Bereichen.

Als letzte Informationsquelle zu den altägyptischen Heilpflanzen ist die moderne naturwissenschaftliche Mumienforschung zu nennen, auch wenn sie hinsichtlich dieser Frage noch in den Anfängen steckt. Sie hat uns aber zum einen zahlreiche neue und gesicherte Informationen über die Krankheiten, die in pharaonischer Zeit verbreitet waren, geliefert. Das ermöglicht teilweise eine genauere Deutung der in den medizinischen Papyri aufgeführten Erkrankungen und somit auch der verordneten Heilmittel. Zum anderen lassen sich mit den modernen Analysemethoden auch kleinste Mengen zu Lebzeiten eingenommener Fremdstoffe noch im Mumiengewebe nachweisen. Vielleicht ist auf diesem Wege in Zukunft auch die einstige Verwendung von Heilpflanzen zu belegen.

Anhand der aufgeführten nichtägyptologischen Forschungsbereichen lassen sich heute Informationen erarbeiten, die uns eine Basis für die Aussage geben, welche Heilpflanzen mit welchen pharmazeutischen Wirkungen den altägyptischen Ärzten überhaupt zur Verfügung standen.

Aus diesem Überblick des möglichen Heilpflanzenschatzes können zwar im Moment noch keine neuen Identifizierungen altägyptischer Drogennamen abgeleitet werden. Es zeigt sich aber deutlich der große Reichtum an ägyptischen Heilpflanzen, den die pharaonischen Ärzte sicherlich auch in weiten Teilen nutzten.

10 Alpin, Plantes.
11 Ducros, Droguier.
12 Moursi, Heilpflanzen.
13 Boulos, Medicinal Plants.

II Hinweise auf die botanische Identität einer Pflanze

Aus pharaonischer Zeit sind leider keine illustrierten Papyri von Heilpflanzen erhalten, vergleichbar mittelalterlichen Kräuterbüchern, die eine Identifizierung der benutzten Pflanzen ermöglichen. Auch fehlen beschriftete Arzneimittelgefäße mit Inhalt. So sind wir bei der Identifizierung von Heilpflanzennamen auf andere Wege angewiesen.

Von Anfang an haben die Menschen die Pflanzen, die ihnen von Nutzen waren, mit einem Namen versehen, um sie eindeutig zu bezeichnen, sodass auch für andere Menschen sie als diese spezielle Pflanze erkennbar war. Wonach hat man nun diesen Namen ausgewählt? Dafür gibt es verschiedene Kriterien, die anhand der deutschsprachigen Pflanzenbenennung dargelegt werden sollen.

Viele Pflanzennamen geben schon einen Hinweise auf ihr Aussehen: die Schirmakazie hat eine schirmförmige Krone, das Lebermoos einen leberförmigen Thallus und die Blüte der Sonnenblume gleicht dem Bild der Sonne.

Auch in einigen altägyptische Pflanzennamen stecken Hinweise auf das Aussehen: *sd-pnw* = „Mäuseschwanz“, *prt-šni* = „Haarfrucht“ oder *ḫt-dšr* = „Rotes Holz“.

Zu beachten ist allerdings, dass in einigen Fällen die Deutung dieser Namen auch in die Irre führen kann. So ist nicht zu sagen, ob der Name *ḫt-n-ḥfꜣ* = „Schlangenholz“ sich auf das Aussehen der Pflanze oder ihre Heilwirkung bei Schlangenbissen bezieht.

Fehlt ein eindeutiges Determinativ, kann bei einigen Produkten, die nach einem tierischen Teil klingen, auch eine Pflanze gemeint sein, die nur so aussieht.

Aus der deutschen Bezeichnung Stinkasant geht eindeutig hervor, dass das Harz der Ferula einen unangenehmen Geruch hat, das Bitterkraut hingegen bitter schmeckt.

Für keine ägyptische Heilpflanze lässt sich aus dem Namen eindeutig ein Hinweis auf Geruch oder Geschmack ziehen. Man kann nur vermuten, dass z.B. *ꜥnḫ-imi* = „Leben ist darin“ aromatisch belebend riecht.

Viele Pflanzen tragen im Deutschen Namen, die auf die Religion Bezug nehmen. Dies kann auf ganz unterschiedlichen Gründen beruhen. In dem Christdorn wird die Pflanze vermutet, aus der die Dornenkrone Christi gemacht war, und die Passionsblume hat die Anordnung ihrer Staubgefäße wie eine Dornenkrone.

Nur ganz wenige altägyptische Heilpflanzennamen setzen sich mit einem Götternamen zusammen: *twt-Ḥr* „Bildnis des Horus“.

Außer in dem Namen selber auf das Aussehen anzuspielen, gibt es einige altägyptische Texte mit kurzen Hinweisen auf das Aussehen einer Pflanze. Dabei wird gerne das Aussehen einer Pflanze mit einer anderen verglichen. Allerdings sind die Beschreibungen in den meisten Fällen nicht so genau, dass sich daraus eine sichere botanische Identifizierung ableiten lässt.

So heißt es in Eb 294 = H 35, einem Rezept für das Abgehenlassen von Schleimstoffen aus dem Beckenraum:

> „Ein Kraut, *sn-wtt*-Pflanze ist sein Name. Es wächst auf seinem Bauch wie die *k3dt*-Pflanze. Es bildet eine Blüte wie der Lotus. Wenn man seine Blütenblätter findet wie weißes Holz, dann soll man es holen...“.

Aus diesem Text wird deutlich, dass es sich sowohl bei der *sn-wtt*-Pflanze als auch der *kꜣdt*-Pflanze um ein niederliegendes Kraut handeln muss. Außerdem hat die *sn-wtt*-Pflanze große, weiße Blüten.

Ein weiterer beschreibender Text ist in Brk § 66a erhalten. Dort heißt es über eine Pflanze, deren Name nicht erwähnt ist:

> „Ein anderes Heilmittel um zu beseitigen das Schwitzen des Mannes, der gebissen ist (von welcher Schlange es auch sei): Die Pflanze (*sm*), die in der Region von Hibis wächst. Ihre Blätter sind wie die der Sykomore und ihre Blüten sind wie kleine Kugeln und rot; die ... ? ... ihre Extremitäten (?) sind wie die Beeren der Büsche, ihr Duft ist angenehm."

Noch ausführlicher ist die Beschreibung der *ỉṯrwt*-Pflanze in Brk § 90 a:

> „... ihre Blätter sind wie Dornen, ihre Spitze ist wie die *ꜥfi*-Pflanze, die Knospen ihrer Blüten sind wie die des Lotus. Ihre Frucht ist wie ..., das Innere ihrer Frucht ist wie die Körner der *ṯḫw*-Pflanze dick und rot".

Täckholm[1] schlägt aufgrund dieser Beschreibung die Identifizierung der *ỉṯrwt*-Pflanze als die Kapernart Capparis decidua (Forssk.) Edgew. vor, die bei Boulos[2] allerdings nicht als Heilmittel gegen Schlangenbisse aufgeführt wird. Insgesamt gibt es aber nur ganz wenige Texte, die Pflanzen in dieser Art beschreiben.

Vergleichbar den deutschen Bezeichnungen Berganemone oder Stranddistel geben medizinischen Papyri auch für manche Pflanzen den Standort an, an dem sie wächst:

ḫꜣst = Wüste	*sḫt* = Feld	*šmꜥw* = unterägyptisch
mḥỉt = des Nordens	*m hꜣw Hbnt* = Gebiet um Hibis ?	

In seltenen Fällen wird bei importierten Pflanzenprodukten auch das Herkunftsland angegeben:

Kpnỉ = Byblos	*Kftiw* = Kreta	*Ḏꜣhỉ* = Palästina

Von den einzelnen Heilpflanzen werden zahlreiche Teile oder Produkte in den Rezepturen genannt. Nicht immer können diese jedoch botanisch eindeutig bestimmt werden. So kann *prt* mit ◦ııı determiniert sowohl einen Samen als auch eine kleine Frucht bezeichnen, im Fall der Tamariske wahrscheinlich sogar die rotbraunen, kugeligen Gallen. Auch bei *mw* lässt sich meist nicht entscheiden, ob der Saft einer Frucht, der Pflanze oder ein Absud davon gemeint ist.

Schwierigkeiten macht außerdem die Tatsache, dass die Ägypter in manchen Fällen dem Pflanzenteil einen anderen, eigenen Namen gegeben haben. So heißt das Lotusblatt *gꜣbt* und nicht wie erwartet *ḏrḏ n sšn* und in Eb 28 heißt es:

> „*prt mnwḥ ḫr.tw r-s šnỉ-tꜣ*
> Frucht/Same der *mnwḥ*-Pflanze, die/der auch Haar der Erde genannt wird."

Folgende Pflanzenteile lassen sich identifizieren:

ḏrḏ, *ḫꜣw*, *gꜣbt* = Blatt	*ꜥẖm.w* = beblätterte Zweige	*smꜣ.w* = Zweige
šmꜣ.w = Blüten	*mꜣtt* = Halm	*prt* = Frucht/Same
ỉšd = Frucht	*ḫt* = Holz	*wst* = Sägemehl

1 Täckholm, in: Sauneron, Schlangenpapyrus, S. 120.
2 Boulos, Medicinal Plants.

mnit/mnt, wꜣb und kfꜣw = Wurzel/Rhizom *mwt* = Zwiebel oder Ähnliches
šni = Haar *mw* = Saft/Absud *irṯt* = Milchsaft
ḏdꜣ = Fettes *mrḥt* = Öl *kmit* = Gummi
ꜥꜣgit = Ausflußprodukt wie Harz *ẖpꜣ* = Harzkügelchen

Für manche Pflanzen lassen sich aus ihrem medizinischen Anwendungsschwerpunkt Rückschlüsse auf eine pharmazeutische Wirkung ziehen. Wird sie z.B. häufiger „zum Entleeren des Bauches“ eingesetzt, so kann man eine abführende Wirkung vermuten, bei „Lösen des Kindes im Bauch der Frau“ eine abortive.

Da der ägyptische Arzt viele Heilpflanzen jedoch nicht nur wirkungsspezifisch verordnet hat, sondern manchmal auch wirkungsunspezifisch in Drogengemischen, kann erst durch eine genaue Auflistung der Indikationen ein Anwendungsschwerpunkt erkannt werden.

Einige der in den medizinischen Rezepturen genannten Pflanzen sind auch in anderen Texten erwähnt. Aus ihnen lässt sich in einigen Fällen eine wirtschaftliche Nutzung erkennen, sei es als Nahrungsmittel, Holz- Holzkohle, Harz- oder Faserlieferant.

Alle aufgeführten Möglichkeiten, etwas Genaueres über eine in den medizinischen Texten genannte Pflanze zu erfahren, ergeben zusammen die Hinweise, die zu einer botanischen Identifizierung führen können.

III Ägyptische Pflanzennamen in der Materia Medica des Dioskurides

Bei den Versuchen, altägyptische Pflanzennamen zu identifizieren, wird vielfach auch auf das Werk des Dioskurides zurückgegriffen. In seiner Materia Medica hat er im ersten Jahrhundert n.Chr. versucht, das pharmazeutische Wissen seiner Zeit zusammenzutragen. Dabei fußt er sowohl auf eigenen Erfahrungen als weit gereister Militärarzt wie auf den Werken anderer, vor allem wohl des Rhizotoms Krateuas. Vor der Beschreibung der einzelnen Pflanzen und deren pharmazeutischer Wirkung steht in vielen Fällen eine Liste von Synonyma, d. h. einer Aufzählung von Namen, wie die Pflanze bei anderen Völkern, den Römern, den Galliern, den Dakiern u. a. genannt wird. In 105 Fällen sind auch die Ägypter genannt, in 58 die sogenannten „Propheten", unter denen man wahrscheinlich die ägyptischen Priester zu verstehen hat[1].

Für die Aufstellung dieser Synonyma-Listen werden zwei verschiedene Entstehungsarten diskutiert. Nach der ersten geht man davon aus, dass Dioskurides selbst die Pflanzennamen in den anderen Sprachen gesammelt und in seine Materia Medica eingearbeitet hat. Als Grundlage neben eigenen Erfahrungen dienten ihm bereits vorhandene Listen, wie etwa des alexandrinischen Grammatikus Pilomenos. Die zweite Theorie vermutet, dass im Laufe der Jahre andere Autoren am Rand der Manuskripte die fremden Namen verzeichneten und diese dann später in den Text mit übernommen wurden.

Ganz gleich, für welche Theorie man sich entscheidet, so ist in diesem Zusammenhang nur die Frage von Bedeutung, ob die genannten ägyptischen Namen tatsächlich Hinweise auf eine altägyptische Bezeichnung der entsprechenden Pflanze geben.

Für die als Bezeichnungen der von den „Propheten" genannten Namen kann man dies ganz eindeutig verneinen. Keine der hier aufgeführten Synonyma kommt in den bisher bekannt gewordenen ägyptischen medizinischen Papyri vor. Die Namen der „Propheten" setzen sich überwiegend aus dem Namen einer Gottheit oder eines Tieres mit der Angabe eines Körperteiles oder einer -flüssigkeit zusammen[2]. Auch wenn zweimal die ägyptische Gottheit Isis und je einmal Osiris und Horus als Namensbestandteil aufgeführt sind, bezeichnen diese Pflanzen nach der gängigen botanischen Identifizierung keine in Ägypten heimischen Arten. Sie gehörten sicherlich nicht zum Arzneischatz der altägyptischen Ärzte.

Schwieriger zu beurteilen ist die Liste der angeblichen ägyptischen Namen für 105 Pflanzen[3]. Grundsätzlich muss man sagen, dass bei der botanischen Identifizierung der von Dioskurides in der Materia Medica genannten Pflanzen, eine große Unsicherheit be-

1 Berendes, in: Dioskurides, S. 33 gibt für die Propheten folgende Beschreibung: „Die Propheten sind ägyptische Priester, speziell solche, die unter Begleitung von Gebeten die Arzneien und Wohlgerüche für die Götter und Menschen herstellen, und welche, um den Laien die Bekanntschaft mit den Mitteln vorzuenthalten und zur Verständigung unter den Priesterärzten der verschiedenen Distrikte für die einzelnen Mittel Geheimnamen und zwar mit Vorliebe Bestandteile göttlicher Personen oder deren Sinnbild einführten."

2 Siehe Anhang 1, S. 369.

3 Siehe Anhang 2, S. 370.

steht. Die letzte umfassende Bearbeitung der Texte fand durch Wellmann[4] und Berendes[5] statt, wobei sich Berendes in seiner Übersetzung vor allem auf die botanischen Arbeiten von Fraas[6] und Sprengel[7] stützt. Deren Deutungen sind heute in zahlreichen Fällen als veraltet anzusehen. Auch in der Ausgabe des Wiener Dioskurides von Mazal[8] sind keine neuen botanischen Identifizierungen gegeben.

Betrachtet man die Liste der Pflanzen mit ägyptischen Synonyma, so fällt auf, dass ein großer Teil von ihnen gar nicht zur ägyptischen Flora gehört. Bezogen auf die Fragestellung: geben die ägyptischen Pflanzennamen des Dioskurides eine Hilfestellung zur Identifizierung altägyptischer Pflanzennamen, fallen diese schon einmal heraus.

Nur in vier Fällen ist der ägyptische Name einer Pflanze mit einiger Sicherheit bekannt, von der Dioskurides ein Synonym anführt, sodass man vergleichen kann:

- Juniperus phoenicea L. Zederwacholder, ägyptisches Synonym *Libium*, altägyptisch *wꜥn*
- Ricinus communis L. Wunderbaum, ägyptisches Synonym *Systhamna* oder *Trixis*, altägyptisch *dgm*
- Lactuca sativa L. Lattich, ägyptisches Synonym *Embrosi*, altägyptisch *ꜥbw*
- Anethum graveolens L, Dill, ägyptisches Synonym *Arachu*, altägyptisch *ỉmst*

Für keine der Pflanzen lässt sich eine Ähnlichkeit der beiden Bezeichnungen erkennen.

Wie bereits Lüring[9] in einer sehr grundlegenden Studien festgestellt hat, muss man akzeptieren, dass die in den Synonyma-Listen des Dioskurides genannten ägyptischen Heilpflanzennamen keine Hinweise zur Identifizierung der in altägyptischen medizinischen Papyri genannten Pflanzenbezeichnungen liefern.

Dioskurides hat sicherlich ägyptische Pflanzen und deren Heilwirkung oder medizinische Verwendung gekannt, wie es in einigen Fällen z.B. beim Afrikanischen Ebenholz, der Stratiotes oder dem ägyptischen Lotus deutlich wird. Daraus folgert, dass für die Erforschung der altägyptischen Heilpflanzen nicht die Synonyma-Liste von Interesse ist, sondern die von Dioskurides angegebene medizinische Verwendung einer Pflanze. Auf diese wird bei der Bearbeitung der einzelnen Pflanzen in der heutigen ägyptischen Volksmedizin eingegangen.

4 Max Wellmann, Pedanii Dioscuridis Anazarbei De materia medica libri quinque, Berlin 1906–1914.

5 Dioskurides.

6 C. Fraas, Synopsis plantarum florae classicae, München 1845.

7 K. Sprengel, Theophrast's Naturgeschichte der Gewächse, Altona 1822.

8 Otto Mazal ed., Der Wiener Dioskurides, Graz 1998.

9 Heinrich Lüring, Die über die medicinischen Kenntnisse der alten Ägypter berichtenden Papyri, Leipzig, 1888.

IV Weiterleben altägyptischer Heilpflanzennamen im Koptischen

Für einige wenige Pflanzen lässt sich erkennen, dass ihr koptischer Name eine altägyptische Wurzel hat so z.B. die Nilakazie ϣⲟⲛⲧⲉ, altägyptisch *šnḏt*, die Dattel ⲃⲛⲛⲉ, altägyptisch *bnr* oder die Gerste ⲉⲓⲱⲧ, altäg. *it*. Diese Tatsache wird vor allem bei den Namen von Nutzpflanzen deutlich, für die eine koptische Bezeichnung recht gesichert ist. Leider sind jedoch nur sehr wenige koptische Papyri mit medizinischen Rezepturen erhalten, sodass die Liste der koptischen pflanzlichen Heilmittel relativ kurz ist.

Man kann davon ausgehen, dass der in mehr als zwei Jahrtausenden erworbene Erfahrungsschatz über das Wirken von Heilpflanzen, nicht abrupt mit dem Ende des Pharaonenreiches verloren gegangen ist. Üblicherweise werden Heilmittel nur dann aufgegeben, wenn wirkungsvollere zur Verfügung stehen, oder wenn die medizintheoretische Basis, auf der ihre Verordnung beruht, nicht mehr gültig ist. Dies kann zum Beispiel bei der Entwicklung einer neuen Krankheitslehre oder Annahme einer neuen Religion der Fall sein, wenn die ursprüngliche Nutzung der Heilpflanze auf medizintheoretischen oder magischen Vorstellungen beruhte. Da aber die Verwendung von Heilpflanzen im pharaonischen Ägypten vor allem auf empirischen Erkenntnissen über ihre Wirkung basierte, wird die Anwendung traditioneller Heilpflanzen auch in koptischer Zeit weiterhin erfolgt sein.

Um diese Überlegungen zu beweisen, müsste man die in koptischen Papyri genannten Heilpflanzen auf ihre Anwendung hin mit denen der pharaonischen Zeit vergleichen. Dies ist jedoch aufgrund der Quellenlage nicht möglich. Aus dem Zeitraum 6. – 9. Jahrhundert n. Chr. sind uns zwar einige koptische Texte medizinischen Inhaltes erhalten, diese jedoch meist als Fragmente, einzelne Seiten aus umfangreichen Rezeptsammlungen. Nur eine einzige Handschrift, der Papyrus Chassinat, ist bis auf den fehlenden Anfang als große Rezeptsammlung mit 237 Rezepturen fast vollständig. Er stammt aus dem 9. Jahrhundert und wurde von einem Arzt für seinen Sohn, der auch Arzt werden sollte, geschrieben. Der Aufbau entspricht den altägyptischen Rezeptursammlungen. Am Anfang eines Rezeptes wird die Indikation ganz kurz genannt, anschließend die verordneten Heilmittel aufgezählt und abschließend die Applikationsform. Eine durchgehende Systematik in der Aufzählung der Krankheiten ist in dem Papyrus nicht vorhanden, nur die zahlreichen Mittel gegen Augenkrankheiten und zur Behandlung des Magen- Darmtraktes sind weitgehend zusammengefasst.

Till[1] ging 1951 bei der Bearbeitung und Zusammenstellung der koptischen medizinischen Texten noch davon aus, dass sich in ihnen kaum etwas der pharaonischen Medizin erhalten hat. Grapow[2] und Westendorf[3] konnten jedoch aufgrund ihrer genauen Kenntnis der altägyptischen medizinischen Texte belegen, dass dies nicht der Fall ist. Sowohl im Aufbau der Texte mit den Anweisungen an den Arzt als auch den anatomischen Bezeich-

1 Till, Arzneikunde.
2 Grapow, Grundriß, Bd. II, S.5/6.
3 Westendorf, Heilkunde, S. 269 f.

nungen und einigen nicht-pflanzlichen Heilmitteln besteht eine Verbindung zwischen der altägyptischen und der koptische Medizin.

Diese ist auch bei den pflanzlichen Heilmitteln gegeben, in welchem Umfang, lässt sich aber aufgrund nur einer erhaltenen Rezeptsammlung nicht mit Sicherheit sagen.

Als zusätzliche Schwierigkeit kommt bei dieser Frage noch hinzu, dass auch die Identifizierung vieler koptischer Pflanzennamen ungesichert ist. Till hat bei seiner Bearbeitung für die meisten pflanzlichen Drogen Übersetzungen angegeben. Viele von ihnen basieren auf ihrer Erwähnung bei Dioskurides. Doch wie bereits im vorigen Kapitel beschrieben, bestehen bei der botanischen Bestimmung der von Dioskurides erwähnten Heilpflanzen in zahlreichen Fällen Unsicherheit.

Die Übernahme der Deutung von Heilpflanzennamen aus der Bearbeitung der Materia Medica des Dioskurides führte außerdem dazu, dass Till viele Pflanzenarten erwähnt, die in Ägypten gar nicht heimisch sind. Es ist nicht vorstellbar, dass ein Arzt in Ägypten einen großen Teil seiner Arzneien durch Handel aus südeuropäischen Ländern bezog, wenn im eigenen Land viele wirkungsvolle Heilpflanzen wuchsen. Man kann deshalb vermuten, dass die von Dioskurides benutzten Pflanzennamen in Ägypten eine andere Pflanze, eine ähnlich aussehende oder wirkende bezeichnet hat.

Wichtige Heilmittel waren in koptischer Zeit, wie auch schon vorher, sicher die kostbaren, ausländischen Harzprodukte, die im gesamten Mittelmeerraum verhandelt wurden. Hinzu kommen Gewürze wie Pfeffer, Lorbeer, Fenchel, Ingwer und Gewürznelken, von denen einige sich zwar in römischer Zeit in Ägypten durch Funde belegen lassen, jedoch nicht für die Zeit, als die altägyptischen medizinischen Papyri geschrieben wurden.

So bleiben unter Berücksichtigung der ethnobotanischen Gegebenheiten nach dem bisherigen Wissen über koptische Heilpflanzen 46 Pflanzen und 13 Pflanzenprodukte, die in den medizinischen Papyri dieser Zeit erwähnt sind, die vermutlich auch schon dem altägyptischen Arzt zur Verfügung gestanden haben, auch wenn wir in vielen Fällen ihren altägyptischen Namen nicht kennen. Sie sind in Anhang 3 aufgelistet und in die Bearbeitung der einzelnen Pflanzen der heutigen ägyptischen Volksmedizin mit aufgenommen.

V Die altägyptischen pflanzlichen Heilmittel und ihre Anwendung

In meiner Dissertation[1] hatte ich bereits für die einzelnen altägyptischen Heilpflanzen Tabellen zusammengestellt, aus denen ihre Anwendung nach den medizinischen Papyri ersichtlich war. Diese Tabellen mussten aus mehreren Gründen überarbeitet werden. Seit 1999 liegt eine neue Übersetzung des Papyrus Ebers und Papyrus Edwin Smith von Westendorf[2] vor.

1989 erschien die Bearbeitung des Schlangenpapyrus Brooklyn durch Sauneron[3]. Dieser Papyrus ist noch nicht im Grundriß der Medizin der Alten Ägypter Grapow, Westendorf und von Deines[4] mit aufgenommen.

Ein ganz wichtiger Grund war aber auch, dass ich in meiner Dissertation die Indikationsangaben zu stark abgekürzt hatte und diese dadurch teilweise irreführend sind. So wurde bisher die Indikation: „Ein anderes (Heilmittel) für das Beseitigen des *wḥ3w*-Hautausschlages im Bauch“ (Eb 90) in der Tabelle unter Hautkrankheiten aufgeführt, obgleich der altägyptische Arzt seinen Ursprung im Bauch sah und so auch seine Behandlung ansetzte. Durch eine jetzt längere Zitierung der Indikation soll die Krankheitsangabe exakter wiedergegeben werden und außerdem die sehr schöne, bildliche Sprachweise der Texte erhalten bleiben.

Folgende Abkürzungen wurden nach Westendorf[2], Sauneron[3] und Grapow[4] für die einzelnen medizinischen Papyri benutzt:

- Bln .... pBerlin 3038
- Brk .... pBrooklyn 47.218.48 und .85
- Bt .... pChester Beatty VI
- Carlsberg .... pCarlsberg Nr. VIII
- Eb .... pEbers
- H .... pHearst
- Kah .... pKahun (med.)
- L ....pLondon (Brit. Museum 10059)
- Mutt. u. Kind .... pBerlin 3027
- O Berlin 5570...Ostrakon Berlin P 5570
- Pap. Beatty V............ pChester Beatty V
- Pap. Beatty VIII .....pChester Beatty VIII
- Pap. Leiden..........pLeiden I 343 + I 345
- Pap. Louvre E 4864........ pLouvre 4864
- Ram III........................ pRamesseum III
- Ram IV........................ pRamesseum IV
- Ram V.......................... pRamesseum V
- Sm .... pEdwin Smith

1 Germer, Arzneimittelpflanzen.
2 Westendorf, Handbuch.
3 Sauneron, Schlangenpapyrus.
4 Grapow, Grundriß.

ꜣꜥꜥm 

INDIKATION DER REZEPTUR:

ꜣꜥꜥm ḫꜣst = *ꜣꜥꜥm*-Pflanze der Wüste

Innerlich	Rezept
– Für den Biss einer Schlange von kleiner Größe	Brk § 77a

DEUTUNGSVORSCHLÄGE: -

ꜣhm 

INDIKATION DER REZEPTUR:

Innerlich	Rezept
– Für einen Mann, der sein Bewusstsein verloren hat (nach einem Schlangenbiss)	Brk § 96a

DEUTUNGSVORSCHLÄGE: -

ỉꜣr 

INDIKATION DER REZEPTUREN:

Äußerlich	Rezept
– Heilmittel für Schläge am ersten Tag (Einzeldroge)	H 91
– Behandeln der Wunde einer Verbrennung (Einzeldroge)	Eb 494, L 15
– Salbmittel für das Beseitigen des *wḥꜣw*-Hautausschlages	Eb 109
Zaubermittel	**Rezept**
– Herstellung eines 7-Knoten-Amulettes für die Beschwörung der Brust	Eb 811

DEUTUNGSVORSCHLÄGE:

Möglicherweise besteht eine Verbindung zu dem Wort *ỉꜣrw*, und es handelt sich um eine Art Gras oder Binse.

BEMERKUNGEN:

Auffallend ist die Verwendung der Pflanze als Einzeldroge zur Wundbehandlung.

ỉꜣrrt Weinbeere (Vitis vinifera L.)

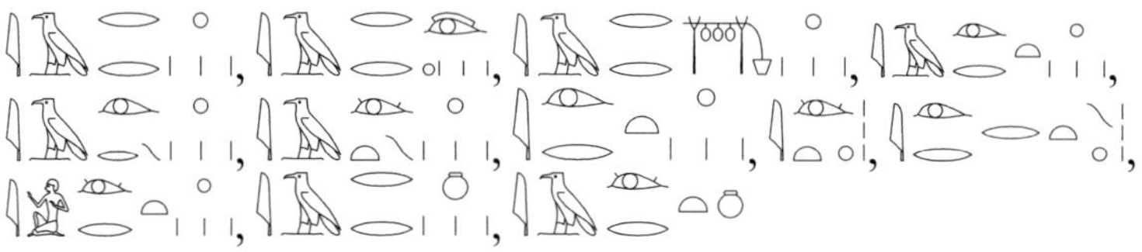

INDIKATION DER REZEPTUREN:

ỉꜣrrt ohne Zusatz

Innerlich	Rezept
– Abwehren der Schmerzstoffe im Bauch	Eb 89
– Behandeln der Gefäße in der linken (Bauch-)Hälfte	Eb 631, 633

– Brechen der Schmerzstoffe im Bauch	Bln 154, 155
– In-Bewegung-Bringen seiner Übersättigung, es ist sein Bauch belastet ihretwegen	Bln 157
– Beseitigen von Zauber (und) von ꜥꜣꜥ-Giftsamen im Bauch	Eb 172, 232; H 83
– Beseitigen von ꜥꜣꜥ-Giftsamen im Bauch (und) im Herzen	Eb 223, 225, 226; H 81, 84
– Beseitigen von ꜥꜣꜥ-Giftsamen auf dem Herzen	Eb 228; Bln 114
– Behandeln des Brustraumes, das Kühlen des Herzens, das Kühlen des Afters, das Beseitigen aller ihrer *tꜣw*-Hitze	Bt 16, 25
– Kühlen des Herzens, Beseitigen von *kꜣpw*-Hitze auf dem After	Bt 22
– Töten der *gḥw*-Krankheit	Eb 327, 334
– Beseitigen von Harn, wenn er viel ist	Eb 278; H 64
– Für das Aufhörenlassen von Ausscheidungen	Eb 48
– Für den Durst eines Mannes, der von irgendeiner Schlange gebissen ist	Brk § 71a
– Frauenheilkunde	Kah 16
– Unklare Indikation	Bt 35, 36, 37
Äußerlich	Rezept
– Für den Biss jeder Schlange	Brk § 61a
Rektaleinguss	Rezept
– Kühlen der Seite	Bt 32

šspt nt ỉꜣrrt = „Körnchen“ der Weinbeere = Samen der Weinbeere

Innerlich	Rezept
– Für das Behandeln der Leber	Eb 477, 480
– Beseitigen von *ḳꜣdw*-Hitze der Schmerzstoffe im Brustraum	Eb 186
– Beseitigen von *ḳꜣpw*-Hitze im After	Bt 23

DEUTUNGSVORSCHLÄGE:
ỉꜣrrt bezeichnet die Weinbeere (Vitis vinifera L.), siehe auch unter *wnši* = getrocknete Weinbeere, die Rosine.

BEMERKUNGEN:
Die Weinbeere hat eine leicht abführende Wirkung, ebenso wie die in den Rezepturen zur Behandlung des Bauches häufig gleichzeitig verordnete Feige.

ỉꜣḳt Kurrat und Lauch = Porree (Allium kurrath Sfth. et Krause und Allium porrum L.)

INDIKATION DER REZEPTUREN:

ỉꜣḳt ohne weiteren Zusatz.
Dabei handelt es sich vermutlich um die Kurrat- oder Lauchblätter.

Äußerlich	Rezept
– Heilmittel für das Schwärzen einer Verbrennung	Eb 501
– Behandlung eines Bisses vom Menschen	Eb 432; H 21
– Behandlung eines Bisses eines Krokodils	H 240

prt i͗3ḳt = Frucht/Same des Kurrat/Porree

Äußerlich	Rezept
– Für das Lindern der Gefäße	H 237
– Für das Kühlen der Gefäße	H 238

DEUTUNGSVORSCHLÄGE:
i͗3ḳt bezeichnet wahrscheinlich Kurrat oder Porree, zwei sehr ähnlich aussehende und nahe verwandte Pflanzenarten[1].

BEMERKUNGEN:
Diese Identifizierung ist weitgehend akzeptiert.

[1]Charpentier, Receuil, S.50, Nr. 74.

i͗writ 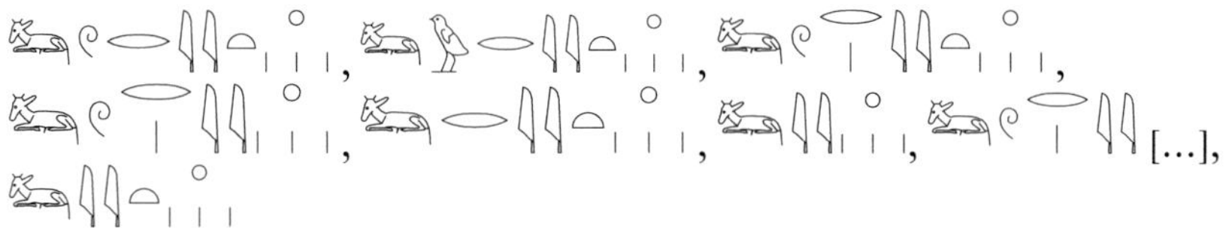

INDIKATION DER REZEPTUREN:

i͗writ und *ḏḳw n i͗writ* werden zusammengefasst, da es sich bei *ḏḳw* = Mehl nur um einen Zerkleinerungszustand handelt.

Innerlich	Rezept
– Behandlung einer Frau die leidet am Harn, *ḫ3ʿ.w*-Erscheinungen infolge der Gebärmutter	Kah 10
Äußerlich	Rezept
– Erweichen von irgendwelchen Dingen	Eb 640
– Erweichen von Steifheit an irgendwelchen Körperstellen	Eb 656, 671, 672, 673, 678; Ram V Nr II
– Erweichen einer Schwellung des Gefäßes	Eb 659; Bln 49; Ram V Nr.XVII
– Für die Weichheit eines Gefäßes	Eb 663
– Behandlung einer Anschwellung an der Kehle, infolge von Verlagerung von *ʿrwt*-Krankheitsstoffen an die Kehle	Eb 857
– Behandlung einer Anschwellung, Zerbrechen der Erhebungen und Holen des Eiters	Eb 858
– Behandlung einer Anschwellung, Zerbrechen der Erhebung	Eb 859
– Beseitigen einer Schwellung und Stillen des Fressens im Knie	Eb 591
– Beseitigen von Schwellung	H 137

– Überziehenlassen einer Wunde	Eb 516
– Wachsenlassen des Fleisches	Eb 534
– Knüpfen eines Knochens, wenn er gebrochen ist	H 10, 217
– Behandlung einer schmerzenden Stelle	Eb 243; H 71
– Behandlung für das Knie	Eb 562
– Töten der Schmerzstoffe im Bauch, Töten der Wurzel des *wḫꜣw*-Hautausschlages im Bauch	Eb 107
– Regeln des Harnes	Eb 270
Kaumittel	Rezept
– Behandeln der Zunge, wenn sie schmerzt	Eb 704
Zahnbehandlung	Rezept
– Beseitigen einer Ansammlung von Schmerzstoffen in den Zähnen	Eb 741
Rektaleinguss	Rezept
– Beseitigen von *tꜣw*-Hitze auf dem After	Eb 155, Bt 28
– Bessern (des Zustandes) des Afters und der Unterleibsregion	Eb 164
– Beseitigen einer Umwendung im After	Bt 9
– Beseitigen von Schmerzstoffen im Bauch, Verstopfung des Afters	Bln 164
Räuchermittel	Rezept
– Beseitigen des *ꜥꜣꜥ*-Giftsamen eines Gottes, *mtwt*-Giftstoffe eines Toten, Behandlung des Herzens	Bln 58
Unklare Applikation	Rezept
– Behandlung einer Schwellung	Eb 877
– Beseitigen von *twꜣ.w*-Erhebungen	Ram IV C 8-10
Zerstörter Text	Ram V Fragm. 4,1

DEUTUNGSVORSCHLÄGE:

Keimer[1] hat den Pflanzennamen *iwrit*, der seit dem Alten Reich belegt ist, als Langbohne (Vigna unguiculata (L.) Walp.) gedeutet.

BEMERKUNGEN:

Die Identifizierung Keimers ist bisher meist akzeptiert worden, wenn auch die Beleglage recht dünn ist. In den altägyptischen Rezepturen wird demnach die Langbohne, obwohl sie ein Nahrungsmittel ist, vor allem äußerlich verordnet zum „Erweichen" und Beseitigen von „Schwellungen".

[1]Keimer, in: BIFAO 28, 1929, S. 77 f.

iwḥw 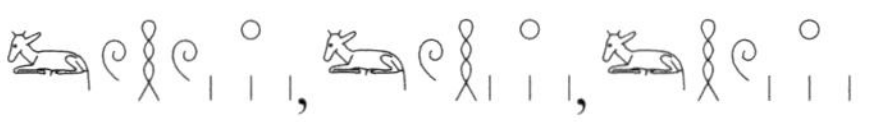

INDIKATION DER REZEPTUREN:

Innerlich	Rezept
– Beseitigen von *tꜣw*-Hitze im After	Eb 154
– „Schnell-wirkender-Belebungstrank" nach der Behandlung einer Verstopfung in der linken (Bauch-)Hälfte	Eb 204

Zerstörte Indikation	Kah 16

DEUTUNGSVORSCHLÄGE: -

BEMERKUNGEN:
iwḫw ist eine essbare Frucht oder ein Same, die neben anderen Lebensmitteln als Inhalt eines Magazins genannt wird[1].

[1]Grapow, Drogenwörterbuch, S. 18.

ibw 

INDIKATION DER REZEPTUREN:

Die Indikationen von *ibw* ohne weiteren Zusatz, *ibw mḥw* = unterägyptische *ibw*-Pflanze, *ibw šmꜥw* = oberägyptische *ibw*-Pflanze und *dḳw n ibw* = Mehl der *ibw*-Pflanze werden in einer Tabelle zusammengefasst.

Innerlich	Rezept
– Beseitigen von Zauber (und) ꜥꜣꜥ-Giftsamen eines Gottes (und) eines Toten im Bauch	Eb 168, 170, 174, 226; H 84
– Beseitigen von ꜥꜣꜥ-Giftsamen auf dem Herzen	Eb 228, 236, 237; H 87
– „Schnell-wirkender-Belebungstrank" für das Beseitigen des ꜥꜣꜥ-Giftsamens im Bauch (und) im Herzen	Eb 238, 239
– Mittel für das Zusammenhalten des Harnes	Eb 282; H 68

Äußerlich	Rezept
– Für die Weichheit eines Gefäßes	Eb 663
– Für das Lösen von Versteifungen an irgendeiner Körperstelle	Eb 667
– Behandeln der rechten Hälfte des (Bauches) (*m rwit*)	Eb 758
– Lindern des *ib*-Herzens eines Gefäßes (?)	H 100
– Für den Nagel der Zehe	Eb 618; H 177, 188, 192
– Behandeln der Wunde einer Verbrennung	Eb 495; L 16
– Beseitigen der Einwirkung eines Gottes, eines Toten (und) Schmerzstoffdämonen in allen Körperstellen	Eb 242
– Beseitigen von (Körper-)Geruch in der Sommerjahreszeit	Eb 708; H 31; 150

prt ibw = Frucht/Same der *ibw*-Pflanze.
Da die für *ibw* ohne Angabe eines Pflanzenteiles so auffällige innerliche Anwendung gegen ꜥꜣꜥ-Giftsamen hier fehlt, halte ich *prt ibw* für ein anderes Produkt als *ibw* ohne Angabe eines Pflanzenteiles.

Äußerlich	Rezept
– Beseitigen des *wḥꜣw*-Hautausschlages	Eb 111, 112
– Bessern der Gefäße der Schulter	Eb 650
– Für einen Mann, der von einer Schlange gebissen wurde	Brk § 92, 95b

šni i͗bw = Haar der *i͗bw*-Pflanze

Äußerlich	Rezept
– Beseitigen von Schwellung	H 136

ḏdꜣ n i͗bw = Fettes der *i͗bw*-Pflanze

Möglicherweise handelt es sich hierbei um ein Pflanzenwachs.

Äußerlich	Rezept
– Heilmittel für den Kopf, wenn er schmerzt	Eb 253

DEUTUNGSVORSCHLÄGE: -

BEMERKUNGEN:

Am häufigsten wird die *i͗bw*-Pflanze ohne ausdrückliche Erwähnung eines Pflanzenteiles verordnet. Auffallend ist die vielfache Nennung gegen ꜥꜣꜥ-Giftsamen, was möglicherweise auf eine stark duftende Pflanze hinweist. Dazu passt auch die Anwendung gegen Körpergeruch im Sommer.

Die Pflanze hat Früchte oder Samen, die in der Medizin Verwendung fanden, ebenso wie ihre Haare und vermutlich ein Pflanzenwachs.

Außerhalb der medizinischen Texte wird *i͗bw* nur noch im Totenbuch[1] als Zusatz in einem speziellen Brot erwähnt.

[1]Naville, Totenbuch 169, 9.

i͗br Ein Salböl

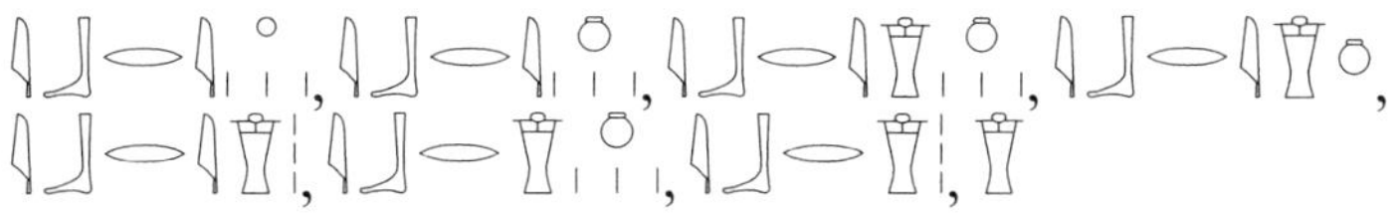

INDIKATION DER REZEPTUREN:

Innerlich	Rezept
– Für einen Mann, wenn er an Schnupfen an seinem Kopf leidet, indem Schleimstoffe in seinem Nacken sind	Eb 298
– Beseitigen der Einwirkung eines Toten, einer Toten im Bauch	H 216

Äußerlich	Rezept
– Verhindern, dass Ergrauen (der Haare) entsteht	Eb 453, 456, 457
– Für das Wachsenlassen der Haare bei krankhaftem Haarausfall	Eb 467
– Salbmittel für das Beseitigen des Schattens eines Gottes, eines Toten, einer Toten	Bln 91, 92
– Salbmittel für einen Mann, der behaftet ist mit dem Schatten eines Toten	Bln 104
– Für das Beseitigen von (dämonischen) Einwirkungen am Kopf	Eb 248
– Heilmittel für den Kopf, wenn er schmerzt	Eb 253
– Heilmittel für Schleimstoffe in den beiden Ohren	Bln 201
– Für einen Mann, wenn er an Schnupfen an seinem Kopf leidet, indem Schleimstoffe in seinem Nacken sind	Eb 298

– Beseitigen von *tp3.w* am Kopf	Eb 712; H 17
– Gegen ein Gefäß, wenn es umherschnellt	Eb 646
– Salbmittel für das Bessern der Gefäße	Eb 653
– Erweichen der Gefäße	Ram V Nr. XIX
– Erweichen eines Gelenkes	Eb 654; H 123
– Behandeln der Wunde einer Verbrennung	Eb 489
– Beseitigen der Schmerzstoffe	Eb 121
– Für die Finger (oder) Zehe; die Finger frisch machen (?), was man macht gegen den Nagel	H 194
Augenbehandlung	Rezept
– Beseitigen der Unebenheit (Trachom) in den beiden Augen	Eb 350

DEUTUNGSVORSCHLÄGE:

Für die von Ebbell[1] vermutete Deutung *ibr* = Ladanum, das Harz der Cistus creticus L., gibt es keine Belege.

BEMERKUNGEN:

Bisher konnte durch chemische Analysen noch nicht nachgewiesen werden, dass die Ägypter Ladanum aus dem östlichen Mittelmeerraum importierten und für ihre Salböle verwendeten, Serpico[2] hält dies jedoch für durchaus möglich. *ibr* ist ein Salböl, das vor allem äußerlich in der Heilkunde Verwendung fand. Vermutlich hatte es einen intensiven Geruch, da *ibr* auch gegen Dämonen und die Einwirkungen von Verstorbenen eingesetzt wurde.

[1]Ebbell, in: ZÄS 64, 1929, S. 48 f.; [2]Serpico, in: Nicholson and Shaw, Materials, S. 436 f.

ibs

INDIKATION DER REZEPTUREN:

ibs ohne Zusatz

Äußerlich	Rezept
– Für den Biss einer Schlange, wenn er beschränkt ist	Brk § 87a

ḫ3.w n ibs Blätter der *ibs*-Pflanze

Äußerlich	Rezept
– Für einen Mann, der gebissen ist von einer Kobra mit schwarzem Hals	Brk § 47f

DEUTUNGSVORSCHLÄGE: -

ibs3

INDIKATION DER REZEPTUREN:

ibs3 ohne Zusatz sowie *dḳw n ibs3* = Mehl von *ibs3* und *ibs3 n sḫt* = *ibs3* des Feldes werden zusammengefasst behandelt.

Innerlich	Rezept
– Beseitigen eines Falles von *ꜥꜣꜥ*-Giftsamen auf dem Herzen	Bln 115
– Für das in Gang bringen von irgendwelchen Dingen	Eb 695; H 142

Äußerlich	Rezept
– Beruhigen der Gefäße	H 104, 109
– Lindern der Gefäße	H 229, 231
– Lindern jeder schmerzenden Stelle, Erweichen der Gefäße	Ram V Nr. V
– Erweichen der Gefäße	Ram V Nr. XIV
– Erweichen von Steifheit an irgendwelchen Körperstellen	Eb 675, 677
– Heilmittel für den Biss des Schweines	H 242
– Beseitigen des *wḥꜣw*-Hautausschlages	Eb 110
– Behandeln des Kopfes	Eb 255
– Beseitigen des *ẖnsit*-Krankheit am Kopf	Eb 447, 448
– Beseitigen von Schaden in irgendeiner Körperstelle	Bt Rs 2,1

Rektaleinguss	Rezept
– Beseitigen von *tꜣw*-Hitze	Bt 30

Zerstörte Applikation	Rezept
– Beseitigen der *nsit*-Krankheit im Mann	Eb 755

DEUTUNGSVORSCHLÄGE:

Ob tatsächlich eine Verbindung zum koptischen ⲁⲃⲑⲟⲛ besteht, eine Bezeichnung für wilde Minze (Mentha pulegium L. oder M. longifolia (L.) Huds.), ist fraglich[1].

BEMERKUNGEN:

ibsꜣ wird als Produkt des Wadi Natrun genannt[2]. Möglicherweise besteht ein Zusammenhang zu dem in den Öllisten genannten Öl *tpi ḥꜣt ib sꜣ*[3].

[1]Charpentier, Receuil, S. 70, Nr. 114; [2]Kurth, Oasenmann, S. 109; [3]Altenmüller, in: SAK 4, 1976, S. 32.

ipt

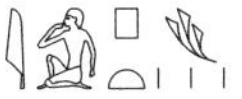

INDIKATION DER REZEPTUR:

Äußerlich	Rezept
– Heilmittel für das Beseitigen einer *bsi*-Geschwulst	Bln 54

DEUTUNGSVORSCHLÄGE: -

imꜣ

INDIKATION DER REZEPTUREN:

ḏrḏ n imꜣ = Blatt des *imꜣ*-Baumes und *ꜥẖm.w nw imꜣ* = beblätterte Zweige des *imꜣ*-Baumes

Äußerlich	Rezept
– Knüpfen eines Knochen, wenn er gebrochen ist	H 221

- Kühlen eines Knochen, nachdem er geknüpft ist — H 226
- Wachsenlassen des Fleisches — Eb 535
- Heilmittel für das Ohr, wenn das Hörvermögen gering ist — Eb 764
- Für den Biss einer Schlange, wenn er beschränkt ist — Brk § 87a

prt nt imꜣ und *išdt nt imꜣ* = Frucht/Same und Frucht des *imꜣ*-Baumes

Äußerlich	Rezept
– Glätten (eines Knochen, wenn er gebrochen ist)	H 14
– Heilmittel für die Weichheit eines Gefäßes	Eb 663

ꜥꜣgit nt imꜣ = unbekanntes Produkt des *imꜣ*-Baumes, das auch von der Akazie (siehe unter *šnḏt*) und der *iḳrw*-Pflanze vorkommt. Vermutlich handelt es sich dabei um ein Ausflussprodukt wie Harz, da es als Sympathiemittel gegen *ꜥꜣgit*-Wundabsonderung verordnet wird.

Äußerlich	Rezept
– Beseitigen einer *ꜥꜣgit*-Absonderung, die sich an der Öffnung einer Wunde befindet	Eb 539
– Beseitigen von Körpergeruch	Eb 710

ḫs(ꜣ)w n imꜣ = unbekanntes Produkt des *imꜣ*-Baumes, das auch von der Sykomore (siehe unter *nht*) genannt wird.

Äußerlich	Rezept
– Behandlung einer Verbrennung	Eb 482
– Beseitigen der (*sḥḏ.w*) weißen Stelle einer Verbrennung	L 57
– Heilmittel gegen alle schlechten Dinge im After	Bt 8
– Beseitigen von (dämonischen) Einwirkungen im Kopf	Eb 248; H 76
– Behandlung eines Gefäßes, wenn es umherschnellt	Eb 644; H 99
– Wachsenlassen der Haare an einer Wunde	Eb 472
– Abwehren des Ergrauens (der Haare)	H 147

dḳw n imꜣ = Mehl des *imꜣ*-Baumes, ein unklares Produkt

Innerlich	Rezept
– Um das Gift jeder *sẖtf*-Schlange herauszutreiben	Brk § 46a

Äußerlich	Rezept
– Für einen Mann, der gebissen ist (von einer Schlange), an der Wunde liegt das Fleisch offen	Brk § 64b
– Um die Schwellung (nach einem Schlangenbiss) verschwinden zu lassen	Brk § 72d

DEUTUNGSVORSCHLÄGE:

In ihrer Bearbeitung der Baumliste aus dem Grab des Ineni hat Baum[1] recht überzeugend vorgeschlagen, dass der *imꜣ*-Baum mit der Maerua crassifolia Forssk. gleichzusetzen sei, einem großen Busch oder kleinem Baum aus der Familie der Kaperngewächse.

BEMERKUNGEN:

Auch die medizinische Verwendung lässt sich mit der Deutung von *imꜣ* als Maerua in Einklang bringen. Nur ein einziges Argument spricht dagegen. Sowohl die Früchte als auch die Blätter von Maerua crassifolia werden gegessen, während fast alle *im3*-Produkte in den medizinischen Texten äußerlich verwendet werden. Aus diesem Grunde sollte man doch noch ein Fragezeichen hinter die Gleichsetzung *im3* = Maerua crassifolia (?) stellen.

[1]Baum, Arbres et arbustes, S. 183 f.

imst Dill (Anethum graveolens L.)

INDIKATION DER REZEPTUREN:

imst ohne weiteren Zusatz

Innerlich	Rezept
– Töten der Schmerzstoffe in allen Körperteilen	H 44
Äußerlich	**Rezept**
– Zerstörter Text	O Berlin 5570

prt imst = Frucht/Same des Dill

Äußerlich	Rezept
– Beseitigen von (dämonischen) Einwirkungen im Kopf	Eb 249; H 77
– Bessern der Gefäße der Schulter	Eb 650
– Behandlung der Gefäße der Oberschenkel (Verband im Nacken)	Bln 163e

DEUTUNGSVORSCHLÄGE:

imst bezeichnete höchst wahrscheinlich den Dill. Diese Deutung beruht auf der Ableitung von der koptischen Bezeichnung ⲉⲙⲓⲑⲉ dieser Pflanze[1].

[1]Charpentier, Receuil, S. 80, Nr. 134.

iniw

INDIKATION DER REZEPTUREN:

iniw ohne weiteren Zusatz

Innerlich	Rezept
– Für den Biss der *ḥbi*-Schlange	Brk § 54a

prt iniw = Frucht/Same der *iniw*-Pflanze

Innerlich	Rezept
– Um das Gift jeder *sẖtf*-Schlange herauszutreiben	Brk § 46e

DEUTUNGSVORSCHLÄGE: -

inwn

INDIKATION DER REZEPTUR:

Äußerlich	Rezept
– Heilmittel für den Blutfraß (und) das Stillen des Fressens	Eb 592

DEUTUNGSVORSCHLÄGE: -

inb 

INDIKATION DER REZEPTUREN:

Innerlich	Rezept
– Beseitigen des *wḥ3w*-Hautausschlages im Bauch	Eb 90, 91
– Heilmittel für das Öffnen des Bauches	Eb 16
– Beseitigen einer Krankheit infolge des *pnd*-Wurmes	Eb 69
Äußerlich	Rezept
– Für die Weichheit eines Gefäßes	Eb 663
– Wachsenlassen des Fleisches	Eb 535
Räuchermittel	Rezept
– Behandeln des Herzens eines mit einem (Skorpion-)Stich	Bln 77
Zaubermittel	Rezept
– Behandlung einer Verbrennung	L 48

DEUTUNGSVORSCHLÄGE: -

BEMERKUNGEN:

Die innerliche Anwendung zum Abführen und Behandeln des *pnd*-Wurmes deuten möglicherweise auf eine laxierende Wirkung der *inb*-Pflanze hin.

Außerhalb der Heilkunde wird *inb* als Acker- oder Gartenpflanze mit Früchten erwähnt[1].

Nach Flessa[2] steht in einem bisher unpublizierten Fragment eines Zauberhandbuches, jetzt in Wien, in einem Spruch „gegen die Fliege" folgende Anweisung: „*ḏd mdw ḥr t3.wi iri m inb iri m s3* zu rezitieren über den beiden Kindern (Schu und Tefnut) gemacht aus *inb* gemacht als Schutz".

[1]Charpentier, Receuil, S. 86, Nr. 147; [2]Nicolas Flessa danke ich für diesen Hinweis.

in(n)k 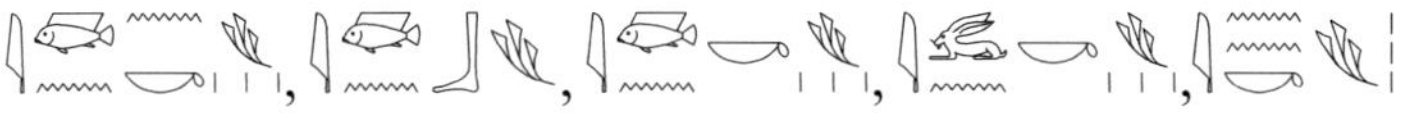

INDIKATION DER REZEPTUREN:

Innerlich	Rezept
– Beseitigen einer Krankheit, die entstanden ist infolge eines *pnd*-Wurmes	Eb 69
– Töten des *pnd*-Wurmes	Eb 81
– Töten der Schmerzstoffe, Mittel für das Umherziehen der Schmerzstoffe im Bauch	Bln 153
– Für das In-Bewegung-bringen seiner Übersättigung, es ist sein Bauch belastet ihretwegen	Bln 157
– Beseitigen einer *ˁ3t*-Geschwulst, Entleeren des Bauches (ist das)	Bln 118
– Beseitigen von *wrmit*-Schlacke im Bauch	Eb 20; Ram III A 10-11, A 26-27
– Beseitigen von *inwt*-Krankheitserscheinungen der Schmerzstoffe in den Beinen	Bln 120
– Behandlung eines Nestes des Umherziehens von *t3w*-Hitze	Bln 155
– Für den Biss einer *ḥnp*-Schlange	Brk § 78b

– Ein aufputschendes (?) Mittel von Kräutern, wenn der Tod herangetreten ist	Eb 191, 194
– Behandlung von *inwt* (der Schmerzstoffe)	Bln 162
– Töten der Schmerzstoffe in allen Körperteilen	H 42
– Beseitigen von Zauber und ꜥꜣꜥ-Giftsamen eines Gottes, eines Toten im Bauch	Eb 99, 173
– Zerstörte Indikation	Pap. Beatty XV 5-8
Äußerlich	Rezept
– Beschwörung und Behandlung der *mšpnt*-Hautflechte (Einzeldroge)	H 160
– Beseitigen von (dämonischen) Einwirkungen am Kopf	Eb 49; H 77
Kaumittel	Rezept
– Beseitigen von Geschwüren an den Zähnen und Wachsenlassen des Fleisches	Eb 555
Ohrbehandlung	Rezept
– Beseitigen von Druck im Ohr	Bln 200
– Trocknen eines nässenden Ohres	Eb 766
Rektaleinguss	Rezept
– Für das Kühlen	Eb 158
Räuchermittel	Rezept
– Beseitigen von ꜥꜣꜥ-Giftsamen eines Gottes, *mtwt*-Giftstoffe eines Toten, Beseitigend der Flucht des Herzens, der Stiche des Herzens, Beseitigen von Vergesslichkeit des Herzens	Bln 62, 64

DEUTUNGSVORSCHLÄGE:

Außerhalb der medizinischen Texte wird *in*(*n*)*k* noch als Räuchermittel in einem Balsamierungsritual der 13. Dyn. genannt[1] und in ptolemäischen Texten, sowie in Philae, in der Auflistung der im Tempel verbotenen Pflanzen. Aufrère[2] hat sich mit den älteren Deutungen von *in*(*n*)*k* noch einmal beschäftigt. Sowohl Thymian (Thymus vulgaris L.) als auch die Wasserminze (Mentha aquatica L.) sind abzulehnen, da Thymian in vorptolemäischer Zeit bisher für Ägypten nicht nachgewiesen ist und die Wasserminze nicht zur ägyptischen Flora gehört. Er sieht in *in*(*n*)*k*, wie auch schon vor ihm Loret[3], eine Conyza, ohne sich auf die Art festzulegen.

BEMERKUNGEN:

Aus den Texten lässt sich ein leichter Schwerpunkt in der Behandlung des Bauches (einschließlich der Wurmmittel), von Schmerzstoffen und Krankheiten dämonischen Ursprungs erkennen. So wird in H 160 über der *in*(*n*)*k*-Pflanze eine Beschwörung gesprochen, und sie anschließend als Einzeldroge in einem Salbmittel angewandt. Von dieser Pflanze muss eine belebende, anregende Wirkung ausgegangen sein, denn Brk § 78b verordnet sie nach einem Schlangenbiss in Wein und Honig als anregendes Mittel und auch Eb 191 = 194 bei der Erkrankung des Magens mit mehreren anderen Heilpflanzen zusammen als aufputschendes oder anregendes Mittel, wenn „der Tod zu ihm herangetreten ist".

[1]Gardiner, in: JEA 41, 1955, Pl. Vi Fragm. A; [2]Aufrère, in: BIFAO 86, 1986, S. 24; [3]Loret, Flore, S. 67 f., Nr. 112.

inhmn Granatapfelbaum (Punica granatum L.)

INDIKATION DER REZEPTUREN:

mnit nt inhmn = Wurzel des Granatapfelbaumes

Innerlich	Rezept
– Töten des *ḫf3t*-Wurmes (Einzeldroge)	Eb 50, 60; Bln 10[1]
– Töten des *ḫf3t*-Wurmes	Bln 6

DEUTUNGSVORSCHLÄGE:
inhmn bezeichnet den Granatapfelbaum[2].

BEMERKUNGEN:
Auffallend ist an diesen Verordnungen, dass die Granatapfelbaumwurzel in drei Rezepturen als Einzeldroge aufgeführt wird. Dies ist für altägyptische Rezepturen sehr ungewöhnlich, da sie meist aus Drogengemischen bestehen. Die Wurzel soll zerstoßen, in Bier oder Wasser eingelegt, stehen gelassen und die durchgepresste Flüssigkeit dann getrunken werden.
Da die Rinde des Granatapfelbaumes nur ganz spezifisch Bandwürmer, aber keine anderen Wurmarten abtötet, ist in diesen Rezepten mit *ḫf3t*-Wurm sicherlich der Bandwurm gemeint.

[1]Zwar sind im Text die Indikation und Applikation zerstört, aus dem Kontext geht aber hervor, dass die Rezeptur innerlich gegen den *ḫf3t*-Wurm verordnet wird; [2]Baum, Arbres et arbustes, S. 149 f.

inst

INDIKATION DER REZEPTUREN:

Innerlich	Rezept
– Beseitigen des *ʿ3ʿ*-Giftsamens eines Gottes (und) eines Toten im Bauch	Eb 226; H84
– „Schnell-wirkender-Belebungstrank“ für das Beseitigen (der Einwirkung) eines Toten im Bauch, das Beseitigen des *ʿ3ʿ*-Giftsamens eines Gottes (und) eines Toten, der Schmerzstoffe, des Schlagens von irgendwelchen üblen Dingen	Eb 232
– Beseitigen des *ʿ3ʿ*-Giftsamens auf dem Herzen, Flucht des Herzens, von Stichen des Herzens	Eb 227, 228
– Beseitigen einer Ballung von *t3w*-Hitze auf dem Herzen	Eb 219
– „Schnell-wirkender-Belebungstrank“ für das Kühlen des Herzens	Eb 235; H 50
– Kühlen des Herzens, Beseitigen von *k3pw*-Hitze auf dem After	Bt 22
– Beseitigen der *ʿḫw*-Krankheit im Brustraum, Behandeln seiner Seite, Kühlen des Afters	Bt 14

– Behandeln der Gefäße der linken (Bauch-)Hälfte	Eb 631
– Heilmittel für die linke (Bauch-)Hälfte	Eb 632, 633; H 28
– Beseitigen einer Verstopfung in der rechten (Bauch-) Hälfte	Eb 210
– Behandeln der Leber	Eb 480
– Für das Aufhörenlassen von Ausscheidungen	Eb 46
– Heilmittel für einen, der an Zusammenziehung in seinem Harn leidet	Eb 267
Äußerlich	Rezept
– Behandeln der Wunde einer Verbrennung	Eb 490, 495; L 16
Kaumittel	Rezept
– Beseitigen von Geschwüren an den Zähnen	Eb 545, 555, 747
– Behandeln von Blutfraß in einem Zahn	Eb 749; H 9
Rektaleinguss	Rezept
– Kühlen der Seite	Bt 32
Zauber	Rezept
– Spruch für das Bier	H 216

DEUTUNGSVORSCHLÄGE:

Die von Loret[1] vorgeschlagene Deutung als Salvia aegyptiaca L. aufgrund einer Verwandtschaft mit dem Wort „Anousi“, das nach Dioskurides[2] in Ägypten eine Salbeiart bezeichnet, ist nicht überzeugend. Das gleiche gilt auch für die Identifizierung als Pimpinella anisum L., die Lefebvre für möglich hält[3]. Diese Kulturpflanze ist erst für die römische Zeit belegt.

BEMERKUNGEN:

ỉnst wird vor allem innerlich verordnet, besonders in Rezepturen zur Behandlung des Bauches und Herzens. Auffallend ist auch die häufige Nennung in Kaumitteln gegen Geschwüre am Zahnfleisch und „Blut-Fraß“ am Zahn.
ỉnst ist als essbare Pflanze aus dem Wadi Natrun aufgeführt[4].

[1]Loret, Flore, S. 54, Nr. 80; [2]Dioskurides, III, 35; in der Übersetzung von Berendes steht allerdings Apusi; [3]Grapow, Drogenwörterbuch, S. 45; [4]Kurth, Oasenmann, S. 109.

ỉrt-pt „Was der Himmel geschaffen hat“ (Pflanzlich ?)

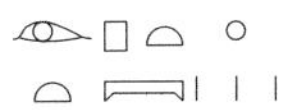

INDIKATION DER REZEPTUR:

Äußerlich	Rezept
– Beschwörung von krankhaftem Haarausfall	Eb 776

DEUTUNGSVORSCHLÄGE:

Lefebvre[1] vermutete in *ỉrt-pt* eine Frucht, Westendorf[2] jedoch aufgrund des Namens eher das Meteoreisen.

[1]Grapow, Drogenwörterbuch, S. 47; [2]Westendorf, Handbuch, S. 679.

ỉrp **Wein (Vitis vinifera L.)**

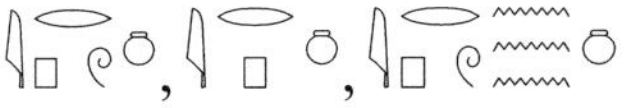

In den medizinischen Rezepturen wird das alkoholische Getränk Wein als flüssige Grundlage für einzunehmende Drogen verwendet, jedoch nicht so häufig wie Bier. Die verordnete Menge ist jeweils sehr gering, maximal 20 ro (ca. 1/3l) auf vier Tage verteilt. Eine Nutzung als berauschendes Narkotikum ist nicht festzustellen.

Die äußerliche Anwendung ist recht selten, eine gezielte desinfizierende Behandlung mit Wein lässt sich in den Texten nicht erkennen.

Neben dem Getränk Wein werden in der Heilkunde weiterhin noch die Weinbeeren *ỉꜣrrt* und die Rosinen *wnšỉ* genutzt.

ỉrtỉw **(Pflanzlich ?)**

INDIKATION DER REZEPTUREN:

Äußerlich	Rezept
– Behandlung einer Verbrennung	L 55
– Brechen einer Chons-Geschwulst oder *bsỉ*-Geschwulst	Bln 52
– Gesundmachen einer Wunde, wenn Schmerzstoffe entstanden sind	Eb 130

DEUTUNGSVORSCHLÄGE:

Versuchsweise war *ỉrtỉw* mit blau färbenden Pflanzen, möglicherweise Isatis tinctoria L., in Verbindung gebracht worden[1].

BEMERKUNGEN:

Genauere Untersuchungen über die Textilfärberei im pharaonischen Ägypten[2] haben gezeigt, dass nichts darauf hindeutet, dass *ỉrtỉw* pflanzlichen Ursprungs ist.

[1]Germer, Arzneimittelpflanzen, S. 243 ff.; [2]Renate Germer, Die Textilfärberei und die Verwendung gefärbter Textilien im Alten Ägypten, Ägyptologische Abhandlungen Bd. 53, Wiesbaden 1992, S. 129 ff.

ỉhmt

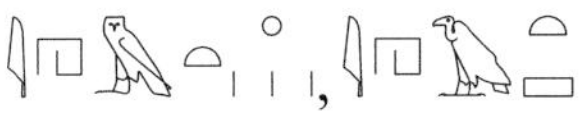

INDIKATION DER REZEPTUREN:

Äußerlich	Rezept
– Beleben der Gefäße	Eb 652; H 101
Rektalzäpfchen	Rezept
– Beseitigen von *tꜣw*-Hitze auf dem After	Eb 155

DEUTUNGSVORSCHLÄGE:

Loret[1] sah in *ỉhmt* das Harz einer Myrrhe-Art (Commiphora sp.).

Bemerkungen:

Vermutlich handelt es sich bei *iḥmt* um ein Pflanzenharz, das aus Punt angeliefert wurde, doch von welcher Pflanzenart dieses gewonnen wurde, lässt sich nicht sagen.

[1]Loret, Flore, S. 95 f, Nr. 163.

iḥi

Indikation der Rezeptur:

ḏrḏ n iḥi = Blatt der *iḥi*-Pflanze

Äußerlich	Rezept
– Kühlen der Gefäße	H 250

Deutungsvorschläge:

Es gibt keinen Hinweis auf eine Identifizierung. Zu einer möglichen Verbindung mit dem *iḥ*-Baum siehe unter *iḥw*.

iḥw

Indikation der Rezepturen:

iḥw w3ḏ = frische *iḥw*-Pflanze/Frucht und *iḥw šw* = getrocknete *iḥw*-Pflanze/Frucht werden zusammen behandelt.

Innerlich	Rezept
– Beseitigen der *nsit*-Krankheit im Bauch	H 211
– Beseitigen der *nsit*-Krankheit in den beiden Augen	Eb 751
– Behandlung eines (Mannes), der an Zusammenziehungen in seinem Harn leidet	Eb 268
– Behandeln des Umherziehens von *t3w*-Hitze auf der Blase	H 69
– Beseitigen von Zusammenziehungen in den Beinen	H 27
– Beseitigen des *wḥ3w*-Hautausschlages und von Blasen	Eb 125
– Trankmittel für das Herz, wenn es heiß geworden ist, ein grünes Öl	Bln 186
Äußerlich	**Rezept**
– Heilmittel für eine Verbrennung	Eb 485, 488
– Beseitigen einer *bsi*-Geschwulst auf der Brust, auf irgendeinem Körperteil	Bln 16
– Beseitigen von krankhaftem Haarausfall	Eb 772

Deutungsvorschläge: -

Bemerkungen:

Es gibt keine Anhaltspunkte für die Identifizierung dieser Pflanze. Baum[1] lehnt, ohne Angabe von Gründen, eine Beziehung zu dem oben genannten *iḥi* und dem außerhalb der medizinischen Texte genannten *iḥ*-Baum ab. Ich halte es jedoch für nicht ausgeschlossen, dass es sich bei *iḥw* um die Früchte und bei *ḏrḏ n iḥi* (s. u. *iḥi*) um die Blätter des *iḥ*-Baumes handelt, jedoch gibt es dafür bisher auch keinen Hinweis.

Innerlich ist der Anwendungsbereich von *iḫw* unspezifisch, äußerlich liegt er anscheinend bei Erkrankungen der Haut.

[1]Baum, Arbres et arbustes, S. 183.

isw

INDIKATION DER REZEPTUREN:

Innerlich	Rezept
– Töten des *ḥfꜣt*-Wurmes	Eb 61, 62
– Beseitigen des *wḥꜣw*-Hautausschlages	Eb 91
– Behandeln der Gefäße in der linken (Bauch-)Hälfte	Eb 631
– Behandeln der Leber	Eb 478
Äußerlich	**Rezept**
– Für den Kopf, wenn er schmerzt	Eb 253, 257
– Für eine Quetschung von *bnwt*-Geschwüren, das Beseitigen von *tꜣw*-Hitze auf seinem After, auf der Blase, auf dem *sʿḳ-mšꜣt*-Körperteil	Bt 10
– Beseitigen von Entzündung	Bln 87
Fehlende Applikation	**Rezept**
– Beseitigen von *tꜣw.w*-Erhebungen	Ram IV C 8-10

DEUTUNGSVORSCHLÄGE:
isw wurde sowohl von Lefebvre als auch Jonckhere mit Schilf übersetzt[1].

BEMERKUNGEN:
Im Schlangenpapyrus Brk § 99c dient *isw* als Brennmaterial für ein Räuchermittel.
Außerhalb der Medizin wird die *isw*-Pflanze zur Herstellung von Opfersträußen, Matten, Stricken und Dochten genutzt, und sie wird von den Lagunen bei Pelusium angeliefert[2]. Zu diesem Zweck nutzten die Ägypter eine Reihe verschiedener Pflanzen aus der Familie der Gräser, Binsen und Rohrkolben[3], sodass eine genaue botanische Identifizierung von *isw* als Schilfrohr (Phragmites australis (Cav.) Trin. ex Steud.) nicht möglich ist.

[1]Grapow, Drogenwörterbuch, S. 61; [2]Helck, Materialien, S. 812; [3]Nicholson and Shaw, Materials, S. 254 f.

isr Tamariske (Tamarix sp.)

INDIKATION DER REZEPTUREN:

prt isr = Frucht/Same der Tamariske. Möglicherweise sind mit dieser Bezeichnung aber auch die nussgroßen, rotbraunen Gallen gemeint.

Äußerlich	Rezept
– Beseitigen der üblen *srf*-Hautentzündung	Eb 96

ḏrḏ n isr = Blatt der Tamariske

Zerstörte Applikation	Rezept
– Zerstörter Text	O Berlin 5570

smꜣ.w nw isr und vermutlich auch *rꜣ-ꜥ n isr* = Zweige der Tamariske

Äußerlich	Rezept
– Für das Lindern der Gefäße	H 102
– Beschwörung und Behandlung der *ꜥḫw*-Krankheit	L 24

DEUTUNGSVORSCHLÄGE:

isr bezeichnet eine Tamariskenart, von denen mehrere in Ägypten wachsen. Am häufigsten kommen Tamarix aphylla (L.) Karst. und Tamarix nilotica (Ehrenb.) Bge. vor. Baum[1] vermutet wahrscheinlich zu Recht, dass die Ägypter die einzelnen Tamariskenarten, die sich sehr ähnlich sehen, nicht mit unterschiedlichen Namen bezeichneten. So wurden wohl mit *isr* mehrere Arten zusammengefasst.

BEMERKUNGEN:

In den altägyptischen medizinischen Texten werden Tamariskenprodukte auffallend selten genannt, obwohl sie bis heute, vor allem die Gallen, in der ägyptischen Volksmedizin häufig verwendet werden. Man kann deshalb vermuten, dass sie sich unter einer bisher noch nicht identifizierten Bezeichnung verbergen.

[1] Baum, Arbres et arbustes, S. 200 f.

išd

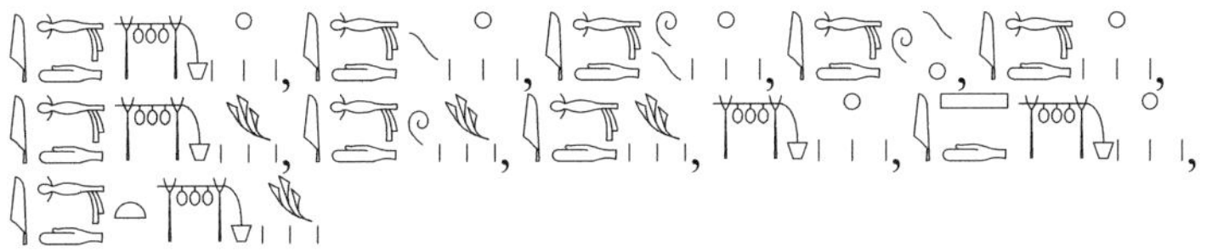

INDIKATION DER REZEPTUREN:

išd ohne weiteren Zusatz, wohl die Frucht des *išd*-Baumes

Innerlich	Rezept
– Heilmittel für den Bauch, wenn er krank ist	Eb 6; H 56
– Beseitigung von Schwellung im Bauch	Eb 39
– Abwehren der Schmerzstoffe im Bauch	Eb 87, 88, 89
– Zerbrechen der Schmerzstoffe im Bauch	Eb 97; Bln 154, 155; H 29
– Beseitigen einer Verstopfung in der rechten (Bauch-) Hälfte	Eb 210
– Behandeln des Gefäßes in der linken (Bauch-)Hälfte	Eb 631
– Behandeln der linken (Bauch-)Hälfte	H 28
– Heilmittel für die linke (Bauch-)Hälfte	Eb 632, 633
– In-Bewegung-bringen einer Übersättigung	Bln 157, 158, 160
– Öffnen des Bauches	Eb 17
– Für das Veranlassen, dass man abführt	Eb 36
– Behandeln einer Verstopfung im Magen	Eb 198
– Beseitigen eines Blutnestes, das sich noch nicht festgesetzt hat	Eb 593; H 143

– Beseitigen von Schleimstoffen im Bauch	Eb 297, 300
– Aufhörenlassen von Ausscheidungen	Eb 46
– Töten des *pnd*-Wurmes	Eb 79
– „Schnell-wirkender-Belebungstrank“ für das Beseitgen des Hustens im Bauch	Eb 321
– Beseitigen von Schmerzstoffen im Brustraum	H 30
– Beseitigen von *ḳ3dw*-Hitze der Schmerzstoffe im Brustraum	Eb 186
– Beseitigen der *inwt*-Keime der Schmerzstoffe	Eb 126
– Abwehren der Schmerzstoffe im Mund	Eb 122; Bln 35
– Töten der *gḥw*-Krankheit	Eb 327
– Behandeln der Leber	Eb 477, 480
– Beseitigen von Harn, wenn er viel ist	Eb 274, 279; H 66
– Veranlassen, dass das Herz Speise annimmt	Eb 284
– Beseitigen von *t3w*-Hitze	Bt 27
– Beseitigen einer Ballung von *t3w*-Hitze auf dem Herzen	Eb 219
– Brechen des Blutes, das gebracht ist zum Herzen	Bln 152
– Behandlung des Herzens (und) Entfernen der Schmerzstoffe	Eb 233
– „Schnell-wirkender-Belebungstrank“ für das Beseitigen der *ꜥ3ꜥ*-Giftsamen eines Gottes, eines Toten	Eb 229
– Behandeln des Afters	Eb 152
– Beseitigen von krankhaftem Haarausfall	Eb 777
– Beseitigen der *nsit*-Krankheit	Eb 754; H 207
– Behandlung von *kmt*-Erscheinungen (infolge) der Gebärmutter	Kah 16
– Unklare Indikation	Bt 29, 40
Äußerlich	Rezept
– Erweichen von Steifheit an irgendwelchen Körperstellen	Eb 678
– Beseitigen von *t3w*-Hitze im Unterleib	Eb 177
– Beseitigen von Schleimstoffen in allen Körperteilen im Winter	Bln 140
– Beseitigen von Schwellung	H 137, 236
– Beseitigen der *mr-t3*-Krankheit	Bln 103
– Fehlende Indikation	H 135
Kaumittel	Rezept
– Behandeln der Zunge, wenn sie schmerzt	Eb 703
– Beseitigen von Geschwüren an den Zähnen	Eb 747
Genitaleinguss	Rezept
– Lösen des Kindes im Bauch	Eb 805
Rektaleinguss	Rezept
– Kühlen der Seite	Bt 32

dḳw n jšd w3ḏt = Mehl von frischen oder grünen *jšd*-Früchten. Wahrscheinlich ist hier jedoch das Mehl des Samens im Steinkern gemeint (s.u.).

Äußerlich	Rezept
– Beseitigen einer Schwellung an irgendwelchen Körperstellen	Eb 577

DEUTUNGSVORSCHLÄGE:

Seit dem Ende des 19. Jahrhunderts wird die Frage diskutiert, ob *išd* die Mimusops laurifolia (Forssk.) Friis. oder Balanites aegyptiaca (L.) Del. bezeichnet. Baum[1] hat die umfangreiche Literatur zu diesem Problem zusammengestellt und kommentiert. Aus dieser Studie ergibt sich, dass zur Zeit die Deutung *šwꜣb* = Mimusops und *išd* = Balanites am wahrscheinlichsten ist, auch wenn diese Gleichsetzungen nicht absolut sicher sind.

BEMERKUNGEN:

išd wird überwiegend innerlich verordnet mit deutlichem Schwerpunkt bei der Behandlung des Bauches und zum Abführen.

In den medizinischen Texten bezeichnet *išd* aber nicht den Baum, denn es werden keine Teile wie etwa Blätter genannt, sondern nur die Frucht. Ihre Anwendung in Rezepturen zum Entleeren des Bauches passt gut mit der heute noch in Ägypten gebräuchlichen Nutzung der Balanitesfrüchte als Abführmittel[2] (siehe auch unter Balanites aegyptiaca) überein.

Allerdings kann dann das Produkt *dḳw n jšd wꜣḏt* nicht ein Mehl des weichen Fruchtfleisches bezeichnen, sondern vermutlich das Mehl aus dem darin im Steinkern enthaltenen Samen.

[1]Baum, Arbres et arbustes, S. 264 f.; [2]Moursi, Heilpflanzen S. 77.

iḳrw

INDIKATION DER REZEPTUR:

ꜥꜣgit nt iḳrw = Harz (?) des *iḳrw*-Baumes/Strauches

Äußerlich	Rezept
– Stärken der Gefäße (und) Heilmittel für das Bessern (des Zustandes) der Gefäße	Eb 627 = H 96

DEUTUNGSVORSCHLÄGE: -

iṯrw

INDIKATION DER REZEPTUREN:

Innerlich	Rezept
– Um einen Mann zu heilen, der von einer Schlange gebissen ist, welcher Art auch immer	Brk § 90a
– Zauberspruch für einen Schlangenbiss	Brk § 90b

DEUTUNGSVORSCHLÄGE:

Täckholm[1] hält es für möglich, dass *iṯrw* einen Kapernstrauch, die Capparis decidua (Forssk.) Edgew., bezeichnet.

BEMERKUNGEN:

Einer der wenigen Texte in den medizinischen Papyri, der das Aussehen einer Heilpflanze beschreibt, bezieht sich auf *iṯrw*. Dort heißt es im Schlangenpapyrus Brk § 90a: „Die Pflanze *iṯrw*, die in der Region von *hbn(t)* (Hibis ?) wächst, ihre Blätter sind wie Dornen, ihre Spitze ist wie die der *ꜥfi*-Pflanze, die Knospen ihrer

Blüten sind wie die des Lotus, ihre Frucht ist wie ..., das Innere der Frucht ist wie Körnchen der *tḫw*-Pflanze, spitz und rot.“
In dem Zauberspruch Brk § 90b wird die *iṯrw*-Pflanze auch „lebendes Fleisch“ genannt.
Aufgrund der Beschreibung ist die Deutung von *iṯrw* als Capparis decidua durchaus möglich. Diese Kapernart wächst auch in der Oase Charga.

[1]Täckholm, in: Sauneron, Schlangenpapyrus, S. 120.

ỉt Gerste (Hordeum vulgare L.)

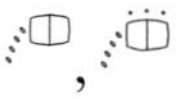

INDIKATION DER REZEPTUREN:
Gerste und Gersteprodukte fanden in der Medizin eine vielfältige Anwendung, jedoch nicht als Arzneipflanze im eigentlichen Sinne, sondern vor allem als Grundlage für andere Substanzen, sowohl innerlich als auch äußerlich verordnet und zweimal in Rektalzäpfchen. Ein diätischer Ansatz für die Verordnung von Gersteprodukten ist in den Rezepturen nicht zu erkennen.
Mit Gerstekörnern und Emmerkörnern führten die altägyptischen Ärzte auch einen Schwangerschaftstest durch, der in zwei Rezepturen, Bln 199 und Carlsberg III, beschrieben ist.

ꜥꜣb 

INDIKATION DER REZEPTUR:

Zerstörter Text	Ram IV D V 2

DEUTUNGSVORSCHLÄGE: -

ꜥꜣmw 

INDIKATION DER REZEPTUREN:

Innerlich	Rezept
– Brechen der Schmerzstoffe im Bauch	H 26, 29
– Beseitigen des *ꜥꜣꜥ*-Giftsamens eines Gottes, eines Toten im Bauch	H 86
Äußerlich	Rezept
– Beseitigen einer Krankheit, die im Kopf ist	H 75
Zahnbehandlung	Rezept
– Behandlung eines Zahnes, wenn er zu Boden fallen will	H 8

DEUTUNGSVORSCHLÄGE: -

BEMERKUNGEN:
Die *ꜥꜣmw*-Pflanze wird nur im Papyrus Hearst (H) genannt. Das Parallelrezept zu H 75 ist Eb 247. Dort wird anstelle von *ꜥꜣmw* die *sꜥꜣm*-Pflanze aufgeführt.

Danach wäre es also möglich, dass es sich bei *ꜥꜣmw* um eine spezielle Schreibung des Papyrus Hearst für die *sꜥꜣm*-Pflanze handelt (s. u. *sꜥꜣm*).
Allerdings kommt im Rezept H 222 auch die *sꜥꜣm*-Pflanze zur Behandlung eines Knochenbruches vor, was einer Spezialschreibung von *ꜥꜣmw* statt *sꜥꜣm* im Papyrus Hearst widerspricht.
Eine Identifizierung der *ꜥꜣmw*-Pflanze ist nicht möglich.

ꜥꜥꜣm

INDIKATION DER REZEPTUREN:

Innerlich	Rezept
– Zerbrechen der Schmerzstoffe im Bauch	Eb 97
– Beseitigen aller schlechten Dinge, die sich im Bauch befinden	Bln 148
– Beseitigen von Blut im Bauch	Bln 150
– Behandlung eines Mannes, in dessen Bauch eine Auftreibung ist	Bln 158
– Mittel für das Ausscheiden	Eb 10
– Für das Entleeren des Bauches	Eb 23
– Veranlassen, dass Schleimstoffe jeder Art abgehen	Bln 138
– Fortnehmen von Schleimstoffen durch Ausscheiden	Bln 146
– Töten des *ḥfꜣt*-Wurmes	Bln 3
– Gegen ein Nest des Umherziehens von *ṯꜣw*-Hitze	Bln 155
– Beseitigen des Hustens	H 61
– Abwehren der Schmerzstoffe im Mund	Eb 122; Bln 35
– Für den Biss der *sẖtf*-Schlange und für den Biss der *mꜥdi*-Schlange	Brk § 50a
Inhalationsmittel	**Rezept**
– Beseitigen des Hustens im Bauch	Eb 325
Kaumittel	**Rezept**
– Für die Zunge, wenn sie schmerzt	Eb 698
Rektalzäpfchen	**Rezept**
– Heilmittel für Fälle von Ausscheiden	Eb 26

DEUTUNGSVORSCHLÄGE: -

BEMERKUNGEN:
ꜥꜥꜣm wird vor allem innerlich zur Behandlung des Bauches und zum Abführen verordnet.

ꜥwnt

INDIKATION DER REZEPTUR:
prt ꜥwnt = Frucht/Same der *ꜥwnt*-Pflanze

Innerlich — Rezept

- Für eine Quetschung von *bnwt*-Geschwüren, das Beseitigen von *tꜣw*-Hitze auf seinem After, auf der Blase, auf dem *sꜥḳ-mšꜣt*-Körperteil — Bt 10

DEUTUNGSVORSCHLÄGE:

Hall[1] deutet *ꜥwnt* als Mandelbaum (Amygdalus communis L.).

[1]Hall, in: GM 105, 1988, S. 15 f.

ꜥfꜣ

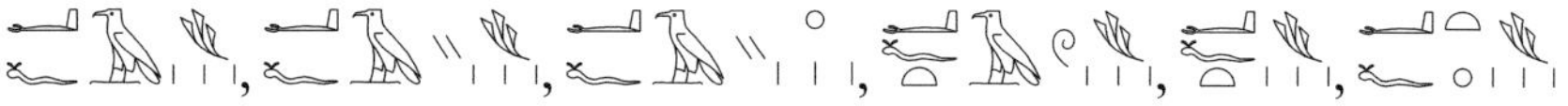

INDIKATION DER REZEPTUREN:

Innerlich — Rezept

- Beseitigen der (dämonischen) *nsi͗t*-Krankheit in den beiden Augen — Eb 751; H 209
- Gegen Schmerzstoffe in den Spitzen seiner beiden Arme — Bln 162
- Töten der Schmerzstoffe in allen Körperteilen — H 42
- Zerbrechen der Schmerzstoffe im Bauch — Eb 86; Bln 157
- Beseitigen des *ḥfꜣt*-Wurmes im Bauch — Eb 64
- Beseitigen des Hustens — Eb 312; Bln 36
- Zerstörte Indikation — Bln 204

Äußerlich — Rezept

- Für das Erweichen des Knies — Eb 608
- Behandeln der Krankheit im Knie — Eb 609
- Für das Erweichen von irgendwelchen Dingen — Eb 640
- Für das Lösen von Versteifungen an irgendeiner Körperstelle — Eb 668, 670
- Gesundmachen von irgendwelchen Dingen in Form irgendeines Wundsekrets, an denen der Mann leidet — Eb 530
- Für Schleimstoffe in den beiden Ohren — Bln 201
- Wachsenlassen der Haare bei krankhaftem Haarausfall — Eb 467
- Beseitigen von Krankheit in der (rechten) Hälfte des Bauches — Eb 40
- Beseitigen einer Krankheit, die entstanden ist infolge eines *pnd*-Wurmes — Eb 67
- Beseitigen von *st-ꜥ*-Einwirkung an irgendeiner Körperstelle — H 34

DEUTUNGSVORSCHLÄGE:

Die von Loret[1] vorgeschlagene Deutung von *ꜥfꜣ* als Lattich (Lactuca sativa L.) hatte schon Keimer[2] abgelehnt. Dawson[3] möchte in *ꜥfꜣ* eine Bezeichnung für den Honigklee (Melilotus officinalis L.) sehen.

BEMERKUNGEN:

Dawsons Deutung ist nicht überzeugend, da der Honigklee nicht in Ägypten wächst und auch nicht als Importprodukt durch Funde belegt ist.

[1]Loret, Flore, S. 68, Nr. 113; [2]Keimer, Gartenpflanzen Bd. I, S. 126; [3]Dawson, in: JEA 20, 1934, S. 31.

ꜥfi 

INDIKATION DER REZEPTUREN:

ꜥfi ohne Zusatz

Innerlich	Rezept
– Für den Biss einer Kobra mit schwarzem Hals	Brk § 47d

mw nw ꜥfi = „Wasser“ der *ꜥfi*-Pflanze

Äußerlich	Rezept
– Abspülen des Gesichtes eines Mannes, der von einer Schlange gebissen wurde	Brk § 93b

DEUTUNGSVORSCHLÄGE:

Nach Sauneron[1] ist *ꜥfi* mit *ꜥfꜣ* (siehe dort) identisch.

BEMERKUNGEN:

Nach Brk § 90a gleicht der *tp*-Teil der *iṯrw*-Pflanze der *ꜥfi*-Pflanze.

[1]Sauneron, Schlangenpapyrus, S. 120.

ꜥmꜣw 

INDIKATION DER REZEPTUREN:

ꜥmꜣw ohne weiteren Zusatz

Innerlich	Rezept
– Für das Töten des *pnd*-Wurmes	Eb 78, 79
– Für das Behandeln des *pnd*-Wurmes	Eb 82, 83
– Für das Töten der *gḥw*-Krankheit	Eb 328
– Für das In-Bewegung-bringen seiner Übersättigung	Bln 157
– Beseitigen des *wḥꜣw*-Hautausschlages	Eb 94
– Abwehren der Schmerzstoffe im Mund	Eb 122; Bln 35
– Beseitigen von Krankheit des Herzens	Eb 217; H 48

Äußerlich	Rezept
– Für Anschwellungen von Fett an seiner Halsvorderseite	Eb 860
– Für eine *ꜥnwt*-Schwellung des Chons-Gemetzels	Eb 877

Inhalationsmittel	Rezept
– Beseitigen des Hustens	Eb 320

ḥꜣt ꜥmꜣw = unbekannter Teil der *ꜥmꜣw*-Pflanze

Innerlich	Rezept
– Beseitigen einer Krankheit, die entstanden ist infolge eines *ḥfꜣt*-Wurmes (und/oder) infolge eines *pnd*-Wurmes	Eb 66

DEUTUNGSVORSCHLÄGE:

Eine Gleichsetzung von *ꜥmꜣw* mit dem griechischen Wort αμμι für Kümmel (Carum carvi L.), wie es Gardiner vorschlug[1], ist nicht möglich.

BEMERKUNGEN:

Deutlich ist in der medizinischen Verwendung ein Schwerpunkt bei der Behandlung von Eingeweidewürmern zu erkennen und zwar nicht als allgemeines Ab-

führmittel, denn es fehlen weitere Behandlungen des Bauches, sondern ganz spezifisch als Wurmmittel.
Weiterhin fällt auf, das die verordnete Menge oft sehr groß ist, wie sie sonst bei den flüssigen Drogengrundlagen üblich ist. Vielleicht ist *ʿmꜣw* eine sehr safthaltige Frucht und übernimmt in den Drogengemischen auch die Funktion der Trägersubstanz.

[1]Alan Gardiner, The Wilbour Papyrus, Oxford 1948, S. 114.

ʿnnw 

INDIKATION DER REZEPTUREN:
prt ʿnnw = Frucht/Same der *ʿnnw*-Pflanze

Äußerlich	Rezept
– Für das Wachsenlassen des Fleisches	Eb 535
– Für das Erweichen von Steifheit	Ram V Nr. XVI

DEUTUNGSVORSCHLÄGE: -

BEMERKUNGEN:
Die Topfaufschrift *ʿnnwt* in der Schreibung  aus dem Alten Reich[1] bezeichnet vermutlich auch die Früchte/Samen des *ʿnnw*-Baumes.

[1]Edel, QH, 1970, II, 1. Band, Teil 2, S. 21.

ʿnḫ-imi „Leben-ist-darin"-Pflanze

INDIKATION DER REZEPTUREN:

Innerlich	Rezept
– Behandlung von Schlangenbissen	Brk § 47d, 54h
– Zerstörte Indikation	Bln 204
Äußerlich	**Rezept**
– Beseitigen einer *bsi*-Geschwulst	Bln 53

DEUTUNGSVORSCHLÄGE:
Für die Identifizierung der *ʿnḫ-imi*-Pflanze gibt es nur einige wenige Hinweise. Außerhalb der medizinischen Texte wird sie häufiger in magisch-religiösem Zusammenhang genannt[1], im Totenbuch, in einem Spruch zum Schutz des Bettes des Pharao[2] und mehrfach im Balsamierungsritual. Da dort die Hände und Füße des Verstorbenen mit *ʿnḫ-imi* gesalbt werden sollen, vermuten einige Autoren[1] in dieser Pflanze den Hennastrauch (s. u. Lawsonia inermis L.).

BEMERKUNGEN:
Aus den Blättern des Hennastrauches stellt man das Hennapulver her, das zum Färben der Haare und in der arabischen Welt zum Bemalen der Hand- und Fußflächen benutzt wird. In den altägyptischen magischen Texte gibt es jedoch keinen Hinweis darauf, dass *ʿnḫ-imi* kolorierende Eigenschaften hat, und es

werden auch keine Blätter genannt, nur ein *mw nw ʿnḫ-imi* = „Wasser“ der Pflanze. Deshalb muss die Deutung von *ʿnḫ-imi* = Henna als sehr ungesichert angesehen werden.
Es lässt sich nur feststellen, dass *ʿnḫ-imi* vermutlich von größerer magischen als medizinischen Bedeutung gewesen ist.

[1]Charpentier, Receuil, S. 158, Nr. 249; [2]Pap. Kairo 58027; Grapow, Drogenwörterbuch, S. 98.

ʿntiw 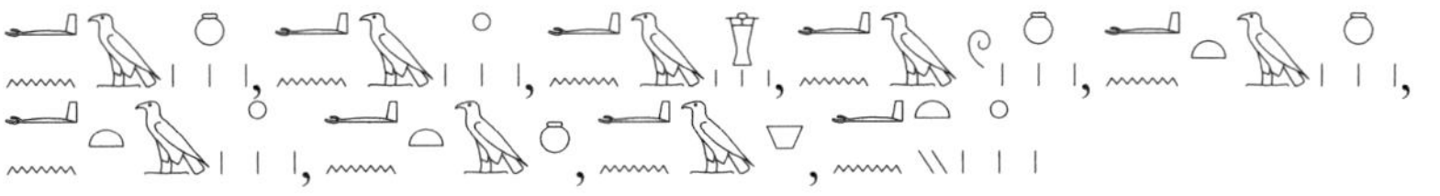

INDIKATION DER REZEPTUREN:
In der folgenden Tabelle sind mehrere Arten oder Verarbeitungsprodukte von *ʿntiw* zusammengefasst, deren genaue Identifizierung nicht möglich ist: *ʿntiw* ohne weiteren Zusatz sind wohl die Harzklumpen, *bnn n ʿntiw* = Harzkügelchen, *ʿntiw nḏm* = wohlriechendes *ʿntiw*, möglicherweise von mehr salbenartiger Konsistenz, denn es wird in Eb 112 neben *ʿntiw šw* = getrocknetes *ʿntiw* genannt, *ʿntiw w3ḏ* = frisches *ʿntiw* und *tpt nt ʿntiw* = feinstes Salböl von *ʿntiw*.

Innerlich	Rezept
– Beseitigen des *wḥ3w*-Hautausschlages, ihn Töten im Bauch	Eb 91
– Behandlung eines Mannes mit Schnupfen	Eb 299
– Behandeln einer Verstopfung in der rechten (Bauch-) Hälfte	Eb 209

Äußerlich	Rezept
– Für das Erweichen der Gefäße	Eb 649, 657, 663; H 94, 232; Ram V Nr V
– Bessern der Gefäße der Schulter	Eb 650
– Bessern der Gefäße an irgendeiner Körperstelle	Eb 651
– Beleben der Gefäße, Frischmachen der Gefäße	Eb 652; H 101
– Beleben der Gefäße	H 122
– Stärken und Lindern der Gefäße	H 98,
– Lindern der Gefäße	Bln 51; H 228, 229, 231, 237
– Beruhigen der Gefäße	H 104, 107, 109
– Lösen von Versteifungen an irgendwelchen Körperstellen	Eb 668
– Beseitigen von Hautblasen	Eb 545
– Beseitigen des *wḥ3w*-Hautausschlages (im Bauch, an irgendeiner Körperstelle)	Eb 95, 112, 116
– Gesundmachen einer Wunde, wenn Schmerzstoffe entstanden sind	Eb 130
– Behandlung von Schlangenbissen	Brk § 61b, 64b, 88a
– Behandlung einer fauligen Verbrennung	Eb 491; L 61

– Behandlung einer Wunde auf dem Nacken	Eb 529
– Beseitigen einer Schwellung an irgendeiner Körperstelle	H 235
– Beseitigen einer Schwellung und Stillen des Fressens	Eb 564; H 126
– Beseitigen eines Blutnestes	Eb 594
– Behandlung einer Blutgeschwulst	Eb 735
– Behandlung der *mšpnt*-Hautflechte	H 161
– Behandlung eines Nagels der Zehe	H 191
– Behandlung einer Quetschung von *bnwt*-Geschwüren	Bt 10
– Gesundmachen des Kopfes, wenn er schmerzt	Eb 258
– Beseitigen des Schnupfens im Kopf	Eb 391
– Beseitigen der *ẖnsit*-Krankheit am Kopf	Eb 444, 445, 447
– Erweichen von irgendwelchen Dingen	Eb 637
– Erweichen von Steifheit	Eb 656, 679; Ram V Nr. II, Nr. XVI
– Erweichen von Verkrümmung	Ram V Nr. XV
– Gesundmachen des Fesselgelenkes, wenn es schmerzt	Eb 613, 614
– Behandlung einer Frau, die an ihren Beinen leidet	Kah 12
– Behandlung der Verstopfung des Magens	Eb 198
– Behandlung der Blase und des Afters	Bt 12
– Veranlassen, dass die Gebärmutter der Frau an ihre Stelle zurückgeht	Eb 792
– Behandlung einer Verstopfung des Blutes im Uterus	Sm Rs.20,13-21,3
– Beseitigen von Körpergeruch	Eb 708; H 31, 150
– Beseitigen des Schattens eines Gottes, eines Toten	Bln 89, 95
– unklare Indikation	Pap. Louvre E 4864 Rs 1,8-9
Augenbehandlung	Rezept
– Behandlung eines Gewächses von Schmerzstoffen mit Blut im Auge	Eb 336
– Beseitigen von Blutgefäßen in den Augen	Eb 387
– Beseitigen von Verschleierung im Auge	Eb 339
– Beseitigen von Blindheit in den Augen	Eb 357
– Beseitigen des Schnupfens in den Augen	Eb 367
– Beseitigen der *bidi*-Krankheit in den Augen	Eb 368
– Öffnen des Sehens	Eb 377
– Beseitigen einer Einbiegung eines Haares im Auge	Eb 424
Rektaleinguss	Rezept
– Kühlen des Afters	Eb 140
– Behandlung einer Verschiebung im After	Eb 145
– Behandlung von Hitze auf dem After	Eb 155
– Bessern des Afters und der Unterleibsregion	Eb 164
Räuchermittel	Rezept
– Behandlung von Schlangenbissen	Brk § 64b
– Behandlung einer Verstopfung des Blutes im Uterus	Sm Rs 20,13-21,3
– Den Geruch des Hauses und der Kleider angenehm machen	Eb 852

Schreibmittel	Rezept
– Im Zauber	Sm Rs 19,10
Unklare Applikation	Rezept
– Behandlung eines *bnwt*-Geschwüres	Bt 2
Zerstörter Text	H 259

DEUTUNGSVORSCHLÄGE:

ʿntiw wurde sowohl als Myrrhe (s.u. Commiphora sp.) als auch Weihrauch (s.u. Boswellia sp.) gedeutet[1], ohne dass eine Identifizierung eindeutig zu belegen war. Baum[2] hat in grundlegenden Untersuchungen zu *ʿntiw* und *sntr* sicher zu recht festgestellt, dass die altägyptischen Bezeichnungen für Harze nicht jeweils nur einer einzigen speziellen Baumart zuzuordnen sind. Die Ägypter haben Harze ähnlichen Aussehens, Geruches und Geschmackes, die zum Räuchern oder in der Medizin verwendet wurden, nicht botanisch genau getrennt, sondern mit dem gleichen Wort bezeichnet. Sie kommt zu dem Ergebnis, dass unter dem Namen *ʿntiw* wohl in den meisten Fällen das Harz von Commiphora-Arten verhandelt wurden, also Myrrhe-Arten.

BEMERKUNGEN:

ʿntiw wird in den medizinischen Texten überwiegend äußerlich verordnet mit einem sehr breiten Anwendungsspektrum. Zu erkennen ist ein Schwerpunkt bei der Behandlung der Gefäße sowie bei entzündeten Wunden, Haut- und Augenerkrankungen. Dabei hatte es häufig eine salbenartige Konsistenz, wie es aus den Determinativen und der Applikationsanweisung „salben" erkennbar ist. Die Indikationen der Rezepturen, die *ʿntiw* enthalten, lassen sich gut mit der pharmazeutischen Wirkung von Myrrhe-Harzen in Einklang bringen (s. u. Commiphora sp.). Seltsamerweise wird *ʿntiw* in der Medizin kaum als Räuchermittel erwähnt, während es in dieser Funktion im Tempelkult eine wichtige Rolle spielte.

[1]Charpentier, Receuil, S. 160 f, Nr. 252; [2]Baum, in: Revue d'Égyptologie 45, Paris 1994, S. 17 f.; Baum, in: Sydney H. Aufrère ed., Encyclopédie religieuse de l'Univers végétal I, Montpellier 1999, S. 421 f.

ʿrw

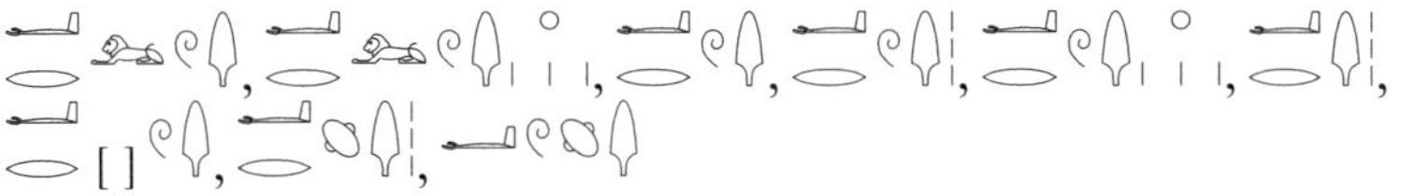

INDIKATION DER REZEPTUREN:

wst nt ʿrw = Sägemehl des *ʿrw*-Baumes/Strauches

Äußerlich	Rezept
– Töten der Schmerzstoffe in den beiden Beinen	Bln 121
– Beseitigen der *mḥs*-Krankheit	Eb 779

ḏrḏ n ʿrw = Blatt des *ʿrw*-Baumes/Strauches

Innerlich	Rezept
– Töten der Schmerzstoffe (und) das Beseitigen des *ꜣʿ*-Giftsamens eines Toten im Bauch	Eb 99, 225; H 83

– Beseitigen der Keime (?) der Schmerzstoffe — Eb 127
– unklare Indikation — Pap. Beatty XV 5-8, 8-9

ẖr.w (*ꜥrw*) = unbekanntes Produkt des *ꜥrw*-Baumes/Strauches, das in der gleichen Rezeptur auch von der *šnḏt*-Nilakazie genannt wird

Innerlich — Rezept
– Töten der Schmerzstoffe (und) das Beseitigen des *ꜥꜣꜥ*-Giftsamens eines Toten im Bauch — Eb 99

ḳꜣꜣ n ꜥrw = unbekannter Teil des *ꜥrw*-Baumes/Strauches, der in drei Rezepturen zusammen mit dem *ḳꜣꜣ*-Teil der *šnḏt*-Nilakazie genannt wird.

Innerlich — Rezept
– Töten der Schmerzstoffe (und) das Beseitigen des *ꜥꜣꜥ*-Giftsamens eines Toten im Bauch — Eb 99, 225
– Beseitigen (der Einwirkung) eines Toten im Bauch — Eb 182
– Für das Öffnen der Körperoberfläche — Eb 713

prt ꜥrw = Frucht/Same des *ꜥrw*-Baumes/Strauches

In diesen zwei Rezepturen wird *ꜥrw* mit ◌ geschrieben. Ob hier möglicherweise eine Sonderschreibung des *wꜥn*-Wacholders statt des *ꜥrw*-Baumes vorliegt, lässt sich nicht entscheiden.

Innerlich — Rezept
– Beseitigen der Schmerzstoffe (und) das Ausscheiden mit Blut — Bln 188
– Unklare Indikation — Bln 204

DEUTUNGSVORSCHLÄGE:

Weder Ebbells[1] Übersetzung als Pistacia noch Lorets[2] als eine Variante des Wacholders ist haltbar.

BEMERKUNGEN:

Die einzelnen Teile des *ꜥrw*-Baumes/Strauches werden bevorzugt innerlich verordnet und häufig gegen Krankheiten dämonischen Ursprungs. Außerhalb der medizinischen Texte wird er als heiliger Baum genannt[3].

[1]Grapow, Drogenwörterbuch, S. 106; [2]Loret, Flore, S. 41, Nr. 51; [3]Charpentier, Receuil, S. 170, Nr. 258.

ꜥḫ

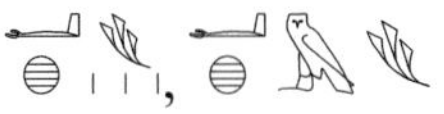

INDIKATION DER REZEPTUREN:

Äußerlich — Rezept
– Beseitigen einer Schwellung an irgendwelchen Körperstellen — Eb 566; H 127

Zerstörter Text — H 257

DEUTUNGSVORSCHLÄGE: -

ꜥš 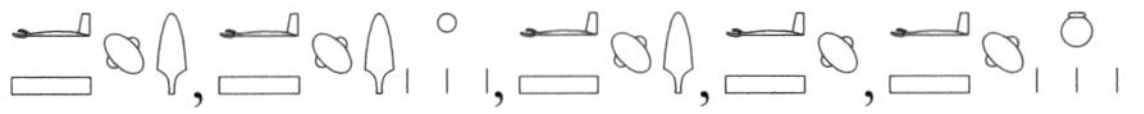

INDIKATION DER REZEPTUREN:

ḫt n ꜥš = Holz des ꜥš-Baumes und *wst nt ꜥš* = Sägemehl des ꜥš-Baumes werden zusammen behandelt.

Äußerlich	Rezept
– Beseitigen einer Schwellung an irgendeiner Körperstelle	Eb 574
– Beseitigen von Schleimstoffen	Bln 141
– Beseitigen von *rḳwt*-Erscheinungen, Entfernen von Schmerzstoffen	H 138
– Beseitigen eines Blutnestes	Eb 594
– Bessern (des Zustandes) der Gefäße der Schulter	Eb 650
– Für die Weichheit eines Gefäßes	Eb 663, 688; Ram V Nr. XIII
– Für das Veranlassen, dass die Gebärmutter der Frau an ihre Stelle zurückgeht	Eb 789
– Behandlung der Regelmäßigkeit der Menstruation	Eb 832

ṯs n ꜥš = „Knoten" des ꜥš-Baumes, ein unbekanntes Produkt

Äußerlich	Rezept
– Beseitigen einer Schwellung an irgendwelchen Körperstellen	Eb 575

ḫpꜣ n ꜥš = Harzkügelchen des ꜥš-Baumes

Äußerlich	Rezept
– Für das Gesundmachen der Fesselgelenke, wenn sie schmerzen	Eb 614
– Für das Erweichen von Steifheit	Ram V Nr XVI
– Beseitigen der Einwirkung eines Gottes, eines Toten	Eb 242

ꜥḏ ꜥš = „Fettes" des ꜥš-Baumes. Mit diesem Namen wurde vermutlich ein Harzprodukt bezeichnet, das durch einen Bearbeitungsprozess eine salbenartige Konsistenz hatte.

Innerlich	Rezept
– Für einen Mann, wenn er an Schnupfen/Katarrh an seinem Kopf leidet	Eb 299

Äußerlich	Rezept
– Gesundmachen des Kopfes, wenn er schmerzt	Eb 257
– Beseitigen von Hautblasen an irgendeiner Körperstelle	Eb 546
– Gegen ein Gefäß, wenn es herumschnellt	Eb 682
– Behandeln der rechten Hälfte (des Bauches) durch/mit Ausfluss/Entfernung	Eb 758
– Erweichen von Steifheit an irgendwelchen Körperstellen	Eb 675
– Für das Erweichen	Eb 690
– Behandeln der Wunde einer Verbrennung	Eb 487, 490; L 51
– Für eine Geschwulst auf einer tiefreichenden Schlagverletzung an seiner Brust	Sm Fall 46

Genitaleinzäpfchen	Rezept
– Für das Lösen eines Kindes aus dem Bauch einer Frau	Eb 806

sfṯ = Harzprodukt des ꜥš-Baumes
In den medizinischen Texten wird *sfṯ* nicht ausdrücklich als Harz des ꜥš-Baumes bezeichnet. Aus dem Papyrus Salt 825 II 3[1] geht aber eindeutig hervor, dass *sfṯ* ein Ausflussprodukt dieses Baumes ist. Unbekannt ist allerdings, welchen Verarbeitungsprozess das Harz durchlaufen hatte, um dann *sfṯ* genannt zu werden, eine Substanz, die auch bei der Mumifizierung verwendet wurde. Möglicherweise hatte man dem Harz ein Pflanzenöl zugesetzt, um es zähflüssig zu machen.

Innerlich	Rezept
– Töten des *pnd*-Wurmes	Eb 75, 77
– Behandeln einer Verstopfung in der rechten (Bauch-) Hälfte	Eb 209

Äußerlich	Rezept
– Behandeln der Wunde einer Verbrennung	Eb 487; L 51
– Für eine Verbrennung, wenn sie faulig wird	Eb 491; L 61
– Für das Herausziehen des Blutes aus der Öffnung einer Wunde	Eb 519
– Für eine Wunde am ersten Tag	Eb 522
– Für das Wachsenlassen des Fleisches	Eb 535
– Für das Überziehenlassen einer Wunde	Eb 541
– Gegen die Nägel der Zehen mit einer offenen Wunde	H 184
– Für eine Wunde an allen Körperstellen	H 260
– Nach dem Herausholen des *fnṯ*-Wurmes	Bln 20
– Beseitigen von Schwellung	H 236
– Für eine Quetschung von *bnwt*-Geschwüren	Bt 10
– Beseitigen des *wḥꜣw*-Hautausschlages im Bauch	Eb 90
– Beseitigen des *wḥꜣw*-Hautausschlages im Körper	Eb 114
– Behandlung der *mšpnt*-Hautflechte	H 166
– Für das Beseitigen von Hautblasen	Eb 544, 546
– Für das Veranlassen, dass sich das Gesicht strafft	Eb 719
– Für das Beseitigen der Schmerzstoffe	Eb 124
– Für jede schmerzende Stelle	Eb 246; H 74
– Für jede schlimme Einwirkung an irgendeinem Körperteil	Bln 27
– Für das Beleben der Gefäße	Eb 652; H 101
– Für das Erweichen von Steifheit	Eb 679
– Für das Beseitigen der *ẖnsit*-Krankheit am Kopf	Eb 449
– Für eine Zehe, indem sie schmerzt	Eb 617; H 174, 198
– Für das Wachsenlassen der Haare	Eb 473
– Für das Beseitigen des Schattens eines Gottes, eines Toten	Bln 91
– Für das Lösen eines Kindes aus dem Bauch einer Frau	Eb 807
– Für eine Verstopfung des Blutes auf dem Uterus	Sm 20,13-21,3

Zerstörter Text	H 258, 259; Ram III B 8

Deutungsvorschläge:
Bis heute ist die Frage nicht geklärt, ob *ˁš* die Tanne (Abies cilicica Carr.), die Libanonzeder (Cedrus libani Loud.) oder vielleicht sogar die Zypresse (Cupressus sempervirens L.) bezeichnet. Da die Ägypter nur das bereits geschlagene Holz dieser Bäume kannten, nicht aber ihr Aussehen in der Natur, ist es fraglich, ob sie mit *ˁš* tatsächlich nur eine botanische Art bezeichneten oder etwas weitergefasst „Hohe Konifere aus Palästina". So lassen sich auch die einzelnen Harzprodukte der medizinischen Texte nicht einer genauen Koniferenart zuordnen.

Bemerkungen:
Die Koniferenprodukte werden fast ausschließlich äußerlich verordnet. Es ist ein deutlicher Schwerpunkt bei der Behandlung von Wunden, Geschwüren und Hauterkrankungen zu erkennen.

[1]Philippe Derchain, Le Papyrus Salt 825, Brüssel 1965.

w3m

Fehlschreibung H 68: 

Fehlschreibung Eb 566: 

Indikation der Rezepturen:
w3m ohne Zusatz, *w3m w3ḏ* = frische *w3m*-Pflanze/Frucht und *ḳ3w n w3m* = Mehl der *w3m*-Pflanze/Frucht werden zusammen behandelt.

Innerlich	Rezept
– Töten des *ḫf3t* Wurmes	Eb 59, 60, 70; Bln 4, 8, 9
– Töten des *pnd*-Wurmes	Eb 73, 74
– Öffnen des Bauches	Eb 16
– Für das Zusammenhalten des Harns	Eb 282; H 68
– Beseitigen von krankhaftem Haarausfall	Eb 777
– Anregung der Menstruation	Sm 20,15

Äußerlich	Rezept
– Beseitigen von Entzündungen	Bln 87
– Erweichen von irgendwelchen Dingen	Eb 641
– Beseitigen einer Schwellung an irgendwelchen Körperstellen	Eb 566; H 127
– Lindern der Gefäße	H 102

Räuchermittel	Rezept
– Beseitigen des *ˁ3ˁ*-Giftstoffes eines Gottes, des *mtwt*-Giftstoffes eines Toten, Beseitigen der Flucht des Herzens	Bln 59

ˁ(3)git nt w3m = unbekannter Teil der *w3m*-Pflanze (ein Ausflussprodukt ?)

Äußerlich	Rezept
– Für (das) Schwärzen einer Verbrennung	Eb 503

DEUTUNGSVORSCHLÄGE: -

BEMERKUNGEN:
Bei der medizinischen Verordnung der *w3m*-Pflanze, oder aufgrund des Determinatives deren Frucht/Same, ist ein deutlicher Schwerpunkt bei der Behandlung des *ḥf3t*-Wurmes und des *pnd*-Wurmes zu erkennen. Da in diesen Rezepturen neben *w3m* nur noch wenige andere Substanzen wie die Lösungsmittel Bier, Wasser, Honig verwendet werden, ist wohl *w3m* das wirksame Wurmmittel.
Aus dem Alten Reich stammt ein Topf mit der Aufschrift *w3m*, doch er war leider leer[1].

[1]Edel, QH, 1970, II, I. Band, Teil 2, S. 22.

w3nb

INDIKATION DER REZEPTUR:

Äußerlich	Rezept
– Für das Kühlen des Kopfes, wenn er schmerzt	Eb 259

DEUTUNGSVORSCHLÄGE: -

BEMERKUNGEN:
Vielleicht liegt eine Fehlschreibung für *w3b*-Wurzel vor[1].

[1]Grapow, Drogenwörterbuch, S. 124.

w3dw

INDIKATION DER REZEPTUR:
w3dw n sḫt = *w3dw*-Pflanze des Feldes

Äußerlich	Rezept
– Für das Beseitigen einer Geschwulstblase des Mannes	Eb 611

DEUTUNGSVORSCHLÄGE: -

wꜥn **Zederwacholder (Juniperus oxycedrus L.)**

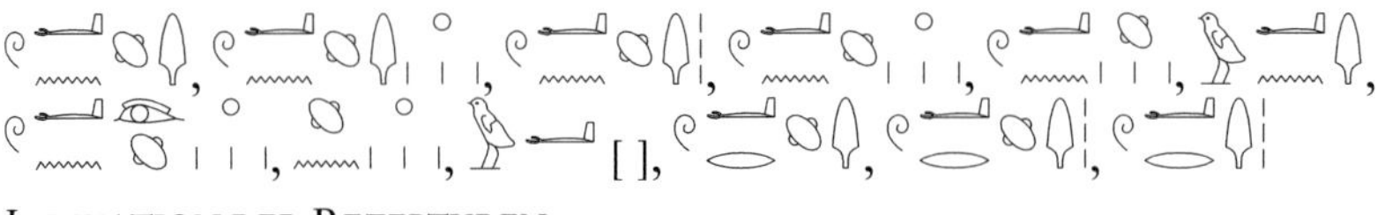

INDIKATION DER REZEPTUREN:

prt wꜥn = Beerenzapfen (Früchte) des Wacholder

Innerlich	Rezept
– Regeln des Harnes	Eb 263, 266; H 67
– Beseitigen von Harn, wenn er viel ist	Eb 278; H 64
– Zusammenhalten des Harnes	Eb 282; H 68
– Beseitigen des Umherziehens von *t3w*-Hitze auf der Blase	H 70

– Behandlung einer Verstopfung der rechten (Bauch-) Hälfte	Eb 210
– Behandeln einer Verstopfung in der rechten (Bauch-) Hälfte, nachdem sie eine *nsỉt*-Dämonin befallen hat	Eb 209
– Für das Entleeren des Bauches	Eb 23
– Für das Veranlassen, dass er ausscheidet	H 59
– Beseitigen von schmerzhaftem Kot im Bauch	Eb 31
– Beseitigen einer Schwellung im Bauch	Eb 585
– Beseitigen aller schlechten Dinge, die sich im Bauch befinden	Bln 148
– Aufhörenlassen von Ausscheidungen	Eb 46
– Behandeln der Gefäße in der linken (Bauch-)Hälfte	Eb 631
– Behandeln des Bauches und Afters	Eb 137 = 152
– Behandeln des *pnd*-Wurmes	Eb 85
– Zerbrechen der Schmerzstoffe im Bauch	Eb 86; Bln 157; H 29
– Abwehren der Schmerzstoffe im Bauch	Eb 88, 89
– Töten der Schmerzstoffe im Bauch	Eb 101
– Behandeln eines Nestes von Schmerzstoffen im Bauch	Bln 154, 155
– Veranlassen, dass das Herz Speise annimmt	Eb 284, 285
– Behandeln des Herzens	H 52
– Veranlassen, dass Schleimstoffe jeder Art abgehen	Bln 138
– Beseitigen des *ꜥꜣꜥ*-Giftsamens, Töten der Schmerzstoffe, Behandeln und Kühlen des Afters	Eb 138
– Töten der Schmerzstoffe in allen Körperteilen	H 42, 46
– Abwehren der Schmerzstoffe im Mund	Eb 122; Bln 35
– Beseitigen von *ỉnwt*-Krankheitserscheinungen der Schmerzstoffe in beiden Beinen	Bln 120
– Beseitigen von *ỉnwt*-Krankheitserscheinungen der Schmerzstoffe in den beiden Armen	Bln 162
– Beseitigen von *ḳꜣdw*-Hitze der Schmerzstoffe im Brustraum	Eb 186
– Behandeln des Brustraumes	Eb 184
– Beseitigen der *ꜥẖw*-Krankheit im Brustraum, Behandeln seiner Seite, Kühlen des Afters	Bt 14
– Beseitigen der *nsỉt*-Krankheit im Mann	Eb 754; H 206, 207
– Töten der *gḥw*-Krankheit	Eb 327, 328, 334
– Behandlung von Schnupfen am Kopf, Schleimstoffen im Nacken	Eb 299
– Behandlung der Leber	Eb 479, 481
– Behandlung von Aufstauung des Blutes im Uterus	Eb 833
Äußerlich	Rezept
– Erweichen eines Gelenkes	Eb 655; H 124
– Erweichen von Steifheit an irgendeiner Körperstelle	Eb 675
– Für das Stärken der Gefäße	Eb 686
– Lindern der Gefäße	H 103
– Für den Kopf, wenn er schmerzt	Eb 254, 258

– Behandeln der rechten Hälfte (des Bauches) mit Ausfluss Eb 758
– Beseitigen von *tꜣw*-Hitze im Unterleib Eb 177
– Behandlung einer Quetschung von *bnwt*-Geschwüren (auf dem After) Bt 6
– Abwehren des Ergrauens (der Haare) H 147
– Unklare Indikation H 259

Rektalzäpfchen Rezept
– Kühlen des Afters Eb 140
– Bessern des Afters Eb 144, 164
– Heilmittel für Fälle von Ausscheiden Eb 26

Genitalzäpfchen Rezept
– Lösen eines Kindes aus dem Bauch Eb 806

wst nt wꜥn = Sägemehl des Wacholderholzes

Äußerlich Rezept
– Für die Weichheit eines Gefäßes Eb 663
– Beleben der Gefäße Eb 652; H 101

ẖpꜣ n wꜥn = Harzperlen des Wacholders (siehe dazu auch unter *hbni* und *ꜥš*). Vermutlich handelt es sich bei den in Eb 655 genannten *tpꜣ.w n wꜥn* nur um eine Fehlschreibung von *ẖpꜣ.w n wꜥn*, denn das Parallelrezept H 124 nennt an gleicher Stelle *ẖpꜣ n wꜥn*.

Äußerlich Rezept
– Erweichen von Steifheit Eb 655, 679; H 124
– Gesundmachen der Fesselgelenke, wenn sie schmerzen Eb 614
– Behandlung einer fauligen Verbrennung L 61
– Beseitigen der Einwirkung eines Gottes, eines Toten und Schmerzstoffdämonen in allen Körperstellen Eb 242
– Beseitigen von *twꜣ.w*-Erhebungen Ram IV C 8-10

ḏꜥꜥ n wꜥn = Wacholderzweige

Äußerlich Rezept
– Behandlung von Schnupfen an seinem Kopf, indem Schleimstoffe in seinem Nacken sind Eb 298

Nicht lesbarer Teil des Wacholders

Äußerlich Rezept
– Für das Gesundmachen des Kopfes, wenn er schmerzt Eb 257

DEUTUNGSVORSCHLÄGE:

wꜥn bezeichnet den Zederwacholder (Juniperus oxycedrus L.).

BEMERKUNGEN:

Der Zederwacholder, vor allem seine Beerenzapfen, waren ein wichtiges pflanzliches Heilmittel der altägyptischen Medizin. Er wurde, ganz entsprechend seiner diuretischen Eigenschaften, innerlich zur Behandlung von Niere und Blase eingesetzt und wegen seiner Wirkung auf den Uterus auch als Genitalzäpfchen zum „Lösen des Kindes“. Da der ägyptische Arzt davon ausging, dass Darm- und Niere/Blasensystem durch Gefäße verbunden waren, verordnete er Wacholderbeeren auch häufig in Rezepturen zur Behandlung des Bauches in Abführmitteln. Äußerlich wurden die an ätherischen Ölen reichen Wacholderprodukte vor allem zum Erweichen der Gelenke und Gefäße verwendet.

wꜥḥ Erdmandel (Cyperus esculentus L.)

INDIKATION DER REZEPTUREN:

wꜥḥ wird ohne weiteren Zusatz und in den Zerkleinerungszuständen *dḳw* = Mehl, *nḏ* = zerrieben, *nꜥgw* = zerkleinert und *dgꜣw* = ? genannt. *wꜥḥ stỉ* ist vermutlich auch eine Bezeichnung für die ganze Rhizomknolle und *wꜥḥ ps* ist die gekochte Erdmandel.

Innerlich	Rezept
– Entleeren des Bauches	Eb 22
– Behandlung einer Verstopfung	Eb 205
– Veranlassen, dass das Herz Speise annimmt	Eb288,289,290,293
– Beseitigen von Krankheit des Bauches	Eb 43
– Töten der Schmerzstoffe im Bauch und Töten der Wurzel des *wḥꜣw*-Hautausschlages im Bauch	Eb 103
– Beseitigen des *ꜥꜣꜥ*-Giftsamens im Bauch und Herzen	Eb224,226,228,231, 232; H 82, 84
– Brechen der Schmerzstoffe im Bauch	Bln 154
– Töten der Schmerzstoffe im Bauch	H 47
– Beseitigen des *wḥꜣw*-Hautausschlages und ihn Töten im Bauch	Eb 91
– Behandeln des Bauches und des Afters	Eb 132, 147
– Heilmittel für den Magen	Eb 212
– Behandeln des Herzens	H 52
– Kühlen des Herzens, des Afters, Beleben der Gefäße	Bt 18
– Etwas Angenehmes für das Herz, nachdem es heiß geworden ist	Bln 186
– Kühlen des Herzens, Beseitigen von *kꜣpw*-Hitze auf dem After	Bt 22
– Kühlen des Afters	H 93
– Beseitigen des Ausscheidens von Blut	Eb 49; H 18
– Beseitigen der Schmerzstoffe im Brustraum	H 30
– Beseitigen des Hustens	Eb 314
– Beseitigen der *ꜥḫw*-Krankheit im Brustraum, Behandeln der Seite, Kühlen des Afters	Bt 14
– Behandeln des Brustraumes, Kühlen des Herzens und Afters, Beseitigen aller ihrer *tꜣw*-Hitze	Bt 16
– Beseitigen von *ꜣmw*-Hitze mit Schmerzstoffen	Bt 31
– Beseitigen von Stauung von Harn	Eb 261
– Behandeln der Blase, Regeln des Harnes	H 62
– Beseitigen des Umherziehens von *tꜣw*-Hitze auf der Blase	H 70

– Beseitigen von Zusammenziehungen in den Beinen	H 27
– Anregen der Menstruation	Eb 833
– *ḫ3ꜥ.w*-Erscheinungen (infolge) der Gebärmutter	Kah 3
– Abwehren der *bꜥꜥ*-Krankheit	Mutt. u. Kind J 7,3-5
– Schlürftrank bei einer Klaffwunde am Kopf (Einzeldroge)	Sm 7
– Zerstörte Indikation	Bt 33
Äußerlich	Rezept
– Behandlung einer Verbrennung	Eb482,483,484,497, 498; L 18, 46
– Beseitigen von *t3w*-Hitze im Unterleib	Eb 176, 178
Kaumittel	Rezept
– Beseitigen von Geschwüren an den Zähnen	Eb 746
Rektaleinguss	Rezept
– Beseitigen von *špt* eines Gefäßes	Eb 684
Genitaleinguss	Rezept
– Behandlung von schneidenden Schmerzen im Uterus und Geschwüren an der Scheide	Eb 819
Räuchermittel	Rezept
– Behandlung des Herzens	Bln 77

mrḥt wꜥḥ = Öl der Erdmandel

Äußerlich	Rezept
– Erweichen von Steifheit, Ausstrecken von Verkrümmung	Ram V Nr. III

DEUTUNGSVORSCHLÄGE:

wꜥḥ bezeichnet die Erdmandel. Diese Deutung ist gesichert, da Edel[1] ein Tongefäß mit der Aufschrift *wꜥḥ* fand, das Erdmandeln enthielt.

BEMERKUNGEN:

Die vor allem innerliche, recht unspezifische Anwendung der Erdmandeln in der altägyptischen Heilkunde zeigt sie als geschätztes Nahrungsmittel, das sich gut als Drogengrundlage eignet. Besonders gerne nahm der Arzt sie für Behandlungen verschiedener Erkrankungen des Bauches.

[1]Edel, QH II, I. Band, Teil 2, 1970, S. 22.

wnši Rosine (Vitis vinifera L.)

INDIKATION DER REZEPTUREN:

Innerlich	Rezept
– Beseitigen von Schwellung im Bauch	Eb 39
– Beseitigen von irgendeiner Krankheit im Bauch	Eb 41, 42
– Beseitigen einer Verstopfung in der rechten (Bauch-) Hälfte	Eb 210
– Beseitigen von Schleimstoffen im Bauch	Eb297,300;Bln136

– Heilmittel für die linke (Bauch-)Hälfte	Eb 632, H 28
– Für das Töten der Schmerzstoffe (und) das Beseitigen des ʿ3ʿ-Giftsamens eines Toten (und) einer Toten im Bauch	Eb 99
– Für das Aufhörenlassen von Ausscheidungen	Eb 46
– Beseitigen des Hustens im Bauch	Eb 321
– Behandeln des Bauches (und) Behandeln des Afters	Eb132,137,147,152
– Heilmittel für den Magen	Eb 212
– Für das Veranlassen, dass das Herz Speise annimmt	Eb 285, 291
– Behandeln des Herzens (und) das Entfernen der Schmerzstoffe	Eb 233
– Behandeln der Leber	Eb 478
– Beseitigen der *nsit*-Krankheit im Mann	Eb 754; H 207
– Töten der Schmerzstoffe in allen Körperteilen	H 44
– Beseitigen von *inwt*-Erscheinungen der Schmerzstoffe in den Spitzen der beiden Arme	Bln 119
– Für einen Mann, der das Bewusstsein verloren hat (infolge eines Schlangenbisses)	Brk § 96b
Äußerlich	Rezept
– Behandeln der rechten Hälfte (des Bauches) durch/mit Ausfluss/Entfernung[1]	Eb 759
– Für das Verschwindenlassen (der Hautveränderung ?) und Heraustreiben (des Giftes) jeder Schlange	Brk § 60
– Für das Beseitigen des Schwitzens eines Mannes, der gebissen ist (von irgendeiner Schlange)	Brk § 66a
Räuchermittel	Rezept
– Behandeln des Herzens eines mit einem (Skorpion-) Stich	Bln 77

DEUTUNGSVORSCHLÄGE:

Üblicherweise wird *wnši* mit Rosine, also der getrockneten Weinbeere übersetzt, eine Deutung, der bisher nicht widersprochen wurde.

BEMERKUNGEN:

Der Anwendungsbereich von *wnši* liegt vor allem in der Behandlung des Bauches bei verschiedenen Beschwerden mit innerlicher Verordnung. Das deutet auf eine abführende Wirkung hin. Dies passt zur Rosine, die leicht laxierend ist. Siehe auch unter *i3rrt* = Weinbeere.

[1]Unklare Textstelle, siehe dazu Westendorf, Handbuch, S. 674 Anm. 197.

b3i

INDIKATION DER REZEPTUR:

dḳw n b3i = Mehl von *b3i*

Äußerlich	Rezept
– Für das Lindern der Gefäße	Bln 51

DEUTUNGSVORSCHLÄGE: -

BEMERKUNGEN:
Außerhalb der medizinischen Texte wird *b3i* als Frucht mit einem scharfen oder bitteren Geschmack genannt[1].

[1]Wb I, 417, 9.

b3ḳ Benbaum (Moringa peregrina Fiori) und das aus den Samen hergestellte Öl

INDIKATION DER REZEPTUREN:

b3ḳ ohne weiteren Zusatz bezeichnet in den medizinischen Texten das Öl der Samen. Es spielte eine große Rolle bei der Herstellung von Heilmittelgemischen, in zwei Rezepturen, Eb 124 und Eb 846, wird es als Salbmittel auch allein verordnet.

Innerlich	Rezept
– Behandlung des Magens	Eb 214
– Beseitigen von irgendwelcher Krankheit im Bauch	Eb 41, 42
– Ausreißen des Giftes des Gottes im Bauch	Pap. Beatty VIII vs. 5,1-3
– Beseitigen des Hustens	Eb 308
– Töten der *gḥw*-Krankheit	Eb 326
– Behandlung eines Mannes, der unter *i3ṯw*-Krämpfen infolge einer Wunde leidet	Eb 526

Äußerlich	Rezept
– Salbmittel für das Beseitigen des *wḫ3w*-Hautausschlages	Eb106,107,109,110, 111
– Behandlung der *mšpnt*-Hautflechte	H 162
– Behandlung einer Verbrennung	Eb 493
– Herausziehen des Blutes aus der Öffnung einer Wunde	Eb 517
– Gesundmachen irgendeines Wundsekretes	Eb 540
– Salbmittel für das Beseitigen von Entzündung	Bln 84, 86,
– Gesundmachen einer Wunde	H 260
– Verhindern von Mückenstichen	Eb 846
– Beseitigen von Falten im Gesicht	Eb 716
– Beseitigen der *ḫnsit*-Krankheit am Kopf	Eb 437 = H 24
– Für das Gesundmachen des Kopfes, wenn er schmerzt	Eb 258
– Heilmittel nach dem Herausholen des *fnṯ*-Wurmes	Bln 20
– Beseitigen der *nsit*-Krankheit	Bln 113
– Beseitigen einer Verstopfung und Blutfraß auf dem Magen	Eb 211
– Behandlung eines Gefäßes, wenn es herumschnellt	Eb 646

– Salbe für das Beruhigen der Gefäße	Eb 687
– Lindern der Gefäße	Bln 51
– Erweichen von Steifheit, Ausstrecken von Verkrümmung	Ram V Nr. III
– Für das Gesundmachen der *sst*-Teile des Beines	Eb 614
– Beseitigen von Blut auf der Seite	Eb 597
– Beseitigen der Schmerzstoffe	Eb 124
– Mittel, damit das Haar ausgeht	Eb 474
– Verhindern, dass eine ausgerissene Wimper nachwächst	Eb 427
– Beseitigen des Schatten eines Toten	Bln 98, 102
– Beseitigen von *ꜥꜣꜥ*-Giftsamen	Bln 65
Rektaleinguss	Rezept
– Für das Kühlen des Afters	Eb 143, 785
– Heilmittel gegen Ausscheiden von Blut	Bln 165
– Beseitigen einer Verstopfung von *tꜣw*-Hitze auf der Blase, indem er an Verhaltungen des Harnes leidet	Eb 265
– Behandlung eines Mannes, der am Harn leidet	Bln 166
– Behandlung des Harnes, wenn er krank ist	Bln 171
– Behandlung eines Gefäßes wenn es von selbst zuckt, schwierig ist das Gehen und für das Brechen der Schmerzstoffe	Bln174,175,176,177
– Behandlung der Gefäße	Bln 163 h
– Beseitigen von Schmerzstoffen im Bauch	Bln 164
– Brechen der Schmerzstoffe im Bauch	Bln 170
– Heilkunde für einen Mann, in dessen Bauch eine Auftreibung ist, das In-Bewegung-bringen seiner Übersättigung	Bln 159
– Beseitigen der *špn*-Krankheit	Eb 707
– Behandlung der schlimmen Krankheit	Bln 167
– Behandlung der *ꜥẖw*-Krankheit	Bt 15
– Fortnehmen der Schmerzstoffe	Bln 168
– Heilmittel gegen schmerzhaftes Leiden	Bln 172
– Heilmittel gegen die *ḥnḥn*-Krankheit in den beiden Beinen	Bln 169
Rektalzäpfchen	Rezept
– Bessern des Afters	Eb 144
Genitaleinguss	Rezept
– Stillen einer Blutung bei der Frau[1]	Eb 829
Ohrmittel	Rezept
– Behandlung des Ohres, das Eiter zusammengezogen hat	Eb 768
– Für das Trocknen des Ohres, wenn es Wasser absondert	Eb 770
– Behandlung von Schleimstoffen in den Ohren	Bln 202
– Behandlung des Ohres, wenn sein Hörvermögen gering ist	Eb 764
Augenbehandlung	Rezept
– Heilmittel für beide Augen, das ein Asiat aus Byblos mitgeteilt hat	Eb 422

Kaumittel	Rezept
– Beseitigen von Geschwüren an den Zähnen und Wachsenlassen des Fleisches	Eb 747
Räuchermittel	Rezept
– Beseitigen von *ꜥꜣꜥ*-Giftsamen eines Gottes und Behandlung des Herzens	Bln 64
Zerstörte Applikation bzw. Text	Rezept
– Beschwörung der „Asiaten-Krankheit“	H 170
– Zerstörter Text	H 258

ṯhw n bꜣḳ = unbekannter Teil des Benbaumes oder Öles

Innerlich	Rezept
– Töten des *ḥfꜣt*-Wurmes	Bln 6

ḳḳ nt bꜣḳ = Same des Benbaumes

Äußerlich	Rezept
– Um das Gift jeder Schlange herauszutreiben	Brk § 56b

DEUTUNGSVORSCHLÄGE:
bꜣḳ bezeichnet sowohl den Benbaum als auch das aus den Samen hergestellte Öl[2].

BEMERKUNGEN:
bꜣḳ-Öl war das in der altägyptischen Medizin am häufigsten verwendete Öl mit einem großen Anwendungsspektrum. Deutliche Schwerpunkte sind aber bei der Haut- und Wundbehandlung und dem Entleeren des Bauches, sowohl durch Einnahme als auch Rektaleingüsse, zu erkennen.

[1]Westendorf, Handbuch, S. 686; [2]Baum, Arbres et arbustes, S. 129 f.

bꜣgs.w 

INDIKATION DER REZEPTUR:
prt bꜣgs.w = Frucht/Same der *bꜣgs.w*-Pflanze

Innerlich	Rezept
– Töten des *pnd*-Wurmes	Eb 78

DEUTUNGSVORSCHLÄGE:
Möglicherweise ist *bꜣgs.w* identisch mit der im Pyramidentext 1083 genannten *bꜣgs*-Pflanze, in der Sethe eine Art „Dornbusch“ vermutet[1].

[1]Grapow, Drogenwörterbuch, S. 153.

bbt 

INDIKATION DER REZEPTUR:

Bestreichen des Hauses	Rezept
– Um Flöhe im Haus zu beseitigen	Eb 841

DEUTUNGSVORSCHLÄGE:

Dawson[1] sieht in *bbt* die Konyza-Art Inula graveolens (L.) Desf. (= Dittrichia graveolens (L.) Greuter), da Dioskurides[2] eine Konyza als Mittel gegen Reptilien, Fliegen und Flöhe beschreibt.

BEMERKUNGEN:

Inula graveolens ist bisher in Ägypten nur ein einziges Mal gefunden worden[3]. Möglicherweise gehört sie nicht zur heimischen Flora, sondern wurde mit Getreide als Unkraut aus Palästina eingeschleppt.
Die von Dioskurides genannte Konyza-Art lässt sich botanisch nicht exakt bestimmen, es kommen mehrere Pflanzenarten in Frage.
Im Totenbuch XXXII dient *bbt* zum Abwehren von Krokodilen.
Inula gehört zur Familie der Korbblüter (Compositae), von denen mehrere Arten insektizide Wirkung haben. Eine Deutung von *bbt* ist deshalb nicht möglich.

[1]Dawson, in: JEA 20, 1934, S. 45; [2]Dioskurides, III, 126; [3]Boulos, Flora III, S. 212.

bnr Dattel, Frucht der Dattelpalme (Phoenix dactylifera L.)

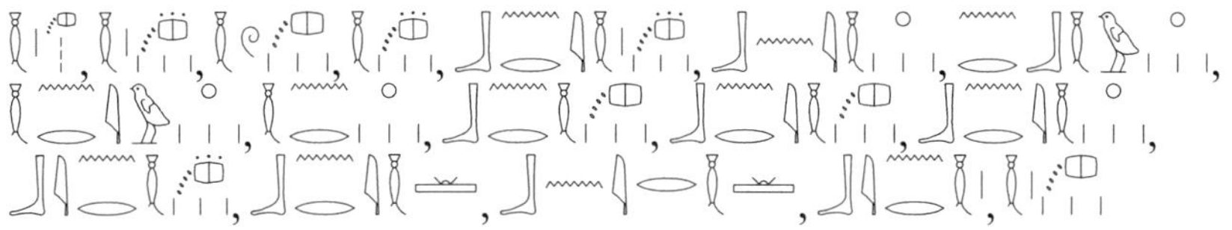

INDIKATION DER REZEPTUREN:

Die Dattel, ihre Teile oder daraus hergestellte Produkte werden mit vielen verschiedenen Namen bezeichnet[1]. Der Übersichtlichkeit halber sind in den folgenden Tabellen einige Bezeichnungen zusammengefasst, die pharmazeutisch gesehen die gleichen Stoffe enthalten.
Das Fruchtfleisch der Datteln in verschiedenen Zerkleinerungsarten:
bnr ohne weiteren Zusatz, *sꜣw nt bnr* = Zerschnittenes der Dattel, *bnr ꜥꜣg* und *bnr šw ꜥꜣg* = zerquetschte und getrocknete zerquetschte Datteln, *wḏꜥ n bnr* = Zerschnittenes der Dattel, *bnr tf* = zerschnittene Dattel (?), *bnr ꜥnḫ* = frische Dattel, *bnr šw* = getrocknete Dattel, *dḳw n bnr* = Mehl der Dattel und *tmm n bnr* = Ganzes des Dattel (?).

Innerlich	Rezept
– Für das Entleeren des Bauches	Eb 22
– Heilmittel für den Bauch	Eb 19
– Töten der Schmerzstoffe im Bauch	Eb98,100,103;H44, 47
– Brechen der Schmerzstoffe im Bauch	Bln 154
– Behandlung des Bauches und des Afters	Eb 133, 148
– Kühlen des Afters	H 93
– Beseitigen von Zauber im Bauch	H 54
– Beseitigen von Zauber und ꜥꜣꜥ-Giftstoffen im Bauch	Eb 169
– Beseitigen von Krankheit des Herzens	Eb 217; H 48

– Veranlassen, dass das Herz Speise annimmt	Eb 285, 292, 293
– Beseitigen einer Stauung von Harn	Eb 261
– Regeln des Harnes	Eb 263
– Beseitigen von Husten	Eb 308, 309, 313, 319; Bln 30
– Beseitigen von *ḳ3dw*-Hitze der Schmerzstoffe im Brustraum	Eb 186
– Gegen *t3w*-Hitze	Bln 155
– Beseitigen von *inwt* der Schmerzstoffe in den Armen	Bln 119, 162
– Beseitigen von *srft*-Entzündung	Bln 107
– Beseitigen von *srft*-Hautentzündung	Bln 93
– Beseitigen einer dämonischen Krankheit	Eb 750 (Einzeldroge)
– Für einen Schlangenbiss	Brk § 85c
Äußerlich	Rezept
– Beseitigen von Zauber und *ʿ3ʿ*-Giftstoffen im Bauch	Eb 177
– Beseitigen einer Schwellung und Stillen des Fressens an irgendwelchen Körperteilen	Eb 563
– Beseitigen von Schwellungen in den Beinen und anderen Körperstellen	Pap.Leidenrto.XXVI 8
– Erweichen einer *šwt*-Schwellung des Gefäßes	Eb 661
– Erweichen der Gefäße	Eb 688
– Lindern der Gefäße	H 103
– Beseitigen einer *bsi*-Geschwulst auf der Brust auf irgendeinem Körperteil	Bln 14
– Kommenlassen des Eiters	Eb 595
– Beseitigen der *ni3*-Krankheit in der Nase	Eb 762
– Beseitigen der *tmit*-Krankheit	H 169
– Gegen Zahnschmerzen wegen der Gebärmutter	Kah 24
– unklare Indikation	Ram V Nr. IV, Nr. VII
Augenbehandlung	Rezept
– Heilmittel für die beiden Augen, das ein Asiat aus Byblos mitgeteilt hat	Eb 422
Rektalzäpfchen	Rezept
– Kühlen des Afters	Eb 163
Genitaltampon	Rezept
– Empfängnisverhütung	Eb 783
Schwangerschaftstest	Rezept
– Teilweise sehr zerstörter Text	Kah 27; Carlsberg II, III, VII
Räuchermittel	Rezept
– Bei einem Schlangenbiss	Brk § 100
– Unklare Indikation der Frauenheilkunde	Kah 20
unklare Applikationsform	Rezept
– Beseitigen der *nsit*-Krankheit (Angabe fehlt im Text)	Eb 755
– Erweichen der *swt*-Gefäße	Ram V Nr. XIX

Die beiden Ausdrücke *ꜥmꜥꜥ n bnr* und *init nt bnr* bezeichnen wohl die Dattelkerne und können hier zusammen behandelt werden.

Innerlich	Rezept
– Entleeren des Bauches	Eb 188 b
– Abführmittel	Eb 189
– Gegen eine Verstopfung des Magens	Eb 199 b, 206
– Töten der Schmerzstoffe im Bauch	Eb 100
– Töten des *ḥfꜣt*-Wurmes	Eb 55; Bln 2; Ram III A 29
– Behandeln des *pnd*-Wurmes	Eb 83
– Behandeln des Herzens und Entfernen der Schmerzstoffe	Eb 233
– Regeln des Harnes	Eb 266
– Beseitigen von Husten (Einzeldroge)	Eb 311
– Beseitigen des *wḥꜣw*-Hautausschlages	Eb 94

Äußerlich	Rezept
– Beseitigen einer Schwellung	Eb 571; H 235; Pap. Leiden rto. XXVI 11
– Holen des Eiters	Eb 557; H 140
– Behandlung jeder schmerzenden Stelle	Bln 25
– Behandlung einer Körperstelle, an der Blut entstanden ist	Eb 725; H 130
– Kühlen der Gefäße	H 250
– Erweichen der Gefäße	Ram V Nr. XVIII
– Kühlen eines Knochen, nachdem er geknüpft ist	H 232
– Wachsenlassen des Haares	Eb 468

bnr wꜣḏ = grüne, unreife Dattel. Das Gleiche bedeutet wohl auch der Ausdruck *bnr tp mwt-f* = Dattel „auf ihrer Mutter".

Innerlich	Rezept
– Veranlassen, dass man ausscheidet	Eb13
– Behandlung von *tꜣw*-Hitze im After	Eb 856 c; Bln 163 c
– Beseitigen von *kꜣpw*-Hitze im After	Bt 23
– Kühlen des Herzens und Afters	Bt 16, 18
– Beseitigen der *ꜥḥw*-Krankheit im Brustraum, Behandlung der Seite, Kühlen des Afters	Bt 14
– Töten des *ḥfꜣt*-Wurmes	Eb 65, 71
– Behandlung des Herzens	Eb 220, 224; H 82; Bln 186
– Regeln des Harnes	Eb 266, 271, 283
– Abwehren der *bꜥꜥ*-Krankheit	Mutt. u. Kind H 7,2

Äußerlich	Rezept
– Erweichen von irgendwelchen Dingen	Eb 641
– Beseitigen von Schwellungen	H 235

Kaumittel	Rezept
– Beseitigen von Geschwüren am Zahn	Eb 746

Rektaleinguss	Rezept
– Beseitigen von *kꜣpw*-Hitze auf dem Herzen	Bt 20

Genitaleinguss	Rezept
– Behandlung eines Geschwürs am Uterus und der Scheide	Eb813,814,816,819

ḫpr ḏs-f n bnr = vergorene oder schlecht gewordene Dattel

Äußerlich	Rezept
– Beseitigen einer *bsi*-Geschwulst auf der Brust, auf irgendeinem Körperteil	Bln 14

bnr šꜣʿ.n-f rd = gekeimte Dattel

Innerlich	Rezept
– Behandeln der Blase	H 62

ḥnn bnr = Pollen oder männliche Blüten der Dattel

Innerlich	Rezept
– Beseitigen von Blut im Bauch	Bln 150
– Beseitigen der Schmerzstoffe und Ausscheiden mit Blut	Bln 187

unklare Produkte der Dattel

Innerlich	Rezept
– Beseitigen von *tꜣw*-Hitze auf dem After	Eb 154
– Behandeln der Schmerzstoffe im Bauch	Bln 154
– Töten der *gḥw*-Krankheit	Eb 333

bnỉw = Dattelsaft oder Dattelsirup, ein Produkt, das nur in den medizinischen Texten genannt wird, und *bnỉw sšr* = getrockneter oder eingedickter Dattelsaft/-sirup.

Innerlich	Rezept
– Mittel für das Ausscheiden	Eb 11
– Für das Stillen des Fressens eines Gefäßes	Eb 662; H 120
– Beseitigen von *inwt*-Krankheitserscheinungen der Schmerzstoffe in den Beinen	Bln 120
Äußerlich	Rezept
– Beseitigen von Schwellung	H 139
– Beseitigen von *ꜣkwt*-Hautblasen	Eb 543
– Beseitigen einer Schwellung und Stillen des Fressens an irgendwelcher Körperstelle	Eb 564; H 126
– Beseitigen einer Anschwellung mit Eiter in der Hals-Schlüsselbein-Region	Eb 859 c
– Erweichen von Steifheit	Eb 670, 674, 680
– Ausstrecken von Verkrümmungen und Erweichen von Steifheit	Eb 689
– Erweichen von *šwt* des Gefäßes	H 119
– Beseitigen von Blutfraß	Eb 723
– Beseitigen von Striemen eines Schlages	Eb 510
– Beseitigen der *ḫnsit*-Krankheit am Kopf	Eb 440, 441
– Beseitigen von Krankheit in der (rechten) Bauchhälfte	Eb 40
– Beschwörung der *tmit*-Krankheit	L 10
– Zerstörte Indikation	H 246

In die Nase einführen	Rezept
– Heilmittel gegen Schnupfen (Einzeldroge)	Eb 761

ḫpr ḏs-f n bniw und *ḫpr n bniw* = vergorener Dattelsaft oder -sirup

Äußerlich	Rezept
– Behandlung jeder schmerzenden Stelle	Eb 245; H 73
– Stillen des Fressens	Eb 589
– Gegen Blutfraß und Stillen des Fressens	Eb 592
– Beseitigen von Blut, das im Innern der Körperoberfläche frisst	Eb 722
– Gegen geschwollene Füße	Eb 561
– Beseitigen von Lahmheit	Eb 607
– Erweichen des Knies	Eb 608
Fehlende Applikationsangabe	Rezept
– Beseitigen der *nsit*-Krankheit	Eb 755

bniw msš und *bniw mšš* = unklare Produkte

Innerlich	Rezept
– Für das Veranlassen, dass alles abgeht, das im Leib einer Frau ist	Eb 799
Äußerlich	Rezept
– Frauenheilkunde, zerstörte Indikation	Kah 17
– Unklare Indikation	Bln 25

srmt = ein aus Datteln hergestelltes Getränk. Das Wort bezeichnet ebenso den Pressrückstand der Datteln. Die ausgepresste Flüssigkeit wird *mw nw srmt* genannt.

Innerlich	Rezept
– Beseitigen des *ḥfꜣt*-Wurmes im Bauch	Eb 54
– Herausholen des *wḥꜣw*-Hautausschlages aus dem Bauch	Eb 92
– Beseitigen von Zauber und *ꜥꜣꜥ*-Giftstoffen im Bauch	Eb 169
– Brechen der Schmerzstoffe im Bauch	H 26
– Beseitigen des Hustens	Eb 317; Bln 34
Äußerlich	Rezept
– Veranlassen, dass die Gefäße ein Heilmittel annehmen	Eb 643
– Lösen von Versteifungen an irgendeiner Körperstelle	Eb 665, 667, 668
– Lindern der Gefäße der Unterschenkel, Beseitigen von Schwellungen	Bln 122
– Beseitigen von Schwellungen in den Beinen	Bln 130
– Gegen eine Anschwellung mit Eiter in der Hals-Schlüsselbein-Region	Eb 859 c
Zerstörte Applikationsform	Rezept
– Geburtsprognose	Carlsberg VII
– Beseitigen von Hitze im Unterleib	Eb 177

srmt ḫprt = vergorene *srmt*-Dattelflüssigkeit

Äußerlich	Rezept
– Behandlung einer Verbrennung	Eb 482 b

šfw n srmt = Bodensatz der *srmt*-Dattelflüssigkeit

Äußerlich | Rezept
– Heilmittel gegen eine Blutgeschwulst | Eb 735

dbi nw srmt nḏm = unbekanntes Produkt der *srmt*-Dattelflüssigkeit

Rektaleinguss | Rezept
– Für ein Gefäß, das von selbst zuckt und Brechen der Schmerzstoffe | Bln 177, 178

pẖẖ n srmt = unbekanntes Produkt der *srmt*-Dattelflüssigkeit

Äußerlich | Rezept
– Veranlassen, dass die Gefäße ein Heilmittel aufnehmen | H 112

DEUTUNGSVORSCHLÄGE:
bnrt bezeichnet den Baum Dattelpalme und *bnr* die Frucht Dattel[2].

BEMERKUNGEN:
Von der Dattel wurden zahlreiche verschiedene Produkte in der Medizin verwendet. Dabei waren viele sicherlich vor allem süße Heilmittelgrundlagen, ohne eigene große pharmazeutische Wirkung.

[1]Siehe dazu Germer, Arzneimittelpflanzen, S. 514 f.; [2]Baum, Arbres et arbustes, S. 90 f.

bḥḥ 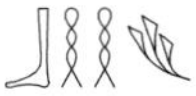

INDIKATION DER REZEPTUR:
mnit nt bḥḥ = Wurzel der *bḥḥ*-Pflanze

Innerlich | Rezept
– Für das in Ordnung bringen von Harn des Überflusses | Eb 264

DEUTUNGSVORSCHLÄGE: -

bẖb 

INDIKATION DER REZEPTUR:
ẖr bẖb = unbekannter Teil des *bẖb*-Baumes/Strauches

Innerlich | Rezept
– Töten des *ḥfꜣt*-Wurmes im Bauch | Bln 5

DEUTUNGSVORSCHLÄGE: -

bsbs 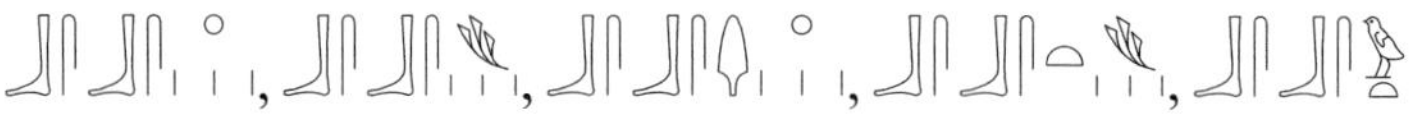

INDIKATION DER REZEPTUREN:
bsbs ohne weiteren Zusatz

Innerlich | Rezept
– Beseitigen der (dämonischen) *nsit*-Krankheit in den beiden Augen | Eb 751
– Beseitigen der (dämonischen) *nsit*-Krankheit im Manne | H 209
– Beseitigen der (dämonischen) *nsit*-Krankheit im Bauch | H 211

Äußerlich	Rezept
– Beseitigen des *wḥ3w*-Hautausschlages	Eb 106, 110, 112
– Beseitigen des *wḥ3w*-Hautausschlages im Körper	Eb 114
– Beseitigen des *wḥ3w*-Hautausschlages im Bauch	Eb 90
– Für das Gesundmachen der Fesselgelenke, wenn sie schmerzen	Eb 614
– Beseitigen von Schwellungen in den beiden Beinen	Bln 135
– Für die Weichheit eines Gefäßes	Eb 663
Kaumittel	Rezept
– Beseitigen von Geschwüren an den Zähnen	Eb 554,747
Genitalzäpfchen/-einguss	Rezept
– Lösen eines Kindes aus dem Bauch der Frau	Eb 802
– Herausziehen des Blutes bei einer Frau	Eb 830
Rektaleinguss/-zäpfchen	Rezept
– Für ein Gefäß, wenn es von selbst zuckt, schwierig ist das Gehen, Brechen der Schmerzstoffe	Bln 175
– Für eine Quetschung von *bnwt*-Geschwüren	Bt 6
Räuchermittel	Rezept
– Beseitigen des *ꜥ3ꜥ*-Giftstoffes eines Gottes, des *mtwt*-Giftstoffes eines Toten, Beseitigen der Flucht des Herzens	Bln 58

prt bsbs = Frucht/Same der *bsbs*-Pflanze

Nur in einem Rezept wird ausdrücklich die Frucht oder der Same genannt. Da aber in anderen Rezepturen *bsbs* teilweise mit  determiniert wird, ist möglicherweise auch dort die Frucht oder der Same gemeint.

Äußerlich	Rezept
– Gegen die Nägel der Zehen mit einer Wunde von offener Öffnung	H 184

DEUTUNGSVORSCHLÄGE:

Schon Keimer[1] widerlegte die von Loret[2] angegebene Identifizierung als Fenchel (Foeniculum vulgare L. = Anethum foeniculum L.), der bisher für das pharaonische Ägypten nicht durch Funde belegt ist.

BEMERKUNGEN:

Bei *bsbs* wird es sich vermutlich um einen Strauch oder eine größere Pflanze handeln, da diese Pflanze teilweise mit  determiniert ist. Bevorzugt wird sie bei Hauterkrankungen oder Geschwüren und Wunden verordnet. Möglicherweise hatte sie eine Wirkung auf den Uterus, da sie zum „Lösen des Kindes im Bauch" eingesetzt wurde und als einzige Wirkdroge neben Honig, Milchfett und Bier zur Anregung der Menstruation.

[1]Keimer, Gartenpflanzen I, S. 150; [2]Loret, Flore, S. 71, Nr. 121.

bš3

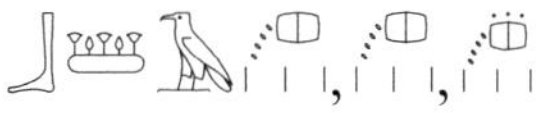

INDIKATION DER REZEPTUREN:

nsti n bš3 = unbekannter Teil von *bš3*, möglicherweise Getreidekeimlinge

Äußerlich	Rezept
– Beseitigen einer Schwellung und Stillen des Fressens an irgendeiner Körperstelle	Eb 556
– Bessern (des Zustandes) der Gefäße der Schulter	Eb 650
– Gegen ein Gefäß, wenn es herumschnellt	Eb 682
– Beseitigen von Schwellung in den beiden Beinen	Bln 135

DEUTUNGSVORSCHLÄGE:

Über *bšꜣ* hat zuletzt zusammenfassend Falting[1] gearbeitet, indem sie alle bisherigen Deutungen kritisch untersuchte und auch die Fundsituation von Getreide mit einbezog. Sie kommt zu dem Ergebnis, dass es sich bei *bšꜣ* um Malz, d.h. gekeimtes, getrocknetes Getreide handelt, wobei es sich jedoch nicht entscheiden lässt, ob es aus Gerste- oder Emmerkörnern hergestellt wurde.

[1]Faltings, in: GM 148, 1995, S. 35 f.

bdt Emmer (Triticum turgidum L. subsp. dicoccum (Schrank) Thell.)

INDIKATION DER REZEPTUREN:

bdt ohne Zusatz, *ꜥmꜥꜥ n bdt* = Emmerkorn und *dḳw n ꜥmꜥꜥ n bdt* = Mehl des Emmerkornes können zusammengefasst werden.

Äußerlich	Rezept
– Erweichen der Gefäße der Zehe	Eb 648
– Lösen von Versteifung	Eb 666
– Kommenlassen des Eiters	Eb 595
– Herausholen des Wassers aus der Schwellung	Eb 568, 572
– Beseitigen einer *bsi*-Geschwulst	Bln 14
– Knüpfen eines Knochens, wenn er gebrochen ist	H 12
– Beseitigen der *tmit*-Krankheit	H 168
– Behandlung der *ꜥẖw*- und *smn*-Krankheit	Pap. Leiden rto. III 2-IV 9
– Lösen des Kindes im Bauch	Eb 800
– Schwangerschaftstest	Bln 199; Carlsberg III
Zerstörte Indikation	Ram V Nr. 9
Zerstörter Text (*bdt ꜥnḫt*)	Ram III B 8

bdt ḥḏt = weißer Emmer. Vermutlich ist hier tatsächlich ein heller Emmer gemeint und nicht eine andere Pflanze, denn das für die gleiche Indikation aufgeführte Rezept Eb 595 verordnet Mehl vom Emmerkorn.

Äußerlich	Rezept
– Holen des Eiters	Eb 560

bdt kmt = schwarzer Emmer. Was diese Farbangabe des Emmers bedeutet, ist unklar. Vom Emmer gibt es verschieden farbige Varietäten, von ganz hell bis dunkel violett. Beim „schwarzen Emmer" könnte es sich entweder um eine dieser dunklen Varietäten handeln oder auch um ein ganz anderes Pflanzenprodukt, das nur wie ein schwarzes Emmerkorn aussieht. Auffallend ist seine innerliche Verordnung als Einzeldroge in H 51 im Gegensatz zu der ansonsten nur äußerlichen des Emmer. Das Mutterkorn (Claviceps purpurea), wie es Brunner-Traut überlegt[1], ist sicherlich nicht damit gemeint. Es wächst vor allem auf Roggen, ist aus dem Alten Ägypten bisher noch nicht belegt, man kann kein Brot daraus backen, wie es im CT III 134 d/e erwähnt ist und außerdem wäre die in H 51 verordnete Menge von 20 ro tödlich.

Innerlich	Rezept
– Behandeln des Herzens	H 51

ṯhf.ti n bdt kmt = unbekannter Teil des schwarzen Emmers

Äußerlich	Rezept
– Für das Wachsenlassen des Haares	H 145

DEUTUNGSVORSCHLÄGE:
bdt bezeichnet den Emmer.

BEMERKUNGEN:
Emmer war eines der Grundnahrungsmittel im Alten Ägypten. Deshalb ist es erstaunlich, dass er in der Heilkunde nur äußerlich angewandt wurde. Dabei ist ein deutlicher Schwerpunkt in der Behandlung von entzündeten Wunden oder Geschwüren zu erkennen.

[1] Brunner-Traut, in: GM 25, 1977, S. 47 f.

bdd 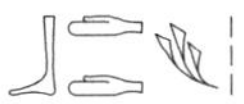

INDIKATION DER REZEPTUREN:
bdd ohne weiteren Zusatz

Innerlich	Rezept
– Um das Gift jeder *sḫtf*-Schlange herauszutreiben	Brk § 46k
– Für den Durst eines Mannes, der von einer Schlange jeglicher Art gebissen ist	Brk § 71a

Äußerlich	Rezept
– Für den Biss jeder *sḫtf*-Schlange und der *mʿdi*-Schlange	Brk § 50b
– Für den Biss einer Schlange von kleiner Größe	Brk § 77c
– Für den Biss einer Giftschlange	Brk § 95c

mw n bdd = „Wasser“ der *bdd*-Pflanze

Äußerlich	Rezept
– Für den Biss einer Viper	Brk 51c

DEUTUNGSVORSCHLÄGE: -

BEMERKUNGEN:
Die *bdd*-Pflanze wird nur im Schlangenpapyrus (Brk) erwähnt. Vielleicht handelt es sich um eine saftreiche Pflanze, da ihr „Wasser“ aufgeführt ist.

bddw-k3 „Kugeln des Seth-Stieres“-Pflanze

Indikation der Rezepturen:

Innerlich	Rezept
– Beseitigen der *nsit*-Krankheit	Bln 155
Äußerlich	Rezept
– Für die Weichheit eines Gefäßes	Eb 663
– Für das Erweichen einer Schwellung des Gefäßes	Eb 660; H 117+118
– Behandlung von Schleimstoffen	Eb 856 f.; Bln 163
– Beseitigen einer Verstopfung im Magen	Eb 208, 213
– Beseitigen von Entzündung	Bln 83
– Zerbrechen der Erhebungen (und) holen des Eiters	Eb 858
– Beseitigen von Zittern in den Fingern	H 205
Rektalzäpfchen	Rezept
– Beseitigen von *t3w*-Hitze auf dem After (und) auf der Blase, für einen der viele Winde lässt, ohne dass er es (zu verhindern) weiß	Eb 139
Geburtsprognose	Rezept
– Innerlich	Bln 193
– Genitaleinguss	Bln 194
Zerstörter Text	Ram IV C 11

Deutungsvorschläge:

Als mögliche Deutung der Pflanze *bddw-k3* wurde aufgrund der Ähnlichkeit mit der arabischen Bezeichnung „Battich“ für die Wassermelone die Citrullus lanatus (Thunb.) Mats. & Nakai vorgeschlagen[1]. Keimer[2] lehnte diese sprachliche Ableitung jedoch ab. Auch passt die überwiegend äußerliche Anwendung nicht gut zur heutigen medizinischen Verwendung der Wassermelone.

Bemerkungen:

Die Schreibung  in Bln 163 sieht Grapow[3] als eine Verkürzung von *bddw-k3* an, da dieses im Parallelrezept Eb 856 f steht und ebenso Bln 83. Es besteht wohl kein Zusammenhang zu der ausschließlich im Schlangenpapyrus (Brk) genannten *bdd*-Pflanze (siehe dort).

Aus den Texten lässt sich nur wenig zu dieser Pflanze sagen. Außerhalb der medizinischen Rezepturen ist sie kaum erwähnt und spezielle Teile von ihr sind nicht aufgeführt. Die pharmazeutische Anwendung ist unspezifisch, auffallend ist nur ihre Beziehung zur Fruchtbarkeit der Frau. Nach dem Papyrus Jumilac[4] ist sie aus dem Samen des Seth entstanden und Westendorf[5] hält deshalb eine Übersetzung von *bddw-k3* als Kugeln (Hoden) des Seth-Stieres für möglich. Dazu passt auch, dass sie in den beiden Schwangerschaftsprognosen als Einzeldroge in Muttermilch angewendet wird.

[1]Charpentier, Receuil, S. 282, Nr. 446; Loret, Flore, S.73, Nr. 125; [2]Keimer, Gartenpflanzen I, S. 133; [3]Grapow, Drogenwörterbuch, S. 190; [4]J. Vandier, Le Papyrus Jumilac, Paris 1961; [5]Westendorf, Handbuch, S. 498.

p3ʿrt 

INDIKATION DER REZEPTUR:

Äußerlich	Rezept
– Für das Gesundmachen des Kopfes, wenn er schmerzt	Eb 257

DEUTUNGSVORSCHLÄGE: -

p3ḫ 

INDIKATION DER REZEPTUR:

Äußerlich	Rezept
– Für das Beseitigen des Hautausschlages (*wḥ3w*) im Körper des Mannes	Eb 114

DEUTUNGSVORSCHLÄGE: -

p3ḫ-srit 

INDIKATION DER REZEPTUREN:

Innerlich	Rezept
– Behandlung einer Verstopfung des Magens	Eb 188
Genitaleinguss	Rezept
– Anregung der Menstruation	Eb 829

DEUTUNGSVORSCHLÄGE: -

ppt 

INDIKATION DER REZEPTUREN:

Äußerlich	Rezept
– Gegen Dämonen	Bln 104, 105

DEUTUNGSVORSCHLÄGE: -

prt-šni **„Haarfrucht"-Pflanze**

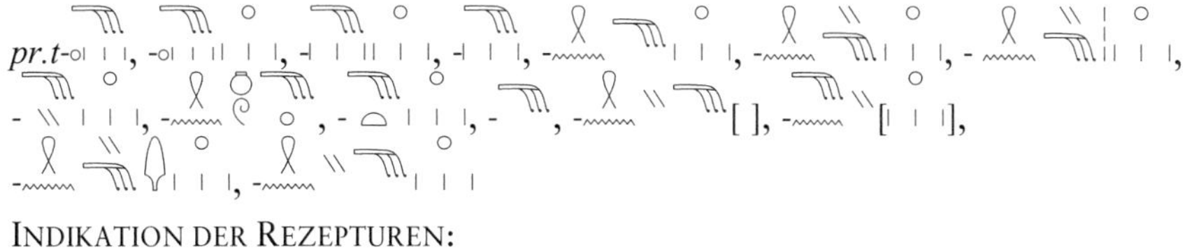

INDIKATION DER REZEPTUREN:

Innerlich	Rezept
– Beseitigen von Zauber(kräften) im Bauch des Mannes	Eb 167, 173; H 36, 54
– Beseitigen des ʿ3ʿ-Giftsamens im Bauch (und) im Herzen	Eb 222; H 80, 86
– „Schnell-wirkender-Belebungstrank" für das Beseitigen (der Einwirkung) eines Toten im Bauch	Eb 232

– Beseitigen von irgendeiner Krankheit im Bauch	Eb 41, 42
– Töten der Schmerzstoffe im Bauch	Eb 101
– Für das Entleeren des Bauches	Eb 23
– Für das Veranlassen, dass man abführt	Eb 29
– Für das Öffnen des Bauches	Eb 34
– Für einen Mann mit einer Verstopfung	Eb 190
– Für einen Mann mit einer Verstopfung seines Magens	Eb 193, 198
– Für einen Mann mit einer Verstopfung seiner linken (Bauch-)Hälfte	Eb 204
– Für den Magen	Eb 216
– Für das Aufhörenlassen von Ausscheidungen	Eb 48
– Für das Beseitigen von *tꜣw*-Hitze auf dem After	Eb 154
– Für das Veranlassen, dass Schleimstoffe jeder Art abgehen	Bln 138
– Für das in Ordnung bringen von Harn des Überflusses	Eb 264
– Für das Regeln des Harns	Eb 271, 283; H62
– Für das Beseitigen von Fortlaufen des Harns	Eb 276, 281
– Für eine Frau, die am Harn leidet	Kah 10
– Beseitigen des Umherziehens von *tꜣw*-Hitze auf der Blase	H 70
– Für das Kühlen des Herzens, das Kühlen des Afters, das Beleben der Gefäße	Bt 18
– Beseitigen aller schlechten Dinge im Herzen	Bln 115, 116
– Für das Behandeln der Leber	Eb 478
– Beseitigen eines Blutnestes	Eb 593; H 143
– Für *kmt*-Erscheinungen der Gebärmutter	Kah 16
– Unklare Indikation	Bln 204; Bt 34
Äußerlich	Rezept
– Für eine Verbrennung	Eb 485, 488, 498
– Für das Knüpfen eines Knochens, wenn er gebrochen ist	H 222
– Holen des Wassers in einer *ẖsd*-Geschwulst	H 133
– Beseitigen von Schwellung in der Zehe	H 201
– Für eine Quetschung von *bnwt*-Geschwüren, das Beseitigen von *tꜣw*-Hitze auf seinem After, auf der Blase, auf dem *sꜥḳ-mšꜣt*-Körperteil	Bt 10
– Für das Erweichen der Gefäße	Eb 649; H 107, 228
– Bessern (des Zustandes) der Gefäße an irgendeiner Körperstelle	Eb 651
– Für das Töten [...] im Bauch	Pap. Louvre E 4864 1,4-5; 1,8-9
– Für die Weichheit eines Gefäßes	Eb 663
– Beseitigen von *twꜣ.w*-Erhebungen	Ram IV C 8-10
– Beseitigen des *wḫꜣw*-Hautausschlages	Eb 116
– Beseitigen des Geruchs von Ausdünstung im Sommer	H 31, 150
– Für den Blutfraß (und) das Stillen des Fressens	Eb 592
– Beseitigen des Fressens in den beiden Beinen	Eb 615
– Gesundmachen der Fesselgelenke, wenn sie schmerzen	Eb 614
– Wachsenlassen der Haare bei einer Wunde	Eb 472

– Beseitigen von Schmerzen am Kopf	Eb 247; H 75
– Für die *ꜥḫw*-Krankheit	Pap. Leiden vs. III 1-IV 8
– Unklare Behandlung einer Frau	Kah 13
– Unklare Indikation	H 135; Pap. Leiden vs. XIX
Brechmittel	Rezept
– Beseitigen von *srft*-Entzündung	Bln 107, 108
Augenbehandlung	Rezept
– Beseitigen von *tꜣw*-Hitze in den beiden Augen (Einzeldroge)	Eb 361
Rektalzäpfchen/-einguss	Rezept
– Für Fälle von Ausscheiden	Eb 26
– Kühlen des Afters	Eb 140
– Bessern (des Zustandes) des Afters	Eb 164
– Beseitigen von *tꜣw*-Hitze	Bt 30
Räuchermittel	Rezept
– Beseitigen des *ꜥꜣꜥ*-Giftstoffes eines Gottes, des *mtwt*-Giftstoffes eines Toten, Flucht des Herzens	Bln 61
– Für den Geruch des Hauses oder der Kleider	Eb 852

DEUTUNGSVORSCHLÄGE:

Ebbell und Lefebvre übersetzen *prt šni* mit Pinie (Pinus pinea L.)[1].

BEMERKUNGEN:

Im Grab des Nianchchnum und Chnumhotep aus der 5. Dynastie ist die Ernte von *prt-šni*-Früchten dargestellt[2]. Danach handelt es sich um die Früchte eines kleinen Baumes oder Strauches. Sie sind von rot-gelber Farbe und entsprechen in der Größe etwa Weinbeeren oder Wacholderbeeren. Eingeführt wurde *prt-šni* aus dem Ostmittelmeerraum, Eb 361 nennt Byblos als Herkunftsort. Auch in der Grabdarstellung findet sich *prt-šni* als Produkt des Fremdlandes, zusammen mit Wacholderbeeren, die ebenfalls aus Palästina eingeführt wurden, da der Baum in Ägypten nicht wuchs.

Bei der medizinischen Nutzung von *prt-šni* lässt sich für die innerliche Verordnung ein eindeutiger Schwerpunkt bei der Behandlung des Bauches mit abführender Wirkung und dem Regeln des Harnes feststellen. Äußerlich verabreicht fällt eine häufigere Nutzung bei Wunden und Geschwüren o. ä. auf. Vermutlich hatte *prt-šni* auch einen intensiven Geruch.

Trotz dieser erkennbaren Eigenschaften und dem bezeichnenden Namen „Haarfrucht" ist eine Identifizierung zur Zeit nicht möglich.

Weder der Name „Haarfrucht" noch die Darstellungen unterstützen die Deutung Pinie. Deren Samen haben auch keine spezielle pharmazeutische Wirkung.

[1]Grapow, Drogenwörterbuch, S. 201; [2]Ahmed M. Moussa und Hartwig Altenmüller, Das Grab des Nianchchnum und Chnumhotep, AV 21, Abteilung Kairo, Mainz 1977, Abb. 15.

pẖt-ꜥ3 „Esels-Ausscheidung“-Pflanze

INDIKATION DER REZEPTUREN:

Innerlich	Rezept
– Für das Töten der *gḥw*-Krankheit	Eb 334

Äußerlich	Rezept
– Für den Biss jeder Schlange	Brk § 61a

DEUTUNGSVORSCHLÄGE: -

psḏ (Pflanzlich ?)

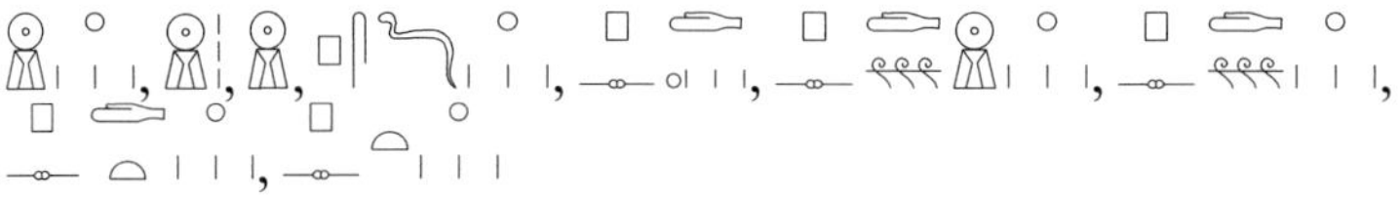

INDIKATION DER REZEPTUREN:

psḏ ohne weiteren Zusatz, *psḏ nḏ* = zerriebenes *psḏ*, *dḳw n psḏ* = Mehl von *psḏ* und *psḏ ps ḥr ḳd* = *psḏ* ganz und gar gekocht werden zusammengefasst behandelt.

Innerlich	Rezept
– Für das Beseitigen einer Krankheit, die entstanden ist infolge eines *ḥf3t*-Wurmes und/oder infolge eines *pnd*-Wurmes	Eb 66
– Für das Töten der Schmerzstoffe	Eb 98
– Beseitigen von Zauber (und) von ꜥ3ꜥ-Giftsamen eines Gottes (und) eines Toten im Bauch des Mannes	Eb 173
– Beseitigen des ꜥ3ꜥ-Giftsamens im Bauch (und) im Herzen	Eb 222; H 80
– Für eine Verstopfung in seiner linken (Bauch-)Hälfte	Eb 204
– Brechen der Schmerzstoffe im Bauch	Bln 157
– Beseitigen von Schleim des Kindes	Ram IV C 6

Äußerlich	Rezept
– Erweichen von Steifheit an irgendeiner Körperstelle	Eb 671, 673, 677, 678
– Erweichen der *štw*-Gefäße	Ram V Nr. XVII, XIX
– Erweichen von irgendwelchen Dingen	Eb 640
– Für die Weichheit eines Gefäßes	Eb 663
– Für das Kühlen der Gefäße	Eb 693
– Behandeln der rechten Hälfte (des Bauches) durch/mit Ausfluss	Eb 758
– Beseitigen von *tw3.w*-Erhebungen	Ram IV C 8-10
– Beseitigen von *swt* im Finger	H 204
– Unklare Indikation	Bln 28

Unklare Applikationsform	Rezept
– Beseitigen der *tmỉt*-Krankheit	L 7

gs.wỉ n psḏ = „die beiden Seiten“ von *psḏ*, ein unklarer Tei von *psḏ*

Innerlich	Rezept
– Töten der Schmerzstoffe in allen Körperteilen	H 42, 46
– Töten der Schmerzstoffe im Bauch	Eb 100
– Für *ỉnwt*-Erscheinungen der Schmerzstoffe in den Spitzen seiner beiden Arme	Bln 162
– Beseitigen von *ỉnwt*-Krankheitserscheinungen der Schmerzstoffe in den beiden Beinen	Bln 120
– Beseitigen von Schleimstoffen in seinen beiden Seiten	Bln 48
– Für ein Nest des Umherziehens von *tꜣw*-Hitze	Bln 155

Äußerlich	Rezept
– Für das Kühlen der Gefäße	Eb 693; H 121

psḏ n ỉwrỉt = *psḏ* von *ỉwrỉt*, ein unklarer Ausdruck. In diesem Produkt wird *psḏ* als Teil der *ỉwrỉt*-Pflanze genannt, möglicherweise ist diese Stelle fehlerhaft[1]

Äußerlich	Rezept
– Beseitigen einer Schwellung (und) Stillen des Fressens im Knie	Eb 591

DEUTUNGSVORSCHLÄGE:

Wegen der häufigen innerlichen Verordnung von *psḏ* gegen Schmerzstoffe sahen Ebbell und Lefebvre in dieser Substanz das Bilsenkraut (Hyoscyamus sp.), eine Identifizierung, die schon Dawson ablehnte[2]. Westendorf[3] vermutet in *psḏ* die Bezeichnung für Hülse, da es häufig vor zwei anderen, möglicherweise als Hülsenfrüchte zu deutenden Pflanzen *ḏꜣrt*-Johannisbrot (?) und *tḥwꜣ*-Erbse (?) in den Rezepturen aufgeführt ist und einmal als Teil der *ỉwrỉt*-Langbohne. Außerdem passt die Bezeichnung „die beiden Seiten“ zur Hülse von Leguminosen. Da aber die Identifizierung aller drei Hülsenfrüchte außerordentlich unsicher ist (siehe unter den entsprechenden Bezeichnungen), sind seine Überlegungen nicht belegbar.

BEMERKUNGEN:

psḏ ist durch keinerlei pflanzliches Determinativ oder die Nennung eines speziellen botanischen Teiles als pflanzliche Droge bestimmt. Eine Identifizierung ist nicht möglich.

[1]Grapow, Drogenwörterbuch, S. 207; [2]Grapow, Drogenwörterbuch S. 206 f.; [3]Westendorf, in: GM 155, 1998, S. 109-112.

mꜣꜣ 

INDIKATION DER REZEPTUR:

prt mꜣꜣ = Frucht/Same des *mꜣꜣ*-Baumes/Strauches

Äußerlich	Rezept
– Zerstörte Indikation	Ram V Nr. VIII

DEUTUNGSVORSCHLÄGE: -

m3ft 

INDIKATION DER REZEPTUR:

drd n m3ft = Blatt des *m3ft*-Baumes/Strauches

Äußerlich	Rezept
– Für das Gesundmachen der Fesselgelenke (*sst*), wenn sie schmerzen	Eb 614

DEUTUNGSVORSCHLÄGE: -

m3tt/ m3tt **Wilder Sellerie (Apium graveolens L. var. graveolens)**

INDIKATION DER REZEPTUREN:

m3tt ohne weitere Angabe = vermutlich das Selleriekraut

Innerlich	Rezept
– Beseitigen der ꜥ3ꜥ-Giftsamen auf dem Herzen	Eb 227, 228, 236, 237
– Töten der *gḥw*-Krankheit	Eb 334
– Veranlassen, dass das Herz Speise annimmt	Eb 291
– Mittel zur Empfängnisverhütung	Bln 192
– Zerstörte Indikation	Pap. Beatty XV 5-8

Äußerlich	Rezept
– Behandeln der Wunde einer Verbrennung	Eb 487; L 39
– Salbmittel für das Beseitigen einer Entzündung	Bln 87
– Beseitigen eines Blutnestes	Eb 594
– Für das Erweichen des Gefäßes des Knies	Eb 634
– Behandlung eines Gefäßes, wenn es herumschnellt	Eb 681
– Beseitigen von Schwellung eines Gefäßes	H 113
– Salbölmittel für das Beseitigen des *wḥ3w*-Hautausschlages	Eb 111, 112
– Salbmittel für das Beseitigen des Schattens eines Gottes, eines Toten	Bln 94
– Zerstörte Indikation	H 135; Ram V Nr. VIII

Ohrmittel	Rezept
– Beseitigen von Druck im Ohr	Bln 200

Kaumittel	Rezept
– Beseitigen von Geschwüren an den Zähnen	Eb 555
– Für das Festmachen der Zähne	Eb 748
– Behandeln einer schmerzenden Zunge	Eb 701

Augenbehandlung	Rezept
– Beseitigen von *t3w*-Hitze in den beiden Augen (an die Schläfe gegeben) (Einzeldroge)	Eb 363
– Beseitigen von Blut auf den Augen	Eb 352
– Kühlen der Augen	Ram III A 26

Rektaltampon	Rezept
– Behandlung einer „Verschiebung" im After	Eb 145
Genitaleinguss	Rezept
– Kühlen des Uterus	Eb 822

mꜣtt mḥit = Sellerie des Nordens. Es ist unklar, ob hiermit nur eine spezielle Herkunft des Sellerie bezeichnet wird, oder eine andere Pflanze. In drei Rezepturen, Eb 209, Eb 282 = H 68 und Bln 157 wird dieser Sellerie jeweils neben dem *mꜣtt ḫꜣst* = Sellerie der Wüste (des Berglandes) genannt.

Innerlich	Rezept
– Beseitigen des ꜥꜣꜥ-Giftsamens im Bauch	Eb 226, 231
– Behandeln einer Verstopfung in der rechten (Bauch)-Hälfte	Eb 209
– Brechen der Schmerzstoffe im Bauch	Bln 157
– Heilmittel für das Zusammenhalten des Harns	Eb 282; H 68
Äußerlich	Rezept
– Heilmittel für Schwärzen einer Verbrennung (Einzeldroge)	Eb 502
– Behandeln der rechten Hälfte (des Bauches)	Eb 758

mꜣtt ḫꜣst = Sellerie der Wüste (des Berglandes). Hierbei kann es sich nicht, wie vorgeschlagen, um die Petersilie (Petroselinum crispum (Mill.) Nym.) handeln, da diese Pflanze erst im Mittelalter in Europa in Kultur genommen wurde[1]. Auch für die Pithuranthos tortuosus (Desf.) Benth., wie von Loret[2] angenommen, gibt es keinen Beleg.

Innerlich	Rezept
– Behandlung einer Verstopfung in der rechten Hälfte (des Bauches)	Eb 209
– Töten der Schmerzstoffe im Bauch	Bln 153
– Brechen der Schmerzstoffe im Bauch	Bln 157
– Heilmittel für das Zusammenhalten des Harns	Eb 282; H 68

prt mꜣtt = Frucht/Same des Sellerie

Innerlich	Rezept
– Beseitigen (der Einwirkung) eines Toten im Bauch	Eb 182
Äußerlich	Rezept
– Für das Erweichen des Knies	Eb 610
– Erweichen eines Gelenkes	Eb 655; H 124
– Erweichen von Steifheit	Eb 675, 677

ꜥr n mꜣtt = unbekannter Teil des Sellerie

Äußerlich	Rezept
– Behandlung eines Blutnestes im Magen	Eb 198

DEUTUNGSVORSCHLÄGE:

Bereits Loret[2] hat das Wort *mꜣtt/mꜣṯt* als Sellerie gedeutet, eine Identifizierung, die auch heute noch von Aufrère[3] in einer ausführlichen Bearbeitung geteilt wird. Die von Daumas[4] und Edel[5] vorgeschlagene Gleichsetzung mit dem Sodomsapfel (Calotropis procera Ait.) hält er nicht für überzeugend.

BEMERKUNGEN:
Die medizinischen Texte zeigen den Einsatz des Sellerie als Diuretikum, beruhigendes Mittel auf den Magen- Darmbereich, und auch seine Wirkung auf den Uterus wurde genutzt. Die hautreizende Wirkung der ätherischen Öle kommt in den Rezepturen zur Erweichung von Steifheit zum Einsatz und die desinfizierende bei der Behandlung von Wunden und Hautkrankheiten, auch im Mundbereich.

[1]Charpentier, Receuil, S. 320, Nr. 501; Wolfgang Franke, Nutzpflanzenkunde, Stuttgart 1976, S. 348; [2]Loret, in: RecTrav 16, 1894, S. 4 f.; [3]Aufrère, in: BIFAO 86, 1986, S. 9 f.; [4]Daumas, in: BIFAO 56, 1957, S. 59 f.; [5]Edel, in: ZÄS 96, 1970, S. 9 f.

mimt 

INDIKATION DER REZEPTUREN:
mimt ohne weiteren Zusatz

Innerlich	Rezept
– Behandlung der *sr*-Krankheit	Eb 780

g3bt nt mimt = Blatt der *mimt*-Pflanze

Äußerlich	Rezept
– Behandlung der *sr*-Krankheit	Eb 781

DEUTUNGSVORSCHLÄGE: -

mimi 

INDIKATION DER REZEPTUREN:
Aus pharmazeutischer Sicht können *mimi* ohne Zusatz und seine Zubereitungsarten *dḳw n mimi* = Mehl von *mimi*, *mimi nḏ* = *mimi* zerrieben, *mimi snwḫ* = *mimi* gekocht, *mimi nḏ snwḫ* = *mimi* zerrieben und gekocht, *dḳw n mimi snwḫ* = gekochtes Mehl von *mimi*, *mimi ʿwg* = *mimi* gedörrt und *mw n mimi* = „Wasser" von *mimi* zusammen behandelt werden.

Innerlich	Rezept
– Beseitigen des Hustens	Eb 318, 322, 323
– Beseitigen von Zauber(kräften) und von *ʿ3ʿ*-Giftsamen eines Gottes (und) eines Toten im Bauch	Eb 173, 174
– Schnell-wirkender-Belebungtrank für das Beseitigen (der Einwirkung) eines Toten im Bauch, Beseitigen des *ʿ3ʿ*-Giftsamens eines Gottes, eines Toten	Eb231
– Schnell-wirkender Belebungstrank für das Beseitigen des *ʿ3ʿ*-Giftsamens im Bauch (und) im Herzen	Eb 239
– Beseitigen aller schlechten Dinge im Herzen	Bln 115
– Beseitigen des Umherziehens von *t3w*-Hitze auf der Blase	H 70
– Behandeln des Brustraumes, das Kühlen des Herzens, das Kühlen des Afters, Beseitigen aller ihrer *t3w*-Hitze	Bt 16
– Zur Kühlung (bei Verstopfung der linken (Bauch-) Hälfte	Eb 204

– Heilmittel für die Schamgegend, wenn sie schmerzt	H 88
– Für Verstopfung des Magens	Eb 199, 203, 215
– Beseitigen des *wḥ3w*-Hautausschlages	Eb 125
– Für den Durst eines Mannes, der von irgendeiner Schlange gebissen ist	Brk § 71a
– Herstellung von grünem Öl	Bln 186
– Zerstörte Indikation	Pap. Beatty XV 5-8
Äußerlich	Rezept
– Beruhigen der Gefäße	H 105, 108
– Lindern der Gefäße	H 230
– Erweichen von *šwt* der Gefäße	Ram V Nr. XIV
– Kühlen eines Knochens, nachdem er geknüpft ist	H 226, 234
– Gesundmachen einer Wunde	Eb 130
– Wachsenlassen der Haare bei einer Wunde	Eb 472
– Für das Herausholen des Wassers einer Schwellung	Eb 572
– Für das Kühlen und Beseitigen einer Schwellung	Eb 582
– Beseitigen von Schwellung in den beiden Beinen	Bln 125
– Beseitigen der Schmerzstoffe	Eb 121
– Zerbrechen der Schmerzstoffe	Eb 129
– Beseitigen von Zittern an irgendwelchen Körperstellen	Eb 625, 626
– Beseitigen des *wḥ3w*-Hautausschlages	Eb 109
– Beseitigen von *t3w*-Hitze im Unterleib	Eb 175
– Kühlen des Afters	H 93
– Behandeln der rechten Hälfte (des Bauches) durch/mit Ausfluss	Eb 759
– Beseitigen von *tp3.w* am Kopf	Eb 712; H 17
– Heraustreiben jedes Schmerzes des Mannes, der gebissen ist (von einer Schlange)	Brk § 83
– Unklare Indikation	Bln 23
Zahnbehandlung	Rezept
– Befestigen eines Zahnes	Eb 739
Augenbehandlung	Rezept
– Beseitigen von Blut auf den beiden Augen	Eb 384
– Kühlen der Augen	Ram III A 25
Rekataleinguss/-zäpfchen	Rezept
– Für eine Belastung seines Afters	Bt 13 b
– Für eine Quetschung von *bnwt*-Geschwüren	Bt 6
Genitaleinguss	Rezept
– Für das Kühlen des Uterus (und) das Beseitigen seiner *t3w*-Hitze	Eb 820
Räuchermittel	Rezept
– Damit sie (die Frau) nicht zulässt, dass sie empfängt	Bln 192

DEUTUNGSVORSCHLÄGE:

Weder die Deutung von Dawson[1] als Kümmel noch die von Gardiner[2] als Emmerkorn sind haltbar[3]. Auch Durra[4] (Sorghum bicolor (L.) Moench) kann *mimi* nicht bezeichnen, da diese Hirsenart für das pharaonische Ägypten nicht belegt ist.

BEMERKUNGEN:
Bei *mimi* handelt es sich vermutlich um ein Nahrungsmittel, das in verschiedenen Zubereitungsarten medizinische Verwendung fand. Es wurde bevorzugt auf den Feldern des königlichen Harims angebaut[5].

[1]Dawson, in: JEA 21, 1935, S. 37 f.; [2]A. Gardiner, Wilbour Papyrus, Commentary, 1948, S. 113 f.; [3]Helck, Materialien, S. 803; Germer, Arzneimittelpflanzen, S. 278; [4]Grapow, Drogenwörterbuch, S. 223; [5]Helck, Materialien, S. 803.

mnwḥ

INDIKATION DER REZEPTUR:
prt mnwḥ ḫr.tw r-s šni-tꜣ = Frucht/Same der *mnwḥ*-Pflanze, die/der auch „Haar der Erde" genannt wird.

Innerlich	Rezept
– Veranlassen, dass man abführt	Eb 28

DEUTUNGSVORSCHLÄGE:
Siehe unter *šni-tꜣ*

BEMERKUNGEN:
An dieser Pflanze zeigt es sich, dass die Ägypter der Pflanze selbst und der Frucht oder dem Samen zwei ganz verschiedene Namen geben konnten.

mnḥ Papyrus (Cyperus papyrus L.)

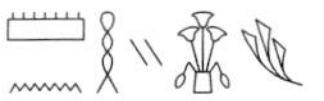

INDIKATION DER REZEPTUR:

kfꜣw nw mnḥ = Rhizom ? des Papyrus

Innerlich	Rezept
– Abwehren der *bꜥꜥ*-Krankheit	Mutt. u. Kind J 7,3-5

DEUTUNGSVORSCHLÄGE:
mnḥ bezeichnet die Papyruspflanze.

BEMERKUNGEN:
Papyrus wird in den medizinischen Texten auch noch mit dem Namen *mḥit* aufgeführt und das Schreibmaterial Papyrus unter *šꜥt* und *šw*.

mnḳ

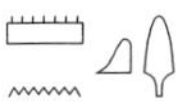

INDIKATION DER REZEPTUREN:
mnḳ ohne Zusatz

Äußerlich	Rezept
– Heilmittel für das Schwärzen einer Verbrennung	Eb 503

šm3.w nw mnḳ = Blüten des *mnḳ*-Baumes/Strauches

Äußerlich	Rezept
– Beseitigen von Schwellung	H 236

DEUTUNGSVORSCHLÄGE: -

mri

INDIKATION DER REZEPTUR:

wst nt mri = Sägemehl des *mri*-Baumes

Äußerlich	Rezept
– Für die Weichheit eines Gefäßes	Eb 663

DEUTUNGSVORSCHLÄGE:

mri bezeichnet möglicherweise die Libanonzeder (Cedrus libani Loud.). Alle von *mri* außerhalb der medizinischen Texte genannten Verwendung passen gut zu dieser Deutung[1].

[1]Germer, Flora, S. 6.

mḥi Lein (Linum usitatissimum L.)

INDIKATION DER REZEPTUREN:

mḥi ohne weiteren Zusatz = die Leinfaser, der Flachs, denn in Ram III B 23-34 soll daraus ein Schutzzauber mit 7 Knoten angefertigt werden.

Äußerlich	Rezept
– Für das Beseitigen von krankhaftem Haarausfall	Eb 774
– Schutzzauber für ein krankes Kind	Ram III B 23-34
Zerstörter Text	Ram IV D III 5

init nt mḥi = Leinsamen

Äußerlich	Rezept
– Für die Weichheit eines Gefäßes	Eb 663
– Heilmittel für ein Blutgeschwulst	Eb 734
– Behandlung der Nägel der Zehe oder der Finger	H 187

bnnt nt kf3w nw mḥi = „Kügelchen der Enden des Lein", die Samenkapseln (?)

Äußerlich	Rezept
– Beseitigen von *t3w*-Hitze im Unterleib	Eb 179

ḏrḏ n mḥi = Blatt des Lein

Rektalzäpfchen	Rezept
– Behandlung einer Quetschung von *bnwt*-Geschwüren	Bt 5

DEUTUNGSVORSCHLÄGE:

mḥi bezeichnet die Leinpflanze.

mḥit Papyrus (Cyperus papyrus L.)

INDIKATION DER REZEPTUREN:

mḥit ohne weiteren Zusatz = der Papyrusstängel

Äußerlich	Rezept
– Lösen von Versteifungen an irgendwelchen Körperstellen	Eb 669

kf3w nw mḥit = Rhizom (?) des Papyrus

Augenmittel	Rezept
– Beseitigen von Verschleierung im Auge	Eb 340

DEUTUNGSVORSCHLÄGE:
mḥit bezeichnet die Papyruspflanze.

BEMERKUNGEN:
Papyrus wird in den medizinischen Texten auch noch mit dem Namen *mnḥ* aufgeführt und das Schreibmaterial Papyrus unter *šꜥt* und *šw*.

msḏr-ꜥ3 „Esels-Ohr" (Pflanzlich ?)

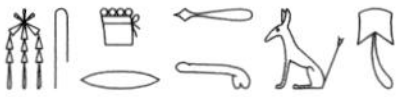

INDIKATION DER REZEPTUR:

Ohrmittel	Rezept
– Für das Trocknen des Ohres, wenn es Wasser absondert	Eb 770

DEUTUNGSVORSCHLÄGE: -

msḏr-ḥḏrt „Ohr des *ḥḏrt*-Tieres"-Pflanze

INDIKATION DER REZEPTUR:

Äußerlich	Rezept
– Für eine Frau mit einer Verstopfung des Blutes auf ihrem Uterus	Sm 20,18

DEUTUNGSVORSCHLÄGE: -

mg3

INDIKATION DER REZEPTUREN:

Innerlich	Rezept
– Behandlung der *irwtn*-Krankheit	H 171
Äußerlich	Rezept
– Behandlung der *sšpn*-Krankheit	H 172

DEUTUNGSVORSCHLÄGE: -

***niꜣiꜣ* (*niwiw*)**

INDIKATION DER REZEPTUREN:

niꜣiꜣ ohne weiteren Zusatz

Innerlich	Rezept
– Lösen eines Kindes aus dem Bauch einer Frau	Eb 804
– Behandeln des *pnd*-Wurmes	Eb 82
– Beseitigen von Schleimstoffen im Bauch	Eb 297, 321; Bln 136
– Behandeln der *wꜣḏ*-Krankheit im Magen	Eb 191, 194
– Töten der Schmerzstoffe (und) das Beseitigen des *ꜥꜣꜥ*-Giftsamens eines Toten im Bauch	Eb 99
Äußerlich	Rezept
– Beseitigen von *tꜣw*-Hitze im Unterleib	Eb 178
– Behandeln der Schmerzstoffe	Eb 200
– Gegen ein Gefäß, wenn es steif ist	Eb 694; H 110
– Beseitigen der *ꜥẖw*-Krankheit	Pap. Leiden vs. X 1
Nasenmittel	Rezept
– Beseitigen der *niꜣ*-Krankheit in der Nase	Eb 762
Genitalzäpfchen	Rezept
– Lösen eines Kindes aus dem Bauch einer Frau	Eb 806
Äußerliche Genitalbehandlung	Rezept
– Veranlassen, dass eine Frau (das Kind) zu Boden gibt	Eb 797
Räuchermittel	Rezept
– Beseitigen eines Bisses (Stiches) eines Skorpions	Bln 78
Bestreichen der Fenster	Rezept
– Schutzzaubersalbe	Bln 65; Pharaobuch IV A 6; B 7
Zerstörte Applikationsform	Rezept
– Töten des *fnṯ*-Wurmes	Ram III B 3
Zerstörter Text	O Berlin 5570

mw nw niꜣiꜣ = „Wasser“ der *niꜣiꜣ*-Pflanze

Genitaleinguss	Rezept
– Für das Zusammenziehen des Uterus	Eb 827

ꜥẖm.w niꜣiꜣ = Blätterzweige der *niꜣiꜣ*-Pflanze

Äußerlich	Rezept
– Beseitigen einer Krankheit, die entstanden ist infolge eines *pnd*-Wurmes	Eb 67

DEUTUNGSVORSCHLÄGE:

Long[1] und Aufrère[2] vermuten in *niꜣiꜣ* die in Ägypten wachsende Polei-Minze (Mentha pulegium L.).

BEMERKUNGEN:

Die *niꜣiꜣ*-Pflanze wird nur in medizinischen Texten erwähnt. Auffallend ist ihre Verwendung in der Frauenheilkunde, wo sie entweder als Einzeldroge oder mit

nur noch einer weiteren Substanz „zum Lösen des Kindes" angewandt wird, in Eb 806 zusammen mit den ebenfalls uteruskontraktierend wirkenden Wacholderbeeren. Das deutet auf eine Pflanze mit starker pharmazeutische Wirkung hin. Dazu passt auch die Verordnung Eb 191 = 194 in einem aufputschenden Mittel, dass nur einmal angewandt werden soll und nicht wiederholt.
Vermutlich hatte die Pflanze aufgrund eines hohen Gehaltes an ätherischen Ölen auch einen intensiven Geruch, weil sie ein Bestandteil von Schutzzaubersalben war.

[1]Long, in: Mélanges Adolphe Gutbub, Montpellier 1984, S. 145-159; [2]Aufrère, in: Mélanges Adolphe Gutbub, Montpellier 1984, S. 253-254.

nw3 

INDIKATION DER REZEPTUR:

Innerlich — Rezept
– Behandeln des *pnd*-Wurmes — Eb 82

DEUTUNGSVORSCHLÄGE: -

nw3n 

INDIKATION DER REZEPTUR:

Kau-/Spülmittel — Rezept
– Beseitigen von Geschwüren an den Zähnen — Eb 555

DEUTUNGSVORSCHLÄGE: -

nb  [...]

INDIKATION DER REZEPTUR:

ꜥẖm.w nw nb = Blätterzweige der *nb*-Pflanze

Innerlich — Rezept
– Abwehren der *bꜥꜥ*-Krankheit — Mutt. u. Kind K 7,5-6

DEUTUNGSVORSCHLÄGE: -

nbit 

INDIKATION DER REZEPTUREN:

i n nbit = möglicherweise ein Blütenstand der *nbit*-Pflanze

Innerlich — Rezept
– Regeln des Harns — Eb 262

3ggt wnnt m nbit = Mark ? der *nbit*-Pflanze

Innerlich — Rezept
– Für das Regeln des Harns eines Kindes — Eb 272 bis; Ram III A 30-31

nbit nt D3hi = *nbit*-Pflanze aus Palästina/Phönizien

Räuchermittel	Rezept
– Um den Geruch des Hauses oder der Kleider angenehm zu machen	Eb 852

DEUTUNGSVORSCHLÄGE:

Loret[1] hat für *nbit* die Deutung Schilfrohr (Arundo donax L.) vorgeschlagen und für *nbit nt d3hi*[2] den Kalamus (Acorus calamus L.).

BEMERKUNGEN:

Aufgrund des mit der Schilfrispe geschriebenen *i*-Teiles des *nbit*-Pflanze könnte man schon an eine Schilfart denken, jedoch hat Arundo donax kein Mark im Innern des Halmes. Für die Deutung als Kalamus gibt es keine Belege.

[1]Loret, Flore, S. 19, Nr. 6; [2]Loret, Flore, S. 31, Nr. 33.

nbḥ

INDIKATION DER REZEPTUR:

Räuchermittel	Rezept
– Unklare Indikation	Brk § 100

DEUTUNGSVORSCHLÄGE: -

BEMERKUNGEN:

Die Pflanze wird als *nbḥ n i3t* = *nbḥ*-Pflanze des Erdhügels genannt und hat außerhalb der Medizin eine religiös-magische Bedeutung[1].

[1]Sauneron, Schlangenpapyrus, S. 134.

nbs **Christdorn (Zizyphus spina Christi (L.) Willd.)**

INDIKATION DER REZEPTUREN:

išd nt nbs = Frucht des Christdorn

Äußerlich	Rezept
– Beseitigen einer Schwellung an irgendwelchen Körperstellen	Eb 582
– Glätten [eines Knochens, wenn er gebrochen ist]	H 14

t n nbs = Brot aus den Christdornfrüchten

Innerlich	Rezept
– Behandeln des Gefäßes in der linken (Bauch-)Hälfte	Eb 631
– Töten der Schmerzstoffe im Bauch	Bln 153
– Behandeln der Leber	Eb 480
– Beseitigen des ᶜ3ᶜ-Giftsamens im Bauch	Eb 226, 228; H 84
Äußerlich	**Rezept**
– Beseitigen einer Verstopfung im Magen	Eb 208, 213
– Beseitigen der *mrt*-Krankheit an irgendeiner Köperstelle (Einzeldroge)	H 134

- Gesundmachen von irgendwelchen Dingen in Form irgendeines Wundsekretes (Einzeldroge) — Eb 536
- Beseitigen von Schleimstoffen, wenn man an ihnen leidet in allen Körperteilen im Winter — Bln 140

dḳw n nbs = Mehl vom Christdorn. Es ist nicht gesagt, dass es sich um das Mehl der Früchte handelt, es könnte auch das Mehl des Holzes bezeichnen. Da es aber wie das Brot aus den Früchten innerlich zur Behandlung der Leber verordnet wird, ist das Mehl der Früchte wahrscheinlicher.

Innerlich	Rezept
– Behandeln der Leber	Eb 479

ẖt n nbs und *wst nt nbs* = Holz und Sägemehl des Holzes vom Christdorn

Äußerlich	Rezept
– Regeln des Harns	Eb 272
– Für die Weichheit eines Gefäßes	Eb 663

ḏrḏ n nbs = Blatt des Christdorn

Innerlich	Rezept
– Beseitigen einer Verstopfung in der rechten (Bauch-) Hälfte	Eb 210
Äußerlich	**Rezept**
– Behandeln des Ohres, wenn seine Öffnung nässt	Eb 766
– Behandlung einer entzündeten Wunde	Sm 41
– Knüpfen eines Knochens, wenn er gebrochen ist	H 221
– Kühlen eines Knochens, nachdem er geknüpft ist	H 226
– Für die Weichheit eines Gefäßes	Eb 663
– Kühlen eines Gefäßes	H 95, 238
– Kühlen der Gefäße, Steifmachen von Weichheit	Ram V Nr. XII
– Heilmittel für den Finger, wenn er schmerzt, oder die Zehe	Eb 616; H 173
– Heilmittel für die Zehe	Eb 621; H 173a
– Für den Biss einer Schlange, wenn er schwach (?) war	Brk § 87a
Rektaleinguss	**Rezept**
– Fortnehmen der Schmerzstoffe	Bln 168
– Fortnehmen der Schmerzstoffe im Bauch	Bln 159

DEUTUNGSVORSCHLÄGE:
nbs bezeichnet den Christdorn.

BEMERKUNGEN:
Aus den Rezepturen lässt sich kein deutlicher Schwerpunkt bei der Verwendung von Christdorn-Produkten erkennen. Nur die Blätter werden häufiger zusammen mit anderen Blättern in der Wundbehandlung eingesetzt.

nfrt 

INDIKATION DER REZEPTUR:

Zaubermittel	Rezept
– Fernhalten der Seuche	Sm 20,5

DEUTUNGSVORSCHLÄGE:
Nach Hannig[1] könnte *nfrt* eventuell die Kronwucherblume (Chrysanthemum coronarium L.) bezeichnen.

BEMERKUNGEN:
Es ist sehr fraglich, ob die in demotischen Texten genannte Pflanze *nfr ḥr* = „Schöngesicht", die eine Bezeichnung für die Kronwucherblume ist, mit *nfrt* gleichgesetzt werden kann.

[1]Rainer Hannig, Großes Handwörterbuch Ägyptisch-Deutsch, Mainz 1995, S. 410.

nnib/ nib/ niwbn

INDIKATION DER REZEPTUREN:

nib ohne Zusatz

Äußerlich	Rezept
– Für die Quetschung von *bnwt*-Geschwüren, das Beseitigen von *tꜣw*-Hitze auf seinem After, auf der Blase, auf dem *sꜥḳ-mšꜣt*-Körperteil	Bt 10

gnn n niwbn = „Weiches" (Harz ?) des *niwbn*-Baumes/Strauches

Räuchermittel	Rezept
– Um den Geruch des Hauses oder der Kleider angenehm zu machen	Eb 852

DEUTUNGSVORSCHLÄGE:
Vermutlich handelt es sich bei *nib/niwbn* um Sonderschreibungen des *nnib*-Baumes, in dem Loret[1] den Storaxbaum (Liquidambar orientalis L.) vermutet.

BEMERKUNGEN:
Die Deutung von *nnib* als Storaxbaum ist äußerst unsicher.

[1]Loret, in: RecTrav 16, 1894, S. 134 f.

nht Sykomore (Ficus sycomorus L.)

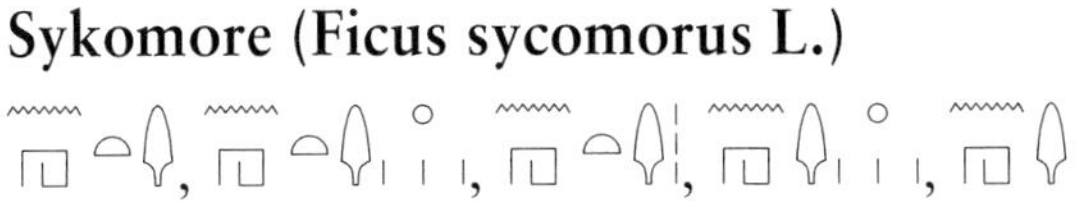

INDIKATION DER REZEPTUREN:

nht ohne weiteren Zusatz. Es ist unklar, um welchen Teil der Sykomore es sich hierbei handelt.

Innerlich	Rezept
– Beseitigen des *ꜥꜣꜥ*-Giftsamens im Bauch und Herzen	Eb 240
Äußerlich	**Rezept**
– Behandeln der Wunde einer Verbrennung	Eb 490
– Behandlung eines Akaziendorns, wenn er herausgeschnitten wird	Eb 732

– Herausziehen der Hitze aus der Öffnung einer Wunde an der Brust	Sm 46
– Beseitigen von Zittern in den Fingern	Eb 623

ỉrṯt nht = Milchsaft der Sykomore

Äußerlich	Rezept
– Schwärzen einer Verbrennung	Eb 501
– Beseitigen der weißen Stellen einer Verbrennung	Eb 504; L 57
– Behandlung eines halb abgespaltenen Ohres	Eb 766
– Beseitigen einer Schwellung	Eb 570
– Behandlung der *sꜥšt*-Krankheit	H 38
– Beseitigen von Haaren	H 155

ỉšdt nt nht = Frucht der Sykomore. Da diese nur äußerlich verwendet wird, handelt es sich dabei möglicherweise um die ungeritzte, am Baum gereifte, die nur wässrig schmeckt.

Äußerlich	Rezept
– Bessern der Gefäße der Schulter	Eb 650
– Behandlung eines Gefäßes, wenn es umherschnellt	Eb 683
– Lindern des *ib*-Herzens eines Gefäßes	H 100
– Erweichen von Steifheit	Eb 676
– Beseitigen einer Schwellung	Eb 582
– Glätten eines Knochens, wenn er gebrochen ist	H 14
– Zerstörter Text	Ram IV C 4-6

nkꜥwt nt nht und *nkꜥwt* ohne nähere Angabe = die durch Anritzen zur Reife gebrachten Sykomorenfeige[1]

Innerlich	Rezept
– Mittel für das Öffnen des Bauches	Eb 7; H 58
– Für das Entleeren des Bauches	Eb 18
– Für das Beseitigen von Schwellung im Bauch	Eb 39
– Behandlung einer Verstopfung des Magens	Eb 202, 207
– Beseitigen einer Verstopfung in der rechten (Bauch-) Hälfte	Eb 210
– In-Bewegung-bringen von Übersättigung im Bauch	Bln 157
– Für das Aufhörenlassen von Ausscheidungen	Eb 48
– Abwehren der Schmerzstoffe im Bauch	Eb 89
– Beseitigen des *wḥꜣw*-Hautausschlages im Bauch	Eb 90
– Beseitigen (der Einwirkung) eines Toten im Bauch, der ꜥꜣꜥ-Giftsamen, der Schmerzstoffe (und) Schlagens irgendwelcher üblen Dinge	Eb 231
– Heilmittel für linke (Bauch-)Hälfte	Eb 632; H 28
– Behandlung des Bauches und Afters	Eb 133, 148
– Heilmittel für den Magen	Eb 212
– Für das Behandeln des Herzens	Eb 220
– Beseitigen von ꜥꜣꜥ-Giftsamen auf dem Herzen	Bln 114
– Für das Behandeln der Leber	Eb 477, 480, 481
– Brechen einer *ḥmꜣ*-Geschwulst im Unterleib	Bln 56
– Töten der *gḥw*-Krankheit	Eb 327

– Töten der Schmerzstoffe	Eb 98
– Abwehren der Schmerzstoffe im Mund	Eb 122; Bln 35
– Zerstörte Indikation	Bt16,37,39,40;Kah16
Kau- und Zahnmittel	Rezept
– Beseitigen von Geschwüren an den Zähnen und Wachsenlassen des Fleisches	Eb 554, 747
– Beseitigen von Schmerzstoffen in den Zähnen	Eb 741
– Behandeln von Blutfraß in einem Zahn	Eb 749; H 9
– Behandeln einer schmerzenden Zunge	Eb 702
Rektaleinguss	Rezept
– Beseitigen von *tꜣw*-Hitze	Bt 30
Räuchermittel	Rezept
– Behandeln des Herzens eines mit einem (Skorpion-) Stich	Bln 77

kꜣw šww n nht = nicht geritzte, am Baum trocken gewordene Früchte[1].

Innerlich	Rezept
– Töten des *ḫfꜣt*-Wurmes	Eb 65

ḳꜣꜣ n nht šww = ein unbekannter Teil der Sykomore, möglicherweise die Samen[2].

Innerlich	Rezept
– Töten des *ḫfꜣt*-Wurmes	Eb 71

wst nt nht = Sägemehl des Sykomorenholzes

Äußerlich	Rezept
– Für die Weichheit eines Gefäßes	Eb 663

ḏrḏ n nht = Blatt der Sykomore

Innerlich	Rezept
– Beseitigen einer Verstopfung in der rechten (Bauch-) Hälfte	Eb 210
– Zerstörte Indikation	Bt 37
Äußerlich	Rezept
– Knüpfen eines Knochens, wenn er gebrochen ist	H 221
– Kühlen eines Knochens, nachdem er geknüpft ist	H 234
– Behandlung eines Nilpferdbisses	H 243
– Für das Trocknen einer Wunde an der Brust	Sm 41
– Herausziehen der Hitze aus der Öffnung einer Wunde an der Brust	Sm 46
– Für die Weichheit eines Gefäßes	Eb 663
– Für das Kühlen der Gefäße	H 250
– Salbmittel für das Beseitigen des Schatten eines Gottes, eines Toten	Bln 95

wtit nt nht = unbekannter Teil der Sykomore, der auch von der bisher noch nicht identifizierten *ḏꜣrt*-Pflanze genannt wird.

Innerlich	Rezept
– Abwehren der Schmerzstoffe im Mund	Eb 122
– Behandeln des Brustraumes	Eb 184
Äußerlich	Rezept
– Behandeln der Nägel	H 187

ḫs n nht = unbekannter Teil der Sykomore, der auch vom *imꜣ*-Baum genannt wird

Innerlich	Rezept
– Für das Regeln des Harnes	Eb 283
– Beseitigen des *ʿꜣʿ*-Giftsamens im Bauch und Herzen	Eb 224; H 82

tpꜣwt nt nht = Unbekannter Teil der Sykomore

Innerlich	Rezept
– Abwehren der *bʿʿ*-Krankheit	Mutt. u. Kind H 7,1-3
– Beseitigen von *tꜣw*-Hitze im After	Eb 154, 856c; Bln 163c

pꜣḏt nt nht = unbekannter Teil der Sykomore

Äußerlich	Rezept
– Beseitigen des *wḫꜣw*-Hautausschlages	Eb 110

DEUTUNGSVORSCHLÄGE:
nht bezeichnet die Sykomore.

BEMERKUNGEN:
Von der Sykomore werden eine Vielzahl, zum Teil noch nicht identifizierte Produkte medizinisch verwendet. Häufig werden die leicht abführenden Früchte innerlich zur Behandlung des Bauches verordnet, der Milchsaft äußerlich bei Verbrennungen und die Blätter äußerlich zur Versorgung von Knochenbrüchen und Wunden.

[1]Keimer, in: Acta Orientalia VI, 1928, S. 288 f.; [2]Germer, Arzneimittelpflanzen, S. 116.

nḥꜣ-s-ʿwi (?) 

INDIKATION DER REZEPTUR:

Äußerlich	Rezept
– Gegen die *nhp*-Krankheit in den Körperteilen	H 37

DEUTUNGSVORSCHLÄGE: -

BEMERKUNGEN:
Es handelt sich vermutlich um ein Harzprodukt. In Texten der griechischen Zeit bezeichnet *nḥꜣ-s-ʿwi* eine *ʿntiw*-Art[1].

[1]Grapow, Drogenwörterbuch, S. 310.

nḥḥ Olivenöl (Öl der Olea europaea L.)

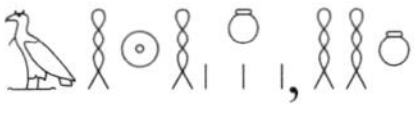

INDIKATION DER REZEPTUREN:

Rektaleinguss	Rezept
– Behandlung der Blase, das Beseitigen von *šnft*, das Beseitigen von jeder Krankheit auf dem After	Bt 11
Zerstörter Text	O Berlin 5570

DEUTUNGSVORSCHLÄGE:
Krauß[1] vertritt die Ansicht, dass *nḥḥ* das Olivenöl bezeichnet und nicht, wie bisher angenommen[2], das Sesamöl.

[1]Krauß, in: MDAIK 55, 1999, S. 293 f.; [2] Germer, Arzneimittelpflanzen, S. 283 f.

nḥd/ nḥdt (Pflanzlich ?)

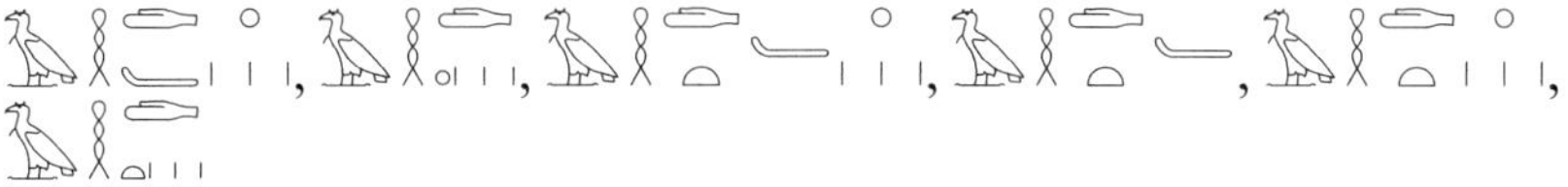

INDIKATION DER REZEPTUREN:[1]

Innerlich	Rezept
– Für einen Mann, wenn er an Schnupfen/Katarrh an seinem Kopf leidet, indem Schleimstoffe in seinem Nacken sind	Eb 299

Äußerlich	Rezept
– Für das Trocknen einer Wunde	Eb 521

Augenbehandlung	Rezept
– Gegen ein Gewächs von Schmerzstoffen mit Blut im Auge	Eb 336
– Beseitigen von Blutgefäßen in den beiden Augen	Eb 387

Genitaleinguss	Rezept
– Für eine (Frau), bei der Krankheit an den beiden Lippen ihrer Scheide entstanden ist	Eb 817

DEUTUNGSVORSCHLÄGE:

Ebbell und Lefebvre übersetzen *nḥḏ/nḥdt* mit Ammoniacum, dem Harz von Dorema ammoniacum Dom.[2].

BEMERKUNGEN:

Da *nḥd/nḥdt* mit  determiniert wird, handelt es sich nicht um den Zahn *nḥḏt*. Ob allerdings die Ägypter das Ammoniacum, das in Kleinasien, Arabien und Indien gewonnen wird, gekannt haben, ist ganz ungewiss. Substanzielle Funde liegen nicht vor.

[1]Die männliche und die weibliche Form werden nach Grapow, Drogenwörterbuch, S. 311 nicht getrennt behandelt; [2]Grapow, Drogenwörterbuch, S. 314.

nstiw 

INDIKATION DER REZEPTUR:

Äußerlich	Rezept
– Beseitigen des *wḥꜣw*-Hautausschlages	Eb 106, 107

DEUTUNGSVORSCHLÄGE:

Ein Text der ptolemäischen Zeit in Edfu[1] nennt ein Lampenöl, dass mit der Wurzel der *nstiw*-Pflanze rot gefärbt ist. Daraufhin identifizierte Ebbell[2] *nstiw* als Schminkwurz (Alkanna lehmanii (Tin.) A. DC.).

[1]Émile Chassinat, Le Marquis de Rochemonteix, Le Temple d'Edfou II, Mémoires publiés par les Membres de la Mission archéologique française du Caire 11, Paris 1918, 227, 10; [2]Ebbell, in: ZÄS 64, 1929, S. 51.

nš3.w 

INDIKATION DER REZEPTUREN:

nš3.w ohne weiteren Zusatz

Äußerlich	Rezept
– Behandlung eines Gefäßes, wenn es steif ist	Eb 694; H 110
– Lösen von Versteifungen an irgendwelchen Körperstellen	Eb 669

ꜥẖm.w nš3.w = Blätterzweige von *nš3.w*

Innerlich	Rezept
– Töten des *ḥf3t*-Wurmes	Eb 56

mw nš3.w = „Wasser" von *nš3.w*

Genitaleinguss	Rezept
– Für das Zusammenziehen des Uterus	Eb 825

prt nš3.w = Frucht/Same von *nš3.w*

Äußerlich	Rezept
– Glätten eines Knochens, wenn er gebrochen ist	H 13
– Beseitigen der *tmit*-Krankheit	H 169

DEUTUNGSVORSCHLÄGE:
Aufgrund einer Abbildung der Pflanze im oder am Rande eines Gewässers[1] hielt Keimer[2] die Identifizierung der *nš3*-Pflanze als Laichkraut Potamogeton lucens L. für möglich, die Aufrère[3] jedoch ablehnt ebenso die von Thomas[4] als Schilfrohr Phragmites australis (Cav.) Trin. ex Steud. Er selber schlägt den Katzenschweif Pluchea dioscurides (L.) DC. vor[5], eine Deutung, die sich jedoch auch nicht belegen lässt[6] genau wie die von Beaux[7] als Polygonum senegalense Meisn.

BEMERKUNGEN:
Aus der Verwendung von *nš3.w* in der Medizin ergeben sich keine Hinweise auf spezielle pharmazeutische Eigenschaften der Pflanze.

[1]Newberry, El-Bercheh, II, Pl. 16; [2]Keimer, in: REA I, 1927, S. 182 f.; [3]Aufrère, in: BIFAO 86, 1986, S. 26 f.; [4]Thomas, in: JEA 45, 1959, S. 38 f.; [5]Nach Täckholm und Moursi arabisch Barnoof (Barnouf) = Pluchea dioscurides DC; [6]Baum in: Varia Aegyptiaca, San Antonio 1987; S. 103 f.; [7]Beaux, in: JEA 74, S. 248 f.

nṯr 

INDIKATION DER REZEPTUREN:

Innerlich	Rezept
– Behandlung des Brustraumes	Eb 184

Äußerlich	Rezept
– Heilmittel gegen den Biss von einem Menschen	H 23

DEUTUNGSVORSCHLÄGE: -

nḏm Johannisbrotbaum (Ceratonia siliqua L.)

INDIKATION DER REZEPTUR:

prt nḏm = Frucht/Same des Johannisbrotbaumes

Innerlich — Rezept
- Töten des *pnd*-Wurmes — Eb 80

DEUTUNGSVORSCHLÄGE:

nḏm wird im Allgemeinen mit Johannisbrotbaum (Ceratonia siliqua L.) übersetzt.[1]

[1] Charpentier, Receuil, S. 424, Nr. 666; Baum, Arbres et arbustes, S. 162 f.

nḏḥꜥḏḥꜥt

INDIKATION DER REZEPTUR:

dḳw prt nḏḥꜥḏḥꜥt = Mehl der Frucht/Same der *nḏḥꜥḏḥꜥt*-Pflanze

Äußerlich — Rezept
- Beseitigen einer Schwellung an irgendwelchen Körperstellen, für das Herausholen des Wassers aus der Schwellung — Eb 565

DEUTUNGSVORSCHLÄGE: -

rnt

INDIKATION DER REZEPTUR:

prt rnt = Frucht/Same der *rnt*-Pflanze

Fehlende Applikationsform — Rezept
- Beseitigen von *twꜣ.w*-Erhebungen — Ram IV C 8

DEUTUNGSVORSCHLÄGE: -

rkrk

INDIKATION DER REZEPTUREN:

mwt nt rkrk = *mwt*-Teil der *rkrk*-Pflanze. Möglicherweise handelt es sich dabei um einen als „Mutter der *rkrk*-Pflanze“ bezeichneten Pflanzenteil, also eine Zwiebel, Knolle, Rhizom oder ähnliches, der auch noch von der *giw*-Pflanze genannt wird.

Innerlich — Rezept
- Beseitigen von *tꜣw*-Hitze im After — Eb 154
- Beseitigen des *ꜥꜣꜥ*-Giftsamens im Bauch — Eb 240

Äußerlich — Rezept
- Erweichen eines Gelenkes — Eb 655; H 124

DEUTUNGSVORSCHLÄGE: -

rdnw 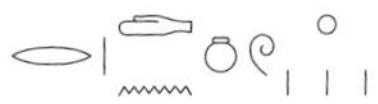

Indikation der Rezeptur:

Äußerlich	Rezept
– Für den Biss jeder Schlange	Brk § 61b

Deutungsvorschläge:
rdnw bezeichnet möglicherweise Ladanum[1], das Harz verschiedener Cistus-Arten, die im Ostmittelmeerraum aber auch in Italien und Spanien vorkommen. Bisher wurde aber noch kein Ladanum aus pharaonischem Material chemisch nachgewiesen[2].

Bemerkungen:
rdnw ist erst seit der 25. Dynastie belegt[3].

[1]Leclant und Yoyotte, in: BIFAO 51, 1952, S. 11; [2]Serpico, in: Nicholson and Shaw, Materials, S. 436-437; [3]Charpentier, Receuil, S. 440, Nr. 698.

hbni Afrikanisches Ebenholz (Dalbergia melanoxylon Guill. et Perr.)

Indikation der Rezepturen:

Verwendet wird *ẖpꜣ n hbni* = ein unbekannter Teil des Afrikanischen Ebenholz. Möglicherweise handelt es sich dabei um einen Zerkleinerungszustand wie Kügelchen[1] oder Schüppchen[2], der auch von der *ꜥš*-Konifere, dem Wacholder, dem *snṯr*-Räucherharz und Malachit vorkommt. Vermutlich ist auch Eb 404 zu *ẖpꜣ n hbni* zu ergänzen[3].

Augenbehandlung	Rezept
– Beseitigen der weißen Stellen in den Augen	Eb 404
– Beseitigen von Verschleierung, Dunkelheit, Schwachsichtigkeit (und) Einwirkungen in den Augen	Eb 415
– Für das Zusammenziehen der Iris	Eb 345
– Beseitigen einer *thm*-Verletzung im Auge	Ram III A 14-15

Deutungsvorschläge:
hbni bezeichnet das Afrikanische Ebenholz.

Bemerkungen:
Das Afrikanische Ebenholz wird in den medizinischen Texten nur äußerlich bei Augenerkrankungen verordnet, in drei Fällen zusammen mit mineralischen Substanzen: Eb 404 mit schwarzer Augenschminke, Eb 415 mit grüner Augenschminke und Eb 345 mit dem unbekannten *siꜣ*-Mineral.

[1]Germer, Arzneimittelpflanzen, S. 50 f.; [2]Grapow, Drogenwörterbuch, S. 412 f.; [3]Grapow, Drogenwörterbuch, S. 329.

hr(ỉ) 

INDIKATION DER REZEPTUR:

Äußerlich	Rezept
– Für das Behandeln der Wunde einer Verbrennung	Eb 489

DEUTUNGSVORSCHLÄGE:

Manniche[1] möchte in *hr(ỉ)* eine Bezeichnung für die Zichorie (Cichorium sp.) sehen, da deren koptische Bezeichnung ⲍⲣⲓ ist. Es kommt allerdings nur die in Ägypten heimische Art Cichorium endivia L. in Frage und nicht die in Europa heimische C. intybus L.

[1]Manniche, Herbal, S. 88.

hdn 

INDIKATION DER REZEPTUREN:

tpt hdn = unbekannter Teil der *hdn*-Pflanze

Augenmittel	Rezept
– Gegen eine Ritzung im Auge	Eb 337, 338

DEUTUNGSVORSCHLÄGE:

Nach Goyon[1] bezeichnet *hdn* möglicherweise eine Bupleurum-Art (Hasenohr).

BEMERKUNGEN:

Die *hdn*-Pflanze wird auch als Importprodukt aus Nubien genannt und spielte im Kultus eine Rolle[2].

[1]Goyon, in: Festschrift Westendorf, S. 241 f.; [2]Rainer Hannig, Großes Handwörterbuch Ägyptisch-Deutsch, Mainz 1995, S. 500.

hbt 

INDIKATION DER REZEPTUR:

prt ḥbt = Frucht/Same der *ḥbt*-Pflanze

Äußerlich	Rezept
– Beseitigen von Schaden (*nkn*) in irgendeiner Körperstelle	Bt Rs. 1,7-2,2

DEUTUNGSVORSCHLÄGE: -

ḥpꜥpꜥt 

INDIKATION DER REZEPTUR:

Äußerlich	Rezept
– Heilmittel, das gemacht wird gegen ein Gefäß, wenn es umherschnellt in irgendwelchen Körperstellen	Eb 682

DEUTUNGSVORSCHLÄGE: -

ḥm3it 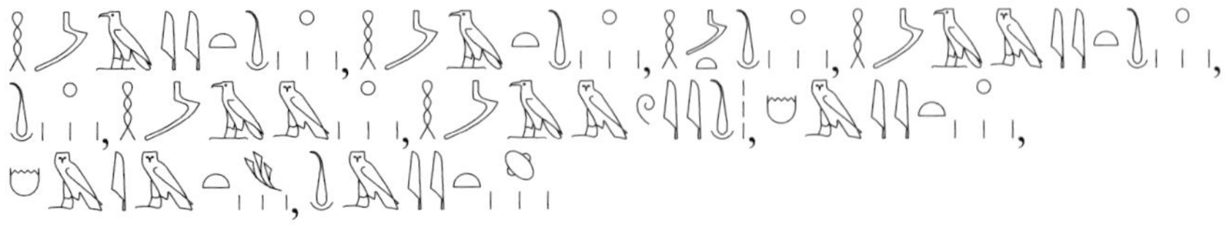

INDIKATION DER REZEPTUREN:

ḥm3it ohne weiteren Zusatz und *ḥm3it w3ḏt* = frisches *ḥm3it* können zusammen behandelt werden. Nach dem Determinativ möchte man davon ausgehen, dass es sich um Samen oder Früchte handelt.

Innerlich	Rezept
– Für das Lösen eines Kindes aus dem Bauch einer Frau	Eb 801
Äußerlich	Rezept
– Zerbrechen der Erhebungen (und) das Holen des Eiters	Eb 858
– Ölgewinnung für eine Salbe	Sm 21,9-22,10
Genitalzäpfchen	Rezept
– Für das Lösen eines Kindes aus dem Bauch einer Frau	Eb 802
Unklare Applikationsform	Rezept
– Für das Töten des *hf3t*-Wurmes im Bauch	Pap. Louvre E 4864 Rs 2,4

imi n ḥm3it = Inneres von *ḥm3it,* möglicherweise der Same

Innerlich	Rezept
– Beseitigen von Zauber im Bauch	H 54

šspt ḥm3it = Samen (?) von *ḥm3it*

Innerlich	Rezept
– Entleeren des Bauches und Töten der Schmerzstoffe	Eb 32
– Dass (die Verstopfung) abgeht	Eb 203
– Beseitigen der *nsit*-Krankheit im Manne	Eb 753; H 210
– Beseitigen von Striemen eines Schlages	Eb 514
– Zerstörte Indikation	H 3
Äußerlich	Rezept
– Beseitigen des Ergrauens	Eb 460
– Beseitigen des Schattens eines Gottes, eines Toten	Bln 92

DEUTUNGSVORSCHLÄGE:

Loret[1] sah in *ḥm3it* den Bockshornklee (Trigonella foenum graecum L.), Germer[2] hielt eine Deutung als Mandelbaum (Amygdalus communis L.) für möglich.

BEMERKUNGEN:

Aus der sehr genauen Beschreibung der Ölgewinnung aus den Samen der *ḥm3it*-Pflanze in Sm 21,9, die durch einen Dreschvorgang aus den Früchten gelöst wurden, kann man erkennen, dass diese reich an einem fetten Öl sind, das durch Auskochen in Wasser gewonnen wird. Die Verordnung zusammen mit Honig oder in Kuchen eingebettet deutet weiterhin auf einen schlechten Geschmack von *ḥm3it* hin.

Bei der medizinischen Nutzung fällt auf, dass *ḥm3it* sehr häufig als einzige Wirkdroge in Honig oder Kuchen verabreicht wird und zweimal zum „Lösen des

Kindes“. Man kann deshalb davon ausgehen, dass es sich bei *ḥmꜣit* um ein Pflanzenprodukt mit eindeutiger pharmazeutischer Wirkung handelt.
Diese Charakteristika reichen jedoch nicht aus, um *ḥmꜣit* zu identifizieren.

[1]Loret, in: Mél. Maspero, 1935-38, II, S. 866 f.; [2]Germer, Arzneimittelpflanzen, S. 224.

ḥmꜣw

INDIKATION DER REZEPTUR:

Äußerlich	Rezept
– Behandeln der rechten Hälfte (des Bauches)	Eb 759

BEMERKUNGEN:
Die *ḥmꜣw*-Pflanze lieferte die *ḥmꜣit*-Früchte[1].

[1]Edel, QH II, 1975, Tf. 18.

ḥni

INDIKATION DER REZEPTUR:
tp n ḥni = Kopf/Spitze der *ḥni*-Pflanze

Augenbehandlung	Rezept
– Für das Schminken (und) für das Abwehren der Schmerzstoffe in den beiden Augen	Eb 386

DEUTUNGSVORSCHLÄGE:
Da *ḥni* außerhalb der medizinischen Texte des öfteren als Sumpfpflanze genannt wird, hält Kuhlmann[1] eine Deutung als Fuchsschwänziges Cyperngras (Cyperus alopecuroides Rottb.) für möglich. Er beruft sich hierbei auf eine Notiz von Keimer.

[1]Kuhlmann. LÄ V, S. 287.

ḥni-tꜣ **„*ḥni*-des-Landes“-Pflanze**

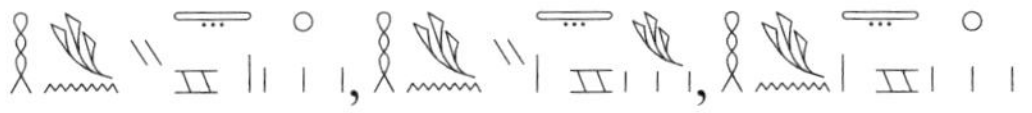

INDIKATION DER REZEPTUREN:

Äußerlich	Rezept
– Für das Erweichen des Gefäßes des Knies	Eb 634
– Herausziehen der Hitze aus der Öffnung der Wunde	Sm 41, 46
Genitaleinguss	Rezept
– Für eine (Frau), bei der Krankheit an den Lippen ihrer Scheide entstanden ist	Eb 817

DEUTUNGSVORSCHLÄGE: -

BEMERKUNGEN:
Möglicherweise bezeichnet *ḥni-tꜣ* die gleiche Pflanzen wie *ḥni* nur mit dem Zusatz „der Erde“.

ḥnw

INDIKATION DER REZEPTUR:

Äußerlich	Rezept
– Beseitigen von krankhaftem Haarausfall	Eb 774

DEUTUNGSVORSCHLÄGE:
Charpentier[1] und Manniche[2] geben als mögliche Deutung von *ḥnw* Lawsonia inermis L. an, den Hennastrauch, aufgrund einer sprachlichen Verwandtschaft mit dem arabischen *ḥinna*.

BEMERKUNGEN:
Vielleicht ist die *ḥnw*-Pflanze auch identisch mit der *ḥni*-Pflanze.

[1]Charpentier, Receuil, S. 474, Nr. 763; [2]Manniche, Herbal, S. 114.

ḥnn-ʿ3 „Esels-Phallus“ (Pflanzlich ?)

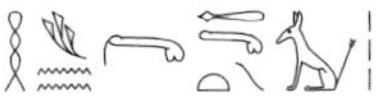

INDIKATION DER REZEPTUR:

Äußerlich	Rezept
– Für das Beseitigen von Krankheit im Unterschenkel	Bln 124

DEUTUNGSVORSCHLÄGE: -

BEMERKUNGEN:
Es lässt sich nicht entscheiden, ob es sich wie beim „Esels-Ohr *msḏr-ʿ3*“ auch beim „Esels-Phallus“ um ein pflanzliches Produkt handelt.

ḥknw (Pflanzlich ?)

INDIKATION DER REZEPTUR:

Genitaleinguss	Rezept
– (Heilmittel) für eine (Frau), in deren Uterus es frisst, (und) eine (Frau), an deren Scheide Geschwüre entstanden sind	Eb 813

DEUTUNGSVORSCHLÄGE: -

ḥḏw Küchenzwiebel (Allium cepa L.)

INDIKATION DER REZEPTUREN:

ḥḏw ohne Zusatz und *t3 n ḥḏw* = die Zwiebel

Innerlich	Rezept
– Töten der *gḫw*-Krankheit	Eb 330
– Behandlung des Magens	Eb 192, 195

– Beseitigen der *nsit*-Krankheit	H 209
– Behandlung von Schlangenbissen	Brk § 41, 46a, 46b, 46k, 47a, 48b, 50a, 54f, 57, 59, 65b, 68, 75a, 75b, 77b, 82c
– Brechmittel bei Schlangenbissen	Brk § 41, 45a, 45c, 73
Äußerlich	Rezept
– Für das Erweichen der Gefäße	Eb 657, 663; H 94; Ram V Nr. V
– Erweichen des Gefäßes des Knies	Eb 634
– Für das Erweichen einer *šwt*-Schwellung des Gefäßes	Eb 660,; Bln 50; H117 + 118; Ram V Nr. XIX
– Erweichen von Steifheit	Eb 679
– Für das Lindern der Gefäße	H 237
– Behandlung von Wundsekret, wenn es hoch steigt	Eb 519
– Behandlung von Blut-Fraß	Eb 724; H 129
– Behandlung einer *ḥnḥnt*-Anschwellung in der Hals-Schlüsselbein-Region mit Eiter	Eb 859
– Brechen einer Chonsgeschwulst oder *bsi*-Geschwulst	Bln 52
– Beseitigen einer *bsi*-Geschwulst	Bln 54
– Regeln der Menstruation	Eb 832
– Behandlung von Schlangenbissen	Brk § 46h, 47f, 48c, 51c, 77c, 95c
Äußerlich und Räuchermittel	Rezept
– Behandlung von Schlangenbissen	Brk § 47g
Inhalationsmittel	Rezept
– Behandlung von Schlangenbissen	Brk § 46c, 46d
Genitaleinguss	Rezept
– Regeln der Menstruation	Eb 828
– Stillen der Blutung einer Frau	Eb 686
Magischer Schutz vor Schlangenbissen	Brk § 42a
Geburtsprognose	Kah 28; Carlsberg IV

Außerdem sollen Zwiebeln Schlangen vertreiben. So gibt Eb 844 die Anweisung: „Ein anderes (Mittel) für das Nichtzulassen, dass eine Schlange aus dem Loch kommt: Eine Zwiebel (*tꜣ n ḥḏw*) werde gegeben an die Öffnung des Loches. Sie kann nicht hervorkommen“.
Brk § 41 ist ein langer Zauberspruch, der über dem von einer Schlange gebissenem Mann gesprochen werden soll. In ihm wird die Zwiebel mit einem Götterzahn gleichgesetzt.

mꜣtt nt ḥdw = Halm (Blütenstandsstiel) der Zwiebel

Zerstörter Text	Ram III A 5

DEUTUNGSVORSCHLÄGE:
ḥḏw bezeichnet die Küchenzwiebel (s.u. Allium cepa L.), eine Deutung, die durch Abbildungen gesichert ist.

BEMERKUNGEN:
Aufgrund der leichten antibiotischen Wirkung der Zwiebel wird ihre Anwendung in der Wundbehandlung, die sich auch schwerpunktmäßig in den Rezepturen zeigt, sicher in vielen Fällen geholfen haben. Auffallend ist die häufige Verwendung der Zwiebel sowohl innerlich wie äußerlich bei Schlangenbissen.

ḥḏw/ ḥḏt

INDIKATION DER REZEPTUREN:

Äußerlich	Rezept
– Für einen Biss vom Menschen	Eb 434; H 23
– Für einen Nagel der Zehe	Eb 618; H 177, 188, 192, 194
Genitalzäpfchen	**Rezept**
– Für das Lösen eines Kindes aus dem Bauch einer Frau	Eb 802

DEUTUNGSVORSCHLÄGE:
Nach Grapow[1] ist *ḥḏt* eine Sonderschreibung des Papyrus Hearst für *ḥḏw*, das ein wohlriechendes Produkt aus Punt bezeichnet.
Ebbell und Lefebvre übersetzen *ḥḏw* mit Styrax[1].

BEMERKUNGEN:
Es kann sich bei *ḥḏw* nicht um Styrax handeln, da dessen Lieferant Liquidambar orientalis Mill. in Kleinasien und nicht in dem südlichen Punt vorkommt.

[1]Grapow, Drogenwörterbuch, S. 387.

ḥḏw/ ḥḏt

INDIKATION DER REZEPTUREN:

Innerlich	Rezept
– Beseitigen von *t3w*-Hitze im After	Eb 154
– Veranlassen, dass das Herz Speise annimmt	Eb 293
Äußerlich	**Rezept**
– Für den Kopf (und) für die Schläfe	Eb 260
Rektaleinguss	**Rezept**
– Für das Kühlen	Eb 156

DEUTUNGSVORSCHLÄGE:
Für die hier genannten Schreibungen von *ḥḏw/ḥḏt* lässt sich nicht entscheiden, ob damit die Zwiebel oder das wohlriechende (Harz ?)-Produkt gemeint ist.

ḫ3sit

INDIKATION DER REZEPTUREN:

ḫꜣsit ohne weiteren Zusatz

Innerlich	Rezept
– Aufputschendes Mittel für einen Mann, der an seinem Magen leidet	Eb 191, 194
– Behandeln der Blase, Regeln des Harns	H 62
Äußerlich	Rezept
– Beseitigen der Einwirkung eines Gottes, eines Toten (und) Schmerzstoffdämonen	Eb 242
– Gesundmachen der Fesselgelenke, wenn sie schmerzen	Eb 614
– Erweichen eines Gelenkes an irgendeiner Körperstelle	Eb 655; H 124
– Lösen von Versteifungen an irgendeiner Körperstelle	Eb 666
– Kühlen der Gefäße	Eb 693; H 121
– Lindern des Herzens eines Gefäßes	H 100
– Beseitigen der *nsit*-Krankheit	Bln 109
– Für den Biss jeder giftigen Schlange	Brk § 58
Räuchermittel	Rezept
– Beseitigen der *mḥtt*-Krankheit	Bln 73
Zerstörte Indikation	Pap. Louvre E 4864 Rs 1,10; Ram V Nr. IX

prt ḫꜣsit = Frucht/Same der *ḫꜣsit*-Pflanze

Innerlich	Rezept
– Beseitigen von Schwellung im Bauch	Eb 39
– Abwehren der Schmerzstoffe im Mund	Eb 122; Bln 35
– Behandeln der Leber	Eb 477
– Beseitigen des ꜥꜣꜥ-Giftsamens eines Gottes, eines Toten im Bauch des Mannes	H 86
– Beseitigen von *tꜣw*-Hitze auf dem Herzen, das Kühlen des Afters	Bt 25
Äußerlich	Rezept
– Schmerzen beseitigen, die im Kopf sind	Eb 247; H 75
– Beseitigen von (dämonischer) Einwirkung im Kopf	Eb 249; H 77
– Erweichen des Knies	Eb 610
– Erweichen der Gefäße	Eb 649, 657; H 228, 94; Ram V Nr. V
– Stärken der Gefäße	Eb 686
– Beruhigen der Gefäße	H 107
– Lindern der Gefäße	H 237
Räuchermittel	Rezept
– Beseitigen des ꜥꜣꜥ-Giftsamens eines Gottes, des *mtwt*-Giftstoffes eines Toten, Beseitigen der Flucht des Herzens, der Stiche des Herzens, Vergesslichkeit des Herzens	Bln 59

mnit nt ḫꜣsit = Wurzel der *ḫꜣsit*-Pflanze

Innerlich	Rezept
– Regeln des Harns	Eb 283

Brechmittel	Rezept
– Beseitigen von *srft*-Entzündung	Bln 107, 108

sd.w nw ḫ3sit = „Schwänzchen" der *ḫ3sit*-Pflanze

Innerlich	Rezept
– Beseitigen der *nsit*-Krankheit im Mann	Eb 752; H 206
– Behandeln einer Verstopfung in der rechten (Bauch-) Hälfte, nachdem sie eine *nsit*-Dämonin befallen hat	Eb 209
– Regeln des Harns	Eb 271

kf3w nw ḫ3sit = Wurzeln der *ḫ3sit*-Pflanze

Innerlich	Rezept
– Regeln des Harns	Eb 263
– Für den Bauch	Eb 19

DEUTUNGSVORSCHLÄGE:
Dawson[1] sah in *ḫ3sit* eine Bezeichnung für die Zaunrübe Bryonia dioica Jacq.

BEMERKUNGEN:
Aus den Texten geht hervor, dass die *ḫ3sit*-Pflanze Ranken = „Schwänzchen" oder ähnliche Teile hat. Die „Schwänzchen", die Frucht oder der Same sowie die Wurzel wurden in der Heilkunde genutzt. Ein eindeutige Schwerpunkte in der Verordnung für spezielle Krankheitserscheinungen lässt sich nicht erkennen, vor allem fehlt eine Anwendung wie etwa „zum Entleeren des Bauches", die für die stark abführend wirkende Zaunrübe zu erwarten wäre. Bryonia dioica fehlt der ägyptischen Flora, dort wächst nur sehr selten auf dem Sinai die B. syriaca Boiss. und ebenfalls selten im mediterranen Küstengebiet die B. cretica L. Eine pharmazeutische Nutzung dieser Arten ist nicht belegt. So muss der Identifizierungsvorschlag von Dawson doch als sehr ungesichert angesehen werden.

[1]Dawson, in: JEA 20, 1934, S. 45.

ḫbw

INDIKATION DER REZEPTUR:

Äußerlich	Rezept
– Behandeln der rechten Hälfte (des Bauches)	Eb 758

DEUTUNGSVORSCHLÄGE: -

ḫpr-wr

INDIKATION DER REZEPTUREN:

Äußerlich	Rezept
– Beseitigen von *špt* (Ausfluss ?) des/eines Gefäßes	Eb 685
Rektalzäpfchen	Rezept
– Kühlen des Afters	Eb 140, 163
Genitaleinguss	Rezept
– Für das Zusammenziehen des Uterus	Eb 823

– Für eine Frau, die schneidende Schmerzen im Uterus hat (und) an deren Scheide Geschwüre entstanden sind — Eb 818
– Unklare Indikation — Kah 25

DEUTUNGSVORSCHLÄGE: -

BEMERKUNGEN:
ḫpr-wr wird als Produkt des Wadi Natrun genannt[1]. Auffallend ist die fast ausschließliche Verwendung in Genitaleingüssen und Rektalzäpfchen.

[1]Kurth, Oasenmann, S. 109.

ḫfʿ ʿ-i ꜣm ʿ-i „Meine Hand fasst, meine Hand packt"-Pflanze

INDIKATION DER REZEPTUR:

Innerlich	Rezept
– Beseitigen von Zauber(kräften) im Bauch	Eb 166

DEUTUNGSVORSCHLÄGE: -

BEMERKUNGEN:
Diese Pflanze mit dem sehr bildhaften Namen wird in Eb 166 als Einzeldroge verordnet.

ḫnš

INDIKATION DER REZEPTUR:
prt ḫnš = Frucht/Same der *ḫnš*-Pflanze

Äußerlich	Rezept
– Gegen etwas, das in den *niḏw*-Körperteil eintritt (Frauenleiden)	Eb 835

DEUTUNGSVORSCHLÄGE: -

BEMERKUNGEN:
Die Früchte/Samen der *ḫnš*-Pflanze werden getrocknet und fein zerrieben als Einzeldroge verordnet.

ḫsꜣw

INDIKATION DER REZEPTUR:

Räuchermittel	Rezept
– Holen der Milch, (gemacht) für die Amme, die ein Kind nähren soll	Eb 837

DEUTUNGSVORSCHLÄGE: -

BEMERKUNGEN:
ḫsꜣw wird auch außerhalb der medizinischen Texte als Brennmaterial erwähnt[1].

[1]Rainer Hannig, Großes Handwörterbuch Ägyptisch-Deutsch, Mainz 1995, S. 619.

ḫt-ʿwꜣ „Fauliges Holz“

INDIKATION DER REZEPTUREN:

Äußerlich	Rezept
– Kühlen des Kopfes, wenn er schmerzt	Eb 259
– Beseitigen des Schnupfens/Katarrhs in der Nase	Eb 418
– Stärken der Gefäße	Eb 627; H 96

Augenbehandlung	Rezept
– Gegen ein Gewächs von Schmerzstoffen mit Blut im Auge	Eb 336
– Beseitigen von Blut in den beiden Augen	Eb 348
– Beseitigen eines Kügelchens (Gerstenkorn) im Auge	Eb 355, 423, 430
– Beseitigen des Wütens (*ꜣdt*) im Auge	Eb 369, 374
– (Für) das Öffnen des Sehens	Eb 377
– Was gemacht wird im 3. Monat der Winterzeit bis zum 4. Monat der Winterzeit	Eb 388
– Beseitigen des Schnupfens/Katarrhs im Kopf durch Schminken	Eb 391
– Ein anderes Schminkmittel, das gemacht ist für den „Großen der Seher“ Chui	Eb 419
– Beseitigen der weißen Stellen, die in den beiden Augen entstanden sind	Eb 402

DEUTUNGSVORSCHLÄGE:

Ebbell und Lefebvre übersetzten *ḫt-ʿwꜣ* mit Aloe, dem getrockneten Saft verschiedener Aloe-Arten[1]. Sie stützen sich dabei auf die Tatsache, dass Aloe in der koptischen Medizin häufig gegen Augenerkrankungen verordnet wird[2].

BEMERKUNGEN:

Aloe ist auch ein starkes Abführmittel, diese Indikation fehlt für *ḫt-ʿwꜣ*. Aloe-Arten wurden vermutlich erst in römischer Zeit aus südlicheren Gebieten als Gartenpflanzen nach Ägypten gebracht, denn diese Pflanzen fehlen der ägyptischen Flora. Ein Import des getrockneten Aloe-Saftes ist nicht belegt.

Es lässt sich nicht entscheiden, ob wir es bei *ḫt-ʿwꜣ* um einen bildlichen Namen für eine Pflanze oder ein Pflanzenprodukt zu tun haben, oder um tatsächlich „fauliges Holz“. Somit ist eine Identifizierung nicht möglich.

[1]Grapow, Drogenwörterbuch, S. 405; [2]Till, Arzneikunde, S. 46 f.

ḫt-n-ḥfꜣ „Schlangenholz“-Pflanze

INDIKATION DER REZEPTUREN:

ḫt-n-ḥfꜣ ohne weiteren Zusatz

Kauen und Einatmen	Rezept
– Um das Gift jeder *sḫtf*-Schlange herauszutreiben	Brk § 46c

nnt nt ḫt-n-ḥfꜣ = Wurzel des „Schlangenholzes“

Innerlich	Rezept
– Für einen Mann, der von einer Schlange, welcher Art auch immer, gebissen ist	Brk § 43c

ꜥḫm.w f = seine (des Schlangenholzes) Blätterzweige

Äußerlich	Rezept
– Für einen Mann, der von einer Schlange, welcher Art auch immer, gebissen ist	Brk § 43c

DEUTUNGSVORSCHLÄGE: -

BEMERKUNGEN:
Das „Schlangenholz“ wurde ganz spezifisch nur gegen Schlangenbisse eingesetzt. Es stammt aus der östlichen Wüste.

ḫt-ds

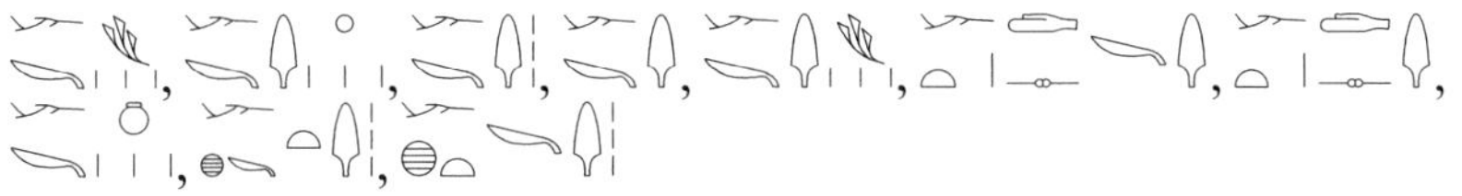

INDIKATION DER REZEPTUREN:
ḫt-ds ohne weiteren Zusatz, vermutlich das Holz des *ḫt-ds*-Baumes/Strauches

Innerlich	Rezept
– Beseitigen des Hustens	Eb 312
– Stillen von Hebungen des Hustens	Bln 36
– Behandeln einer Verstopfung in der rechten (Bauch-) Hälfte, nachdem sie eine *nsit*-Dämonin befallen hat	Eb 209
– (Für) einen Mann, der behaftet ist mit dem Schatten eines Toten. Beseitigen der *mr-tꜣ*-Krankheit	Bln 103

Äußerlich	Rezept
– Regeln des Harns	Eb 269
– Erweichen von Steifheit an irgendeiner Körperstelle	Eb 672, 673
– Für das Erweichen des Knies	Eb 608
– Für das Erweichen der Gefäße	Eb 649
– Erweichen der Schwellung des Gefäßes	Eb 659; Bln 49
– Für das Beruhigen der Gefäße	H 107
– Für das Lindern der Gefäße	Bln 51; H 228
– Behandeln der Gefäße des Nackens	Eb 856 e; Bln 163 e
– Beseitigen von *tꜣw*-Hitze im Unterleib	Eb 175, 178
– Beseitigen von Schleimstoffen auf der Brust	Bln 142
– Zerbrechen der Schmerzstoffe	Eb 129
– Behandeln von Schmerzstoffen auf dem Rücken	Eb 200
– Beseitigen von *rhnw* der Schmerzstoffe im After	H 4
– Beseitigen von Schwellung	H 137
– Beseitigen von *swt* im Finger	H 204
– Für eine Anschwellung von Eiter an der Kehle	Eb 861
– Behandeln der rechten Hälfte (des Bauches) mit Ausfluss	Eb 758

– Beseitigen des Schattens eines Gottes, eines Toten	Bln 89
– Beseitigen von dämonischen (Einwirkungen) am Kopf	Eb 249; H 77
– Behandeln der Haare	Eb 471
– Zerstörter Text	O Berlin 5570
Rektaleinguss	Rezept
– Fortnehmen der Schmerzstoffe	Bln 168
Räuchermittel	Rezept
– Beseitigen des ꜥꜣꜥ-Giftsamens eines Gottes, des *mtwt*-Giftstoffes eines Toten, Beseitigen der Flucht des Herzens	Bln 59, 60, 63, 64
– Entfernen der Einwirkung eines Gottes, eines Toten	Bln 66
– Entfernen eines Toten im Ohr	Bln 71
– Beseitigen der Schmerzstoffe (und) jeder Krankheit	Bln 74
– Beseitigen einer (Ver-)ziehung der Hälfte seines Gesichtes	Bln 76
– Beseitigen eines Stiches (Bisses) eines Skorpions	Bln 78
Im Zauber	Rezept
– Schutzzaubersalbe zum Schutz des Bettes des Pharao	Pap. Kairo 58027
– Zauber zum Fernhalten der Seuche	Sm 20,6

dḳw n ḫt-ds = Mehl von *ḫt-ds*

Äußerlich	Rezept
– Heilmittel das Geb gemacht hat für Re selbst, für jede schmerzende Stelle, infolge der Einwirkung eines Gottes	Eb 245; H 73

išdt nt ḫt-ds = Frucht von *ḫt-ds*

Äußerlich	Rezept
– Beseitigen einer Schwellung an irgendwelchen Körperstellen	Eb 580, 584; H 41

gꜣbt nt ḫt-ds = Blatt oder Blütenblatt von *ḫt-ds*

Äußerlich	Rezept
– Beseitigen von Schleimstoffen im Uterus	Eb 812

ḏrḏ n ḫt-ds = Blatt von *ḫt-ds*

In Bln 118 werden die Blätter von *ḫt-ds* auch als „Gottesblätter" bezeichnet.

Innerlich	Rezept
– Beseitigen einer ꜥꜣ*t*-Geschwulst	Bln 118
Äußerlich	Rezept
– Beseitigen des *wḥꜣw*-Hautausschlages	Eb 110
– Beseitigen von Schleimstoffen, wenn man an ihnen leidet in allen Körperteilen im Winter	Bln 141
Rektaleinguss	Rezept
– Behandeln eines Mannes, in (dessen) Bauch eine Auftreibung ist	Bln 159

DEUTUNGSVORSCHLÄGE:

Die von Ebbell[1] angegebene Identifizierung als Myrthe (Myrthus communis L.) ist nicht belegbar.

In seiner sehr detaillierten Studie des Pflanzennamens *ḫt-ds* kommt auch Aufrère[2] zu der Ansicht, dass eine Deutung zur Zeit noch nicht möglich ist. Er schlägt aber vor, auch die Sesbanie (Sesbania sesban (L.) Merrill) mit in die Überlegungen einzubeziehen.

BEMERKUNGEN:
ḫt-ds ist ein Baum oder Strauch, der in den altägyptischen Gärten angepflanzt wurde, so z.B. im Grabgarten des Ineni[3]. Er scheint eine gewisse magische Bedeutung gehabt zu haben. Seine medizinische Nutzung ist überwiegend äußerlich, im Bln auch häufig als Räuchermittel. Die Indikationen sind sehr vielseitig und ohne erkennbaren Anwendungsschwerpunkt.

[1]Grapow, Drogenwörterbuch, S. 405; [2]Aufrère, in: BIFAO 86, 1986, S. 19 f.; [3]Baum, Arbres et arbustes, S. 182.

ḫt-dšr

„Rotes Holz“

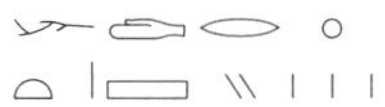

INDIKATION DER REZEPTUR:

Äußerlich	Rezept
– Behandeln der Nägel der Zehe (oder) der Finger	H 185

DEUTUNGSVORSCHLÄGE: -

BEMERKUNGEN:
Die Rezeptur enthält neben dem „Roten Holz“ zwei weitere rote Bestandteile, Blutstein *didi* und Hammerschlag *ẖꜣw* des Kupfers.

ḫṯn

INDIKATION DER REZEPTUR:

Innerlich	Rezept
– Heilmittel für die Hornviper	Brk § 75b

DEUTUNGSVORSCHLÄGE:
Möglicherweise bezeichnet *ḫṯn* den Knoblauch (Allium sativum L.)[1].

BEMERKUNGEN:
ḫṯn wird nur im Schlangenpapyrus genannt, obwohl Knoblauch durch Funde seit der 18. Dyn. gut belegt ist.

[1]Rainer Hannig, Großes Handwörterbuch Ägyptisch-Deutsch, Mainz 1995, S. 628.

ẖsꜣit

INDIKATION DER REZEPTUREN:

ẖsꜣit ohne Zusatz

Äußerlich	Rezept
– Für das Beseitigen der Schmerzstoffe	Eb 121

– Für einen Mann, wenn er an Schnupfen/Katarrh an seinem Kopf leidet, indem Schleimstoffe in seinem Nacken sind	Eb 298
– Für eine Verbrennung, wenn sie faulig wird	Eb 491; L 61
– Für das Gesundmachen der Fesselgelenke, wenn sie schmerzen	Eb 614
– Beseitigen von Hautblasen an irgendeiner Körperstelle	Eb 546
Rektalzäpfchen	Rezept
– Für das Bessern (des Zustandes) des Afters	Eb 144

ẖsꜣit nt mḏꜣ = *ẖsꜣit* aus *mḏꜣ* (Ost-Nubien)

Rektalzäpfchen	Rezept
– Bessern (des Zustandes) des Afters (und) Bessern (des Zustandes) der Unterleibsregion	Eb 164

gnn n ẖsꜣit = „Weiches“ von *ẖsꜣit*

Äußerlich	Rezept
– Für das Behandeln des Kopfes	Eb 255

DEUTUNGSVORSCHLÄGE:

Bei *ẖsꜣit* handelt es sich um ein wohlriechendes (Harz ?)- Produkt, das aus südlich von Ägypten liegenden Ländern angeliefert wurde. Darauf deuten auch die außerhalb der medizinischen Texte verwendeten Determinative und hin. Ebbell[1] übersetzt Gafal, nach ihm das Harz von Balsamodendron africanum.

BEMERKUNGEN:

Gafal wird von Balsamodendron kafal Kunth. gewonnen, Balsamodendron africanum Arn. ist eine ältere Bezeichnung der Myrrhe-Art Commiphora africana (A. Rich.) Engl.

Es ist nicht möglich, *ẖsꜣit* einer speziellen, harzliefernden Baumart zuzuordnen.

[1]Grapow, Drogenwörterbuch, S. 418.

sꜣ-wr „Großer Schutz“ (Pflanzlich ?)

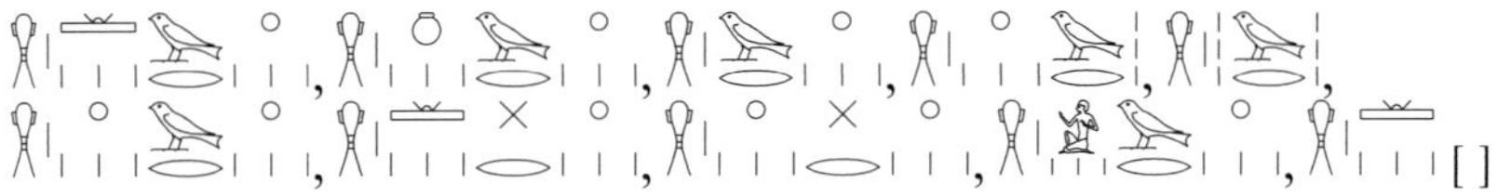

INDIKATION DER REZEPTUREN:

Innerlich	Rezept
– Für das Regeln des Harns (und) das Veranlassen, dass man abführt	Eb 27
– Behandeln des *pnd*-Wurmes	Eb 83
– Beseitigen des *wḥꜣw*-Hautausschlages, der drückend ist gegen den Körper, (und) ihn wirklich Töten im Bauch	Eb 91
– Töten der *gḥw*-Krankheit	Eb 332
– Beseitigen von *ꜥꜣꜥ*-Giftsamen auf dem Herzen	Bln 116
– Zerstörte Indikation	Ram III A 1-2

Äußerlich	Rezept
– Beseitigen des *wḥ3w*-Hautausschlages	Eb 105, 107, 112
– Beseitigen des *wḥ3w*-Hautausschlages im Bauch	Eb 90, 95
– Beseitigen des *wḥ3w*-Hautausschlages im Körper	Eb 114, 116
– Beruhigen der Gefäße	H 106
– Beseitigen einer *bsi*-Geschwulst auf der Brust, auf irgendeinem Körperteil	Bln 15
– Beseitigen der ꜥ3ꜥ-Giftsamen eines Gottes, eines Toten	Bln 65
– Herausholen des *fnṯ*-Wurmes	Bln 20
– Behandeln der Zehe, wenn sie schmerzt	Eb 620; H 175
– Beseitigen der *ḫnsit*-Krankheit am Kopf	Eb 447, 449
Augenbehandlung	Rezept
– Beseitigen der Verschleierung im Auge	Eb 339
– Öffnen des Sehens	Eb 344
– Beseitigen von Fettem in den beiden Augen	Eb 354
– Beseitigen des Schlagens eines Tote, einer Toten ..., die eingetreten sind in die beiden Augen	Ostrakon Kairo ODM 1062
Rektaleinguss	Rezept
– (Behandeln) eines Mannes, der an seinem After leidet	Sm 22,11-14
Räuchermittel	Rezept
– Anfang von dem, was man macht (als) Räuchermittel	Bln 68
– Beseitigen der ꜥ3ꜥ-Giftsamen eines Gottes, *mtwt*-Giftstoffe eines Toten	Bln 63
– Entfernen der Einwirkungen eines Gottes, eines Toten	Bln 66
– Beseitigen eines Bisses eines Skorpions	Bln 78

DEUTUNGSVORSCHLÄGE:

Dawson[1] vermut in *s3-wr* ein Pflanzenharz.

BEMERKUNGEN:

Da kein Determinativ auf ein pflanzliches Produkt hinweist, ist die Deutung von s3-*wr* als ein Pflanzenharz unsicher.

Auffallend ist jedoch die häufige Verwendung im Papyrus Berlin als Räuchermittel, sodass man doch an eine duftend brennbare Substanz denken möchte, für die vor allem Pflanzenharze in Frage kämen.

Das Produkt, dass schon den magischen Namen „Großer Schutz“ trägt, wird mehrfach gegen Krankheiten eingesetzt, deren Ursprung der Arzt in magischen Einflüssen sah.

Deutliche Schwerpunkte in den Verordnungen sind gegen die *wḥ3w*-Hautkrankheit, innerlich sowie äußerlich und bei Augenkrankheiten zu erkennen.

[1] Dawson, in: J. W. B. Barns, Five Ramesseum Papyri, Oxford 1956, S. 16.

s3it

INDIKATION DER REZEPTUREN:

Äußerlich	Rezept
– (Heilmittel) für das wirkliche Beseitigen des *wḥ3w*-Hautausschlages	Eb 120

– Verhindern, dass *srft*-Hautentzündung (und) irgendwelche üblen Dinge entstehen an irgendeiner Körperstelle — Eb 115, 119

DEUTUNGSVORSCHLÄGE: -

BEMERKUNGEN:
Es gibt keine Hinweise für eine Identifizierung der *s3it*-Pflanze. Nach den Indikationen kann man vermuten, dass sie eine entzündungshemmende Wirkung hatte. In allen drei Rezepturen wird sie zusammen mit Salz und Natron in Öl verrieben aufgetragen.

s3pt Lotusblatt (Nymphaea lotus L. oder Nymphaea coerulea Sav.)

INDIKATION DER REZEPTUREN:

Innerlich	Rezept
– Beseitigen der Einwirkung eines Toten im Bauch	H 216
Äußerlich	Rezept
– Veranlassen, dass die Haare ausgehen (am Kopf der Verhassten)	Eb 475; H 158
– Beseitigen des *wḥ3w*-Hautausschlages	Eb 108

DEUTUNGSVORSCHLÄGE:
Aufgrund des Determinatives (Lotusblatt) bezeichnet *s3pt* ein Lotusblatt, entweder des weißen oder blauen Lotus.

BEMERKUNGEN:
Siehe auch unter *sšn* = Lotus.

s3r

INDIKATION DER REZEPTUREN:

s3r ohne weiteren Zusatz

Äußerlich	Rezept
– Beseitigen der *ḫnsit*-Krankheit am Kopf	Eb 438
– Festigen der Haare	Eb 464
– Lösen von Versteifungen an irgendeiner Körperstelle	Eb 667
– Beruhigen der Gefäße	H 107
– Heilmittel für den Blutfraß (und) das Stillen des Fressens	Eb 592

prt s3r = Frucht/Same der *s3r*-Pflanze

Äußerlich	Rezept
– Behandlung der *mšpnt*-Hautflechte	H 166
– Beseitigen des *wḥ3w*-Hautausschlages	Eb 111
– Für das Erweichen der Gefäße	Eb 649; H 228
– Beseitigen der Einwirkung eines Gottes, eines Toten in allen Körperstellen	Eb 242

mw nw sꜣr = „Wasser“ der *sꜣr*-Pflanze

Äußerlich	Rezept
– Beseitigen von Striemen eines Schlages	Eb 510

DEUTUNGSVORSCHLÄGE: -

BEMERKUNGEN:
Die *sꜣr*-Pflanze und ihre Produkte werden nur in den medizinischen Texten genannt und ausschließlich äußerlich verordnet.

sꜥꜣm 

INDIKATION DER REZEPTUREN:

sꜥꜣm und *dḳw n sꜥꜣm* = Mehl der *sꜥꜣm*-Pflanze werden zusammen behandelt.

Innerlich	Rezept
– Für das Entleeren des Bauches	Eb 23
– Beseitigen von Krankheit des Bauches	Eb 43
– Beseitigen des *wḥꜣw*-Hautausschlages, ihn Töten im Bauch	Eb 91, 94
– Töten der Schmerzstoffe (und) das Beseitigen des *ꜥꜣꜥ*-Giftsamens eines Toten im Bauch	Eb 99
– Beseitigen von Zauber (und) *ꜥꜣꜥ*-Giftsamen eines Gottes (und) eines Toten im Bauch	Eb 173
– Beseitigen eines Blutnestes, das sich noch nicht festgesetzt hat	Eb 593
– Behandeln der Gefäße des Oberschenkels	Eb 856 d

Äußerlich	Rezept
– Schmerzen zu beseitigen, die im Kopf sind	Eb 247
– Herausholen des Wassers aus einer Schwellung	Eb 577
– Beseitigen einer Schwellung	Eb 590
– Bessern der Gefäße der Schulter	Eb 650
– Bessern der Gefäße an irgendeiner Körperstelle	Eb 651
– Gesundmachen der Fesselgelenke, wenn sie schmerzen	Eb 614
– Erweichen von Steifheit an irgendwelchen Körperstellen	Eb 675
– Knüpfen des Knochens, wenn er gebrochen ist	H 222
– Zerstörte Indikation	Kah 13

Zahnbehandlung	Rezept
– Befestigen eines Zahnes	Eb 744

DEUTUNGSVORSCHLÄGE:
Aufgrund der Nennung des ägyptischen Synonyms *Sum* für den Keuschlammstrauch (Vitex agnus-castus L.) bei Dioskurides[1] vermutete Daumas[2] in *sꜥꜣm* eine Bezeichnung für diesen, in Ägypten nicht vorkommenden Strauch. Seine Verwendung in der altägyptischen Medizin ist sehr unwahrscheinlich.
Aufrère[3] lehnt auch diese Deutung ab. Zum einen spricht er sich, wie auch schon Germer[4] gegen eine Gleichsetzung von *sꜥꜣm* und *sꜥm* (siehe dort) aus. Er sieht in *sꜥꜣm* eine Bezeichnung des Strandtraubenkrautes (Ambrosia maritima L.)

BEMERKUNGEN:
Im Parallelrezept zu Eb 247, dem H 75, wird anstelle von *sꜥꜣm* die nur im Papyrus Hearst aufgeführte *ꜥꜣmw*-Pflanze genannt. Danach wäre es möglich, dass es sich bei *ꜥꜣmw* um eine spezielle Schreibung des Papyrus Hearst für die *sꜥꜣm*-Pflanze handelt (siehe unter *ꜥꜣmw*).
Allerdings kommt im Rezept H 222 neben der *ꜥꜣmw*-Pflanze auch die *sꜥꜣm*-Pflanze bei der Behandlung eines Knochenbruches vor, und dies widerspricht einer Gleichsetzung.

[1]Dioskurides, I, 134; [2]Daumas, in: Fs Edel, Ägypten und Altes Testament I, Bamberg 1979, S. 66 f.; [3]Aufrère, in: BIFAO 87, 1987, S. 26 f.; [4]Germer, Arzneimittelpflanzen, S. 303.

sꜥm 

INDIKATION DER REZEPTUREN:

sꜥm und *dḳw n sꜥm* = Mehl der *sꜥm*-Pflanze werden zusammen behandelt.

Innerlich	Rezept
– Behandeln des *pnd*-Wurmes	Eb 83
– Töten des *ḥfꜣt*-Wurmes	Eb 56
– Beseitigen des *ḥfꜣt*-Wurmes im Bauch	Eb 64
– Heilmittel für den Bauch	Eb 24
– Töten der Schmerzstoffe im Bauch	Eb 100
– Behandlung eines Mannes mit einer Verstopfung	Eb 190, 198
– Beseitigen von *tꜣw*-Hitze im After	Eb 154
– Beseitigen des *ꜥꜣꜥ*-Giftsamens im Mann, das Töten der Schmerzstoffe, Behandeln des Afters	Eb 138
– Behandlung eines Mannes, der an seinem Magen leidet, Fäulnisprodukte können nicht herabsteigen in seine Leistengegend	Eb 192, 195
– Beseitigen von Schleimstoffen in seinen beiden Seiten	Bln 48
– Veranlassen, dass Schleimstoffe jeder Art abgehen	Bln 138
– Beseitigen der Schmerzstoffe (und) das Ausscheiden mit Blut	Bln 188
– Beseitigen eines Blutnestes	H 143
– Abwehren der Schmerzstoffe im Mund	Eb 122; Bln 35
– Beseitigen des Hustens	Bln 32, 44
– Für den Biss einer *gꜣrš*-Schlange	Brk § 49b
– Für den Biss einer *tiꜣm*-Viper	Brk § 51e
– Für den Biss einer Hornviper	Brk § 75b
Brechmittel	Rezept
– Beseitigen von Entzündungen	Bln 108
– Für einen Mann, der von einer Sandrassel-Viper gebissen ist	Brk § 73
Äußerlich	Rezept
– Stärken und Lindern der Gefäße	H 98
– Beseitigen von Entzündung	Bln 87

– Beseitigen des *wḫꜣw*-Hautausschlages	Eb 114
Rektalzäpfchen	Rezept
– Veranlassen, dass man ausscheidet	Eb 8
– Für Fälle von Ausscheiden	Eb 26
Inhalationsmittel	Rezept
– Für den Husten	Bln 46

DEUTUNGSVORSCHLÄGE:

sꜥm wurde als eine Beifußart (Artemisia sp.) gedeutet, von Daumas[1] als Absinth = Wermut (Artemisia absinthium DC), von Aufrère[2] als Beifuß (Artemisia herba-alba Asso), beides Pflanzen, die nicht zur ägyptischen Flora gehören.

BEMERKUNGEN:

Aus den Rezepturen ist ein deutlicher Anwendungsschwerpunkt bei einzunehmenden Rezepturen für die Behandlung von Eingeweidewürmern und anderen schädlichen Stoffen im Bauch zu erkennen. Einige Male wird *sꜥm* auch als Einzeldroge verordnet, was auf eine deutliche pharmazeutische Wirkung hinweist. Die in Ägypten heimische Artemisia judaica L. wird noch heute in der ägyptischen Volksmedizin zur Behandlung des Magens, als Wurmmittel und zum Inhalieren bei Husten verwendet. Allerdings hat sie keine starke abführende Wirkung, die man nach den altägyptischen Rezepturen für *sꜥm* erwarten könnte. Trotz der Nennung von *sꜥꜣm* an Stelle von *sꜥm* in dem Parallelrezept Eb 593 handelt es sich vermutlich nicht um das gleiche Produkt, da *sꜥm* mit großer Deutlichkeit überwiegend innerlich verordnet wird, was bei *sꜥꜣm* nicht der Fall ist[3].

[1]Daumas, in: Fs Edel, Ägypten und Altes Testament I, Bamberg 1979, S. 66 f.; [2]Aufrère, in: BIFAO 86, 1986, S. 13; [3]Germer, Arzneimittelpflanzen, S. 303; Aufrère, in: BIFAO 87, 1987, S. 26 f.

swt 

INDIKATION DER REZEPTUREN:

swt und seiner Verarbeitungszustände *dḳw n swt* = Mehl von *swt*, *swt sḥmt* = zerstampftes *swt*, *swt ps* = gekochtes *swt*, und *dḳw n swt ps* = Mehl von gekochtem *swt* werden zusammen aufgelistet.

Innerlich	Rezept
– Beseitigen von *ỉnwt*-Erscheinungen der Schmerzstoffe in den Spitzen der beiden Arme	Bln 119
– Für den Husten	Bln 42
– Beseitigen von Schwellung im Bauch	Eb 587
– Beseitigen einer Stauung von Harn	Eb 261
– Behandeln des Umherziehens von *tꜣw*-Hitze auf seiner Blase	H 69, 70
– Für einen (Mann), der an Zusammenziehung in seinem Harn leidet	Eb 268
– Beseitigen von schmerzhaften Kot im Bauch	Eb 31
– Behandeln des Afters	Eb 148
– Veranlassen, dass das Herz Speise annimmt	Eb 285
– Unklare Indikation	Pap. Beatty XV 8-9

Äußerlich	Rezept
– Beseitigen von *tꜣw*-Hitze im Unterleib	Eb 175
– Beseitigen der Einwirkung eines Gottes, eines Toten in allen Körperstellen	Eb 243; H 71
– Zerbrechen der Schmerzstoffe	Eb 129
– Heilmittel für das Erweichen des Knies	Eb 603
– Beruhigen der Gefäße	H 105
Unklare Applikation	Rezept
– Für eine *ꜥnwt*-Schwellung des Chons-Gemetzels	Eb 877

bỉ n swt = Grütze aus *swt* und *swt ỉrw m bỉ* = *swt* zu Grütze gemacht

Innerlich	Rezept
– Beseitigen von Harn, wenn er zu viel ist	Eb274,275,277,279; H63,66
– Beseitigen einer Verstopfung	H 25
– Töten der Schmerstoffe im Bauch	Eb 100
– Veranlassen, dass das Herz Speise annimmt	Eb 287
– Beseitigen von *tꜣw*-Hitze	Bt 27
– Beseitigen einer Ballung von *tꜣw*-Hitze auf dem Herzen	Eb 219
– Behandeln des Herzens (und) das Entfernen der Schmerzstoffe	Eb 233, 234
– Etwas Angenehmes für das Herz, nachdem es heiß geworden ist	Bln 185
– „Schnell-wirkender-Belebungstrank" für das Beseitigen des *ꜥꜣꜥ*-Giftsamens eines Gottes, eines Toten	Eb 229
– Heilmittel (für) das Trinken, das man macht, wenn man (die) Heilmittel macht	Bln 184
– Unklare Indikation	Bt 29, 33, 34
Äußerlich	Rezept
– Gegen ein Gefäß, wenn es umherschnellt	Eb 645
– Erweichen von *šwt* in/an einem Gefäß	H 114
Zerstörter Text	Ram V Nr. X

bỉt (nt) swt = Fladen aus *swt* und *šns n swt* = Gebäck aus *swt*

Innerlich	Rezept
– Beseitigen von Zusammenziehungen (in) den beiden Beinen	H 27
– Beseitigen von *ỉnwt* der Schmerzstoffe	Eb 126
– Für einen Mann, der an seinem Magen leidet	Eb 192, 195

ỉbt nt t ꜥwꜣ n swt = Fladen aus gegorenem *swt*-Brot

Äußerlich	Rezept
– Beseitigen von *tpꜣw* am Kopf	Eb 712; H 17

DEUTUNGSVORSCHLÄGE:

In *swt* wird im Allgemeinen eine Art der Gattung Weizen (Triticum L.) gesehen. Für das pharaonische Ägypten ist bisher nur der Emmer (Triticum turgidum L. subsp. dicoccum (Schrank) Tell.) durch reichliche Funde nachgewiesen. Alle an-

deren Arten, Saatweizen (Triticum aestivum L.), Hartweizen (Triticum durum Desf.), Einkorn (Triticum monococcum L.) und Spelt (Triticum spelta L.) befanden sich nur extrem selten in archäologischem Material[1] und ihre Identifizierung ist teilweise auch noch in der Diskussion, sodass sie als Lieferant für *swt* vermutlich nicht in Frage kommen. Möglich wäre vielleicht eine besondere Sorte des Emmers, die sich vor allem im frischen Zustand deutlich zeigte.
Die von Täckholm[2] vorgeschlagene Identifizierung als Banane Ensete (Ensete edule (Gmel.) Horan) ist nicht belegbar und auch unwahrscheinlich[3].

BEMERKUNGEN:
Da *swt* mit  determiniert ist und zur Herstellung von Brot und Bier benutzt wurde, handelt es sich vermutlich um eine Getreide- oder eine Hirse-Art. Als Getreide käme vielleicht eine besondere Sorte des Emmer in Frage, eine sichere botanische Identifizierung ist allerdings nicht möglich.
In der Heilkunde diente *swt* in verschiedenen Verarbeitungsprodukten vor allem innerlich als Trägersubstanz für andere Arzneimittel, wurde dabei aber auffallend häufig bei der Behandlung der Blase und des Bauches (Magen und Herzen) verordnet.

[1]Vartavan and Amorós, Codex, S. 259 f.; [2]Täckholm, Flora III, S. 276; [3]Germer, Arzneimittelpflanzen, S. 195.

swt 

INDIKATION DER REZEPTUREN:

swt ohne weiteren Zusatz:

Äußerlich	Rezept
– Behandeln der rechten Hälfte (des Bauches) durch/mit Ausfluss/Entfernung	Eb 758
In der Hand zu Asche verbrannt	Rezept
– Fehlende Indikation	Ram III B 5-6

swt ꜥnḫt = frische *swt*-Pflanze

Innerlich	Rezept
– Töten der *gḫw*-Krankheit	Eb 329, 331

swt ḥmt = weibliche (?) *swt*-Pflanze

Äußerlich	Rezept
– Für das Lösen eines Kindes aus dem Bauch der Frau	Eb 800

šnj n ỉbt-s (der *swt*-Pflanze) = Haar ihres (der *swt*-Pflanze) unbekannten *ỉbt*-Teiles

Herstellung eines Knotenamulettes	Rezept
– Beschwörung der Brust (der Frau)	Eb 811

bkꜣt nt swt = unbekannter Teil der *swt*-Pflanze

Herstellung eines Knotenamulettes	Rezept
– Beschwörung der Brust (der Frau)	Eb 811

m3t swt = Halm oder Stängel der *swt*-Pflanze (zu Asche verbrannt)

Äußerlich	Rezept
– Regeln des Harns	Eb 270

ṯst nt swt = unbekannter Teil der *swt*-Pflanze

Innerlich	Rezept
– Beseitigen einer Krankheit, die entstanden ist in Folge eines *pnd*-Wurmes	Eb 69

swt ohne weiteren Zusatz als Instrument zum Öffnen einer Geschwulst in Eb 876.

DEUTUNGSVORSCHLÄGE:
Aufgrund der Darstellung als Wappenpflanze Oberägyptens wurde *swt* als eine Binsenart angesehen[1]. Täckholm[2] hingegen setzt die hier aufgelistete *swt*-Pflanze mit der vorher genannten, anders geschriebenen *swt*-Pflanze gleich, in der sie die Bananenart Ensete (Ensete edule (Gmel.) Horan) vermutet, eine Deutung, die allerdings nicht überzeugt[3].

BEMERKUNGEN:
Eine sichere Identifizierung der *swt*-Pflanze ist nicht möglich. Sie spielte in der Medizin keine große Rolle, auffallend ist jedoch die Verwendung zweier verschiedener Teile von ihr im Heilzauber.

[1]Dawson, in: JEA 22, 1936, S. 107; [2]Täckholm, Flora III, S. 276; [3]Germer, Arzneimittelpflanzen, S. 196.

sbttit

INDIKATION DER REZEPTUREN:

Äußerlich	Rezept
– Beseitigen des *wḫ3.w*-Hautausschlages	Eb 106, 110
– Heilmittel für den Blutfraß (und) das Stillen des Fressens	Eb 592

DEUTUNGSVORSCHLÄGE: -

sprt

INDIKATION DER REZEPTUR:

Innerlich	Rezept
– Für den Durst eines Mannes, der gebissen ist von irgendeiner Schlange	Brk § 71a

DEUTUNGSVORSCHLÄGE:
Sauneron[1] übersetzt aufgrund der koptischen Bezeichnung ϭⲁⲣⲁⲧⲉ für den Johannisbrotbaum *sprt* ebenso.

BEMERKUNGEN: -

[1]Sauneron, Schlangenpapyrus, S. 96.

sfṯ

sfṯ bezeichnet ein Harzprodukt der ꜥš-Konifere (siehe unter ꜥš).

smt

INDIKATION DER REZEPTUREN:

Innerlich	Rezept
– Behandeln der Leber	Eb 477, 480
– Abwehren der Schmerzstoffe im Bauch	Eb 88
– Für die linke (Bauch-)Hälfte	Eb 632; H 28
– Veranlassen, dass das Herz Speise annimmt	Eb 284, 285
– Beseitigen von *ḳ3dw*-Hitze der Schmerzstoffe im Brustraum	Eb 186
– Abwehren der Schmerzstoffe im Mund	Eb 122; Bln 35
– Zerstörte Indikation	Bt 36, 37
Kaumittel	**Rezept**
– Behandeln der Zunge, wenn sie schmerzt	Eb 704

DEUTUNGSVORSCHLÄGE:

Da Dioskurides[1] als ägyptische Bezeichnung für die Pflanze κάρδαμον das Wort „semeth" angibt, sieht Manniche[2] in *smt* die Gartenkresse (Lepidium sativum L.). κάρδαμον wird aber von mehreren Autoren auch als Orientalische Kresse (Erucaria aleppica Gärtn.) übersetzt. Diese Art wächst allerdings nicht in Ägypten und ist auch nicht durch Funde belegt.

BEMERKUNGEN:

smt wird nur innerlich oder als Kaumittel verordnet. Des öfteren steht es in der Auflistung zwischen *snṯr* und *tpnn* mit kleinster Mengenangabe. Vermutlich handelt es sich um ein pflanzliches Produkt, auch wenn Determinative fehlen, die dies belegen.
Eine Deutung ist zur Zeit nicht möglich.

[1]Dioskurides, II, 184; [2]Manniche, Herbal, S. 115.

sn-wtt

INDIKATION DER REZEPTUREN:

sn-wtt ohne Zusatz

Innerlich	Rezept
– Für das Behandeln des *pnd*-Wurmes	Eb 83
Äußerlich	**Rezept**
– Behandeln der rechten Hälfte (des Bauches) durch/mit Ausfluss/Entfernung	Eb 759
– Für das Absteigenlassen von Schleimstoffen aus der Leistengegend	Eb 294; H 35

prt von *sn-wtt* = Frucht/Same der *sn-wtt*-Pflanze

Innerlich	Rezept
– Für das Absteigenlassen von Schleimstoffen aus der Leistengegend	Eb 294; H 35

DEUTUNGSVORSCHLÄGE:
sn-wtt ist eine der wenigen altägyptischen Heilpflanzen, von denen in einem Rezept eine kurze Beschreibung ihres Aussehens gegeben ist: „Ein Kraut, *sn-wtt* ist sein Name; es wächst auf seinem Bauch wie die *ḳꜣdt*-Pflanze; es pflegt eine Blüte wie der *sšn*-Lotus zu bilden, (und) man findet seine *gꜣbt*-Blätter wie weißes Holz" (Eb 294).
Aufgrund dieser Beschreibung vermutet Dawson[1] in *sn-wtt* eine Windenart, möglicherweise die Convolvulus hystrix Vahl.

BEMERKUNGEN:
In Ägypten wachsen mehrere Winden-Arten, von denen einige, wie die blau blühende Convolvulus hystrix, kleine Büsche bilden, andere sind niederliegend. Als Deutung für *sn-wtt* käme nach der Beschreibung „es wächst auf seinem Bauch" am ehesten die Ackerwinde Convolvulus arvensis L. mit ihren großen, trichterförmigen, weißen Blüten in Frage. Alle Teile der Pflanze haben eine leicht laxierende Wirkung, sodass ihre medizinische Nutzung durchaus möglich ist.

[1] Dawson, in: JEA 20, 1934, S. 186.

snw

INDIKATION DER REZEPTUR:

Innerlich	Rezept
– Für einen Mann, der gebissen ist (von einer Schlange) und dessen Auge Gift erhalten hat	Brk § 67

DEUTUNGSVORSCHLÄGE: -

snb

INDIKATION DER REZEPTUR:

ṯꜣ n snb = unbekannter Teil der *snb*-Pflanze

Zaubermittel	Rezept
– Beschwörung der Brust	Eb 811

DEUTUNGSVORSCHLÄGE:
Koemoth[1] sieht in der *snb*-Pflanze den Papyrus (Cyperus papyrus L.)

BEMERKUNGEN:
Bei dem *ṯꜣ*-Teil der *snb*-Pflanze muss es sich um etwas längeres, faserartiges handeln, da er mit anderen Pflanzenprodukten zu einem 7-Knotenamulett zusammengedreht werden soll. Vielleicht ist ein Streifen der Rinde des Papyrushalmes gemeint.

[1] Koemoth, in: GM 130, 1992, S. 33 f.

snn 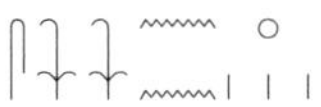

INDIKATION DER REZEPTUREN:

Äußerlich	Rezept
– Beseitigen des Schnupfens/Katarrhs im Kopf	Eb 391
– Ein anderes für den Kopf (und) für die Schläfe	Eb 260
– Für das Beseitigen der Schmerzstoffe	Eb 121
– Behandlung der *mšpnt*-Hautflechte	H 162

Augenbehandlung	Rezept
– Gegen ein Gewächs von Schmerzstoffen mit Blut im Auge	Eb 336
– Beseitigen des Schnupfens/Katarrhs in den beiden Augen	Eb 367
– Beseitigen des Wütens im Auge	Eb373,410,411,413
– Für das Öffnen des Sehens	Eb 377
– Beseitigen der Aufstauung von Wasser in den beiden Augen	Eb 378
– Kräftigen des Sehens	Eb 393
– Beseitigen eines Kügelchens im Auge	Eb 423, 430

DEUTUNGSVORSCHLÄGE:

Weder die Identifizierung von Lefebvre[1] als Harz eines Balsambaumes (ein Baum aus der Familie der Burseraceae) noch die speziellere von Ebbell[2] als Mekkabalsam (Commiphora opobalsamum Engl.) sind belegbar.

BEMERKUNGEN:

Da *snn* in späteren Texten[1] als der Name einer *ʿntiw*-Art aufgeführt wird, bezeichnet es vermutlich ein Harzprodukt, doch von welcher Pflanze, ist unbekannt. Auffallend ist seine häufige Verwendung bei der Behandlung von Augenerkrankungen.

[1]Grapow, Drogenwörterbuch, S. 448; [2]Ebbell, in: ZÄS 64, 1929, S. 121.

sn<u>t</u>r 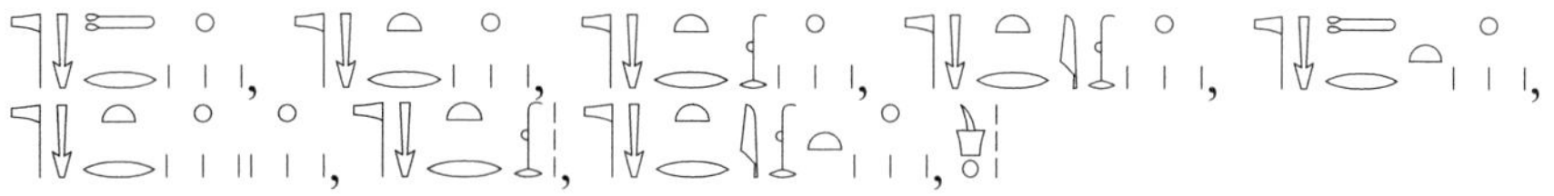

INDIKATION DER REZEPTUREN:

In den Verordnungen wird meist *sn<u>t</u>r* ohne weiteren Zusatz genannt, daneben kommt aber auch *sn<u>t</u>r w3<u>d</u>* = frischer Weihrauch, *sn<u>t</u>r šw* = getrockneter Weihrauch, *sn<u>t</u>r s3ḳ* = geformter Weihrauch, *sn<u>t</u>r pḫ3* = gereinigter Weihrauch, *ḥp3 n sn<u>t</u>r* = Harzperlen des Weihrauches (siehe dazu auch unter Dalbergia melanoxylon), *ḳmit nt sn<u>t</u>r* = mit Weihrauch versetztes Salböl (siehe dazu auch unter *šn<u>d</u>t* Acacia nilotica) und *ḫntt m sn<u>t</u>r* = unbekanntes Produkt des Weihrauches vor. In der Liste der Indikationen sind diese Produkte nicht unterschieden.

Innerlich	Rezept
– Für das Entleeren des Bauches	Eb 23
– Beseitigen von Schwellung im Bauch	Eb 39
– Zerbrechen der Schmerzstoffe im Bauch	Eb 86; Bln 157

– Töten der Schmerzstoffe im Bauch	Bln 153
– Behandlung eines Nestes von Schmerzstoffen im Bauch	Bln 155
– Behandeln des Bauches und Afters	Eb 137, 152
– Beseitigen einer Verstopfung in der rechten (Bauch-) Hälfte	Eb 210
– Beseitigen von Zauber(kräften) im Bauch	Eb 165
– Töten des *ḫfꜣt*-Wurmes	Bln 7
– Heilmittel für den Magen	Eb 214, 216
– Veranlassen, dass das Herz Speise annimmt	Eb284,285,288,293
– Beseitigen von Schleimstoffen im Bauch	Eb 300
– Behandeln der Gefäße der linken (Bauch-)Hälfte	Eb 631, 632; H 28
– Beseitigen von Zauber im Bauch	H 36, 54
– Ausreißen des Giftes des Gottes im Bauch	Pap. Beatty VIII vs. 5,1-3
– Beseitigen des *wḥꜣw*-Hautausschlages, ihn Töten im Bauch	Eb 91
– Behandeln der Leber	Eb477,478,479,480
– Regeln des Harns	Eb 283
– Beseitigen des Umherziehens von *tꜣw*-Hitze auf der Blase	H 70
– Töten der Schmerzstoffe in allen Körperteilen	H 42, 43
– Beseitigen von *inwt*-Krankheitserscheinungen der Schmerzstoffe in den Beinen	Bln 120
– Beseitigen von *inwt*-Krankheitserscheinungen der Schmerzstoffe in den Armen	Bln 162
– Beseitigen von *ḳꜣdw*-Hitze der Schmerzstoffe im Brustraum	Eb 186
– Beseitigen des Hustens	H 61
– Abwehren der Schmerzstoffe im Mund	Eb 122; Bln 35
– Abwehren von *ꜥꜣꜥ*-Giftsamen	H 85
– Töten der *gḥw*-Krankheit	Eb 327, 329, 331
– Behandlung von Aufstauung des Blutes auf dem Uterus	Eb 833
– Beseitigen von krankhaftem Haarausfall	Eb 777
– Für einen Mann, der (nach einem Schlangenbiss) das Bewusstsein verloren hat	Brk § 96a
– Zerstörte Indikation	Bt 36, 37
Brechmittel	Rezept
– Beseitigen von *srft*-Entzündung	Bln 97
Äußerlich	Rezept
– Erweichen der Gefäße des Knies	Eb 634
– Behandlung eines Gefäßes, wenn es umherschnellt	Eb 646, 682
– Bessern der Gefäße der Schulter	Eb 650
– Beleben und Frischmachen der Gefäße	Eb 652, 653; H 101, 122
– Erweichen der Gefäße	Eb 649,657; H 94, 232; Ram V Nr. V, Nr. XVIII

– Erweichen einer *šwt*-Schwellung des Gefäßes	Eb 659; Bln 49; H 115;RamVNr.XIX
– Stärken der Gefäße	Eb 686
– Beruhigen der Gefäße	Eb 687; H 104, 107, 108, 109
– Lindern der Gefäße	Bln 51; H 103, 228, 229, 230, 231, 237
– Erweichen von irgendwelchen Dingen	Eb 638
– Erweichen eines Gelenkes	Eb 654, 655; H 123, 124
– Erweichen von Steifheit an irgendwelchen Körperstellen	Eb 656, 672, 673, 675; Ram V Nr. II
– Gesundmachen der Fesselgelenke, wenn sie schmerzen	Eb 613, 614
– Beseitigen der Einwirkung eines Gottes, eines Toten und Schmerzstoffdämonen	Eb 242, 243; H 71
– Beseitigen des Schattens eines Gottes, eines Toten	Bln 95, 102, 104
– Behandlung des Kopfes, wenn er schmerzt	Eb253,254,255,256, 257,259,260
– Behandlung von Schnupfen, indem Schleimstoffe in seinem Nacken sind	Eb 298
– Beseitigen der *ḫnsit*-Krankheit am Kopf	Eb 449
– Behandlung einer fauligen Verbrennung	Eb 491; L 61
– Schwärzen einer Verbrennung	Eb 502
– Beseitigen der weißen Stellen einer Verbrennung	Eb 508; L 59
– Behandlung einer Verbrennung	L 17
– Behandlung einer Wunde	H 260
– Gesundmachen einer Wunde	Eb 515
– Gesundmachen irgendeines Wundsekretes	Eb 532
– Trocknen einer Wunde	Eb 521
– Für das Holen des Eiters	Eb 557, 558; H 140, 141
– Beseitigen von Entzündungen	Bln 84
– Beseitigen einer Schwellung und Stillen des Fressens an irgendwelchen Körperstellen	Eb564,589;H126
– Herausholen des Wassers aus der Schwellung	Eb 565, 571
– Herausziehen der Erhebungen an seiner Kehle	Eb 861
– Beseitigen einer *bsi*-Geschwulst	Bln 54
– Beseitigen eines Blutnestes	Eb 594
– Herausziehen eines Dornes, der im Fleisch ist	Eb 731
– Behandlung nach dem Herausziehen des *fnṯ*-Wurmes	Bln 20
– Behandlung des Ohres, wenn es fauliges Wasser absondert	Eb 765
– Behandlung des Ohres, es hat Eiter zusammengezogen	Eb 768, 769
– Beseitigen von Druck im Ohr	Bln 200
– Behandlung einer Quetschung von *bnwt*-Geschwüren und *t3w*-Hitze auf dem After, der Blase	Bt 10
– Behandlung der Blase, Beseitigen jeder Krankheit auf dem After	Bt 12

– Behandeln der rechten Hälfte (des Bauches) mit Ausfluss	Eb 758
– Beseitigen von *ṯꜣw*-Hitze im Unterleib	Eb 177
– Beseitigen von Zittern in den Fingern	Eb 624
– Behandeln der Zehe, wenn sie schmerzt	H 176
– Behandeln von Blut in der Zehe	H 183
– Behandeln der Nägel	Eb 619; H 178, 186, 191,192
– Gegen die Nägel der Zehen, die behaftet sind mit einer offenen Wunde	H 184
– Behandeln eines Nagels, wenn er zu Boden fällt	Eb 622; H 179
– Behandlung der *mšpnt*-Hautflechte	H 164, 166
– Beschwörung und Behandlung der *ꜥẖw*-Krankheit	Pap. Leiden vs. IV 7-8 = rto. II 13-III 2
– Lösen eines Kindes aus dem Bauch	Eb 803
– Beseitigen von Falten des Gesichtes	Eb 716
– Beseitigen von Körpergeruch	Eb 708, 711
– Beseitigen von Ausdünstungen	H 31, 32, 150,151
– Für den Biss einer Kobra mit schwarzem Halskragen	Brk § 47g
– Für den Biss einer *sẖtf*- oder *mꜥdi*-Schlange	Brk § 50b
– Für das Beseitigen von Hautveränderung und Heraustreiben des Speichels jeder Schlange	Brk § 60
– Für den Biss jeder Schlange	Brk § 61a, 61b
– Für das Herausziehen des *imnw* aus dem Mann, der von einer Schlange jeglicher Art gebissen ist	Brk § 85b
– Für den Mann der gebissen ist, an der Wunde liegt das Fleisch offen	Brk § 64a
– Beseitigen des Schwitzens eines Mannes, der gebissen ist von irgendeiner Schlange	Brk § 66b
– Für den Biss der *tiꜥm*-Viper	Brk § 51b
– Für den Biss einer männlichen Schlange	Brk § 81
– Für den Biss einer Schlange, wenn er eingeschränkt ist	Brk § 87b
– Unklare Indikation	RamVNr.XI,XX;O Berlin 5570; Pap. Louvre4864Rs1,6-7
Augenbehandlung	Rezept
– Gegen ein Gewächs von Schmerzstoffen mit Blut im Auge	Eb 336
– Gegen eine Ritzung im Auge	Eb 337
– Beseitigen von Blut auf den Augen	Eb 352
– Beseitigen des *ꜣdt*-Wütens im Auge	Eb 365, 375, 412
– Beseitigen einer Umwendung des Fleisches in den Augen	Eb 421
– Verhindern, dass ein Haar im Auge wächst, nachdem es ausgerissen ist	Eb 425
Kaumittel	Rezept
– Beseitigen von Geschwüren an den Zähnen	Eb 554, 555

– Behandeln eines Zahnes, der zerfressen ist an der Öffnung des Fleisches	Eb 742
– Für das Befestigen eines Zahnes	Eb 743
– Behandeln der Zunge, wenn sie schmerzt	Eb 700
Rektaleinguss oder -zäpfchen	Rezept
– Kühlen des Afters	Eb 140
– Beseitigen der Schmerzstoffe auf dem After	Eb 141
– Bessern des Afters	Eb 144, 164
– Behandlung einer Verschiebung des Afters	Eb 145
– Beseitigen der *špn*-Krankheit	Eb 705
Genitaleinguss oder -zäpfchen	Rezept
– Behandlung der Krankheit an den beiden Lippen ihrer Scheide	Eb 817
– Behandlung von schneidenden Schmerzen im Uterus	Eb 818
– Kühlen des Uterus	Eb 822
– Lösen eines Kindes aus dem Bauch	Eb 802
Räuchermittel	Rezept
– Veranlassen, dass die Gebärmutter an ihre Stelle zurückgeht	Eb 793
– Behandlung einer Verstopfung des Blutes im Uterus	Sm Rs. 20,13-21,3
– Behandlung einer Frau, ihre Augen sind krank, sie leidet an ihrem Nacken	Kah 1
– Behandlung einer Frau mit Zahnschmerzen (infolge) der Gebärmutter	Kah 5
– Heilmittel des Schwangermachens	Kah 20
– Um den Geruch des Hauses und der Kleider angenehm zu machen	Eb 852
Unklare Applikationsform	Rezept
– Beseitigen von Schmerzstoffen im Brustraum	H 30
– Beseitigen einer Schwellung von *bnwt*-Geschwüren auf dem After	Bt 2

DEUTUNGSVORSCHLÄGE:

Mit großer Wahrscheinlichkeit bezeichnet *sn<u>t</u>r*, das vom Beginn des Alten Reiches an belegt ist, Weihrauchharz von verschiedenen Boswellia-Arten. Wie Baum[1] in ihrer ausführlichen Studie über *sn<u>t</u>r* sorgfältig herausgearbeitet hat, diente das gleiche Wort vermutlich aber auch zur Bezeichnung des ähnlich aussehenden Terebinthenharzes (siehe unter Pistacia terebinthus L.), das besonders im Neuen Reich sehr verbreitet war. Da die Ägypter in dieser Zeit beide Harze nicht selber ernteten, sondern nur das fertige Handelsprodukt kannten, ist es gut vorstellbar, dass zwei Harze unter dem gleichen Namen importiert wurden.

BEMERKUNGEN:

In der altägyptischen Medizin war *sn<u>t</u>r* eines der am häufigsten verwendeten pflanzlichen Heilmittel. Während zahllose Tempelinschriften und -darstellungen uns die Verwendung von *sn<u>t</u>r* im Kultus als Räuchermittel zeigen, wird es erstaunlicherweise in den Rezepturen kaum als Räuchermittel genannt.

Im Gegensatz zum *ꜥntiw*-Räuchermittel, das fast ausschließlich äußerlich verwendet wird, findet sich *sntr* sowohl in einzunehmenden Rezepturen als auch aufzutragenden. Das Anwendungsspektrum ist sehr groß. Wenn *sntr* das Weihrauchharz und möglicherweise in Einzelfällen auch das Terebinthenharz bezeichnete, wird die Behandlung im Bereich der Wund- und Geschwürversorgung, bei rheumatischen Beschwerden und Problemen des Magen- Darmtraktes in vielen Fällen geholfen haben.

[1]Baum, in: Revue d'Égyptologie, Tome 45, Paris 1994, S. 17 f.

sḫt

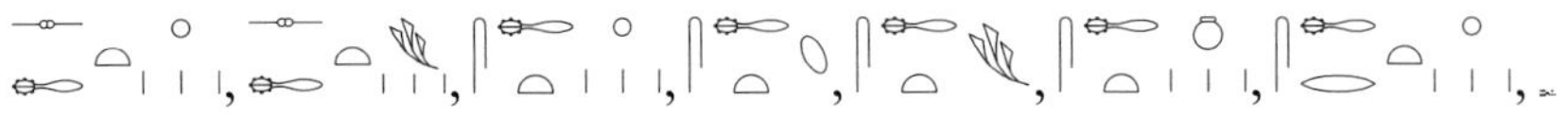

INDIKATION DER REZEPTUREN:

sḫt ohne weiteren Zusatz, *sḫt ḥḏt* = weißes *sḫt*, *sḫt wꜣḏt* = grünes oder frisches *sḫt*, *ḏdw nw sḫt* = zerriebenes *sḫt* und *dšrw nw sḫt* = unbekanntes Produkt, vermutlich auch ein Zerkleinerungszustand von *sḫt* werden zusammen aufgelistet.

Innerlich	Rezept
– Behandlung des Magens	Eb 191, 194, 203
– Beseitigen von schmerzhaftem Kot im Bauch	Eb 31
– Behandlung einer Verstopfung in der rechten (Bauch-) Hälfte	Eb 209
– Beseitigen der *nsit*-Krankheit im Mann	Eb 752; H 206
Äußerlich	**Rezept**
– Behandeln der rechten Hälfte (des Bauches) durch/mit Ausfluss/Entfernung	Eb 757, 758
– Beruhigen der Gefäße	H 105
– Behandlung einer Geschwulst auf einer Schlagverletzung	Sm 46

DEUTUNGSVORSCHLÄGE:
Wahrscheinlich handelt es sich bei *sḫt* um Gerste, denn in mit *sḫt* beschrifteten Töpfen aus dem Alten Reich[1] befanden sich Gerstekörner (Hordeum vulgare L.).

BEMERKUNGEN:
Worin sich die *sḫt*-Gerste von der üblichen *it*-Gerste unterscheidet, sei es durch einen Zerkleinerungszustand oder Verarbeitungsprozess, lässt sich nicht erkennen.

[1]Edel, QH II, 1, 1970, S. 25.

sšp

siehe unter *šspt*

sšn Lotus (Nymphaea caerulea Savigny oder/und Nymphaea lotus L.)

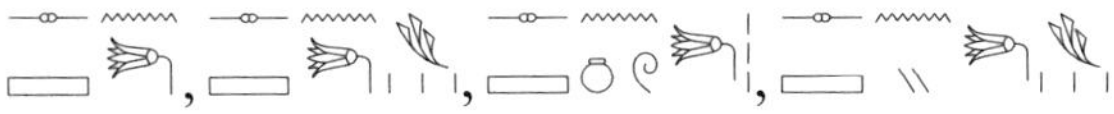

INDIKATION DER REZEPTUREN:

sšn ohne weiteren Zusatz = die Lotusblüte

Äußerlich	Rezept
– Für das Gesundmachen des Kopfes, wenn er schmerzt	Eb 258

ḫ3w nw sšn, wohl das Rhizom der Lotus-Pflanze

Innerlich	Rezept
– Für das Behandeln der Leber	Eb 479
– Behandeln einer Verstopfung in der rechten (Bauch-) Hälfte, nachdem sie eine *nsit*-Dämonin befallen hat	Eb 209
– Beseitigen des *ꜥ3ꜥ*-Giftsamens im Bauch und Herzen	Eb 224; H 82
Rektaleinguss	Rezept
– Behandlung eines *bnwt*-Geschwüres auf der Blase	Bt 13b

s3pt, wohl das Blatt der Lotuspflanze (siehe auch unter *s3pt*)

Innerlich	Rezept
– Beseitigen der Einwirkung eines Toten	H 216
Äußerlich	Rezept
– Veranlassen, dass die Haare ausgehen (am Kopf der Verhassten)	Eb 475; H 158
– Beseitigen des *wḥ3w*-Hautausschlages	Eb 108

DEUTUNGSVORSCHLÄGE:
Nach den Determinativen bezeichnet *sšn* in den medizinischen Texten die Lotuspflanze.

BEMERKUNGEN:
Um welche der beiden heimischen Lotusarten es sich bei *sšn* handelt, lässt sich nicht sagen, es erscheint jedoch sehr unwahrscheinlich, dass zwei so unterschiedlich aussehende Blüten mit dem gleichen Namen bezeichnet wurden.

sd-pnw „Mäuseschwanz"-Pflanze

INDIKATION DER REZEPTUREN:

sd-pnw ohne weiteren Zusatz = „Mäuseschwanz"

Innerlich	Rezept
– Für das Kühlen des Afters	Eb 160
– Um das Gift jeder *sḫtf*-Schlange herauszutreiben	Brk § 46a, 46f, 46j
– Für den Biss einer Kobra mit schwarzem Halskragen	Brk § 47c, 47d
– Für den Biss einer *hbi*-Schlange	Brk § 54d, 54f

nnt nt sd-pnw = Wurzel von „Mäuseschwanz"

Innerlich	Rezept
– Für den Biss der *tiꜥm*-Viper	Brk § 51d
– Für den Biss einer *hbi*-Schlange	Brk § 54g

DEUTUNGSVORSCHLÄGE:
Da Dioskurides[1] für eine Malvenart auch den Namen „Mäuseschwanz" angibt, sah Keimer[2] die Möglichkeit, dass die durch Funde in Mumiengirlanden belegte Stockrose (Alcea ficifolia L.) möglicherweise mit dem Namen *sd-pnw* bezeichnet wurde.

BEMERKUNGEN:
Die sehr bildhafte Bezeichnung „Mäuseschwanz" bezeichnet sicher eine Pflanze mit einem dünnen, leicht gebogenen Teil. Man möchte an eine Ranke o.ä. denken, was jedoch nicht zur A. ficifolia passt. Die Stockrose wurde vermutlich in der 18. Dynastie als schöne Gartenblume aus Kleinasien eingeführt, eine medizinische Nutzung ist von ihr nicht bekannt.
Die Verwendung der Wurzel von *sd-pnw* deutet vielleicht auch eher auf eine dem Mäuseschwanz ähnliche Wurzel hin.
Auffallend ist die häufige Nennung von *sd-pnw* in einzunehmenden Rezepturen bei diversen Schlangenbissen, zweimal sogar als Einzeldroge (Brk § 46f und 54g).

[1]Dioskurides, III, 144; [2]Keimer, Gartenpflanzen I, S. 111.

šꜣw 

INDIKATION DER REZEPTUREN:

šꜣw ohne weiteren Zusatz und *dḳw šꜣw* = Mehl von *šꜣw* können zusammengefasst werden, da es sich nur um einen Zerkleinerungszustand handelt.

Innerlich	Rezept
– Heilmittel für den Bauch	Eb 19
– Beseitigen von Zauber und *ꜥꜣꜥ*-Giftsamen im Bauch	Eb170,174,226,238, 239;H84;Bln115
– Beseitigen der Schmerzstoffe und das Ausscheiden mit Blut	Bln 188
Äußerlich	**Rezept**
– Behandlung jeder schmerzenden Stelle	Eb 243; H 71
Rektaltampon	**Rezept**
– Behandlung einer Verschiebung im After	Eb 145

prt šꜣw = Frucht/Same von *šꜣw*

Innerlich	Rezept
– Beseitigen von *ꜥꜣꜥ*-Giftsamen im Bauch	H 86
– Beseitigen von *ꜥꜣꜥ*-Giftsamen auf dem Herzen	H 87
Äußerlich	**Rezept**
– Stärken der Gefäße	Eb 627; H 96
– Erweichen der Gefäße	Eb 649

– Beleben der Gefäße	Eb 652; H 101
– Bessern der Gefäße	Eb 653
– Erweichen einer *šwt*-Schwellung des Gefäßes	Eb 661; H 119
– Beruhigen der Gefäße	H 107
– Lindern der Gefäße	H 228
– Kühlen der Gefäße	H 250
– Beseitigen von Schmerzen am Kopf	Eb 247; H 75
– Beseitigen von (dämonischer) Einwirkung am Kopf	Eb 249; H 77
– Beseitigen der Einwirkung eines Gottes und Schmerzstoffdämonen	Eb 242
– Erweichen von Steifheit	Eb 677
– Beschwören der *mšpnt*-Hautflechte	H 161
– Knüpfen eines Knochen, wenn er gebrochen ist	H 220

DEUTUNGSVORSCHLÄGE:
š3w bezeichnet möglicherweise den Koriander[1], da im Koptischen der Koriander **ⲃⲥⲣϣⲏⲟⲩ** heißt, was mit *prt š3w* gleichzusetzen ist.

BEMERKUNGEN:
Bei der innerlichen Verordnung von *š3w* und *prt š3w* ist ein deutlicher Schwerpunkt bei der Behandlung des *ˁ3ˁ*-Giftsamens und äußerlich in der Behandlung der Gefäße zu erkennen. Diese Anwendung passt zum Koriander. Sein starker Geruch sollte die *ˁ3ˁ*-Giftsamen, die magischen Ursprungs sind, vertreiben und die ätherischen Öle wirkten lindernd auf die Gefäße. Dennoch ist die Deutung *š3w* = Koriander nicht gesichert.

[1]Charpentier, Receuil, S. 642, Nr. 1047.

š3wit 

INDIKATION DER REZEPTUR:

Äußerlich	Rezept
– Behandlung einer Verstopfung in seinem Magen	Eb 198

DEUTUNGSVORSCHLÄGE: -

š3bt  [ ]

INDIKATION DER REZEPTUREN:

š3bt ohne weiteren Zusatz

Äußerlich	Rezept
– Behandeln der Wunde einer Verbrennung	Eb 489
– Beleben der Gefäße	H 122

[ ] *nt š3bt*

Zerstörte Applikationsform	Rezept
– Behandeln der *smn*-Krankheit	Pap. Leid. rto. VIII 8

DEUTUNGSVORSCHLÄGE: -

šꜣms

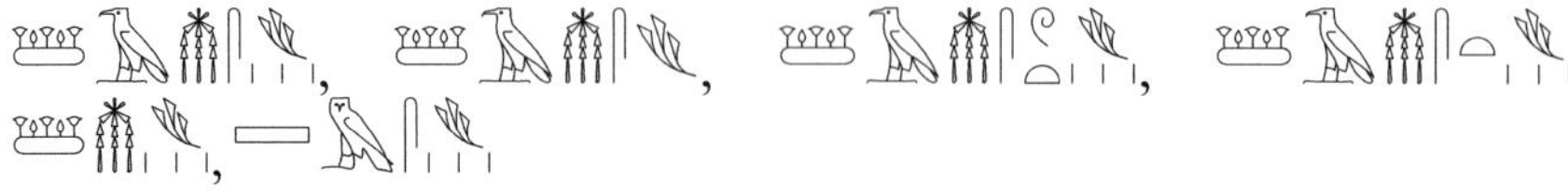

INDIKATION DER REZEPTUREN:

šꜣms ohne weiteren Zusatz

Innerlich	Rezept
– Beseitigen von Zauber(kräften) (und) von ꜥꜣꜥ-Giftsamen eines Gottes (und) eines Toten im Bauch	Eb170,171,172,174, 225,239;H86
– Beseitigen des ꜥꜣꜥ-Giftsamens im Bauch (und) im Herzen	Eb221,223;H79,81
– Beseitigen des des ꜥꜣꜥ-Giftsamens auf dem Herzen	Bln 115
– Für das Regeln des Bauches	Eb 38
– Für den Bauch	Eb 62
– Töten des *ḥfꜣt*-Wurmes	Eb 61; Bln 3
Äußerlich	Rezept
– Beseitigen des Schattens eines Gottes, eines Toten	Bln 98
Räuchermittel	Rezept
– Beseitigen des ꜥꜣꜥ-Giftsamens eines Gottes	Bln 61, 62
– Entfernen eines Toten	Bln 67

prt šꜣms = Frucht/Same der *šꜣms*-Pflanze

Innerlich	Rezept
– Zerstörte Indikation	Bln 204
Äußerlich	Rezept
– Für das Erweichen des Knies	Eb 610
– Erweichen von Steifheit an irgendwelchen Körperstellen	Eb 675
– Beseitigen des Fressens in den beiden Beinen	Eb 615
– Beseitigen von Schwellung in der Zehe	H 201
– Behandeln der Gefäße an seinem Nacken	Eb 856 e
– Für das Holen des Eiters	Eb 859, 860
– Beseitigen der *tmit*-Krankheit	H 169
– Beseitigen der Schmerzen im Kopf	Eb 247; H 75
– Zerstörte Indikation	Ram V Nr. VIII
Magische Texte	Rezept
– Schutz des Bettes des Pharao	Pap. Kairo 58027
– Abwehren von Dämonen	Sm Rs 20,8-12
Zerstörter Text	O Berlin 5570

ḏrḏ šꜣms = Blatt der *šꜣms*-Pflanze

Räucher- und Salbmittel	Rezept
– Behandlung von Zahnschmerzen infolge von Schmerzstoffen	Bln 75

mnit nt šꜣms = Wurzel der *šꜣms*-Pflanze

Äußerlich	Rezept
– Behandlung der *mšpnt*-Hautflechte	H 163

DEUTUNGSVORSCHLÄGE:
Aufrère[1] möchte in *šꜣms* eine Bezeichnung für den Römischen Bertram (Anacyclus pyrethrum DC) sehen.

BEMERKUNGEN:
In der medizinischen Verordnung der *šꜣms*-Pflanze fällt ein deutlicher Schwerpunkt bei den einzunehmenden Rezepturen in der Behandlung des Bauches und des *ꜥꜣꜥ*-Giftsamens auf, äußerlich verordnet gegen Steifheit und Geschwüre. Außerdem hat die Pflanze eine magische Bedeutung, die auch in nichtmedizinischen Texten zu erkennen ist[1].
In Ägypten wächst nur die Bertram-Art Anacyclus monthanos (L.) Thell. im Bereich des mediterranen Küstenstreifens, von der aber keine pharmazeutische Nutzung belegt ist.
Gegen die Deutung von *šꜣms* als Römischer Bertram spricht vor allem die Tatsache, dass in den altägyptischen medizinischen Texten die Verwendung der Wurzel nur ein einziges Mal aufgeführt ist, die der Pflanze und der Samen/Früchte jedoch sehr häufig. Vom Bertram wird in der antiken Medizin[2] und der heutigen nordafrikanischen Volksheilkunde aber nur die Wurzel genutzt.

[1]Aufrère, in BIFAO 87, 1987, S. 22 f.; [2]Dioskurides, III, 78.

šꜣs

INDIKATION DER REZEPTUR:

mnit nt šꜣs = Wurzel der *šꜣs*-Pflanze

Äußerlich	Rezept
– Behandlung der *nsit*-Krankheit	Bln 112

DEUTUNGSVORSCHLÄGE: -

BEMERKUNGEN:
Auf ein rotes Aussehen der *šꜣs*-Pflanze oder eine rote Färbeeigenschaft deutet eine Glosse im medizinischen Papyrus Smith (Fall 19) hin: „Rot ist die Färbung seiner beiden Augen wie die Färbung der *šꜣs*-Pflanze“.

šꜣšꜣ

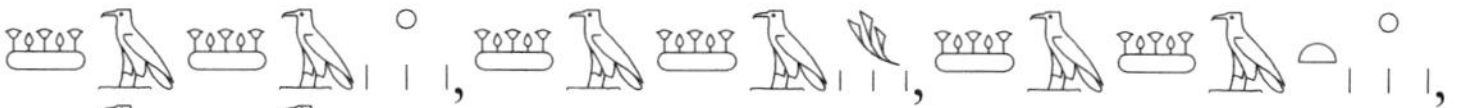

 [ ]

INDIKATION DER REZEPTUREN:

šꜣšꜣ und *dḳw n šꜣšꜣ* = Mehl der *šꜣšꜣ*-Pflanze werden zusammen behandelt.

Innerlich	Rezept
– Für einen Mann mit einer Verstopfung (seines Magens, Bauches)	Eb190, 193,198,201, 204
– Entleeren des Bauches	H 2
– Für das Regeln des Bauches	Eb 38

– Für das Brechen der Schmerzstoffe im Bauch	H 26
– Beseitigen von ꜥꜣꜥ-Giftsamen im Bauch	Eb168,171,172,174, 225,231;H83,86
– Beseitigen des ꜥꜣꜥ-Giftsamens im Bauch (und) im Herzen	Eb 221, 222, 223, 239; H 79, H 80, 81
– Beseitigen des ꜥꜣꜥ-Giftsamens auf dem Herzen	Eb 227; Bln 115, 116
– Beseitigen der Einwirkung eines Toten im Bauch	Eb 182; H 16
– Für das in Gang Bringen von irgendwelchen Dingen	Eb 695; H 142
– Beseitigen von Schleimstoffen	Bln 48
– Beseitigen von *ṯꜣw*-Hitze im After	Eb 154
– Für eine Frau, die leidet an ihrem After	Kah 3
– (Für) das Regeln des Harns	Eb 266
– Beseitigen eines Blutnestes	Eb 593; H 153
– Beseitigen von *inwt* der Schmerzstoffe	Eb 127
– Beseitigen des *wḥꜣw*-Hautausschlages (und) von Blasen	Eb 125
– Für den Biss jeder Schlange	Brk § 59
– Für den Durst eines Mannes, der gebissen ist von irgendeiner Schlange	Brk § 71a
– Heilmittel für die Hornviper	Brk § 75a
– Zerstörte Indikation	Pap. Beatty XV 8-9
Äußerlich	Rezept
– Kühlen (und) das Beseitigen einer Schwellung	Eb 583
– Beseitigen von Schwellung	H 139
– Beseitigen von Schwellung in den beiden Beinen	Bln 129
– Beseitigen von Schwellung in der Zehe	H 202
– Gegen eine Knie(scheibe) wenn sie schmerzt	Eb 612, H 247
– Beseitigen der Einwirkung eines Gottes, eines Toten, Schmerzstoffdämonen in allen Körperstellen	Eb 242
– Beseitigen des Schattens eines Gottes, eines Toten	Bln 91
– Erweichen von Steifheit an irgendwelchen Körperstellen	Eb 679
– Erweichen eines Gelenkes	Eb 654; H123
– Für die Weichheit eines Gefäßes	Eb 663
– Für das Wachsenlassen der Haare an einer Wunde	Eb 472
– Für eine Blutgeschwulst	Eb 734
– Für eine Anschwellung von Fett an seiner Halsvorderseite	Eb 860
– Beseitigen einer *bsi*-Geschwulst	Bln 54
– Beseitigen von *twꜣw*-Erhebungen	Ram IV C 8-10
Augenbehandlung	Rezept
– Beseitigen einer Ritzung im Auge	Eb 381
Rektalzäpfchen/-einguss	Rezept
– Kühlen des Afters	Eb 163
– Für Fälle von Ausscheiden	Eb 26
– Beseitigen von *ṯꜣw*-Hitze	Bt 30

DEUTUNGSVORSCHLÄGE:

Dawson[1] vermutete in der *šꜣšꜣ*-Pflanze eine Baldrianart (Valeriana sp.).

BEMERKUNGEN:
Aus der medizinischen Verwendung lässt sich bei der innerlichen Verordnung eine abführende Wirkung der *šꜣšꜣ*-Pflanze erkennen, in H 2 sorgt sie als Einzeldroge zum „Entleeren des Bauches“. Auch die *ꜥꜣꜥ*-Giftsamen im Bauch sollen auf diese Weise beseitigt werden. Äußerlich dient *šꜣšꜣ* vor allem gegen Schwellungen, Versteifungen und Geschwüre, auch dort z. T. als einzige Wirkdroge, sodass man auch für diesen Indikationsbereich *šꜣšꜣ* sicherlich eine gut Wirkung zuschreiben darf.
Die aus der medizinischen Anwendung erkennbaren pharmazeutischen Eigenschaften und Verwendungsmöglichkeiten stimmen nicht mit denen des Baldrians überein.

[1]Dawson, in: J. W. B. Barns, Five Ramesseums Papyri, Oxford 1956, S. 26.

šwt-Nmtỉ „Feder des Gottes Nemti“-Pflanze

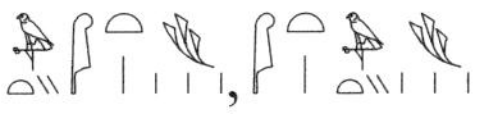

INDIKATION DER REZEPTUREN:

Innerlich	Rezept
– Töten des *pnd*-Wurmes	Eb 79
– Für einen Mann, wenn er an Schnupfen/Katarrh an seinem Kopf leidet	Eb 299
– Behandeln der Gefäße in der linken (Bauch-)Hälfte	Eb 631
– Für ein Nest des Umherziehens von *ṯꜣw*-Hitze	Bln 155
– In-Bewegung-bringen seiner Übersättigung	Bln 157, 160
Äußerlich	Rezept
– Lösen von Versteifungen an irgendwelchen Körperstellen	Eb 669
– Behandeln der rechten (Bauch)Hälfte durch/mit Ausfluss/Entfernung	Eb 758
Kaumittel	Rezept
– Behandeln der Zähne	Eb 745

DEUTUNGSVORSCHLÄGE:
Durch die neue Lesung dieses Pflanzennamens als „Feder des Nemti“[1] ist die Deutung Kriechendes Fingerkraut[2] (Potentilla reptans L.) aufgrund dessen griechischen Namens πτερόν ἴβεως hinfällig.
Da die Pflanze einmal auch als *ḳmꜣ Kꜣš* „Binse aus Kusch“ bezeichnet wird[3], sah Loret[4] in ihr eine Bezeichnung für das Kamelgras (Cymbopogon schoenanthus (L.) Spreng.), doch diese Deutung ist nicht belegbar.

BEMERKUNGEN:
šwt-Nmtỉ ist eine der wenigen Pflanzen, deren Bezeichnung mit einem Götternamen gebildet ist.

[1]Graefe, in: GM 18, 1975, S. 15 f.; [2]Dawson, in: JEA 20, 1934, S. 186; [3]Charpentier, Receuil, S. 654, Nr. 1071; [4]Loret, Flore, S. 25, Nr. 22.

šw3b Persea-Baum (Mimusops laurifolia (Forssk.) Friis.)

INDIKATION DER REZEPTUR:

imi n šw3b ps = Inneres des Mimusopsbaumes gekocht. Hierunter haben wir vermutlich den erhitzen Milchsaft des Baumes zu verstehen. In der gleichen Rezeptur wird auch der Milchsaft der Sykomore verordnet.

Äußerlich	Rezept
– Beseitigen der weißen Stellen einer Verbrennung	L 57

DEUTUNGSVORSCHLÄGE:

Baum[1] hat in einer sehr sorgfältigen Studie die von Keimer[2] vorgeschlagene Deutung von *šw3b* als Mimusops laurifolia bestätigt.

BEMERKUNGEN:

Es ist erstaunlich, dass dieser wichtige Baum in den medizinischen Texten nur einmal genannt ist. Vermutlich verbirgt sich doch noch eine weitere Bezeichnung des Baumes und seiner Teile unter einem der noch nicht identifizierten Pflanzennamen.

[1]Baum, Arbres et arbustes, S. 87; [2]Keimer, Gartenpflanzen I, S. 35 f.

šb/ šbt Eine Melonenart (eine Cucurbitaceae)

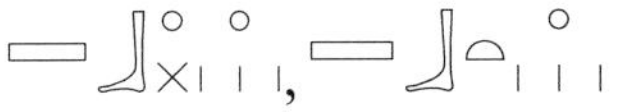

INDIKATION DER REZEPTUREN:

šb = eine Cucurbitaceae

Äußerlich	Rezept
– Für einen Mann, der gebissen ist (von einer Schlange)	Brk § 55

šbt ohne weiteren Zusatz = eine Cucurbitaceae

Räuchermittel	Rezept
– Um den Geruch des Hauses oder der Kleider angenehm zu machen	Eb 852

prt šbt = Frucht/Same einer Cucurbitaceae

Äußerlich	Rezept
– Behandlung der *ꜥḫw*- und *smn*-Krankheit	Pap. Leid. rto. VI 1
– Behandlung von Schleimstoffen in den beiden Ohren	Bln 202

mnww (?) *n šbt* = unbekannter Teil einer Cucurbitaceae

Äußerlich	Rezept
– Beseitigen von Aufstauung von Wasser in den beiden Augen	Eb 378

DEUTUNGSVORSCHLÄGE:

Allgemein akzeptiert ist die Deutung von *šb/šbt* als eine Melonenart, obwohl die Verwendung als Räuchermittel zur Geruchsverbesserung überrascht.

BEMERKUNGEN:
Im pharaonischen Ägypten wurde sowohl die Wassermelone (Citrullus lanatus (Thunb.) Mats. & Nakai) als auch die Chate (Cucumis melo L. var. chate (L.) Naud. ex Boiss.) angebaut. Beide Arten weisen eine große Formenvielfalt auf, deren einzelne Formen vermutlich, wie noch in der Neuzeit in Ägypten, mit eigenen Namen bezeichnet wurden. So ist eine Zuordnung von *šb/šbt* entweder zur Wassermelone oder Chate nicht möglich. Siehe auch unter *sspt* = eine Melonenart.

šbt 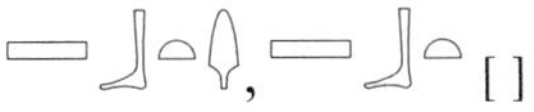

INDIKATION DER REZEPTUREN:

ʿẖm.w šbt = Blätterzweige der *šbt*-Pflanze

Äußerlich	Rezept
– Zerstörte Indikation	Pap. Louvre E 4864 vs. 1,10

g3bt nt šbt = Blatt der *šbt*-Pflanze

Äußerlich	Rezept
– Brechen einer *ḥm3*-Geschwulst	Bln 55

DEUTUNGSVORSCHLÄGE: -

BEMERKUNGEN:
Aufgrund des Baumdeterminatives hat Grapow[1] diese *šbt*-Pflanze von der oben genannten *šbt*-Cucurbitaceae abgetrennt.

[1]Grapow, Drogenwörterbuch, S. 485.

šbb 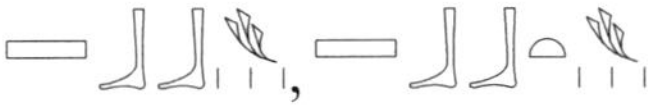

INDIKATION DER REZEPTUREN:

Äußerlich	Rezept
– Beseitigung einer Schwellung an irgendwelchen Körperstellen	Eb 568
– Beseitigen von Schwellungen in den beiden Beinen	Bln 128

DEUTUNGSVORSCHLÄGE: -

špn/ špnn 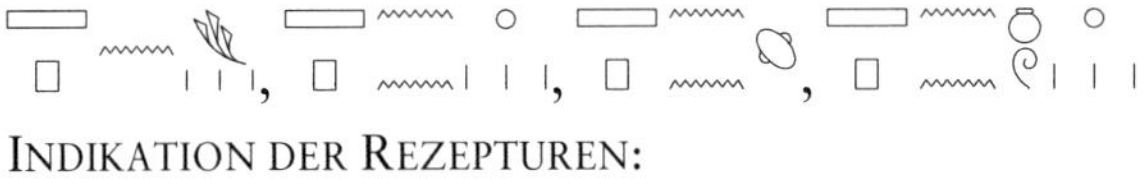

INDIKATION DER REZEPTUREN:

špnn.w n.w špn

Innerlich	Rezept
– Beseitigen von vielem Kindergeschrei	Eb 782

špnn

Äußerlich	Rezept
– Beseitigen der *ḫnsit*-Krankeit am Kopf	Eb 440, 443, 445
– Behandlung einer Wunde an der Brust, sie ist entzündet, der Mann hat Fieber	Sm 41
– Wundbehandlung mit Mitteln für das Herausziehen der Hitze aus der Öffnung der Wunde an seiner Brust	Sm 46

DEUTUNGSVORSCHLÄGE:

Aufgrund der einen Verwendung zum Beruhigen eines schreienden Kindes hat man *špn* als Schlafmohn (Papaver somniferum L.) identifiziert[1]. Da aber bis jetzt ungeklärt ist, seit wann die Ägypter diese Kulturpflanze und deren Produkte kannten (s. u. Papaver somniferum), ist diese Deutung reine Spekulation.

BEMERKUNGEN:

Es ist ein Anwendungsschwerpunkt von *špnn* zur äußerlichen Behandlung von entzündlichen Prozessen zu erkennen.

[1] Grapow, Drogenwörterbuch, S. 490.

šmšmt 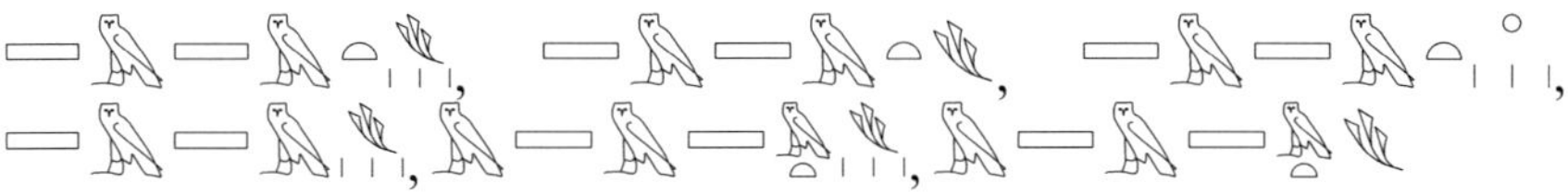

INDIKATION DER REZEPTUREN:

šmšmt ohne weiteren Zusatz

Innerlich	Rezept
– Abwehren der *bʿʿ*-Krankheit	Mutt. u. Kind. H 7,1-5
Äußerlich	Rezept
– Kühlen der beiden Augen	Ram III A 26
– Für einen Nagel der Zehe	Eb618;H177,188
Genitaleinguss	Rezept
– Kühlen des Uterus (und) das Beseitigen seiner Hitze	Eb 821
Rektaleinguss	Rezept
– Kühlen des Afters	Bt 24
Räuchermittel	Rezept
– Beseitigen des *ʿꜣʿ*-Giftsamens eines Gottes, des *mtwt*-Giftstoffes eines Toten	Bln 59

mw šmšmt = „Wasser“ der *šmšmt*-Pflanze

Rektaleinguss	Rezept
– Kühlen des Afters	Bt 13b

kfꜣw nw šmšmt = Rhizom/Wurzel der *šmšmt*-Pflanze

Äußerlich	Rezept
– Beseitigen von Entzündung	Bln 81

DEUTUNGSVORSCHLÄGE:
Die Gleichsetzung von *šmšmt* mit dem arabischen Wort für Sesam (Sesamum indicum L.) *šmšm*[1] hat schon Keimer[2] abgelehnt. Dawson[3] schlägt Hanf (Cannabis sativa L.) vor, weil im Pyramidentext 514 ein Strick aus *šmšm* hergestellt wird.

BEMERKUNGEN:
Hanf ist bisher für das pharaonische Ägypten noch nicht durch Funde belegt.

[1]Loret, Flore, S. 57, Nr. 91; [2]Keimer, Gartenpflanzen I, S. 135; [3]Dawson, in: JEA 20, 1934, S. 44.

šn n ꜣꜥꜥn „Haar des Pavians"-Pflanze

INDIKATION DER REZEPTUR:

Innerlich	Rezept
– Für einen Mann, der gebissen wurde von irgendeiner Schlange	Brk § 43a

DEUTUNGSVORSCHLÄGE: -

šnỉ-tꜣ „Haar der Erde"-Frucht/Same

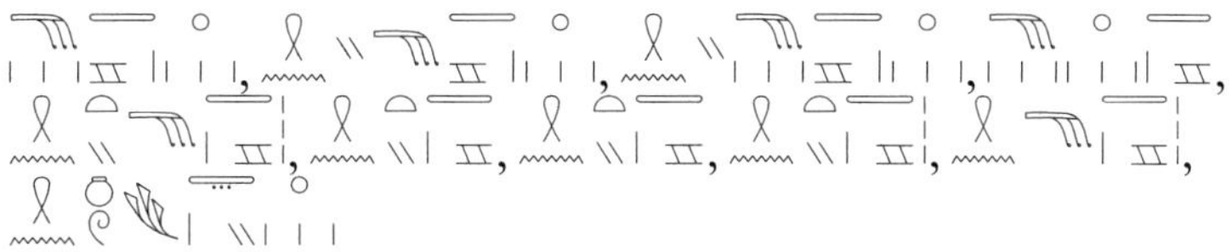

INDIKATION DER REZEPTUREN:

In Eb 28 wird *šnỉ-tꜣ* noch genauer bezeichnet: „Frucht/Same der *mnwḥ*-Pflanze, man sagt dazu (auch) *šnỉ-tꜣ*". An diesem Beispiel wird deutlich, dass der Ägypter teilweise die Früchte oder Samen einer Pflanze mit einem anderen Namen bezeichnete, als die Pflanze selbst.

Innerlich	Rezept
– Mittel für das Ausscheiden	Eb 9, 10, 11, 12, 14
– Für das Entleeren des Bauches	Eb 22
– Für das Veranlassen, dass man abführt	Eb 28
– Für das Öffnen des Bauches	Eb 34
– Für das Fortnehmen von Schleimstoffen durch Ausscheiden	Bln 143, 144, 145, 146, 147
– Beseitigen von Schleimstoffen im Bauch	Eb 300
– Beseitigen aller schlechten Dinge, die sich im Bauch befinden	Bln 148
– Beseitigen einer Verstopfung im Bauch	Bln 149
– Beseitigen von schmerzhaften Kot im Bauch	Eb 31
– Töten des *pnd*-Wurmes	Eb 75, 77, 80

– Behandeln des *pnd*-Wurmes	Eb 81
– Heilmittel für den Bauch	Eb 24
– Beseitigen von Zauber(kräften) im Bauch	Eb 165
– Brechen der Schmerzstoffe im Bauch	Eb 97; H 26, 29
– Beseitigen des *ꜥꜣꜥ*-Giftsamens eines Gottes, eines Toten im Bauch	H 83
– Beseitigen des *wḥꜣw*-Hautausschlages im Bauch	Eb 90, 91, 92, 103
– Behandeln des Bauches und des Afters	Eb 132, 133, 134, 136, 137, 147, 148, 149, 151, 152
– Heilmittel für den Magen	Eb 212, 215, 216
– Beseitigen des Hustens	Eb 319
– Töten der *gḥw*-Krankheit	Eb 330, 334
– Für ein Nest des Umherziehens von *tꜣw*-Hitze	Bln 156
– Beseitigen von Geschwüren im Fleisch des Mannes	Eb 552
Äußerlich	Rezept
– Beseitigen des *wḥꜣw*-Hautausschlages	Eb 118
– Beseitigen der *ẖnsit*-Krankheit am Kopf	Eb 446
– Für die Weichheit eines Gefäßes	Eb 663

DEUTUNGSVORSCHLÄGE:

Dawson[1] möchte in *šni-tꜣ* eine Bezeichnung für den Bockshornklee (Trigonella foenum graecum L.) sehen.

BEMERKUNGEN:

Für *šni-tꜣ* ist ein deutlicher Anwendungsschwerpunkt in der innerlichen Verordnung als Abführmittel und zur Behandlung des Bauches durch das Entfernen verschiedener Krankheiten verursachenden Substanzen zu erkennen. Diese Indikation passt nicht zur pharmazeutischen Wirkung des Bockshornklees.

[1]Dawson, in: JEA 12, 1926, S. 240 f.

šnꜥw

INDIKATION DER REZEPTUREN:

Äußerlich	Rezept
– Beseitigen einer Schwellung an irgendwelchen Körperstellen	Eb 566; H 127
– Beseitigen von Entzündungen	Bln 87

DEUTUNGSVORSCHLÄGE: -

šnft (Pflanzlich ?)

INDIKATION DER REZEPTUREN:

Innerlich	Rezept
– Für das Öffnen des Bauches	Eb 16

– Veranlassen, dass man abführt	Eb 36
– Behandeln einer Verstopfung in der rechten (Bauch-) Hälfte, nachdem sie eine *nsit*-Dämonin befallen hat	Eb 209
– Für das Töten der Schmerzstoffe im Bauch	Eb 100
– Beseitigen von Schmerzstoffen im Brustraum	H 30
– Für das Veranlassen, dass das Herz Speise annimmt	Eb 286
– Für das Aufhörenlassen von Ausscheidungen	Eb 46
– Töten des *ḥfꜣt*-Wurmes	Eb 59, 70; Bln 4
– Töten des *pnd*-Wurmes	Eb 73, 74
– Behandeln des *pnd*-Wurmes	Eb 83
– Beseitigen des Hustens	Eb 319: Bln 32, 44
– Beseitigen der *nsit*-Krankheit im Mann	Eb 752; H 206
– Beseitigen von *inwt* der Schmerzstoffe	Eb 127
– Beseitigen von *inwt* der Schmerzstoffe in den Spitzen seiner beiden Arme	Bln 162
– Für ein Nest des Umherziehens von *tꜣw*-Hitze	Bln 155
Äußerlich	Rezept
– Beseitigen einer Schwellung (und) Stillen des Fressens an irgendeiner Körperstelle	Eb 556, 563, 571; H 125
– Beseitigen von *kꜣkꜣ.wt*-Blasen einer Verbrennung	L 19
– Beseitigen des *wḥꜣw*-Hautausschlages	Eb 106
– Beseitigen der *ḫnsit*-Krankheit am Kopf	Eb 440, 441
– Beseitigen der *tmit*-Krankheit	H 168
– Erweichen von Steifheit an irgendeiner Körperstelle	Eb 670, 680
– Behandlung jeder schmerzenden Stelle	Eb 244; H 72

DEUTUNGSVORSCHLÄGE:

Ebbells[1] Vorschlag, in *šnft* das Silphium, das Harz einer bisher noch nicht identifizierten Pflanze, zu sehen, ist durch nichts zu stützen.

BEMERKUNGEN:

Kein Determinativ gibt einen Hinweis darauf, dass es sich bei *šnft* um ein pflanzliches Produkt handelt.

[1] Grapow, Drogenwörterbuch, S. 499.

šnḏt Nilakazie (Acacia nilotica Del.)

INDIKATION DER REZEPTUREN:

ḏrḏ n šnḏt = Blatt der Nilakazie

Innerlich	Rezept
– Töten der Schmerzstoffe und Beseitigen der *ꜥꜣꜥ*-Giftsamen im Bauch	Eb 99
– Beseitigen der *ꜥꜣꜥ*-Giftsamen im Bauch	Eb 225; H 83

– Abwehren der Schmerzstoffe im Bauch	Eb 88
– Töten der Schmerzstoffe im Bauch	H 47
– Beseitigen von Schleimstoffen im Bauch	Eb 297; Bln 136
– Beseitigen von Verstopfung in der rechten (Bauch-) Hälfte	Eb 210
– Heilmittel für das Öffnen der Körperoberfläche	Eb 713; H 152
– Töten des *ḫfꜣt*-Wurmes	Eb 52, 68
– „Schnell-wirkender-Belebungstrank" für das Beseitigen des Hustens im Bauch	Eb 321
– Behandlung von Husten	Bln 40
– Abwehren der Schmerzstoffe im Brustraum	Eb 187
– Beseitigen der *inwt*-Keime der Schmerzstoffe	Eb 127
– Behandlung des Herzens	Bln 117
– Für einen Mann, der das Bewusstsein verloren hat (infolge eines Schlangenbisses)	Brk § 96b
– Zerstörte Indikation	Bln 204; Pap. Beatty XV5-8
Äußerlich	Rezept
– Gesundmachen einer Wunde, wenn Schmerzstoffe entstanden sind	Eb 130
– Behandlung von Geschwüren in einer Wunde	Eb 527
– Wachsenlassen des Fleisches	Eb 535
– Beseitigen von Wundsekret	Eb 538; H 40
– Behandlung (einer Geschwulst) durch das Herausziehen der Hitze aus der Öffnung der Wunde an seiner Brust	Sm 46
– Behandlung einer Brandwunde	Eb 489
– Beseitigen von Hautblasen	Eb 544
– Beseitigen des *wḫꜣw*-Hautausschlages	Eb 105
– Knüpfen eines Knochens, wenn er gebrochen ist	H 221, 223, 234
– Beseitigen einer *ḥnḥnt*-Anschwellung von *ʿrwt*-Krankheitsstoffen mit Eiter	Eb 862
– Behandlung von *srft*-Entzündung	H 255
– Behandlung eines nässenden Ohres	Eb 766
– Heilmittel für schmerzende Finger oder Zehen	Eb616,621;H173a, H173b
– Behandlung der Gefäße der Zehe	Eb 647; H 116
– Behandlung der Zehe	H 180
– Behandlung einer Wunde an den Nägeln der Zehen	H 184
– Behandlung eines Nagels der Zehe oder des Fingers	H 191, 194
– Gesundmachen des Fesselgelenkes, wenn es schmerzt	Eb 614
– Beseitigen von Schwellung in den Beinen	Bln 131, 132
– Heilmittel für die Weichheit eines Gefäßes	Eb 663
– Kühlen der Gefäße	H 95, 238, 249
– Kühlen der Gefäße, Steifmachen von Weichheit	RamVNr. XII, XIII
– Bessern der Gefäße des Afters	Eb 161
– Beseitigen einer Krankheit, die durch den *pnd*-Wurm entstanden ist	Eb 67

– Behandlung von Schmerzstoffe, die auf den Rücken abgelenkt sind	Eb 200
– Brechen des Blutes, das zum Herzen gebracht ist	Bln 151
– Beseitigen der *mḥs*-Krankheit	Eb 779
– Beseitigen der *ḥ3w*-Krankheit	Ostr. Kairo ODM 1091 Rs 1-4
– Beseitigen der *st-ꜥ*-Einwirkung	H 34
– Um das Gift jeder Schlange herauszutreiben	Brk § 46h
– Für die Wunde einer Schlange, wenn sie beschränkt ist	Brk § 87a
Augenbehandlung	Rezept
– Beseitigen von Verschleierung in den Augen	Eb 415
– Beseitigen von roter Entzündung in den Augen	Eb 408
– Beseitigen von Unebenheiten in den Augen	Eb 383
– Gegen eine Ritzung im Auge	Eb 338
Kaumittel	Rezept
– Behandeln der Zunge, wenn sie schmerzt	Eb 704
Rektaleinguss	Rezept
– Behandlung von *bnwt*-Geschwüren auf der Blase, belastet ist der After	Bt 13 b
– Kühlen des Afters	Eb 159
– In-Bewegung-bringen seiner Übersättigung	Bln 159
– Fortnehmen der Schmerzstoffe	Bln 168
– Zerstörte Indikation	Bt 41
Genitaleinguss	Rezept
– Behandlung der „schlimmen Krankheit"	Eb 815, 816
– Behandlung der Krankheit an den Lippen der Scheide	Eb 817
– Behandlung von schneidenden Schmerzen im Uterus und Geschwüren an der Scheide	Eb 819
– Herausziehen des Blutes bei einer Frau	Eb 829

rd n šnḏt- Trieb oder Schössling der Nilakazie

Räuchermittel	Rezept
– Behandlung des Kopfes, der krank ist	Ram III A 17-19

ẖr n šnḏt = unbekannter Teil der Nilakazie, der auch von den Bäumen *bẖb*, *ꜥrw* und *ksbt* genannt wird.

Innerlich	Rezept
– Töten der Schmerzstoffe und Beseitigen des *ꜥ3ꜥ*-Giftsamens im Bauch	Eb 99

ꜥ3git nt šnḏt = vermutlich ein Harzprodukt der Akazie, ein weiteres ist *ḳmit nt šnḏt.*

Äußerlich	Rezept
– Heilmittel für eine Verbrennung	Eb 482
– Beschwörung und Behandlung einer Verbrennung	L 46
– Beseitigen von Blut in der Zehe	H 182

ḳ33 n šnḏt = unbekannter Teil der Nilakazie

Innerlich	Rezept
– Töten der Schmerzstoffe und Beseitigen von *ꜥ3ꜥ*-Giftsamen im Bauch	Eb 99

Äußerlich	Rezept
– Behandlung einer *ḥnḥnt*-Anschwellung von *ꜥrwt*-Krankheitsstoffen	Eb 862

Genitaltampon	Rezept
– Veranlassen, dass eine Frau aufhört schwanger zu werden	Eb 783

ḳmit nt šnḏt = Gummiharz der Nilakazie und *ḳmit* ohne weiteren Zusatz = Gummiharz von Akazien = „Gummi Arabicum“ werden zusammen aufgelistet. Auch in der Tabelle mit eingearbeitet sind die Produkte *mw nw ḳmit* = wässrige Gummilösung, *dḳw n ḳmit* = Gummimehl, *ḳmit ḥḏt* = weißes Gummi, *šspt nt ḳmit* = Gummikügelchen und *psḏ n ḳmit* = unbekannter Teil des Gummis.

Innerlich	Rezept
– Heilmittel für die linke (Bauch-)Hälfte	Eb 632, 633; H 28
– Behandlung einer Verstopfung im Magen	Eb 205
– Beseitigung einer Verstopfung in der rechten (Bauch-) Hälfte	Eb 210
– Beseitigen von schmerzhaftem Kot im Bauch	Eb 30
– „Schnell-wirkender-Belebungstrank“ für das Beseitigen von Husten im Bauch	Eb 323
– Beseitigen von *tꜣw*-Hitze im After	Eb 154
– Für das Aufhörenlassen von Ausscheidungen	Eb 48
– Beseitigen von Harn, wenn er viel ist	Eb 275, 277, 279, 280; H 63, 65, 66
– Beseitigen einer Ballung von *tꜣw*-Hitze auf dem Herzen	Eb 219
– „Schnell-wirkender-Belebungstrank“ für das wirkliche Behandeln des Herzens	Eb 230
– Behandeln des Herzens und das Entfernen der Schmerzstoffe	Eb 233
– Beseitigen von Zauber und *ꜥꜣꜥ*-Giftsamen eines Gottes und eines Toten im Bauch	Eb 172
– Beseitigen des *ꜥꜣꜥ*-Giftsamens im Bauch und im Herzen	Eb 223; H 81
– Behandeln der Leber	Eb 477
– Für das Behandeln der Lunge	H 57
– Für den Husten	Bln 37
– Beseitigen der *ꜥḫw*-Krankheit im Brustraum, Behandeln seiner Seite, Kühlen des Afters	Bt 14
– Beseitigen von *inwt*-Erscheinungen der Schmerzstoffe in den Spitzen der beiden Arme	Bln 119
– Heilmittel für die Schamgegend, wenn sie schmerzt	H 88
– Für den Durst eines Mannes, der gebissen ist von irgendeiner Schlange	Brk § 71a

Äußerlich	Rezept
– Behandeln einer Verbrennung	Eb485,486,488,498
– Beschwörung und Behandlung einer Verbrennung	Eb 499; L 47, 55
– Glätten eines Knochens, wenn er gebrochen ist	H 14
– Knüpfen eines Knochens, wenn er gebrochen ist	H 223, 224

– Kühlen eines Knochens, nachdem er geknüpft ist	H 234
– Was gemacht wird, um einen Dorn herauszuziehen, der im Fleisch ist	Eb 731
– Für das Gesundmachen irgendeines Wundsekretes	Eb 540
– Beseitigen von Wundsekret	Eb 538; H 40
– Herausholen des Wassers aus der Schwellung	Eb 571, 582
– Trocknen einer Wunde	Eb 521
– Für die Wunde einer Schlange, wenn sie beschränkt ist	Brk § 87b
– Beseitigen von Hautblasen	Eb 543
– Salbe für das Erweichen von irgendwelchen Dingen	Eb 637
– Erweichen von Steifheit an irgendeiner Körperstelle	Eb 673
– Heilmittel für die Finger oder Zehe, die Finger frischmachen, was man macht gegen den Nagel	H 194
– Für das Bessern der Gefäße der Zehe	Eb 647; H 116
– Behandeln einer Verbrennung	Ram V Nr. XVII
– Erweichen der *šwt*-Gefäße	Eb 717, 718, 720
– Veranlassen, dass sich das Gesicht strafft	Eb 121
– Beseitigen der Schmerzstoffe	Eb 259
– Kühlen des Kopfes, wenn er schmerzt	Eb 763
– Beschwörung und Behandlung des Schnupfens	L 10
– Beschwörung und Behandlung der *tmit*-Krankheit	H 155
– Beseitigen von Haar an irgendeiner Körperstelle	Eb485,486,488,498
Zahnbehandlung	Rezept
– (Festmachen des Zahnes) wenn er zu Boden fallen will	H 8
– Behandeln von Blut-Fraß in einem Zahn	Eb 749; H 9
– Beseitigen von Zerquetschung von Geschwüren an den Zähnen	Eb 553
– Beseitigen von Geschwüren an den Zähnen	Eb 747

DEUTUNGSVORSCHLÄGE:
šnḏt bezeichnet die Nilakazie.

BEMERKUNGEN:
Die Akazie war eine außerordentlich beliebte Arzneipflanze. Der weitaus am häufigsten genannte Teil sind die Blätter. Ihr Gerbstoffgehalt, der pharmazeutisch wirksame Bestandteil, ist allerdings nur sehr gering im Vergleich zu Hülsen und Rinde, deren Bezeichnungen sich aus den medizinischen Texten aber nicht identifizieren lassen.
Der ägyptische Arzt setzte den Schwerpunkt seiner Verordnungen der Blätter entsprechend ihrer Inhaltsstoffe in der äußerlichen Behandlung von Wunden, Entzündungen und Knochenbrüchen. Sie werden in diesen Rezepturen häufig zusammen mit anderen wundwirksamen pflanzlichen Produkten genannt.
Das Akaziengummi diente zum einen als wundschützende Substanz, zum anderen als ideale, neutrale Grundsubstanz für Drogengemische.

šspt Eine Melonenart (eine Cucurbitaceae)

INDIKATION DER REZEPTUREN:

šspt ohne weiteren Zusatz

Innerlich	Rezept
– Behandeln des Herzens	Eb 220
– Für einen Mann, der gebissen ist (von einer Schlange), und dessen Auge Gift erhalten hat	Brk § 67

ḫ3.w nw šspt = die *ḫ3.w*-Teile einer Cucurbitaceae. Als Deutung für *ḫ3.w* wurden sowohl Blätter[1] als auch Wurzeln[2] vorgeschlagen.

Innerlich	Rezept
– Für das Regeln des Harns	Eb 271
– Behandeln der Blase und Regeln des Harns	H 62
– Behandeln der Gefäße der linken (Bauch-)Hälfte	Eb 631
– Beseitigen einer Ballung von *t3w*-Hitze auf dem Herzen	Eb 219
– Beseitigen von *k3pw*-Hitze im After	Bt 23

DEUTUNGSVORSCHLÄGE:
Allgemein akzeptiert ist die Deutung von *šspt* als eine Melonenart.

BEMERKUNGEN:
Im pharaonischen Ägypten wurden sowohl die Wassermelone (Citrullus lanatus (Thunb.) Mats. & Nakai) als auch die Chate (Cucumis melo L. var. chate (L.) Naud. ex Boiss.) angebaut. Beide Arten wiesen eine große Formenvielfalt auf. Die einzelnen Formen wurden vermutlich, wie noch in der Neuzeit in Ägypten, mit eigenen Namen bezeichnet. So ist eine Zuordnung von *šspt* entweder zur Wassermelone oder zur Chate nicht möglich. Siehe auch unter *šb*/*šbt*.

[1]Grapow, Drogenwörterbuch, S. 506; [2]Germer, Arzneimittelpflanzen, S. 127.

ḳ33

INDIKATION DER REZEPTUR:

šnỉ n ḳ33 = Haar der *ḳ33*-Pflanze

Äußerlich	Rezept
– Behandeln der Zehe oder [der Finger]	H 195

DEUTUNGSVORSCHLÄGE: -

ḳ3dt

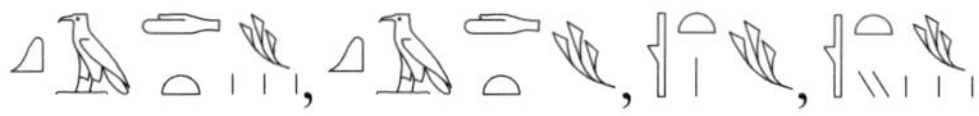

INDIKATION DER REZEPTUREN:

ḳ3dt ohne Zusatz. Möglicherweise ist auch hier die Wurzel gemeint, da für die innerliche Verordnung die gleiche Indikation angeführt ist.

Innerlich	Rezept
– Regeln des Harns	H 67

w3b (n) ḳ3dt = Wurzel der *ḳ3dt*-Pflanze

Innerlich	Rezept
– Beseitigen von Harn, wenn er zu viel ist	Eb 278; H 64

kf3w nw ḳ3dt = Wurzel/Rhizom der *ḳ3dt*-Pflanze

Äußerlich	Rezept
– Bessern (des Zustandes) der Gefäße der Zehe	Eb 647
– Für jede schmerzende Stelle aufgrund von Schmerzdämonen	Eb 246

ẖnš n ḳ3dt = unbekannter Teil der *ḳ3dt*-Pflanze

Abreibungsmittel	Rezept
– *nft*-Krankheit des Rindes	Kah. Veter. 49

DEUTUNGSVORSCHLÄGE:
Die Übersetzung als „Melonenart“[1] lehnte schon Keimer[2] ab.

BEMERKUNGEN:
In Eb 294 wird das Aussehen der *sn-wtt*-Pflanze beschrieben: „ Sie wächst auf ihrem Bauch wie die *ḳ3dt*-Pflanze ...“. Danach muss es sich bei der *ḳ3dt*-Pflanze um ein niederliegendes, kriechendes Gewächs handeln.
Möglicherweise hat die Wurzel diuretische Wirkung.

[1]Loret, Flore, S. 74, Nr. 128; [2]Keimer, Gartenpflanzen I, S. 131.

ḳbw

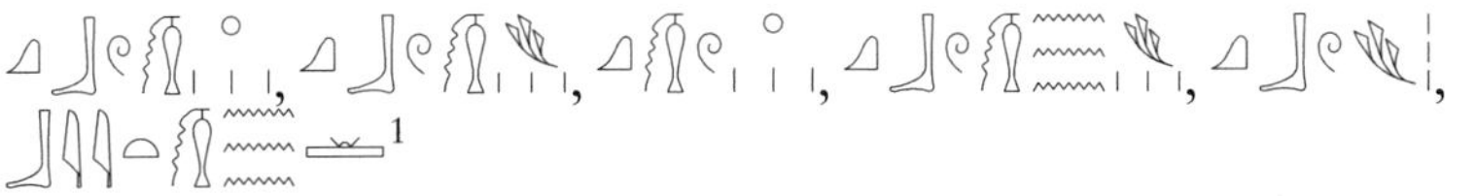

INDIKATION DER REZEPTUREN:

ḳbw ohne Zusatz und *ḳbw n ḥspt* = *ḳbw*-Pflanze des Gartens werden zusammen aufgelistet.

Innerlich	Rezept
– Um das Gift jeder *sḥtf*-Schlange herauszutreiben	Brk § 46a, 46j
– Für den Biss einer *ḥbi*-Schlange	Brk § 54d
– Für den Biss einer weiblichen Viper	Brk § 70
– Heilmittel für die Hornviper	Brk § 75b
Äußerlich	Rezept
– Behandlung der Wunde einer Verbrennung	Eb 487; L 51
Kaumittel	Rezept
– Behandlung von Blutfraß in einem Zahn	Eb 749

prt ḳbw = Frucht/Same der *ḳbw*-Pflanze

Innerlich	Rezept
– Für den Biss einer *ḥbi*-Schlange	Brk § 54e

mw nw ḳbw = „Wasser“ der *ḳbw*-Pflanze

Äußerlich	Rezept
– Veranlassen, dass sich das Gesicht strafft	Eb 720
Augenbehandlung	Rezept
– Beseitigen von Verschleierung, Dunkelheit, Schwachsichtigkeit (und) Einwirkungen in den Augen	Eb 415

DEUTUNGSVORSCHLÄGE: -

BEMERKUNGEN:
Die *ḳbw*-Pflanze wird sehr häufig innerlich zur Behandlung von Schlangenbissen verordnet.

[1]Ob diese Droge tatsächlich zu *ḳbw* gehört, wie es Grapow, Drogenwörterbuch, S. 515 vermutet, ist sehr fraglich.

ḳmit Gummiharz von Akazien

siehe unter *šnḏt* Nilakazie

ḳnt

INDIKATION DER REZEPTUR:

Äußerlich	Rezept
– Beseitigen von Lahmheit	Eb 607

DEUTUNGSVORSCHLÄGE: -

ḳni

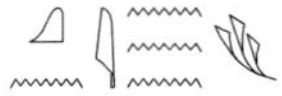

INDIKATION DER REZEPTUR:

Äußerlich	Rezept
– Heilmittel für eine Quetschung von *bnwt*-Geschwüren, das Beseitigen von *t3w*-Hitze auf seinem After, auf der Blase, auf dem *sʿḳ-mš3t*-Körperteil	Bt 10

DEUTUNGSVORSCHLÄGE: -

ḳstt/ ḳsntt

INDIKATION DER REZEPTUREN:

Innerlich	Rezept
– Töten des *pnd*-Wurmes	Eb 76
– Schnell wirkender Belebungstrank für das Beseitigen des ʿ3ʿ-Giftsamens im Bauch und im Herzen	Eb 240
Äußerlich	Rezept
– Behandlung jeder schmerzenden Stelle	Eb 243; H 71
– Holen des Eiters	Eb 558; H 141

– Behandeln der rechten Hälfte (des Bauches) Eb 759
– Behandlung eines Bisses von einem Menschen Eb 434

DEUTUNGSVORSCHLÄGE: -

ḳtḳt.w (Pflanzlich ?)

INDIKATION DER REZEPTUR:

mw nw ḳtḳt.w = „Wasser" von *ḳtḳt.w*

Genitaleinguss	Rezept
– Für das Zusammenziehen des Uterus	Eb 826

DEUTUNGSVORSCHLÄGE: -

k3t-šwt (Pflanzlich ?)

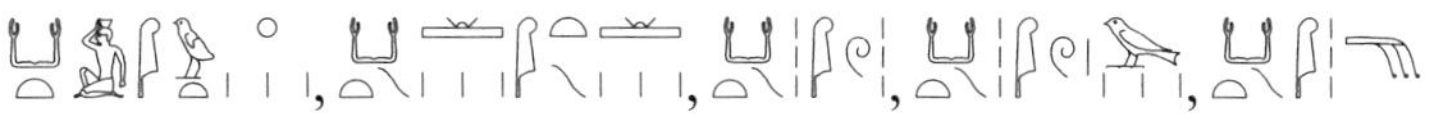

INDIKATION DER REZEPTUREN:

Äußerlich	Rezept
– (Für) das Kommenlassen des Eiters	Eb 595
– Holen des Wassers einer *ḫsd*-Geschwulst	H 133
Räuchermittel	Rezept
– Beseitigen des ꜥ3ꜥ-Giftsamens eines Gottes	Bln 60
– Beseitigen der *mhtt*-Krankheit	Bln 72
– Beseitigen der Schmerzstoffe (und) jeder Krankheit	Bln 74

DEUTUNGSVORSCHLÄGE:

Dawson[1] vermutete in *k3t-šwt* aufgrund des Determinatives  eine Art Flechte, möglicherweise die bei der Mumifizierung verwendete Parmelia furfuracea.

BEMERKUNGEN:

Zu der Flechte Parmelia furfuracea passt das Determinativ  gerade nicht, da sie einen flächigen, gelappten Thallus hat. Wenn es schon eine Flechte sein soll, müsste es sich um die zusammen mit der Parmelia furfuracae gefundene Bartflechte Usnea barbata handeln. Beide Flechtenarten wurden aus dem Ostmittelmeerraum eingeführt. In Ägypten wächst keine Bartflechte.
Es ist jedoch ganz offen, ob es sich bei *k3t-šwt* überhaupt um ein pflanzliches Produkt handelt[2]. Auffallend ist seine dreifache Verwendung mit jeweils nur noch einem Produkt, zweimal *ḫt-ds* und einmal *ḫ3sỉt*, als Räuchermittel.

[1]Dawson, in: JEA 20, 1934, S. 46; [2]Germer, Arzneimittelpflanzen, S. 330 f.

k3k3

INDIKATION DER REZEPTUREN:

k3k3 ohne weiteren Zusatz

Zerstörter Text Ram III B 3-4

kꜣkꜣ sti = ein spitzer, stechender Teil der *kꜣkꜣ*-Pflanze

Brechmittel	Rezept
– Beseitigen von *srft*-Entzündung	Bln 97

mnit nt kꜣkꜣ = Wurzel der *kꜣkꜣ*-Pflanze

Innerlich	Rezept
– Regeln des Harns	Eb 283

ḥmw nw kꜣkꜣ = unbekannter Teil der *kꜣkꜣ*-Pflanze

Innerlich	Rezept
– Behandlung des Bauches	Eb 19
– Beseitigen des *ꜥꜣꜥ*-Giftsamens im Bauch und im Herzen	Eb 224; H 82
– Beseitigen von *tꜣw*-Hitze im After	Eb 856c; Bln 163c
– Behandeln der Blase, Regeln des Harns	H 62
– Abwehren der *bꜥꜥ*-Krankheit	Mutt.u.KindH7,1-3
– Kühlen des Herzens, des Afters, Beleben der Gefäße zur Zeit des Sommers	Bt 18
Äußerlich	Rezept
– Lindern der Gefäße	H 103
– Behandlung der *tmit*-Krankheit	L 10
Augenbehandlung	Rezept
– Für das Tränen im Auge	Eb 376

Möglicherweise bezeichnet *ḥmw wꜣḏ* auch den *ḥmw*-Teil der *kꜣkꜣ*-Pflanze, da er von anderen Pflanzen nicht genannt wird.

Äußerlich	Rezept
– Beseitigen einer Schwellung an irgendwelchen Körperstellen	Eb 569

DEUTUNGSVORSCHLÄGE:

Keimer[1] sah in *kꜣkꜣ* den Rizinus (s. u. Ricinus communis) aufgrund der Gleichsetzung mit dem griechischen κικι.

BEMERKUNGEN:

Die Deutung von *kꜣkꜣ* als Rizinus ist nicht überzeugend, vor allem, weil von *kꜣkꜣ* weder Früchte/Samen noch Öl genannt werden. Außerdem wird es nie mit einem Baumdeterminativ geschrieben, was für den doch recht stattlichen Rizinusbusch/baum zu erwarten wäre.

[1] Keimer, Gartenpflanzen I, S. 70 f.

ksbt 

INDIKATION DER REZEPTUREN:

ẖt n ksbt = Holz des *ksbt*-Baumes

Innerlich	Rezept
– Um das Gift jeder *sẖtf*-Schlange herauszutreiben	Brk § 46g

imi n ksbt = „Inneres“ des *ksbt*-Baumes. Darunter hat man vermutlich, analog zu *imi n šwꜣb* = Milchsaft des Mimusopsbaumes, ein Ausflussprodukt wie Harz oder Milchsaft zu verstehen.

Äußerlich — Rezept
- Beseitigen von Unreinheiten des Gesichtes — Eb 721

Augenbehandlung — Rezept
- Für das Öffnen des Sehens — Eb 342

ẖr (n) ksbt = unbekannter Teil des *ksbt*-Baumes, der auch von den Bäumen *ꜥrw* und *bẖd* in Wurmmitteln genannt wird.

Innerlich — Rezept
- Beseitigen des *ḥfꜣt*-Wurmes im Bauch — Eb54,57,59;Bln4,6
- Töten des *pnd*-Wurmes — Eb 72

sri n ksbt = unbekannter Teil des *ksbt*-Baumes. Möglicherweise handelt es sich um eine Fehlschreibung für *ẖr n ksbt*[1]

Innerlich — Rezept
- Für das Öffnen des Bauches — Eb 16

DEUTUNGSVORSCHLÄGE:

Baum[2] hält es für möglich, dass *ksbt* eine Akazienart, die Acacia tortilis (Forssk.) Hayne, bezeichnet, von der jedoch keine Harzgewinnung und medizinische Nutzung als Wurmmittel belegt ist.

BEMERKUNGEN:

Beim *ẖr*-Teil des *ksbt*-Baumes muss es sich um ein wirksames Wurmmittel handeln.

Außerhalb der medizinischen Texte ist der *ksbt*-Baum mehrfach erwähnt. Unter anderem wird aus seinem Holz eine Statuette hergestellt und Holzkohle.

[1]Westendorf, Handbuch, S. 550; [2]Baum, Arbres et arbustes, S. 154 f.

git

INDIKATION DER REZEPTUREN:

git ohne Zusatz, *git ꜥnḫt* = frische *git*-Pflanze und *git mḥt* = unterägyptische *git*-Pflanze werden zusammen behandelt.

Äußerlich — Rezept
- Erweichen des Knies — Eb 603
- Erweichen von irgendwelchen Dingen — Eb 639
- Lösen von Versteifungen — Eb 664
- Behandeln der rechten Hälfte (des Bauches) durch/mit Ausfluss/Entfernung — Eb 758, 760

Augenbehandlung — Rezept
- Beseitigen von Verschleierung im Auge — Eb 339

ibḥ n git = Stachel (?) der *git*-Pflanze

Äußerlich — Rezept
- Für die Weichheit eines Gefäßes — Eb 663

DEUTUNGSVORSCHLÄGE: -

BEMERKUNGEN:

Die nur im Papyrus Ebers genannte *git*-Pflanze wurde vor allem zur Behandlung von „Steifheit“ verordnet.

giw

INDIKATION DER REZEPTUREN:

giw ohne weiteren Zusatz, *giw n wḥ3t* = *giw* der Oase, *giw n wḏb* = *giw* vom Uferland, *giw n ḥsp* = *giw* vom Gartenland, *giw n sḫt* = *giw* vom Feld, *giw n r3-pnt* = *giw* von *r3-pnt* und *giw rwḏ* = gewachsenes *giw* werden zusammen aufgelistet. Bei *giw* mit den unterschiedlichen Herkunftsangaben handelt es sich nicht um verschiedene Pflanzenarten.

Innerlich	Rezept
– Ein anderes (Heilmittel) für den Bauch	Eb 19
– Für das Töten der Schmerzstoffe im Bauch	Eb 101
– Beseitigen des ꜥ3ꜥ-Giftsamens im Bauch (und) im Herzen	Eb 222; H 80
– Beseitigen des ꜥ3ꜥ-Giftsamens eines Gottes, eines Toten im Bauch	H 86
– Schnell-wirkender-Belebungstrank für das Beseitigen (der Einwirkung) eines Toten im Bauch	Eb 232
– Beseitigen aller schlechten Dinge, die sich im Bauch befinden	Bln 148
– Für das Entleeren des Bauches	Eb 23
– Behandlung eines Mannes mit einer Verstopfung seines Magens	Eb 193, 201
– Behandeln des *pnd*-Wurmes	Eb 83
– In Ordnung bringen von Harn des Überflusses	Eb 264
– Beseitigen von Fortlaufen des Harns	Eb 276, 281
– Regeln des Harns	Eb 283
– Beseitigen von ꜥ3ꜥ-Giftssamen auf dem Herzen	Bln 116
– Töten der Schmerzstoffe in allen Körperteilen	H 46

Äußerlich	Rezept
– Für das Erweichen der Gefäße	Eb 649; H 232
– Für das Bessern der Gefäße der Schulter	Eb 650
– Gegen ein Gefäß, wenn es umherschnellt	Eb 682
– Beruhigen der Gefäße	H 107
– Lindern der Gefäße in allen Körperstellen	H 228
– Beseitigen einer Schwellung an irgendwelchen Körperstellen	Eb 565
– Für das Stillen des Fressens	Eb 589
– Beseitigen einer Schwellung (und) das Stillen des Fressens an irgendwelchen Körperstellen	Eb 563; H 125

– Beseitigen von Entzündung	Bln 84
– Erweichen von Steifheit an irgendwelchen Körperstellen	Eb 677
– Beseitigen eines Blutnestes	Eb 594
– Heilmittel für eine Verbrennung	Eb 484, 497
– Beseitigen von Falten des Gesichts	Eb 716
– Wachsenlassen der Haare bei einer Wunde	Eb 472
– Gesundmachen der Fesselgelenke, wenn sie schmerzen	Eb 614
– Behandlung der *ʿḫw*-Krankheit	Pap. Leiden vs. III 1-IV 8
– Beseitigen des Schattens eines Gottes, eines Toten	Bln 96
– Verhindern des Eintretens eines Toten in seinen Körper	Bln 99, 102
Augenbehandlung	Rezept
– Beseitigen von Aufstauung von Wasser in den beiden Augen	Eb 385
Kaumittel	Rezept
– Beseitigen von Geschwüren an den Zähnen (und) Wachsenlassen des (Zahn-)Fleisches	Eb 555
Genitaleinguss	Rezept
– Für das Kühlen des Uterus	Eb 820
Rektalzäpfchen/-tampon	Rezept
– Für eine Quetschung von *bnwt*-Geschwüren	Bt 5
– Für eine Verschiebung im After	Eb 145
Räuchermittel	Rezept
– Um den Geruch des Hauses oder der Kleider angenehm zu machen	Eb 852

mwt nt giw=unbekannter Teil der *giw*-Pflanze. Er wird auch noch von der *rkrk*-Pflanze genannt. Möglicherweise handelt es sich dabei um einen als „Mutter der *giw*-Pflanze“ bezeichneten Pflanzenteil, also eine Zwiebel, Knolle, Rhizom oder ähnliches.

Innerlich	Rezept
– Töten der Schmerzstoffe im Bauch	Eb 101
– Behandeln des Brustraumes	Eb 184
– Töten des *ḥfꜣt*-Wurmes	Eb 58
– Für eine Frau, (die) leidet am Harn wie [...]	Kah 10
Äußerlich	Rezept
– Für Erweichen von Steifheit	Eb 675
– Beseitigen einer Schwellung	Eb 565, 568
– Beseitigen der Einwirkung eines Gottes, eines Toten	Eb 242
– Heilkunde [einer Frau ...]	Kah 13

nhp n giw = unbekannter Teil der *giw*-Pflanze

Innerlich	Rezept
– Beseitigen von Zauber(kräften) (und) von *ꜣʿ*-Giftsamen eines Gottes (und) eines Toten im Bauch	Eb 168

DEUTUNGSVORSCHLÄGE:

Loret[1] vermutet, dass *giw* eine Cyperus-Art und zwar sowohl das Nussgras (Cyperus rotundus L.) als auch die Erdmandel (Cyperus esculentus L.) bezeichnet.

Bemerkungen:

Für die Erdmandel ist heute der ägyptische Name *wꜥḥ* identifiziert.
Außerhalb der Medizin dient *giw* noch zur Herstellung von aromatischen Salben und Ölen[2]. Im pHarris I wird *giw* in „Händen" gebündelt aufgezählt, ebenso wie Zwiebeln und Schilf[3].
In der medizinischen Nutzung lassen sich Schwerpunkte in der innerlichen Verordnung zur Behandlung des Bauches erkennen, äußerlich der Gefäße, von Schwellungen, Steifheit und Wunden.
Die heutige Verwendung des Nussgrases lässt sich gut mit der von *giw* in Einklang bringen (siehe unter Cyperus rotundus L.). Erstaunlich ist nur die Anlieferung in „Händen", denn die Rhizomknollen lösen sich leicht von der Pflanze, man würde eher an eine Verpackung in Körben oder Säcken denken. Deshalb bleibt die Deutung von *giw* als Nussgras weiterhin unsicher.

[1]Loret, Flore, S. 26 f., Nr. 25 und 26; [2]Wb V, S. 157 f.; [3]Helck, Materialien, S. 815.

gngnt 

Indikation der Rezepturen:

gngnt ohne Zusatz und *dḳr n gngnt* = Mehl von *gngnt* werden zusammen behandelt.

Innerlich	Rezept
– Mittel für das Ausscheiden	Eb 11, 13
– Für das Veranlassen, dass man abführt	Eb 28
– Beseitigen von schmerzhaftem Kot im Bauch	Eb 31
– Beseitigen des *wḥȝw*-Hautausschlages im Bauch	Eb 90, 91
– Beseitigen von Schleimstoffen im Bauch	Eb 297; Bln 136
– Beseitigen des Hustens im Bauch	Eb 321
– Heilmittel für den Bauch	Eb 24
– Mittel für das Ausscheiden	Eb 11, 13

Deutungsvorschläge:

Aufgrund der aus den Rezepturen erkennbaren abführenden Wirkung von *gngnt* schlägt Ebbell[1] eine Deutung als Senna vor. Die von Loret[2] angegebene Identifizierung als unreife Weinbeere wurde schon von Keimer[3] zurückgewiesen. Charpentier[4] sieht eine Verbindung zum koptischen ϭⲓⲛϭⲓⲛ, ein Pflanzenname, der möglicherweise die Rauke (Eruca sativa L.) bezeichnet. Von dieser werden aber neben den Samen auch die Blätter medizinisch genutzt, eine Verwendung, die für *gngnt* fehlt, und auch ein Mehl der Rauke passt nicht zu dieser Pflanze.

Bemerkungen:

Das Rezept Eb 28 gibt für *gngnt* noch an: „sie ist wie Bohnen von Kreta", eine Beschreibung, die aber nicht zu einer eindeutigen Identifizierung verhilft.
gngnt wird außerhalb der medizinischen Texte noch als Produkt des Wadi Natrun genannt[5].
In der Medizin wird *gngnt* ausschließlich innerlich verabreicht zur Behandlung des Bauches mit eindeutiger Abführwirkung.

[1]Grapow, Drogenwörterbuch, S. 538; [2]Loret, Flore, S. 101, Nr. 167; [3]Keimer, Gartenpflanzen I, S. 159; [4]Charpentier, Receuil, S. 772, Nr. 1302; [5]Kurth, Oasenmann, S. 109.

grš

INDIKATION DER REZEPTUR:

Räuchermittel — Rezept
- Für das Beseitigen der *mhtt*-Krankheit — Bln 73

DEUTUNGSVORSCHLÄGE: -

gsfn

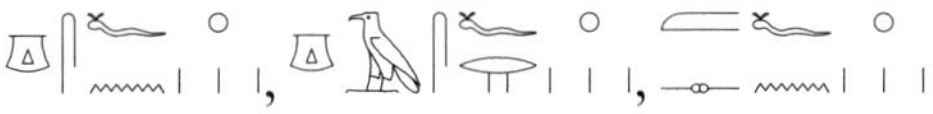

INDIKATION DER REZEPTUREN:

Innerlich — Rezept
- Veranlassen, dass Schleimstoffe jeder Art abgehen — Bln 138

Äußerlich — Rezept
- Für eine Verbrennung, wenn sie faulig wird — Eb 491
- Für das Gesundmachen des Kopfes, wenn er schmerzt — Eb 258
- Beseitigen der *ḫnsit*-Krankheit am Kopf — Eb 447

Augenbehandlung — Rezept
- Gegen ein Gewächs von Schmerzstoffen mit Blut im Auge — Eb 336
- Beseitigen der Verschleierung im Auge — Eb 340
- Beseitigen eines Kügelchens im Auge — Eb 355
- Behandeln des Sehens in den beiden Augen — Eb 359
- Beseitigen der Aufstauung von Wasser in den beiden Augen — Eb 380

DEUTUNGSVORSCHLÄGE:

Ebbell[1] sah in *gsfn* eine Bezeichnung für den Stinkasant, dem Gummiharz der im Iran beheimateten Ferula asa-foetida L., für dessen Nutzung in pharaonischer Zeit es keinen Hinweis gibt[2]. Es könnt sich allerdings bei *gsfn* auch um ein mineralisches Produkt[3] handeln.

BEMERKUNGEN:

gsfn ist eine unbekannte Substanz. Sie wird auffallend häufig zur Behandlung von Augenerkrankungen verordnet.

[1]Grapow, Drogenwörterbuch, S. 541; [2]Serpico, in: Nicholson and Shaw, Materials, S. 443; [3]Rainer Hannig, Großes Handwörterbuch Ägyptisch-Deutsch, Mainz 1995, S. 908.

tiȝ

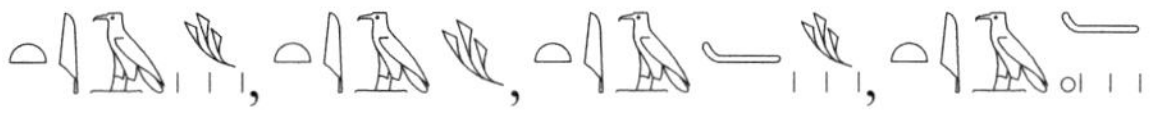

INDIKATION DER REZEPTUREN:

Innerlich — Rezept
- Töten der Schmerzstoffe (und) Beseitigen des *ꜥȝꜥ*-Giftsamens eines Toten im Bauch — Eb 99
- Töten der *gḫw*-Krankheit — Eb 330

Äußerlich — Rezept
- Lösen von Versteifungen an irgendwelchen Körperstellen — Eb 669
- Zerstörter Text — Ram III Fragm. 4

DEUTUNGSVORSCHLÄGE: -

tiꜥm 

INDIKATION DER REZEPTUREN:

Innerlich	Rezept
– Für einen Mann mit einer Verstopfung seines Magens	Eb 195, 201
– Behandeln einer Verstopfung der rechten (Bauch-) Hälfte	Eb 209
– Veranlassen, dass das Herz Speise annimmt	Eb 284, 288
– Für das Öffnen des Bauches	Eb 17
– Für das Entleeren des Bauches	Eb 23
– Abwehren der Schmerzstoffe im Bauch	Eb 87
– Zerbrechen der Schmerzstoffe im Bauch	Eb 97
– Beseitigen von schmerzhaftem Kot im Bauch	Eb 31
– Für das Töten des *pnd*-Wurmes	Eb 79
– Töten der Schmerzstoffe in allen Körperteilen	H 46
– Brechen des Blutes, das gebracht ist zum Herzen	Bln 152
– Behandeln des Brustraumes	Eb 184
– Beseitigen des Hustens	Eb 319
– Abwehren der Schmerzstoffe im Mund	Eb 122; Bln 35

Äußerlich	Rezept
– Behandeln der rechten Hälfte (des Bauches) durch/mit Ausfluss/Entfernung	Eb 758
– Beseitigen des *wḥꜣw*-Hautausschlages	Eb 114
– Zerstörte Indikation	Pap.Leid.vs. XIX 1

Rektalzäpfchen	Rezept
– Für Fälle von Ausscheiden	Eb 26

Kaumittel	Rezept
– Beseitigen von Geschwüren an den Zähnen	Eb 555, 747

Inhalationsmittel	Rezept
– Beseitigen des Hustens	Eb 320

DEUTUNGSVORSCHLÄGE: -

BEMERKUNGEN:
Die *tiꜥm*-Pflanze ist nur aus medizinischen Texten bekannt. Auffallend ist ihre häufige Verwendung in Rezepturen zur Behandlung des Bauches, speziell in Abführmitteln. Das deutet auf eine laxierende Wirkung dieser Pflanze oder eines ihrer Teile hin.

tiw 

INDIKATION DER REZEPTUR:

Äußerlich	Rezept
– Für die Weichheit eines Gefäßes	Eb 663

DEUTUNGSVORSCHLÄGE: -

ti-šps 

INDIKATION DER REZEPTUREN:

ti-šps ohne weiteren Zusatz und *ḫ3w nw ti-šps* = Zerkleinertes *ti-šps* werden zusammen aufgelistet.

Äußerlich	Rezept
– Für das Stärken der Gefäße	Eb 686
– Für das Beruhigen der Gefäße	Eb 687; H 108
– Für das Lindern der Gefäße	Bln 51; H 228, 230
– Für eine Verbrennung, wenn sie faulig wird	Eb 491; L 61
– Für das Wachsenlassen des Fleisches	Eb 535
– Für das Gesundmachen irgendeines Wundsekretes	Eb 540
– [...] eine Wunde an allen Körperstellen	H 260
– Erweichen von Steifheit an irgendwelchen Körperstellen	Eb 677
– Gesundmachen der Fesselgelenke, wenn sie schmerzen	Eb 614
– Behandeln des Kopfes	Eb 255
– Kühlen des Kopfes, wenn er schmerzt	Eb 259
– Beseitigen von *mššwt* (am Kopf)	H 167
– Beseitigen von Erhebungen	Ram IV C 8-10
Rektalzäpfchen	Rezept
– Kühlen des Afters	Eb 140

ḫt n ti-šps = Holz von *ti-šps*

Räuchermittel	Rezept
– Um den Geruch des Hauses oder der Kleider angenehm zu machen	Eb 852

wst nt ti-šps = Sägemehl von *ti-šps*

Äußerlich	Rezept
– Beleben der Gefäße	Eb 652; H 101

w3b n ti-šps = Wurzel von *ti-šps*

Kaumittel	Rezept
– Beseitigen von Geschwüren an den Zähnen (und) Wachsenlassen des (Zahn-)Fleisches	Eb 555

DEUTUNGSVORSCHLÄGE:

Ebbell[1] übersetzt *ti-šps* mit Zimtbaum (Cinnamomum sp.), und spätere Autoren folgten ihm meist.

BEMERKUNGEN:

Außerhalb der medizinischen Texte wird *ti-šps* als ein wohlriechendes Produkt aus Punt genannt, und es gibt ein duftendes Öl mit dem Namen *ti-šps*[2].

Allerdings ist bei der Deutung von *ti-šps* als Zimtbaum zu bedenken, dass Cinnamomum-Arten in Ceylon, Indien und China beheimatet sind, Gebiete außerhalb des Handelsbereiches des pharaonischen Ägypten. So lässt sich der *ti-šps*-Baum keiner Zimtart zuordnen.

Sicher ist nur, dass es sich um einen Baum mit aromatisch duftendem Holz handelt, das von Süden her nach Ägypten kam.
In der Heilkunde fand es fast ausschließlich äußerlich Verwendung, zur Behandlung der Gefäße und entzündeter Wunden.

[1]Grapow, Drogenwörterbuch, S. 550; [2]Germer, Arzneimittelpflanzen, S. 346.

twt-Ḥr „Bildnis des Horus"-Pflanze

INDIKATION DER REZEPTUR:

Innerlich	Rezept
– Für (den Biss) einer großen Viper	Brk § 65a

DEUTUNGSVORSCHLÄGE: -

BEMERKUNGEN:
twt-Ḥr ist eine der wenigen altägyptischen Heilpflanzen, deren Bezeichnung mit einem Götternamen gebildet ist.

twt-Stš „Bildnis des Seth"-Pflanze

INDIKATION DER REZEPTUR:

Innerlich	Rezept
– Für (den Biss) einer großen Viper	Brk § 65b

DEUTUNGSVORSCHLÄGE: -

BEMERKUNGEN:
twt Stš ist eine der wenigen altägyptischen Heilpflanzen, deren Bezeichnung mit einem Götternamen gebildet ist.

twr

INDIKATION DER REZEPTUREN:

twr ohne weiteren Zusatz

Räuchermittel	Rezept
– Beseitigen des ꜥꜣꜥ-Giftsamens eines Gottes, des *mtwt*-Giftstoffes eines Toten, das Beseitigen der Flucht des Herzens	Bln 61, 62
– Für das Entfernen eines Toten	Bln 67

twr wꜣḏ = frische *twr*-Pflanze

Innerlich	Rezept
– Für das Töten der *gḥw*-Krankheit	Eb 334

DEUTUNGSVORSCHLÄGE:
Aufgrund des Determinatives handelt es sich bei *twr* vermutlich um eine Rohrpflanze.

tbtt (?) 

INDIKATION DER REZEPTUR:

Zerstörter Text — O Berlin 5570

DEUTUNGSVORSCHLÄGE: -

tpnn Kreuzkümmel (Cuminum cyminum L.)

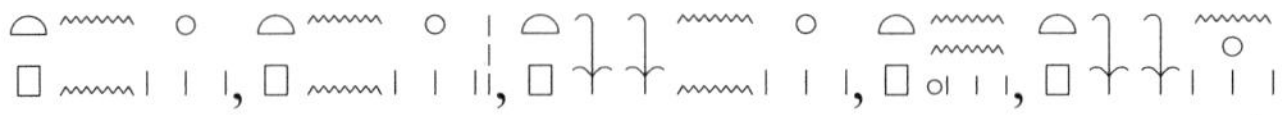

INDIKATION DER REZEPTUREN:

Innerlich	Rezept
– Behandlung von Schnupfen/Katarrh am Kopf mit Schleimstoff im Nacken	Eb 299
– Behandlung des Brustraumes	Eb 183
– Beseitigen der *ḳ3dw*-Hitze der Schmerzstoffe im Brustraum	Eb 186
– Beseitigen des Hustens	Bln 31, 41, 47
– Veranlassen, dass das Herz Speise annimmt	Eb 284
– Behandlung des Bauches	Eb 5; H 55
– Öffnen des Bauches	Eb 17
– Abwehren der Schmerzstoffe im Bauch	Eb 89
– Beseitigen der Schleimstoffe im Bauch	Eb 297, 300; Bln 136
– Beseitigen von Husten im Bauch	Eb 321
– Behandlung der Gefäße in der linken (Bauch-) Hälfte	Eb 631, 632
– Behandlung der linken (Bauch-) Hälfte	H 28
– Beseitigen von Schleimstoffen in den beiden Seiten	Bln 48
– Töten der Schmerzstoffe in allen Körperteilen	H 43
– Beseitigen von *inwt*-Krankheitserscheinung der Schmerzstoffe in den Beinen	Bln 120
– Gegen *inwt*-Krankheitserscheinungen der Schmerzstoffe in den Armen	Bln 162
– Beseitigen des ꜥ3ꜥ-Giftsamens eines Gottes (und) eines Toten (sowie) der Schmerzstoffe (und) des Schlagens von irgendwelchen üblen Dingen	Eb 232
– Beseitigen des Umherziehens von *t3w*-Hitze auf der Blase	H 70
– Töten der *gḥw*-Krankheit	Eb 327, 334
– Töten des *pnd*-Wurmes	Eb 79, 83
– Gegen Aufstauung des Blutes im Uterus	Eb 833
– Für einen Mann, der gebissen wurde von irgendeiner Schlange	Brk § 43a

– Für das Gift jeder Schlange	Brk § 59
– Heilmittel für die Hornviper (den Biss)	Brk § 75a
– Zerstörte Indikation	Bln 204; Bt 37
Äußerlich	Rezept
– Heilmittel für den Kopf, Schwindenlassen der Schmerzstoffe	Eb 254, 258
– Beseitigen der *ḫnsit*-Krankheit am Kopf	Eb 446
– Anschwellung in der Hals-Schlüsselbein-Region mit Eiter	Eb 859
– Anschwellung von Eiter an der Kehle	Eb 861
– Anschwellung von *ꜥrwt*-Krankheitsstoffen mit Eiter	Eb 862
– Beseitigen von Schwellungen und Stillen des Fressens	Eb 563; H 125
– Beseitigen von Schwellung	H 136
– Behandlung einer fauligen Verbrennung	Eb 491; L 61
– Töten der Schmerzstoffe im Bauch und der Wurzel des *wḥꜣw*-Hautausschlages im Bauch	Eb 111
– Zerbrechen der Schmerzstoffe im Bauch	Eb 97
– Beseitigen von *tꜣw*-Hitze im Unterleib	Eb 176
– Beseitigen von *šnft*, jeder Krankheit auf dem After	Bt 12
– Heilmittel für ein Gefäß, wenn es herumschnellt	Eb 681
– Beruhigen der Gefäße	H 106
– Erweichen der Gefäße des Knies	Eb 634
– Beseitigen von Zittern in den Fingern	Eb 624
– Beschwörung der *ꜥḫw*-Krankheit	Pap. Leiden vs. III 1-IV 8
– Beschwörung der *smn*-Krankheit	Pap. Leiden rto. I 4-III 2
Ohrmittel	Rezept
– Behandlung eines nässenden Ohres	Eb 766, 770
Zahnmittel	Rezept
– Behandlung von Zahnfleischentzündung	Eb 742
Kaumittel	Rezept
– Behandlung einer schmerzenden Zunge	Eb 700
Rektalzäpfchen	Rezept
– Kühlen des Afters	Eb 140, 142
– Bessern des Afters	Eb 144, 164
– Heilmittel für Fälle von Ausscheiden	Eb 26

DEUTUNGSVORSCHLÄGE:

tpnn bezeichnet höchst wahrscheinlich den Kreuzkümmel. Diese Deutung ist aufgrund der Verwandtschaft mit dem koptischen Namen ⲧⲁⲡⲛ für Kreuzkümmel recht gesichert.

BEMERKUNGEN:

Die altägyptischen Ärzte verordneten den Kreuzkümmel recht häufig und, soweit wir die Indikationen deuten können, ganz entsprechend seiner pharmazeutischen Wirkung, vor allem in Rezepturen zur Behandlung des Bauches.

tnti 

INDIKATION DER REZEPTUREN:

prt tnti = Frucht/Same der *tnti*-Pflanze

Äußerlich	Rezept
– Beseitigen des Schnupfens	Eb 391
– Bessern der Gefäße	Eb 653

Augenbehandlung	Rezept
– Öffnen des Sehens	Eb 342
– Beseitigen einer Ballung von Hitze in den Augen	Eb 353

DEUTUNGSVORSCHLÄGE: -

tntm 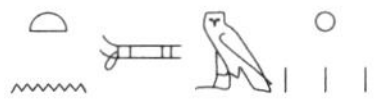

INDIKATION DER REZEPTUREN:

tntm ohne Zusatz

Augenbehandlung	Rezept
– Behandeln des Wassers des Auges	Eb 336

prt tntm = Frucht/Same der *tntm*-Pflanze

Äußerlich	Rezept
– Gesundmachen des Kopfes, wenn er schmerzt	Eb 258

DEUTUNGSVORSCHLÄGE: -

tḥw3 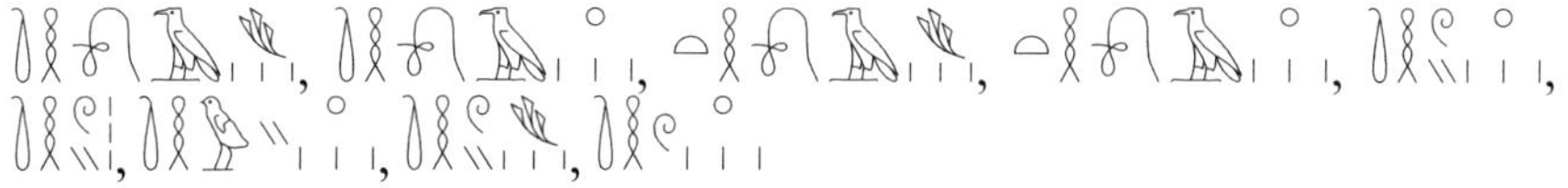

INDIKATION DER REZEPTUREN:

tḥw3 ohne weiteren Zusatz und *dḳw n tḥw3* = Mehl von *tḥw3* werden zusammen aufgelistet.

Innerlich	Rezept
– Beseitigen des Hustens	Bln 32, 44
– Beseitigen von Zauber(kräften) (und) von *ʿ3ʿ*-Giftsamen eines Gottes (und) eines Toten im Bauch	Eb 170; H 83, 86, 87
– Beseitigen des *ʿ3ʿ*-Giftsamens auf dem Herzen	Eb 237; Bln 115
– „Schnell-wirkender-Belebungstrank“ für das wirkliche Beseitigen des *ʿ3ʿ*-Giftsamens im Bauch (und) im Herzen	Eb 239
– Beseitigen von Krankheit im Bauch	Eb 4; H 53
– Für den Biss einer Kobra mit schwarzem Hals	Brk § 45b, e
– Für den Biss der *sẖtf*-Schlange und den Biss der *mʿdi*-Schlange	Brk § 50a

Äußerlich	Rezept
– Beseitigen von Schwellung in den beiden Beinen	Bln 134
– Beseitigen von Schwellung	H 236

– Für eine Anschwellung, die entstanden ist infolge der Verlagerung von *ꜥrwt*-Krankheitsstoffen (und) Eiter	Eb 859
– Für eine Anschwellung von Fett an seiner Halsvorderseite	Eb 860
– Für eine Wunde am ersten Tag	Eb 522
– Kühlen der Gefäße	Eb 693; H 121; Pap. Louvre E 4864 Rs 1,8-9
– Beseitigen der *tmît*-Krankheit	H 169
– Für jede schmerzende Stelle infolge der Einwirkung eines Gottes (und) irgendwelcher üblen Dinge	Eb 245; H 73
– Um den Biss jeder Schlange herauszutreiben	Brk § 56a
– Für einen Mann, der von einer Schlange gebissen ist und der ohne Kraft umfällt, wenn er versucht sich aufzurichten	Brk § 92
– Um das Gesicht eines Mannes zu befeuchten, der von einer Schlange gebissen ist	Brk § 93a
Zerstörter Text	Ram III B 3-4

prt ṯḥw3 = Frucht/Same der *ṯḥw3*-Pflanze

Innerlich	Rezept
– Beseitigen von Schmerzstoffen im Brustraum	H 30
– Beseitigen von Zauber(kräften) (und) von *ꜥ3ꜥ*-Giftsamen eines Gottes (und) eines Toten im Bauch	Eb 168
– Beseitigen (der Einwirkung) eines Toten im Bauch	Eb 182; H 16
– Ein aufputschendes (?) Mittel (wenn ein Toter/der Tod zu ihm herangetreten ist)	Eb 191, 194
Äußerlich	Rezept
– Für ein Wundsekret, wenn es hochsteigt	Eb 519
– Für das Schwärzen einer Verbrennung	Eb 501
– Beseitigen von Blut, das im Innern der Körperoberfläche frisst	Eb 722, 723
– Zerbrechen der Erhebungen (und) das Holen des Eiters	Eb 858
– Brechen einer *ḥm3*-Geschwulst	Bln 55
– Brechen einer Schlaggeschwulst	Bln 57
– Veranlassen, dass etwas (eine Schwellung) von selbst einfällt	Eb 588
– Beseitigen von Schwellung in der Zehe	H 201
– Beseitigen von Lahmheit	Eb 607
– Erweichen des Knies	Eb 608, 610
– Lösen von Versteifungen an irgendeiner Körperstelle	Eb 666
– Erweichen der Gefäße	Eb 657; H94; Ram V Nr. V
– Beseitigen des Fressens in den beiden Beinen	Eb 615
– Für das in Gang bringen von irgendwelchen Dingen	Eb 630
– Zerstörte Indikation	Ram V Nr. IX
Genitaleinguss	Rezept
– Herausziehen des Blutes bei einer Frau	Eb 829

DEUTUNGSVORSCHLÄGE:

Nach Dawson[1] soll *tḥwꜣ* die Erbse (Pisum sativum L.) bezeichnen.

BEMERKUNGEN:

Bis heute ist ungeklärt, ob es im Ägypten der vorrömischen Zeit schon einen Anbau der Erbse gegeben hat, oder ob die gefundenen Pisum-Exemplare nicht Unkrautsamen sind[2]. Auf jeden Fall ist die Deutung von *tḥwꜣ* als Erbse völlig ungesichert[3].

Auffallend ist die häufige innerliche Anwendung gegen *ꜥꜣꜥ*-Giftsamen und andere magische Einwirkungen sowie äußerlich zur Behandlung von Geschwüren und Steifheit.

[1]Dawson, in: JEA 21, 1935, S. 38; [2]Vartavan and Amorós, Codex, S. 207 f.; [3]Germer in: Stephen Quirke ed., Lahun Studies, Reigate 1998, S. 87 und 89.

tḫw

INDIKATION DER REZEPTUREN:

prt tḫw = Frucht/Same der *tḫw*-Pflanze

Äußerlich	Rezept
– Beseitigen von Schwellungen in den beiden Beinen	Bln 127, 128

DEUTUNGSVORSCHLÄGE: -

BEMERKUNGEN:

Die Früchte fanden auch in der Kyphibereitung Verwendung, die Pflanze war wohlriechend und ein Bestandteil des Kranzes der Hathor[1] und vermutlich Bestandteil des Rauschtrankes *tḫw*.

[1]Wb V, S. 325.

ṯꜣm-ṯꜣm

INDIKATION DER REZEPTUR:

Innerlich	Rezept
– Heilmittel für die Hornviper	Brk § 75b

DEUTUNGSVORSCHLÄGE: -

ṯꜣti

INDIKATION DER REZEPTUR:

Innerlich	Rezept
– Heilmittel für die Hornviper	Brk § 75b

DEUTUNGSVORSCHLÄGE: -

BEMERKUNGEN:

Die *ṯꜣti*-Pflanze wird auch in einem Liebeslied[1] genannt.

[1]Pap. Harris 500, 7.11-8.1; Müller, Liebespoesie, S. 15; Keimer, Gartenpflanzen I, S. 141.

ṯwn 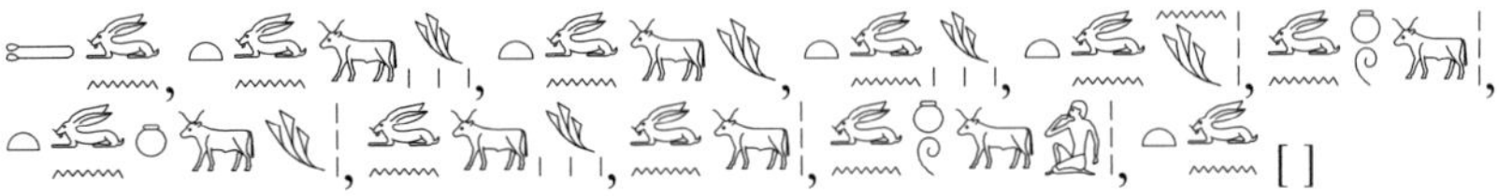

INDIKATION DER REZEPTUREN:

ṯwn ohne Zusatz, *dḳw n ṯwn* = Mehl der *ṯwn*-Pflanze und *ḳ3w n ṯwn* = Mehl der *ṯwn*-Pflanze werden zusammen aufgelistet.

Innerlich	Rezept
– Behandeln einer Verstopfung in der rechten (Bauch-) Hälfte, nachdem sie eine *nsit*-Dämonin befallen hat	Eb 209
– Für das Gift aller Schlangen	Brk § 59
– Für den Biss einer Schlange […]	Brk § 82c

Äußerlich	Rezept
– Für eine Anschwellung an der Kehle des Mannes	Eb 857
– Zerbrechen der Erhebungen (und) Holen des Eiters	Eb 858
– Für eine Anschwellung von Fett an seiner Halsvorderseite (Anwendung nach einer Messer-behandlung)	Eb 860
– Für eine Anschwellung von Eiter an der Kehle	Eb 861
– Erweichen von irgendwelchen Dingen	Eb 640
– Erweichen von Steifheit	Eb 656, 671; Ram V Nr. II, V Nr. XVII
– Bessern (des Zustandes) der Gefäße der Zehe	Eb 647; H 116
– Was man macht gegen den Finger	H 181
– Gegen ein Gefäß, wenn es umherschnellt	Eb 644; H 99
– Beseitigen von Hautblasen	Eb 544
– Beseitigen einer *bsi*-Geschwulst auf der Brust, auf irgendeinem Körperteil	Bln 16
– Beseitigen des Schattens eines Gottes, eines Toten	Bln 91
– Für den Biss einer *ḥbi*-Schlange	Brk § 54c
– Unklare Indikation	Bln 28; Ram V Nr. VI

prt ṯwn = Frucht/Same der *ṯwn*-Pflanze

Äußerlich	Rezept
– Beseitigen von Schwellung in den beiden Beinen	Bln 133, 134
– Beseitigen von Schwellung in der Zehe	H 201, 202
– Für das Knüpfen eines Knochens, wenn er gebrochen ist	H 220
– Beseitigen von Zittern in den Fingern	Eb 623
– Für eine Quetschung von *bnwt*-Geschwüren	Bt 10
– Beseitigen des Schattens eines Gottes, eines Toten	Bln 95

Räuchermittel	Rezept
– Für das Entfernen eines Toten, einer Toten	Bln 67

DEUTUNGSVORSCHLÄGE:

Ebbell[1] vermutete aufgrund der außerhalb der medizinischen Texte geschrieben Determinative in *ṯwn* eine Akazienart.

BEMERKUNGEN:

Außer als Heilpflanze diente *ṯwn* noch als Flechtmaterial für einen Korb[1].

Die *ṯwn*-Pflanze wie ihre Früchte/Samen wurde in der Medizin vor allem äußerlich zur Behandlung von Entzündungen, Wunden und Schwellungen eingesetzt. Man darf deshalb auf eine antibakterielle und entzündungshemmende Wirkung schließen. Um welche Pflanze es sich dabei handelt, ist aber unbekannt.

[1]Grapow, Drogenwörterbuch, S. 563.

ṯrt Ägyptische Weide (Salix mucronata Thunb.)

INDIKATION DER REZEPTUREN:

ṯrt ohne Zusatz = unbekannter Teil

Innerlich	Rezept
– Heilmittel für (den Biss einer) großen Viper	Brk § 65b

wst nt ṯrt = Sägemehl des Weidenholzes

Äußerlich	Rezept
– Für die Weichheit eines Gefäßes	Eb 663

ḏrḏ n ṯrt = Blatt der Weide

Äußerlich	Rezept
– Kühlen eines Knochens, nachdem er geknüpft ist	H 234
– Herausziehen der Hitze aus der Öffnung der Wunde	Sm 41
– Kühlen der Gefäße	H 95
– Heilmittel, um das Gift jeder *sẖtf*-Schlange herauszutreiben	Brk § 46b
Räuchermittel und äußerlich	Rezept
– Behandlung von Zahnschmerzen infolge von Schmerzstoffen	Bln 75

ỉšdt nt ṯrt und *prt nt ṯrt* = Früchte/Samen der Weide. Es ist allerdings fraglich, ob in diesen beiden Rezepturen tatsächlich die winzigen Früchte der Weide gemeint sind. In Eb 582 sollen sie mit Sykomoren- und Christdornfrüchten im Verhältnis 1:1 gemischt werden. Diese Anweisung lässt auf einen größeren Weidenteil schließen. Möglicherweise sind in den Rezepten die Weidenkätzchen gemeint.

Äußerlich	Rezept
– Beseitigen einer Schwellung an irgendwelchen Körperstellen	Eb 582
– Behandeln des Ohres, wenn seine Öffnung nässt	Eb 766

ꜥẖmw n ṯrt = beblätterte Zweige der Weide

Äußerlich	Rezept
– Für das Beseitigen von *šmmt*-Entzündung	Bln 87
– Heilmittel für den Biss jeder Schlange	Brk § 63a

ḏꜥb nt ṯrt Holzkohle der Weide

Innerlich	Rezept
– Heilmittel, um das Gift jeder *sẖtf*-Schlange herauszutreiben	Brk § 46e

ḥ3ti n ṯrt = „Herz der Weide", ein unbekannter Teil

Innerlich	Rezept
– Heilmittel für (den Biss einer) Hornviper	Brk § 75b

[ ] *n ṯrt* = unbekannter Teil der Weide

Innerlich	Rezept
– Veranlassen, dass das Herz Speise annimmt	Eb 293

DEUTUNGSVORSCHLÄGE:
ṯrt bezeichnet die Ägyptische Weide[1].

[1]Keimer, in: BIFAO 31, 1931, S. 177 f.

ṯrrḥs

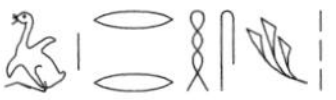

INDIKATION DER REZEPTUR:

Innerlich	Rezept
– Um das Gift jeder *sḫtf*-Schlange herauszutreiben	Brk § 46a

DEUTUNGSVORSCHLÄGE: -

d3b Ess-Feige (Ficus carica L.)

INDIKATION DER REZEPTUREN:

Innerlich	Rezept
– Für den Bauch, wenn er krank ist	Eb 6; H 56
– Behandlung einer *sṯnw*-Auftreibung im Bauch	Bln 160
– Beseitigen von Schwellung im Bauch	Eb 39
– Öffnen des Bauches	Eb 17
– Beseitigen von irgendeiner Krankheit im Bauch	Eb 41, 42
– Beseitigen von Schleimstoffen im Bauch	Eb 297, 300; Bln 136
– Brechen der Schmerzstoffe im Bauch	H 29; Bln 157
– Abwehren der Schmerzstoffe im Bauch	Eb 89
– Herausholen des *wḫ3w*-Hautausschlages aus dem Bauch	Eb 92
– „Schnell-wirkender-Belebungstrank" für das Beseitigen von Husten im Bauch	Eb 321
– „Schnell-wirkender-Belebungstrank" für das Beseitigen (der Einwirkung) eines Toten im Bauch	Eb 231, 232
– Beseitigen des *ˁ3ˁ*-Giftsamens im Bauch	Eb 226; H 84
– Behandeln der linken (Bauch-)Hälfte	H 28
– Behandeln der Gefäße der linken (Bauch-)Hälfte	Eb 631, 632, 633
– Beseitigen einer Verstopfung in der rechten (Bauch-) Hälfte	Eb 210
– Behandeln des Bauches und des Afters	Eb 137, 152
– Für das Aufhörenlassen von Ausscheidungen	Eb 48

– Behandlung einer Verstopfung des Magens	Eb 202
– Heilmittel für den Magen	Eb 212
– Veranlassen, dass das Herz Speise annimmt	Eb284,285,291,293
– Beseitigen von *ꜥꜣꜥ*-Giftsamen auf dem Herzen	Eb 227; Bln 114
– „Schnell-wirkender-Belebungstrank“ für das Behandeln des Herzens	Eb 230
– „Schnell-wirkender-Belebungstrank“ für das Kühlen des Herzens	Eb 235
– Behandeln des Herzens	Bln 117
– Behandeln des Herzens und Entfernen der Schmerzstoffe	Eb 233, 234
– Behandeln der Leber	Eb477,478,479,480, 481
– Beseitigen von Schmerzstoffen im Brustraum	H 30
– Beseitigen der *ḳꜣdw*-Hitze der Schmerzstoffe im Brustraum	Eb 186
– Behandeln der Lunge	H 57
– Beseitigen der *inwt* der Schmerzstoffe	Eb 126
– Beseitigen der *inwt* der Schmerzstoffe in den Spitzen der beiden Arme	Bln 119
– Töten der *gḫw*-Krankheit	Eb 327, 334
– Beseitigen der *nsit*-Krankheit	Eb 754; H 207
– Beseitigen von krankhaftem Haarausfall	Eb 777
– Behandlung von *tꜣw*-Hitze	Bln 155; Bt 27
– Behandlung von *tꜣw*-Hitze auf der Blase	H 70
– Zerstörte Indikation	Bt 36
Äußerlich	Rezept
– Zerbrechen der Schmerzstoffe im Bauch	Eb 97
– Beseitigen von *tꜣw*-Hitze im Unterleib	Eb 176
– Beseitigen von Zittern in den Fingern	Eb 624
– Erweichen von Steifheit an irgendeiner Körperstelle	Eb 670
Rektaleinguss	Rezept
– Kühlen des Afters	Eb 157
– Kühlen der Seite	Bt 32
Rektalzäpfchen	Rezept
– Beseitigen von Schmerzstoffen auf dem After	Eb 141
Unklare Applikationsform	Rezept
– Behandlung eines offenen Schädelbruches	Sm 9

DEUTUNGSVORSCHLÄGE:

dꜣb bezeichnet die Ess-Feige.

BEMERKUNGEN:

Feigen werden aufgrund ihrer leicht laxierenden Wirkung in dem medizinischen Rezepturen vor allem innerlich zur Behandlung des Bauches verordnet.

dw3t 

INDIKATION DER REZEPTUREN:

Innerlich	Rezept
– Für das Zusammenhalten des Harnes	Eb 282
– Für das Öffnen der Körperoberfläche	Eb 731
Kaumittel	Rezept
– Festmachen und Behandeln der Zähne	Eb 748

DEUTUNGSVORSCHLÄGE: -

dbit 

INDIKATION DER REZEPTUREN:

dbit ohne weiteren Zusatz

Äußerlich	Rezept
– Heilmittel für eine Verbrennung	Eb 484, 497

dḳw n dbit = Mehl von *dbit*

Äußerlich	Rezept
– Behandlung einer Wunde auf dem Nacken	Eb 529

ftt n dbit = Faser von *dbit*

Innerlich	Rezept
– Abwehren der *bꜥꜥ*-Krankheit	Mutt.u.KindH7,1-3
Äußerlich	Rezept
– Herausholen des Wassers aus der Schwellung	Eb 565
Wundverband	Rezept
– Für das Überziehenlassen einer Wunde	Eb 516
– Verbinden einer Wunde	Eb 522

DEUTUNGSVORSCHLÄGE:

Ob es sich bei *dbit* um die Bezeichnung eines Leinenfadens handelt, wie Germer[1] vermutet, ist sehr fraglich.

BEMERKUNGEN:

dbit wird bis auf die eine Verordnung in Mutt. u. Kind äußerlich zur Behandlung von Wunden verwendet.

[1]Germer, Arzneimittelpflanzen, S. 60 f.

dr-nkn „Schadenbeseitiger"-Pflanze

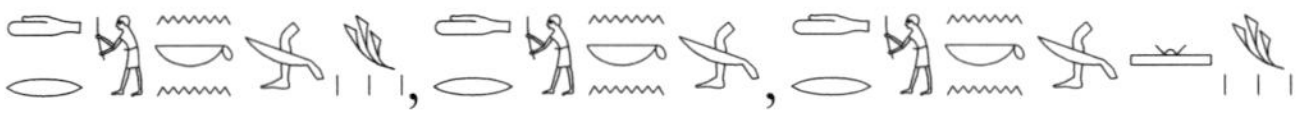

INDIKATION DER REZEPTUREN:

Innerlich	Rezept
– Töten der Schmerzstoffe (und) das Beseitigen des *ꜥ3ꜥ*-Giftsamens eines Toten im Bauch	Eb 99

– Für das Öffnen der Körperoberfläche	Eb 713; H 152
– Beseitigen von Durst im Mund	Pap. Beatty XV 5-8
Äußerlich	Rezept
– Beseitigen von Entzündung	Bln 86

DEUTUNGSVORSCHLÄGE:
Nach Texten der ptolemäischen Zeit wird Leinen mit *dr-nkn* blau gefärbt, es handelt sich also um eine Indigo liefernde Pflanze. Dafür kämen sowohl Indigo-Arten als auch Isatis tinctoria L. in Frage[1].

[1]Renate Germer, Die Textilfärberei und die Verwendung gefärbter Textilien im Alten Ägypten, Ägyptologische Abhandlungen Bd. 53, Wiesbaden 1992, S. 123.

dḥ3 Stroh (von welcher Pflanzenart ist nicht angegeben)

INDIKATION DER REZEPTUREN:

Äußerlich	Rezept
– Für das Knie, wenn es zurückweicht	Eb 604; Ram III A 3-4

DEUTUNGSVORSCHLÄGE:
Nach Grapow[1] bezeichnet *dḥ3* Stroh.

[1]Grapow, Drogenwörterbuch, S. 579.

dḥʿʿ

INDIKATION DER REZEPTUR:

Äußerlich	Rezept
– Salbmittel für das Beseitigen von Entzündung	Bln 80

DEUTUNGSVORSCHLÄGE: -

dšr

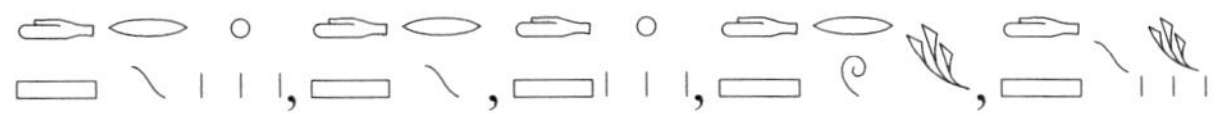

INDIKATION DER REZEPTUREN:

Innerlich	Rezept
– Behandlung des Herzens	Bln 185
– Behandlung des Magens	Eb 197
– Für einen (Mann), der an Zusammenziehen seines Harnes leidet	Eb 268
Äußerlich	Rezept
– Für das Trocknen der Wunde	Sm 41, 46
– Behandeln der Wunde einer Verbrennung	Eb 489, 490
– Beseitigen des *wḥ3w*-Hautausschlages	Eb 110, 120
– Beseitigen von Hautblasen an irgendeiner Körperstelle	Eb 549

- Herausholen des Wassers aus der Schwellung Eb 565
- Behandeln der Zehe, wenn sie schmerzt Eb 620; H 175
- Für die Weichheit eines Gefäßes Eb 663

DEUTUNGSVORSCHLÄGE:
Möglicherweise besteht eine Verbindung zu dem koptischen Wort ⲑⲉⲣϣ = Leinsamen.

BEMERKUNGEN:
Der Name dieser Pflanze oder des Pflanzenproduktes *dšr* = rot deutet auf einen darin enthaltenen roten Farbstoff hin. Das „rote Öl“ in Bln 185 enthält außer *dšr* keinen weiteren färbenden Bestandteil, und so wird die rote Farbe des Öles auf der Zugabe von *dšr* beruhen. Dies trifft nicht auf Leinsamen zu.
In Eb 197 wird *dšr* zusammen mit dem roten *didi* = Hämatit (?) verordnet.

dgm Rizinus (Ricinus communis L.)

INDIKATION DER REZEPTUREN:

Ausführlich wird die Rizinuspflanze im Rezept Eb 251 behandelt. Üblicherweise sind in den altägyptischen medizinischen Texten die Rezepturen nach den Krankheiten geordnet und die Heilmittel dann in Listenform mit Anwendungshinweisen angegeben. Dieses Rezept ist jedoch eine Ausnahme. Es nennt zuerst die Heilpflanze, den Rizinusbaum, und listet dann auf, was mit den einzelnen Teilen gemacht werden kann:
Eb 251*: „Die Kenntnis von dem, was man macht aus der Rizinuspflanze (dgm), als etwas, das gefunden wurde in Schriften der alten Zeit, als für die Menschen Nützliches.*
Es werden ihre Wurzeln in Wasser zerstoßen; werde an den Kopf gegeben, der krank ist; dann wird er schnell gesund wie einer, der nicht krank ist.
Auch wird gekaut ein wenig von ihrem Samen mit Bier von einem Mann mit Durchfall im Kot. Das ist ein Beseitigen von ẖꜣit-Krankheitserscheinungen im Bauch des Mannes.
Auch wird das Haar einer Frau durch ihren Samen zum Wachsen gebracht; werde zerrieben, werde zu einer Masse gemacht, werde in Öl/Fett (mrḥt) gegeben; dann soll die Frau ihren Kopf damit salben.
Auch wird ihr Öl (mrḥt) aus ihrem Samen gemacht, um einen (Mann) zu salben, der wḥꜣw-Hautausschlag hat mit iṯṯt- und ḥwꜣw-Erscheinungen, indem es schlimm ist. Es kommen die riwmw-Erscheinungen zum Stillstand wie (bei) einem, gegen den nicht irgend etwas geschehen ist.
Er werde aber behandelt durch Salben wie bei (der Kur der) Zehn-Tage beim Salben früh am Morgen, um sie zu beseitigen. Wirklich vorzüglich; unzählige Male (erprobt).“

dgm ohne Zusatz, möglicherweise sind in diesem Rezept die Samen gemeint.

Äußerlich	Rezept
– Heilmittel für den Biss jeder Schlange	Brk § 62a

prt dgm und *ỉšdt nt dgm* = Bezeichnungen für den Samen. Eine Verwendung der stacheligen Frucht ist eher unwahrscheinlich.

Innerlich	Rezept
– Für das Entleeren des Bauches und das Beseitigen von *ḫꜣit*-Krankheitserscheinungen im Bauch	Eb 25
– Behandlung von Durchfall im Kot, Beseitigen von *ḫꜣit*-Krankheitserscheinungen im Bauch	Eb 251
Äußerlich	**Rezept**
– Beseitigen der *tmit*-Krankheit	H 169
– Beseitigen der *ḫnsit*-Krankheit am Kopf	Eb 437; H 24
– Beseitigen von Krankheit an irgendwelchen Körperstellen	Eb 601
– Wachsenlassen des Haares	Eb 251
– Heilmittel für den Biss einer Kobra	Brk § 45d
Räuchermittel	**Rezept**
– Beseitigen der ʿꜣʿ-Giftsamen	Bln 58

gꜣbt nt dgm und *gꜣbw n dgm* = Blatt und Blätter des Rizinusbaumes

Äußerlich	Rezept
– Verband für eine Brandwunde	L 46
– Ein anderes (Heilmittel), um das Ödem verschwinden zu lassen (nach einem Schlangenbiss)	Brk § 72d

dbw nt dgm = Blatt des Rizinusbaumes

Äußerlich	Rezept
– Heraustreiben das Gift jeder Schlange	Brk § 44b

mnỉt dgm = Wurzel des Rizinusbaumes

Äußerlich	Rezept
– Behandlung des Kopfes, der krank ist	Eb 251

mrḥt ỉrrt m prt dgm = Rizinusöl

Äußerlich	Rezept
– Behandlung des *wḥꜣw*-Hautausschlages	Eb 251

DEUTUNGSVORSCHLÄGE:

Mit großer Wahrscheinlichkeit bezeichnet *dgm*, dessen Öl auch als Lampenöl und Kosmetiköl in den Texten erwähnt ist, den Rizinus.

ḏꜣʿ

INDIKATION DER REZEPTUREN:

Innerlich	Rezept
– Für das Regeln des Bauches	Eb 38

- Beseitigen von Hautblasen — Eb 548
- Heilmittel für die große Viper — Brk § 65c

In Brk § 65 wird für *ḏ3ʿ* noch angegeben, dass es in der Sprache der Asiaten  *g3rbwn3* genannt wird.

DEUTUNGSVORSCHLÄGE:
Sauneron[1] sieht in dem arabischen Wort *gulban* eine Ableitung von *g3rbwn3* und somit eine Bezeichnung für die Saatplatterbse Lathyrus sativus L. Von dieser ist aber keine Verwendung in der ägyptischen Volksmedizin berichtet.

[1]Sauneron, Schlangenpapyrus, S. 91.

ḏ3rt

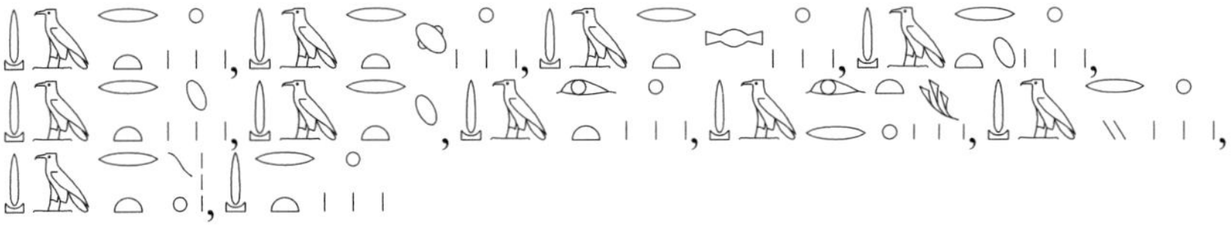

INDIKATION DER REZEPTUREN:

ḏ3rt ohne weiteren Zusatz, *dḳw n ḏ3rt* = Mehl von *ḏ3rt*, *ḳ3w n ḏ3rt* = Mehl von *ḏ3rt*, *sḥm n ḏ3rt* = Zerstampftes von *ḏ3rt* und *ḏ3rt nt wḥ3t* = *ḏ3rt* der Oase werden zusammen aufgelistet.

Innerlich	Rezept
– Beseitigen des Hustens	Eb 305, 306, 307, 309, 324; Bln 37, 45
– Behandeln des Brustraumes	Eb 183
– Behandeln der Lunge	Eb 21
– Beseitigen jeder Krankheit im Bauch (und) das Behandeln der Lunge	Eb 35, 185
– Abwehren der Schmerzstoffe im Mund	Eb 122
– Beseitigen von Krankheit des Herzens	Eb 217
– Beseitigen von *t3w*-Hitze auf dem Herzen, Kühlen des Afters	Bt 25
– Kühlen des Afters	Eb 160
– Behandlung des Magens	Eb 197, 201, 212
– Behandeln der Leber	Eb 480
– Heilmittel für die linke (Bauch-)Hälfte	Eb 632, 633
– Behandeln des Gefäßes in der linken (Bauch-)Hälfte	Eb 631
– Beseitigen des *ʿ3ʿ*-Giftsamens eines Gottes (und) eines Toten im Bauch	Eb 225, 240; H 83
– Zerbrechen der Schmerzstoffe im Bauch	Eb 97, H 29
– Beseitigen der *nsit*-Krankheit im Bauch	H 211
– Beseitigen des *wḥ3w*-Hautausschlages, ihn wirklich Töten im Bauch	Eb 91, 94
– Öffnen des Bauches	Eb 17
– Mittel für das Ausscheiden	Eb 10
– Für alle (schlechten) Dinge im After	Bt 8

– Töten des *ḥfꜣt*-Wurmes	Eb 88; Bln 2
– Behandeln des *pnd*-Wurmes	Eb 84
– Brechen einer *ḥmꜣ*-Geschwulst im Unterleib	Bln 56
– Für das Aufhörenlassen von Ausscheidungen	Eb 47, 48
– Beseitigen der (dämonischen) „Bitternis-Krankheit“	Eb 302; H 131
– Töten der *gḥw*-Krankheit	Eb 329, 331
– Beseitigen einer Anschwellung von *ꜥrwt*-Krankheitsstoffen	Eb 862
– Beseitigen von Schleimstoffen in seinen beiden Seiten	Bln 48
– Entfernen von Schleimstoffen durch Ausscheiden	Bln 146
– Unklare Indikation	Bt 36, 37
Äußerlich	Rezept
– Heilmittel für eine Verbrennung	Eb482,490;L17,52
– Schwärzen einer Verbrennung	Eb 501
– Beseitigen der weißen Stellen einer Verbrennung	Eb504,506;L40,44; 56
– Herausziehen des Blutes aus der Öffnung einer Wunde	Eb 517
– Trocknen einer Wunde	Eb 520
– Für das Überziehenlassen einer Wunde	Eb 525
– Behandeln einer Wunde	H 260
– Gesundmachen irgendeines Wundsekrets	Eb 532
– Für das Wachsenlassen des Fleisches	Eb 534, 535
– Für einen Akaziendorn, wenn er herausgeschnitten wird	Eb 732
– Für Schläge am ersten Tag	H 89
– Für einen Nagel der Zehe	H 191
– Gegen die Nägel der Zehen, die sind mit einer Wunde von offener Öffnung	H 84
– Herausholen eines *fnṯ*-Wurmes in Finger (oder) Zehe	H 196, 202
– Trocknen der Wunde (an seiner Brust)	Sm 41, 46
– Beseitigen von Wundsekret	Eb 537; H 39
– Bessern von Wundsekret	Eb 542
– Für das Holen des Eiters	Eb 557, 559; H140
– Für den Blutfraß	Eb 723
– Für das Knüpfen eines Knochens, wenn er gebrochen ist	H 10, 12, 217, 218
– Kühlen eines Knochens, nachdem er geknüpft ist	H 226
– Beseitigen einer Schwellung und Stillen des Fressens	Eb 563, 591; H 125
– Beseitigen von Schwellung	Eb 571; H 139, 236
– Beseitigen von Schwellung in den beiden Beinen	Pap. Leid. rto. XXVI 7-9
– Erweichen einer Schwellung des Gefäßes	Eb660;H117+118
– Beseitigen einer *bsi*-Geschwulst auf der Brust, auf irgendeinem Körperteil	Bln 14, 15
– Brechen einer *ḥmꜣ*-Geschwulst	Bln 55
– Beseitigen des *wḥꜣw*-Hautausschlages an irgendeiner Körperstelle	Eb 107, 116
– Beseitigen von Hautblasen	Eb 544
– Beseitigen von *twꜣw*-Erhebungen	Ram IV C 8-10

– Erweichen von irgendwelchen Dingen	Eb 640
– Lösen von Versteifungen an irgendwelcher Körperstelle	Eb667,671,673,675
– Erweichen eines Gelenkes	Eb 654; H 123
– Beseitigen von Zittern an irgendwelchen Körperstellen	Eb 626
– Kühlen der Gefäße	H 249
– Lindern der Gefäße der Unterschenkel	Bln 122
– Bessern der Gefäße der Zehe	Eb 647; H 116
– Kühlen des Kopfes, wenn er schmerzt	Eb 259
– Beseitigen der *ḫnsit*-Krankheit am Kopf	Eb442,443,444,450
– Für die Brust (einer Frau) wenn sie krank ist	Bln 18
– Beschwörung der *tmit*-Krankheit	L 10
– Heilmittel für die *sꜥšt*-Krankheit	H 38
– Für das Stillen des Fressens	Eb 589
– Beseitigen der Einwirkung eines Gottes, eines Toten	Eb 242, 245; H 73
– Beseitigen des Schattens eines Gottes, eines Toten	Bln 92
– Für jede schmerzende Stelle	Eb 243; H 71
– Für den Biss jeder Giftschlange	Brk § 58
– Wenn der Biss einer Schlange tief ist, und er hat Blutungen an allen Gliedern	Brk § 63a
– Für einen Mann, der gebissen ist (von einer Schlange), an der Wunde liegt das Fleisch offen	Brk § 64b
– Um die Gesichtslähmung zu beseitigen bei einem Mann, der gebissen ist (von einer Schlange)	Brk § 76, 94
– Um das Zittern herauszutreiben aus einem Mann, der gebissen ist (von einer Schlange)	Brk § 86
– Für die Wunde einer Schlange, wenn sie beschränkt ist	Brk § 87b
– Beseitigen von (Körper)Geruch (Einzeldroge)	Eb 709
– Zerstörte Indikation	H 246; Bln 28; Ram V Nr. XX
Augenbehandlung	Rezept
– Gegen eine Ritzung im Auge	Eb 338, 381
– Beseitigen von Verschleierung im Auge	Eb 339, 415
– Öffnen des Sehens	Eb 343, 344
– Beseitigen von Blut in den beiden Augen	Eb 348
– Beseitigen einer Ballung von Hitze in den beiden Augen	Eb 353
– Beseitigen eines Kügelchens im Auge	Eb 355
– Beiseitigen der Blindheit in den beiden Augen durch ein Kügelchen	Eb 358
– Beseitigen von Blindheit in den beiden Augen	Eb 420
– Beseitigen von weißen Stellen im Auge	Eb 382
– Behandeln des Sehens in den beiden Augen	Eb 359
– Kräftigen des Sehens	Eb 395
– Beseitigen von roter Entzündung in den beiden Augen	Eb 408
– Kühlen der beiden Augen	Ram III A 25
Mundspül- oder Kaumittel	Rezept
– Behandeln der Zunge, wenn sie schmerzt	Eb 702, 703

– Beseitigen von Geschwüren an den Zähnen	Eb 555
– Behandeln eines Zahnes, der zerfressen ist an der Öffnung des (Zahn-)Fleisches	Eb 742
– Behandeln von Blutfraß in einem Zahn	Eb 749; H 9
Rektaleinguss/-zäpfchen	Rezept
– Für eine Verschiebung im After	Eb 144
– Für das Kühlen (genannt) „Kunst des Arztes“	Eb 158
– Beseitigen von *kꜣpw*-Hitze im After	Bt 24
– Beseitigen von *tꜣw*-Hitze auf dem After	Eb 155
– Kühlendes Zäpfchen für den After	Eb 163
– Bessern des Afters (und) der Unterleibsregion	Eb 164
– Beseitigen der *špn*-Kranklheit	Eb 706
– Veranlassen, dass man ausscheidet	Eb 8
Genitaleinguss	Rezept
– Veranlassen, dass eine Frau aufhört, schwanger zu werden	Eb 783
Räuchermittel	Rezept
– Beseitigen des *ꜥꜣꜥ*-Giftsamens eines Gottes, des *mtwt*-Giftstoffes eines Toten, Beseitigen der Flucht des Herzens	Bln 58
– Räuchern nach einem Schlangenbiss	Brk § 100
Zerstörte Applikationsform	Rezept
– Beseitigen der *nsỉt*-Krankheit im Mann	Eb 755
– Behandeln einer Frau, die an ihren Beinen leidet	Ram III A 8
– (Für) alle (schlechten) Dinge im After	Bt 7
– Beseitigen der *srft*-Hautentzündung	Eb 93
Zerstörter Text	H 6; Ram III A 17, III Fragm. 12,9

ḏꜣrt hft = enthülste (?) *ḏꜣrt*

Innerlich	Rezept
– Veranlassen, dass Schleimstoffe jeder Art abgehen	Bln 138

ḏꜣrt ps = gekochte *ḏꜣrt*

Äußerlich	Rezept
– Behandlung einer Verbrennung	L 46

mw nw ḏꜣrt = „Wasser“ von *ḏꜣrt*

Innerlich	Rezept
– Ein gutes (Heilmittel) für den Husten	Bln 43
– Behandeln des Bauches (und) des Afters	Eb135,136,150,151
– Töten der Schmerzstoffe	H 45
Äußerlich	Rezept
– Verhindern, dass Ergrauen auf den Augenbrauen entsteht	Eb 462
Augenbehandlung	Rezept
– Für das Öffnen des Sehens	Eb 399

Rektaleinguss/ -zäpfchen	Rezept
– Für das Kühlen	Bln 182
– Kühlen des Afters	Eb 143, 785
– Für das Kühlen, (genannt) „Kunst des Arztes“	Eb 159
– Für die schlimme Krankheit jeder Art	Bln 173
– Für ein Gefäß, wenn es zuckt	Bln 176
– Beseitigen von *k3pw*-Hitze auf dem Herzen	Bt 21
Genitaleinguss	Rezept
– Für das Zusammenziehen des Uterus	Eb 823

imi n ḏ3rt = Inneres von *ḏ3rt*

Innerlich	Rezept
– Für eine Verstopfung von Hitze im After	Eb 153
– Für das Herz, nachdem es heiß geworden ist	Berlin 185
– Beseitigen der Keime (?) der Schmerzstoffe	Eb 127
– Für einen (Mann), der an Zusammenziehung in seinem Harn leidet	Eb 268
– Behandeln des Brustraumes	Eb 184
Äußerlich	Rezept
– Beseitigen von (dämonischen) Einwirkungen im Kopf	Eb 248; H 76

prt ḏ3rt = Frucht/Same von *ḏ3rt*

Äußerlich	Rezept
– Behandeln einer feuchten Stelle an den Nägeln der Zehe	H 199

ḏbt nt ḏ3rt = Ziegel von *ḏ3rt*

Äußerlich	Rezept
– Behandeln einer Verbrennung	L 21

wtit nt ḏ3rt = unbekannter Teil von *ḏ3rt*

Äußerlich	Rezept
– Schwärzen einer Verbrennung	Eb 501

DEUTUNGSVORSCHLÄGE:
Zwei Deutungen für *ḏ3rt* wurden bisher diskutiert, die Koloquinthe (Citrullus colocynthis) oder die Hülsen des Johannisbrotbaumes (Ceratonia siliqua)[1]. Aufrère[2] hat beide genauer untersucht und gegeneinander abgewogen. Danach scheint die der Johannisbrothülsen wahrscheinlicher zu sein. Auffallend ist nur, dass *ḏ3rt* nicht in den Wirtschaftstexten wie etwa Lebensmittelabrechnungen aufgeführt wird.

BEMERKUNGEN:
ḏ3rt ist eines der am häufigsten in den medizinischen Rezepturen genannten pflanzlichen Heilmittel, und es wird sehr vielseitig eingesetzt. Sein großes Anwendungsspektrum läßt leichte Schwerpunkte bei der innerlichen Verordnung gegen Erkrankungen der Atemwege und des Bauches, äußerlich der Wundbehandlung, auch bei Augen- und Zahnerkrankungen, erkennen.

[1]Charpentier, Receuil, S. 1475, Nr. 1477; [2]Aufrère, in: BIFAO 83, 1983, S. 28 f.

ḏ3s/ ḏ3is 

INDIKATION DER REZEPTUREN:

ḏ3s ohne weiteren Zusatz

Innerlich	Rezept
– Heilmittel für einen Mann, der von einer Giftschlange gebissen ist, welcher Art auch immer	Brk § 40

Diese Rezeptur ist ein Testmittel, ob der Patient den Schlangenbiss überlebt. *ḏ3is* soll zusammen mit einem kleinen *ḳ3di*-Tier in Wasser zerquetscht getrunken werden. In dem Text heißt es dann:
„Wenn (das Heilmittel) in seinem Bauch bleibt, wird er leben, wenn er es nach dem Einnehmen erbricht, wird er sterben.“

Äußerlich	Rezept
– Beseitigen einer Krankheit, die entstanden ist infolge eines *pnd*-Wurmes	Eb 67
– Behandeln einer Wunde	Eb 522 e
– Beseitigen von Krankheit im Knie	Eb 606, 609
– Für das Ausstrecken von Verkrümmungen und Erweichen von Steifheit	Eb 698
– Für das in Gang Bringen von irgendwelchen Dingen	Eb 630
– Kühlen der Gefäße	H 95
– Behandlung der *mšpnt*-Hautflechte	H 164
– Um die Gesichtslähmung zu beseitigen bei einem Mann, der gebissen ist (von einer Schlange)	Brk § 76, 90
– Um das Zittern herauszutreiben aus einem Mann, der gebissen ist (von einer Schlange)	Brk § 86
– Zerstörter Text	Ram V Nr. IV
Brechmittel	**Rezept**
– Beseitigen von Schleimstoffen	Eb 856 f.; Bln 163 f.

prt ḏ3s = Früchte oder Samen der *ḏ3s*-Pflanze

Innerlich	Rezept
– Behandlung der *sr*-Krankheit	Eb 780
Äußerlich	**Rezept**
– Erweichen eines Gelenkes	Eb 654; H 123
– Erweichen der Gefäße	Eb 657; H 94; Ram V Nr. V
– Beseitigen der Einwirkung eines Gottes, eines Toten und Schmerzstoffdämonen	Eb 242
– Heilmittel für einen Akaziendorn, wenn er herausgeschnitten wird	Eb 732
Räuchermittel	**Rezept**
– Beseitigen des ꜥ3ꜥ-Giftsamens eines Gottes, des *mtwt*-Giftstoffes eines Toten, Beseitigen der Flucht des	Bln 58

Herzens, der Stiche des Herzens und das Beseitigen von Vergesslichkeit des Herzens

Fehlende Applikationsangabe	Rezept
– Behandlung der *tmỉt*-Krankheit	L 7

DEUTUNGSVORSCHLÄGE:

Miller[1] hat als Identifizierung für die *ḏꜣs*-Pflanze die Steppenraute Peganum harmala L. vorgeschlagen.

BEMERKUNGEN:

Wahrscheinlich war *ḏꜣs* von sehr schlechtem Geschmack, darauf deutet sowohl sein Einsatz als Brechmittel als auch die Verwendung in dem Testmittel der Überlebenschance eines Schlangenbisses hin. Ansonsten gibt aber die medizinische Verordnung von *ḏꜣs* keinen Hinweis auf ihre pharmazeutische Wirkung.

[1]Miller, in: BIFAO 94, S. 349 f.

ḏꜥꜥ

INDIKATION DER REZEPTUR:

Äußerlich	Rezept
– Salbmittel für einen Mann, der behaftet ist mit dem Schatten eines Toten. Beseitigen der *mr-tꜣ*-Krankheit	Bln 104

DEUTUNGSVORSCHLÄGE: -

VI Heilpflanzen der heutigen ägyptischen Volksmedizin, die wahrscheinlich bereits in pharaonischer Zeit genutzt wurden

Die Verwendung der im eigenen Land vorkommenden Heilpflanzen gewinnt zunehmend an Bedeutung. Die Gründe dafür sind verschiedener Art, zum einen hofft man auf eine sanftere Heilungsmethode ohne schädliche Nebenwirkungen, zum anderen sind in vielen Gebieten der Erde die Industrie-Medikamente für weite Teile der Bevölkerung nicht erschwinglich. Auch in Ägypten findet diese Rückbesinnung auf einen alten Heilpflanzenschatz statt, das erlebt man vor allem beim Besuch von alten Apotheken, wie etwa Harraz in Kairo, wo die Kunden nicht nur Heilpflanzen kaufen, sondern sich auch medizinisch beraten lassen.

Für die Frage, welche der heute in Ägypten benutzten Arzneipflanzen bereits in pharaonischer Zeit eine Rolle gespielt haben, ist zuerst einmal zu klären, ob sie zur einheimischen Flora gehören oder importiert sind. Die ägyptische Flora ist heute sehr gut erforscht, und aufgrund der neuen archäobotanischen Arbeiten wissen wir auch für viele importierte Pflanzen in etwa den Zeitraum, wann sie in das Niltal gekommen sind. So kann für eine ganze Reihe von Heilpflanzen des modernen Ägypten ausgeschlossen werden, dass sie bereits in vorrömischer Zeit in Ägypten wuchsen oder durch Handel in das Land kamen.

Übrig bleibt aber eine große Anzahl von Pflanzen mit pharmazeutischer Wirkung, die möglicherweise schon von den altägyptischen Ärzten genutzt worden waren. Die wichtigsten von ihnen sind im folgenden aufgelistet. Ihre Anordnung erfolgt alphabetisch. Dabei geht zwar das Erkennen von Pflanzen gleicher Familien, also die botanische Ordnung, verloren, da aber ein Handbuch vor allem ein Nachschlagewerk ist, schien die alphabetische Anordnung sinnvoll zu sein.

Die Bearbeitung der einzelnen Pflanzen gliedert sich in 9 Abschnitte.

1. Botanischer Name in der Nomenklatur der neusten Flora Ägyptens von Boulos. Ältere Synonyme sind teilweise angegeben.
2. Die Familie, der die Pflanze angehört.
3. Die Verbreitung listet das häufigste Vorkommensgebiet der Pflanze auf.
4. Die Beschreibung nennt die wichtigsten, charakteristischen Merkmale der Pflanze. Auf ausführliche botanische Angaben wurde verzichtet, aber eine Strichzeichnung gibt einen Eindruck vom Aussehen der Pflanze.
5. Inhaltsstoffe und pharmazeutische Wirkung
   In diesem Abschnitt wird nur ganz kurz auf Inhaltsstoffe der einzelnen Pflanzen eingegangen, die eine deutliche pharmazeutische Wirkung hervorrufen. Die Forschungen auf dem Gebiet der in Pflanzen enthaltenen chemischen Substanzen bringen fast täglich neue Untersuchungsergebnisse. Diese sind der entsprechenden Spezialliteratur zu entnehmen.

6. Die Funde von Pflanzenresten aus archäologischem Kontext sind vor allem nach dem Codex von Vartavan und Amorós angegeben, der fast alle altägyptischen Pflanzenfunde bis 1997 enthält.
7. Der altägyptische Name der Pflanze wurde aus dem ersten Teil der Arbeit übernommen.
8. Die Angaben zur späteren medizinischen Nutzung einer Pflanze gliedern sich in drei Bereiche. Für die Antike griechisch-römische Medizin sind die Werke von Plinius und Dioskurides aufgeführt, die koptische die Arbeit von Till, und die Angaben für die modernen Zeit umfassen den Zeitraum von Prosper Alpin bis heute.
9. In Einzelfällen sind noch Bemerkungen hinzugefügt.

Abrus precatorius L.
Paternostererbse

Familie: Leguminosae (Hülsenfrüchte)

Verbreitung:

Im tropischen Afrika ist Abrus precatorius L. subsp. africanus Verd. beheimatet[1], in Ägypten ist die Paternostererbse heute nur ganz vereinzelt im Anbau, die Samen werden aber aus Indien importiert.

Beschreibung:

Die Pflanze wächst als holzige Liane, die eine Länge bis über 4 m erreichen kann. Sie trägt paarig gefiederte Blätter und Blüten, die gelb, weiß, rosa- und malvenfarbig sein können. Die fast kugeligen, im Durchmesser um 4 mm großen roten Samen sitzen in 2-3 cm langen Hülsen. Meist sind sie mit einem schwarzen Fleck um das Hilum versehen, es kommen jedoch auch ganz schwarze Varietäten vor.

Abrus precatorius (nach Köhler)

Inhaltsstoffe und pharmazeutische Wirkung:

Die Samen enthalten neben einer Vielzahl von pharmazeutisch wirkenden Substanzen das Toxalbumin Abrin, das eine agglutinierende Wirkung auf die roten Blutkörperchen ausübt.

Wegen ihres hübschen Aussehens werden die Samen häufig zu Ketten verarbeitet, daher auch ihr deutscher Name Paternostererbse.

Funde:
Ob Abrus precatorius schon in pharaonischer Zeit in Ägypten bekannt war, ist bisher noch nicht geklärt. In der Sammlung Schweinfurth[2] befinden sich Samen aus dem Mittleren Reich, deren Identifizierung jedoch nicht ganz sicher ist, weil sie durchbohrt wurden, um in einer Kette aufgefädelt zu werden. Weiterhin gibt es undatierte Samen und unbekannter Herkunft im Louvre[3].

Altägyptischer Name:
Der Name der Pflanze ist nicht bekannt.

Spätere medizinische Verwendung:
In der antiken griechisch-römischen Medizin scheint die Paternostererbse nicht genutzt worden zu sein. Für ihr Vorkommen in Ägypten ist der älteste Texthinweis bei Alpin[4], der jedoch keine spezielle pharmazeutische Nutzung der Samen beschreibt, sondern nur erwähnt, dass sie schwer verdaulich sind. Obwohl die Samen giftig sind, scheinen sie nach langem Kochen genießbar zu werden.

Weder Boulos noch Moursi nennen Abrus precatorius als heute in der ägyptischen Volksmedizin genutzte Pflanze, die Samen sind aber in den Heilpflanzenhandlungen sowohl in Kairo[5] als auch Luxor[6] zu kaufen und dienen der Behandlung von Augenkrankheiten, und außerdem werden ihnen aphrodisierende Wirkungen zugeschrieben.

[1]Mats Thulin, Leguminosae of Ethiopia, Opera Botanica 68, Kopenhagen 1983, S. 70; [2]Germer, Katalog, S. 53; [3]Loret, in: RecTrav 17, 1894, S. 192; [4]Alpin, Plantes, S. 107; [5]Ducros, Droguier, S. 76; [6]Eigener Einkauf 2001.

Acacia nilotica (L.) Del.
Nilakazie (Dornakazie)

Familie: Leguminosae (Hülsenfrüchte)

Verbreitung:
Entlang des Nils, seiner Kanalufer und bis hin in die Wadis wachsen überall in Ägypten die Nilakazien.

Beschreibung:
Die Bäume können eine Höhe von bis zu 15 m erreichen. Der Stamm ist dunkel mit einer rauen Rinde, die Zweige tragen paarig gefiederte Blätter, bestehend aus 12-25 Paar Fiederblättern mit großen Nebenblattdornen. Die gelben Blüten sitzen in Köpfchen, die 8-16 cm langen Hülsen sind zwischen den einzelnen Samen eingeschnürt.

Inhaltsstoffe und pharmazeutische Wirkung:
Rinde, Hülsen und in nur geringem Maße auch die Blätter enthalten Gerbstoffen, und deshalb finden vor allem die Hülsen in der Lederherstellung als Gerbmittel Verwendung. Außerdem sondert der Baum ein Gummiharz ab, das aus Kalium-Magnesium- und Calciumsalzen der Arabinsäure besteht. Es ist das Gummi Arabicum, das allerdings von anderen Akazien-Art, vor allem von Acacia seyal Delile, von besserer Qualität ist. Diese Akazienart wächst jedoch heute nur in Oberägypten.

Funde:
Seit vordynastischer Zeit ist die Nutzung der Nilakazie, als Holz- und Holzkohlelieferant, sowie durch Hülsen- und Samenfunde belegt[1].

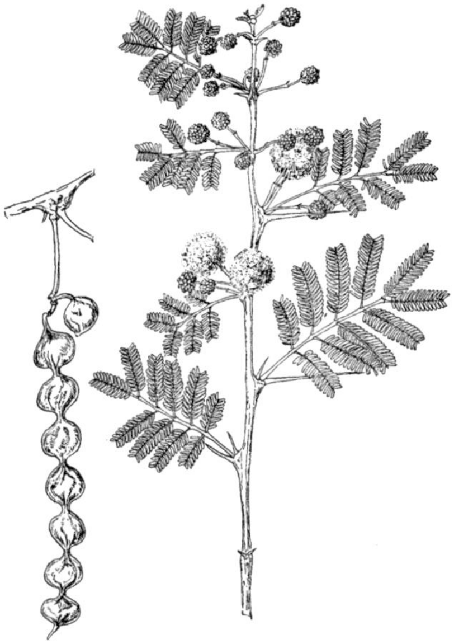

Acacia nilotica (nach Crowfoot)

Altägyptischer Name:

Die Nilakazie wurde mit den Wort *šnḏt* bezeichnet. Ihre verschiedenen Produkte fanden in der Heilkunde häufig Verwendung, vor allem die Blätter äußerlich zur Wundbehandlung. Das Akaziengummi war eine wichtige, neutrale Grundsubstanz für Drogengemische.

Spätere medizinische Verwendung:

Dioskurides[2] erwähnt eine in Ägypten wachsende Akazie allerdings gibt er als Merkmale weiße Blüten und Hülsen wie Lupinen, die nicht ganz zur Acacia nilotica passen, deren Blüten gelb und die Hülsen perlschnurartig eingeschnürt sind. Aber auch Alpin[3] nennt gelb- und weißgelb blühende Bäume. So wird Dioskurides doch wohl mit ακακια die Nilakazie gemeint gemeint haben. Davon verordnet er, wie auch Plinius[4] ganz ähnlich, einen aus den Hülsen gepressten Saft bei Geschwüren, auch im Mund, Augenkrankheiten, innerlich oder als Klistier bei „Bauchfluss" und Frauenkrankheiten. Das Gummiharz hat adstringierende und kühlende Wirkung und verhindert die Blasenbildung bei Verbrennungen.

Aus den wenigen erhaltenen koptischen medizinischen Papyri lässt sich eine recht häufige Anwendung sowohl des Gummiharzes als auch eines Saftes oder Aufgusses der Blätter oder Hülsen erkennen[5]. Das Gummiharz soll vor allem bei Augenerkrankungen, Hautkrankheiten, Wunden und Gliedererkrankungen helfen. Die gleichen Indikationen gelten auch für die äußerliche Anwendung des Saftes aus den Hülsen, innerlich hilft er bei Blutspucken. Ein Aufguss der Blätter findet sich in einer Zahnbehandlung.

Alpin[6] beschreibt neben der Gewinnung des Gummiharzes auch die Herstellung eines Extraktes aus den noch grünen Hülsen, aber auch Blüten, Blättern und reifen Hülsen. Dieser wird zur Behandlung von Entzündungen im Mund, dem Ohr und bei Blutungen aller Art verordnet. Als Genitaleinguss hilft er auch bei Menstruationsbeschwerden und äußerlich angewandt bei Gicht und Hauterkrankungen.

Auch heute noch werden in der ägyptischen Volksmedizin die Blätter und Hülsen der Nilakazie verwendet, äußerlich als blutstillendes Mittel, bei Zahnfleischentzündungen und als desinfizierendes Sitzbad nach Geburten. Einzunehmend sind die Indikationen Durchfall, Fieber und Diabetes. Das Gummi Arabicum dient der Hautpflege[7].

Bemerkungen:
In der altägyptischen Medizin war die Nilakazie eine wichtige Heilpflanze.

[1]Vartavan and Amorós, Codex, S. 25 f.; [2]Dioskurides, I, 133; [3]Alpin, Plantes, S. 20; [4]Plinius, XXIV, 109-110; [5]Till, Arzneikunde, S. 45 und 62; [6]Alpin, Plantes, S. 24 f.; [7]Moursi, Heilpflanzen, S. 35.

Acacia seyal Del.
Seyal-Akazie

Familie: Leguminosae (Hülsenfrüchte)

Verbreitung:
Im südlichen Teil Ägyptens und dem Sudan ist die Seyal-Akazie sehr verbreitet. Sie wächst vor allem entlang der Nilufer.

Acacia seyal (nach Crowfoot)

Beschreibung:
Der bis über 10 m hoch werdende Baum hat eine abgeflachte Krone. Auffallend ist seine grüne Rinde mit einem orange-roten, mehligen Belag. Die etwa 6 cm langen Dornen sind paarig angeordnet, die gelben, kugeligen Blütenköpfchen haben einen

intensiven Duft, und die zwischen den Samen leicht eingezogenen Hülsen sind schmal und leicht gebogen.

Inhaltsstoffe und pharmazeutische Wirkung:

Von dieser Akazienart wird ein gutes Gummiharz gewonnen, das aus Kalium-, Magnesium- und Calciumsalzen der Arabinsäure besteht. Die stark gerbstoffhaltige Rinde dient auch pharmazeutischen Zwecken und liefert außerdem einen roten Farbstoff[1].

Funde:

In Mumiengirlanden der römischen Zeit aus Hawara waren die gelben Blütenköpfchen der Acacia seyal eingearbeitet[2].

Altägyptischer Name:

Der Name der Seyal-Akazie ist nicht bekannt.

Spätere medizinische Verwendung:

In der Volksmedizin wird heute sowohl das Gummi der Seyal-Akazie als auch die Rinde und das Holz genutzt. Das qualitativ sehr gute Gummi dient vor allem als neutrale Grundsubstanz für andere Heilmittel, die Rinde äußerlich der Wundversorgung, und das Holz wird verräuchert bei Erkältungen und Fieber[3].

Bemerkungen:

Das gute Gummi dieses Baumes wird sicherlich auch in pharaonischer Zeit genutzt worden sein, vermutlich unter dem gleichen Namen *ḳmit* wie das der Acacia nilotica.

[1]Azene Bekele-Tesemma, Useful Trees and Shrubs for Ethiopia, Nairobi 1993, S. 64; [2]Vartavan and Amorós, Codex, S. 28; [3]Moursi, Heilpflanzen, S. 36.

Acacia tortilis (Forssk.) Hayne

Familie: Leguminosae (Hülsenfrüchte)

Verbreitung:

In ganz Ägypten ist diese Akazienart auf sandigen und steinigen Standorten vertreten.

Beschreibung:

Der Baum kommt in Ägypten mit einer vom Boden aus verzweigten und einer mit geradem Stamm wachsenden Unterart vor. Die Blüten sind gelblich-weiß, die charakteristischen Hülsen spiralig aufgedreht.

Inhaltsstoffe und pharmazeutische Wirkung:

Von der Acacia tortilis liegen keine Untersuchungen über pharmazeutisch wirksame Bestandteile vor.

Funde:

Holzkohle dieser Akazienart fand sich in einer Grabungsschicht der vordynastischen Zeit, undatierte Blüten sind in der Sammlung des Louvre[1].

Altägyptischer Name:

Baum[2] vermutet in dem Baum-Namen *ksbt* eine Bezeichnung der Acacia tortilis, jedoch passt die medizinische Verwendung von *ksbt*, vor allem als Wurmmittel, nicht so gut zu dieser Akazie.

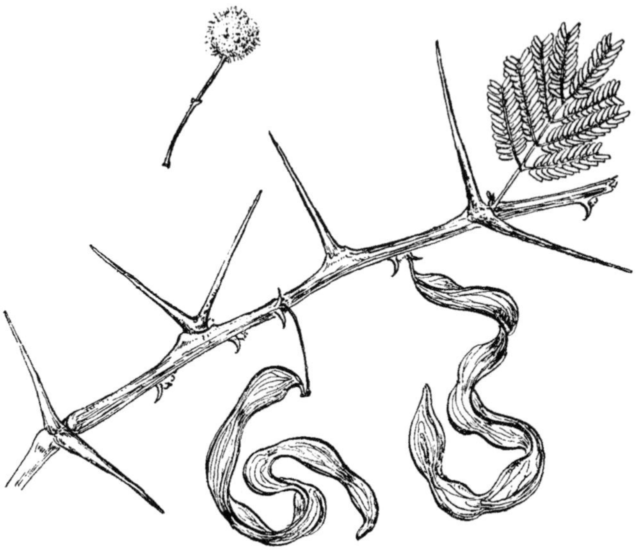

Acacia tortilis (nach Crowfoot)

Spätere medizinische Verwendung:
In der Literatur wird von der Acacia tortilis keine medizinische Nutzung erwähnt[3].

[1]Vartavan and Amorós, Codex, S. 27 f.; [2]Baum, Arbres et arbustes, S. 154 f.; [3]Azene Bekele-Tesemma, Useful Trees and Shrubs for Ethiopia, Nairobi 1993, S. 68.

Achillea fragrantissima (Forssk.) Sch. Bip. und Achillea santolina L. Wohlriechende Schafgarbe und Heiligenkrautige Schafgarbe

Familie: Compositae (Korbblütler)

Verbreitung:
In allen Wüstengebieten Ägyptens ist die Wohlriechende Schafgarbe anzutreffen, die Achillea santolina hingegen nur im nördlichen Bereich Ägyptens, den Oasen und dem Sinai.

Beschreibung:
Die 50-100 cm hohe Wohlriechende Schafgarbe ist ein ausdauerndes, weiß-wollig behaartes Kraut. Viele Stängel gehen von der Basis aus. Sie tragen gelbe Blütenköpfchen und kleine, oval-längliche Blätter. Achillea santolina wird hingegen nur etwa 30 cm hoch, die Blätter sind gefiedert.

Inhaltsstoffe und pharmazeutische Wirkung:
In den Pflanzen wurden Gerbstoffe, ätherische Öle, Harze, Flavonoide und Triterpene nachgewiesen[1].

Funde:
Aus archäologischem Kontext sind keine Funde belegt.

Achillea fragrantissima (nach Täckholm)

Achillea santolina (nach Boulos)

Altägyptischer Name:
Die Namen der Pflanzen sind nicht bekannt.

Spätere medizinische Verwendung:
Plinius und Dioskurides nennen europäische Schafgarbe-Arten, die vor allem zur Wundversorgung benutzt wurden. Die Wohlriechende Schafgarbe ist nicht erwähnt.

In der heutigen ägyptischen Volksmedizin findet ein Aufguss der Achillea fragrantissima als Gurgelwasser gegen Hals- und Mandelentzündung Verwendung, junge Zweige von Achillea santolina werden hingegen bei Zahnschmerzen gekaut. Die Blüten beider Arten dienen als Wurmmittel und helfen bei Magen- Darmbeschwerden. Achillea fragantissima verräuchert vertreibt Parasiten und Insekten[1].

Bemerkungen:
Da die beiden Achillea-Arten zur heimischen Flora Ägyptens gehören, ist eine pharmazeutische Nutzung in pharaonischer Zeit durchaus möglich.

[1]Moursi, Heilpflanzen, S. 39; Boulos, Medicinal Plantes, S. 52.

Adansonia digitata L.
Affenbrotbaum

Familie: Bombacaceae (Wollbaumgewächse)

Verbreitung:
Der Affenbrotbaum gehört nicht zur ägyptischen Flora. Er wächst in den Savannengebieten Afrikas und kommt im Niltal heute bis etwa in der Höhe von Kordofan vor.

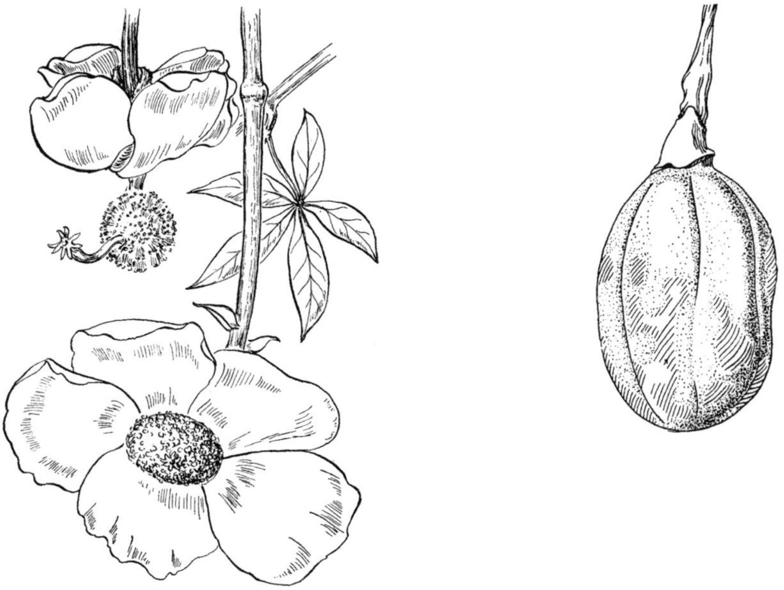

Adansonia digitata (nach Crowfoot)

Beschreibung:

Die Adansonia digitata ist von eindrucksvoller Wuchsform. Der Baum erreicht eine Höhe bis zu 20 m bei einem Stammumfang bis 40 m. Die großen Blätter sind in fünf bis sieben Fiederblätter unterteilt, aus hängenden, weißen Blüten entwickeln sich bis zu 15 cm lange, eiförmige, mit samtigen gelben Haaren besetzte Früchte. Die Samen sind in ein puderartiges Fruchtfleisch eingebettet.

Inhaltsstoffe und pharmazeutische Wirkung:

Das Fruchtfleisch ist reich an Zitronen- und Weinsteinsäure, und einige Flavonole sind nachgewiesen[1].

Funde:

Aus pharaonischer Zeit sollen zwei Funde von Früchten stammen, deren Herkunft jedoch unbekannt ist. Eine Frucht befindet sich im Louvre, drei weitere, ursprünglich aus der Sammlung Drovetti, in Turin[2]. In neuster Zeit sind bei Grabungen in der Oase Dahleh und in Berenike weitere Früchte des Affenbrotbaumes aus römischer Zeit gefunden worden[3].

Altägyptischer Name:

Der Name der Pflanze oder deren Früchte ist nicht bekannt.

Spätere medizinische Verwendung:

In den medizinischen Schriften der antiken griechisch-römischen Medizin wird die Pflanze nicht erwähnt.

Zu Alpins Zeiten waren die von Süden importierten Früchte in Kairo im Handel, einen Baum sah er sogar in einem kairener Garten wachsen. Das puderige Fruchtfleisch nahm man damals vor allem gegen Fieber, besonders Pest-Fieber[4].

Auch in der heutigen afrikanischen Volksmedizin dient das Fruchtfleisch als Mittel gegen Fieber und zur Behandlung von Diarrhoe[1].

Bemerkungen:
Es ist durchaus möglich, dass die Ägypter in pharaonischer Zeit Früchte des Affenbrotbaumes, die auch einen langen Transport gut überstehen, aus dem Süden importierten und in der Medizin verwendeten.

[1]Ben-Erik Van Wyk et al., Medicinal Plants of South Africa, Pretoria 1997, S. 30; [2]Vartavan and Amorós, Codex, S. 33; [3]René T. J. Cappers, Roman Foodprints at Berenike, Los Angeles 2006, S. 58; [4]Alpin, Plantes, 66.

Adiantum capillus-veneris L.
Frauenhaar (Venushaar)

Familie: Adiantaceae (Frauenhaarfarne)

Verbreitung:
Das Frauenhaar ist in Ägypten überall an sehr feuchten Standorten vertreten.

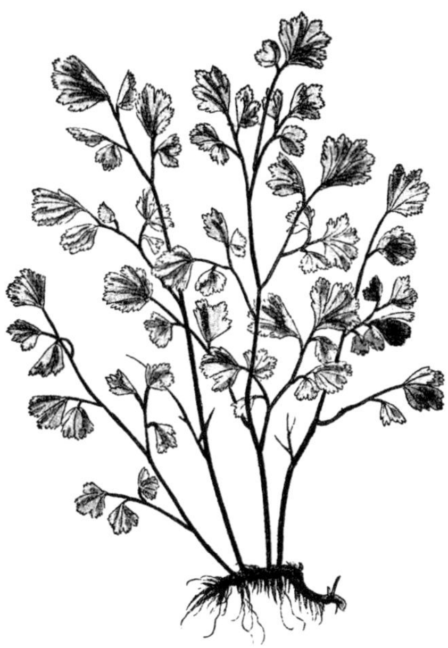

Adiantum capillus-veneris (nach Fuchs)

Beschreibung:
Aus einem kriechenden Rhizom entspringen zarte, bis 30 cm lange Blattwedel mit einem glatten, dünnen, schwarzen Stiel. Er trät hellgrüne, fächerförmige Blättchen. Die ockerfarbenen Sori sitzen am Rand der Blattunterseite.

Inhaltsstoffe und pharmazeutische Wirkung:
In den Blättern des Farnes sind neben anderen Substanzen Rutin und Isoquercetin nachgewiesen. Ein Aufguss der Blätter wirkt krampflösend bei Husten und Asthma.

Funde:
Aus archäologischem Kontext sind keine Funde belegt.

Altägyptischer Name:
Der Name der Pflanze ist nicht bekannt.

Spätere medizinische Verwendung:
Dioskurides[1] verordnet einen Tee der Blätter vor allem bei Bronchialbeschwerden, Gelbsucht, Milzkrankheiten und Harnverhalten sowie Menstruationsbeschwerden. Äußerlich dienen die Blätter der Haar- und Hautbehandlung. Ganz ähnliche Indikationen nennt auch Plinius[2].

Vor allem bei Lungenerkrankungen findet auch heute noch das Frauenhaar in der ägyptischen Volksmedizin Verwendung sowie zur Behandlung von Leber- und Milzleiden und als Diuretikum[3].

Bemerkungen:
Da das Frauenhaar zur Flora Ägyptens gehört, ist eine medizinische Nutzung bereits in pharaonischer Zeit gut möglich.

[1]Dioskurides, IV, 134; [2]Plinius, XXII, 62; [3]Boulos, Medicinal Plants, S. 23.

Ajuga iva (L.) Schreb.
Schmalblättriger Günsel

Familie: Labiatae (Lippenblütler)

Verbreitung:
Nur im mediterranen Küstenstreifen, den Oasen und auf dem Sinai ist der Schmalblättrige Günsel auf steinigen Standorten in Ägypten anzutreffen.

Ajuga iva (nach Offenbach)

Beschreibung:
Das ausdauernde, fast niederliegend wachsende Kraut ist von der Basis an reich verzweigt. Die stark behaarten Stängel tragen lineale, an der Spitze oft gebuchtete Blätter und etwa 1,5 cm große, gelbe oder violette Lippenblüten.

Inhaltsstoffe und pharmazeutische Wirkung:
Ein Aufguss der Pflanze wirkt Blutzucker senkend, außerdem enthalten die Blätter reichlich Gerbstoffe[1].

Funde:
Aus archäologischem Kontext sind keine Funde belegt.

Altägyptischer Name:
Der Name der Pflanze ist nicht bekannt.

Spätere medizinische Verwendung:
Dioskurides[2] verordnet die Blätter innerlich gegen Gelbsucht und Milzbeschwerden, äußerlich zur

Wundbehandlung.

Der Schwerpunkt der Nutzung des Schmalblättrigen Günsels in der heutigen ägyptischen Volksmedizin liegt in der Behandlung von Würmern im Darm, Förderung der Verdauung und bei Diabetes[3].

[1]Kotb Hussein, Medicinal Plants, S. 170; [2]Dioskurides, III, 165; [3]Boulos, Medicinal Plants, S. 98.

Alhagi graecorum Boiss.[1]
Kameldorn

Familie: Leguminosae (Hülsenfrüchte)

Verbreitung:
Besonderns and den Kanalufern und auf Brachland ist der Kameldorn in Ägypten sehr häufig anzutreffen.

Alhagi graecorum (nach Townsend & Guest)

Beschreibung:
Der bis 1 m hohe und reich verzweigte Busch trägt kleine, ovale, nur etwa 1-2 cm lange Blätter. Die purpurfarbenen Blüten sitzen einzeln an dornenartigen Zweigen. Die Hülse ist leicht aufgebläht und geringfügig zwischen den einzelnen Samen eingeschnürt.

Inhaltsstoffe und pharmazeutische Wirkung:
In der Pflanze sind mehrere Alkaloide nachgewiesen[2] sowie Gerbstoffe und Harze[3]. Bei Verletzung sondert die Pflanze ein Exudat aus, das als Manna-Zucker bekannt ist[4].

Funde:
Aus archäologischem Kontext sind bisher zwei Funde bekannt geworden, die aus vordynastischer Zeit und dem Alten Reich stammen[5].

Altägyptischer Name:
Der Name der Pflanze ist nicht bekannt.

Spätere medizinische Verwendung:
Weder Plinius noch Dioskurides erwähnen den Kameldorn.

In der heutigen ägyptischen und nordafrikanischen Volksmedizin wird der Kameldorn als Heilpflanze genutzt, ein Aufguss des Krautes als leichtes Abführmittel, zur Behandlung von Bilharziose und anderen Wurmerkrankungen, äußerlich angewandt bei rheumatischen Schmerzen[6].

Bemerkungen:
Da der Kameldorn zur ägyptischen Flora gehört, ist eine medizinische Nutzung bereits zu pharaonischer Zeit möglich.

[1]Boulos, Flora I, S. 340-341; [2]Ghazanfar, Handbook, S. 109-110; [3]Moursi, Heilpflanzen, S. 43; [4]Kotb Hussein, Medicinal Plants, S. 174; [5]Vartavan and Amorós, Codex, S. 35; [6]Boulos, Medicinal Plants, S. 119; Moursi, Heilpflanzen, S. 43.

Alkanna lehmanii (Trin.) A. DC. (= Alkanna tinctoria (L.) Tausch) Schminkwurz (Ochsenzunge)

Familie: Boraginaceae (Borretschgewächse)

Verbreitung:
Im mediterranen Küstenstreifen Ägyptens ist der Schminkwurz sehr häufig anzutreffen.

Beschreibung:
Die Pflanze ist ein dunkelgrünes, etwa 30 cm großes, oftmals niederliegend wachsendes Kraut mit zungenförmigen, behaarten Blättern. Die trichterförmigen Blüten sind blau, im Innern gelb.

Inhaltsstoffe und pharmazeutische Wirkung:
In der Wurzel des Schminkwurzes ist der rote Farbstoff Alkannin enthalten. Er ist in Fetten und Ölen löslich, nicht jedoch in Wasser. Früher diente der Farbstoff vor allem zum Rotfärben von fettigen Substanzen in der Kosmetik.

Pharmazeutische Wirkungen des Schminkwurzes sind nicht bekannt.

Funde:
Aus archäologischem Kontext sind keine Funde belegt.

Altägyptischer Name:
Möglicherweise bezeichnet *nstiw* den Schminkwurz, eine Pflanze, die nur zweimal zur Behandlung eines Hautausschlages genannt ist.

Alkanna lehmanii (nach Täckholm)

Spätere medizinische Verwendung:
Dioskurides[1] verordnet die Wurzel zur Behandlung von Wunden und Geschwüren, in ein Zäpfchen eingelegt als Abtreibungsmittel und eine Abkochung bei Gelbsucht, Nieren- und Milzleiden. Plinius[2] gibt ganz ähnliche Verwendungen an.

Boulos[3] erwähnt zwar noch eine Nutzung der Rinde zum Behandeln von Magengeschwüren in der ägyptischen Volksmedizin, ansonsten wird die Wurzel nur noch zum Färben von fettigen Substanzen verwendet.

Bemerkungen:
Die auffallenden Färbeeigenschaften der Wurzel des Schminkwurzes wird sicher auch den Ägyptern schon zu pharaonischer Zeit aufgefallen sein. Zwar konnte der Farbstoff bisher noch nicht chemisch in Überresten nachgewiesen werden, eine Nutzung ist jedoch sehr wahrscheinlich.

[1]Dioskurides, IV, 23; [2]Plinius, XXII, 48; [3]Boulos, Medicinal Plants, S. 35.

Allium cepa L.
Küchenzwiebel

Familie: Liliaceae (Liliengewächse)

Verbreitung:
Heute wir die Küchenzwiebel als Kulturpflanze überall in Ägypten angebaut. Das genaue Ursprungsland der Pflanze ist nicht bekannt, es wird im nördlichen Persien, Afghanistan und angrenzenden asiatischen Gebieten vermutet[1].

Beschreibung:
Die basalen Teile der röhrenförmig ineinander geschachtelten Blätter werden fleischig und entwickeln sich zu einer Zwiebel. In den Achseln der äußersten Blätter bilden sich weitere Tochterzwiebeln. Die gestauchte Sprossachse wächst zu einem blattlosen Infloreszenzschaft aus, der am Ende einen kugelförmigen Blütenstand trägt.

Inhaltsstoffe und pharmazeutische Wirkung:
Die Zwiebel enthält ätherische Öle und vor allem schwefelhaltige Aminosäuren, die Alliine. Bei Anschnitt werden diese durch ein gewebeeigenes Enzym gespalten und Allicin freigesetzt. Dieses wirkt antibiotisch gegen Furunkel und Knochenmarksentzündung hervorrufende Staphylokokken und Sepsis verursachende Streptokokken, auch gegen einige Hautpilze. Weiterhin haben Zwiebeln eine expektorierende, diuretische, schweiss- und blähtreibende Wirkung.

Funde:
Durch Darstellungen ist der Anbau von Zwiebeln im Alten Ägypten vom frühen Alten Reich an zahlreich belegt. Merkwürdigerweise liegen aber sicher botanisch bestimmte Funde erst von der 18. Dynastie an vor[2].

Altägyptischer Name:
Die altägyptische Bezeichnung der Zwiebel war *ḥḏw,* und sie wird in den medizinischen Texten häufig aufgeführt, zur Wundbehandlung und sowohl innerlich wie äußerlich bei Schlangenbissen.

Opferträger mit Zwiebelbündeln, Altes Reich (nach Duell)

Spätere medizinische Verwendung:
Nach Plinius[3] helfen Zwiebeln bei schlechter Sehkraft und diversen Augenerkrankungen, Entzündungen im Ohr und Mundbereich, Hunde- und Schlangenbissen, Skorpionsstichen sowie bei Durchfall.

Dioskurides[4] nennt die Zwiebel äußerlich angewandt als Heilmittel für diverse Augenkrankheiten, eitrige Ohren, andere Ohrbeschwerden, Halsschmerzen, Geschwüre und Hundebisse, Zwiebelsaft fördert die Menstruation, wirkt diuretisch, hilft bei Hämorrhoiden und ist schleimlösend.

Nach Till[5] wird in der koptischen Medizin Zwiebelsaft äußerlich bei tränenden Augen verordnet, als ein Bestandteil eines Pflasters und die Blätter in einem Mittel gegen einen Abszess am After. Weiterhin dient Zwiebelsaft äußerlich zur Behandlung eines Nabelbruches beim Kind und ist eingenommen Bestandteil eines Mittels gegen Eingeweidewürmer.

Für die heutige ägyptische Volksmedizin gibt Moursi[6] die äußerliche Verwendung bei Abszessen, eitrigen Ohrenentzündungen und Nasenbluten an, innerlich vor allem als Diuretikum, zur Regulierung der Menstruation, bei Keuchhusten und Erkältungen, zur Stärkung der Sehkraft, gegen Arterienverkalkung und auch zur Potenzförderung. Nach Mohamed[7] wird noch heute Neugeborenen schwarze Augenschminke mit Zwiebelsaft vermischt zum Schutz vor Augenerkrankungen aufgetragen. Boulos[8] fügt dem nur noch hinzu, dass Zwiebelpulver als Schutzmittel gegen grauen Star und mit Salz und Wein vermischt bei Hundebissen helfen soll.

Neben der pharmazeutischen antibiotischen Wirkung hatte die Zwiebel im Alten Ägypten einen hohen magischen Wert, der wohl vor allem auf ihrem Geruch beruhte. Der Glaube an die magische Kraft der Zwiebel hat sich in einigen Teilen Ägyptens bis in die moderne Zeit erhalten. Sollte man am altägyptischen Sokarfest einen Kranz aus Zwiebeln um den Hals tragen[9], so war diese Sitte bei den Feiern zum Frühlingsfest Cham-en-nessîm im vorigen Jahrhundert noch in der Oase Fayum zu beobachten[10], wo man auch Zwiebeln auf der Schwelle des Hauses zerquetschte, um alles Böse abzuwehren. In pharaonischer Zeit wurden Zwiebeln Mumien an den Körper gelegt, teilweise unter die Füße gebunden oder mit in die Leinenumhüllung eingewickelt. Auch dieser Brauch hatte sich in der Oase Baharija erhalten, wo Fakhry[11] noch in den 70 Jahren des 20. Jahrhunderts sah, dass man den Verstorben Zwiebeln mit ins Grab gab.

Zwei altägyptische medizinische Texte nennen die Zwiebel in Zusammenhang einer Prognose, ob eine Frau gebären wird. Die Zwiebel wird dafür in die Scheide eingeführt[12]. Harer[13] berichtet, dass in den 70er Jahren in den ländlichen Gebieten um Luxor traditionell den Frauen zur Geburtserleichterung eine Zwiebel in den After geschoben wurde.

Bemerkungen:

Die Küchenzwiebel war in pharaonischer Zeit und ist bis heute in der ägyptischen Volksmedizin eine wichtige und vielseitig eingesetzte Heilpflanze.

[1]Zohary and Hopf, Domestication, S. 185; [2]Vartavan and Amorós, Codex, S. 35 f.; [3]Plinius, XX, 39; [4]Dioskurides, II, 180; [5]Till, Arzneikunde, S. 104-105; [6]Moursi, Heilpflanzen, S. 45; [7]Mohamed, in: Kemet 4/2000, S. 91; [8]Boulos, Medicinal Plants, S. 23; [9]Keimer, Gartenpflanzen II, S. 56; Keimer, in: Egyptian Religion 1, New York 1933, S. 52 f.; [10]Schweinfurth, in: BIE 7, Kairo 1886, S. 428; [11]Ahmed Fakhry, The Oases of Egypt II, 2nd ed., Kairo 1983, S. 53; [12]Kah 28; Carlsberg IV; [13]Harer, in: NARCE 111, 1980, S. 19.

Allium kurrat Sfth. et Krause und Allium porrum L.
Kurrat und Lauch (Porree)

Familie: Liliaceae (Liliengewächse)

Verbreitung:

Beide Kulturpflanzen werden heute in Ägypten angebaut. Sie stammen vermutlich von der gleichen Stammpflanze ab, der im Ostmittelmeerraum heimischen Allium ampeloprasum L.

Beschreibung:

Kurrat und Lauch sind im Aussehen sehr ähnlich, der Kurrat ist nur etwas kleiner. Die lineal-lanzettlichen Blätter bilden einen Scheinspross, der Blütenstand ist eine runde Dolde.

Inhaltsstoffe und pharmazeutische Wirkung:

Die schwefelhaltigen ätherischen Öle, Lauchöle genannt, in der Pflanze haben eine leicht hustenstillende und geringfügig antibiotische Wirkung.

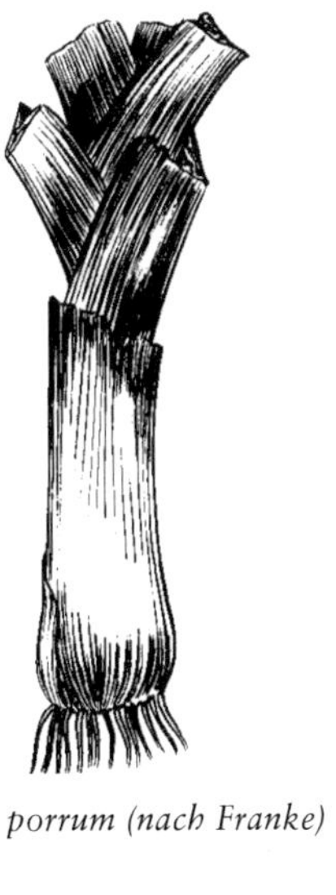
Allium porrum (nach Franke)

Funde:

Für das pharaonische Ägypten ist die Kultur sowohl von Allium kurrat als auch Allium porrum nicht mit Sicherheit belegt. Die Funde, die bisher als Kurrat und Porree gedeutet wurden, sind entweder botanisch nicht eindeutig bestimmt oder ihre Datierung ist fragwürdig[1]. Auch gibt es, im Gegensatz zur Zwiebel, keine Darstellungen des Kurrat oder Porree unter den Opfergaben in den Gräbern.

Altägyptischer Name:

Für den Porree oder/und Kurrat wurde der Name *iꜣḳt* vorgeschlagen, eine Deutung, die bisher weitgehend akzeptiert ist[2]. *iꜣḳt* diente der Wundbehandlung.

Spätere medizinische Verwendung:

Nach Plinius[3] hilft Porree vor allem bei Erkrankungen der Atmungsorgane, beim Spucken von Blut, Skorpionsstichen und Schlangenbissen, und er ist auch ein leichtes Aphrodisiakum.

Dioskurides[4] nennt als hauptsächliche medizinische Verwendung von Porree die Anwendung als Diuretikum und die positive Wirkung auf die Bronchien bei Husten. Der Saft wird bei Bissen von giftigen Tieren verwendet und die Blätter äußerlich bei Geschwüren. Außerdem stimuliere Porree sexuell.

Die koptische Medizin[5] verordnet Porree in der Augenheilkunde und innerlich bei Fieber.

Eine ganz ähnliche Nutzung wie Plinius und Dioskurides nennt Moursi[6] für den Kurrat in der heutigen Volksmedizin Ägyptens. Gegessen helfen die Blätter bei Asthma und Husten, Arterienverkalkungen und ihr Genuss fördert die Potenz.

Bemerkungen:

Der einzige Hinweis auf die mögliche Verwendung des Porree in der altägyptischen Heilkunde ist die Nennung der Pflanze *ỉ3ḳt* in den medizinischen Texten. Ihre Verordnung bei Bisswunden und Wunden passt zum späteren Gebrauch des Porree in der griechisch-römischen Medizin.

[1]Germer, Flora, S. 193; Vartavan and Amorós, Codex, S. 36; [2]Charpentier, Receuil, S. 50, Nr. 74; [3]Plinius, XX, 44-49; [4]Dioskurides, II, 178; [5]Till, Arzneikunde, S. 86; [6]Moursi, Heilpflanzen, S. 47.

Allium sativum L.
Knoblauch

Familie: Liliaceae (Liliengewächse)

Verbreitung:

Der Knoblauch ist heute überall in Ägypten in Kultur. Die Heimat dieser Pflanze liegt vermutlich in Zentralasien und dem nördlichen Iran bis zur süd-östlichen Grenze der Türkei[1].

Beschreibung:

Die flach linealen Blätter umschließen den bis zu 1 m hoch werdenden Halm mit seiner weißen oder rosafarbenen Blütendolde. Anstelle von Blüten kann er jedoch auch Brutzwiebeln tragen. Die Knoblauchzwiebel besteht aus sechs bis zehn von einer weißen Hülle umgebenen Tochterzwiebeln, die „Zehen“ genannt werden.

Inhaltsstoffe und pharmazeutische Wirkung:

Knoblauch enthält Alliine. Diese schwefelhaltigen Aminosäuren entwickeln unter Enzymeinwirkung bei Anschnitt Allicin, das antibakteriell, antimykotisch und lipidsenkend wirkt. Außerdem wird Knoblauch bei Bluthochdruck und Artheriosklerose eingenommen.

Funde:

Wann die Kultur des Knoblauchs in Ägypten begann, ist zur Zeit noch unklar.

Erst von der 18. Dynastie an sind Funde von Knoblauchzwiebeln belegt[2]. In den Darstellungen las-

Allium sativum (nach Offenbach)

sen sich Knoblauch-Pflanzen nicht eindeutig identifizieren. Aus vorgeschichtlicher Zeit stammen kleine Tonmodelle, die in ihrer Form sehr den Knoblauchzwiebeln mit ihren einzelnen Zehen ähneln[3]. Ob diese Deutung allerdings tatsächlich richtig ist, muss offen bleiben, solange keine substantiellen Funde dieser Pflanze aus dem vorgeschichtlichen Ägypten vorliegen.

Altägyptischer Name:

Möglicherweise bezeichnet *ḫtn* den Knoblauch, ein Wort, das jedoch in medizinischem Zusammenhang nur einmal im Schlangenpapyrus[4] zur Behandlung der Bisswunde einer schwarzen Viper erwähnt ist. Da aber der Knoblauchanbau in Ägypten spätestens seit der frühen 18. Dynastie belegt ist, verbirgt sich wahrscheinlich ein weiterer Name für Knoblauch unter einer bisher nicht identifizierten Pflanzen-Bezeichnung.

Spätere medizinische Verwendung:

Sowohl Plinius[5] als auch Dioskurides[6] geben vor allem die Verwendung des Knoblauchs bei Schlangenbissen und anderen Tierbissen und seine Heilwirkung bei Erkrankungen der Atemwege an. Weiterhin wirkt er diuretisch, treibt Bandwürmer aus und hilft bei Magen-Darmproblemen und äußerlich bei diversen Hauterkrankungen. Eine Abkochung der Dolde als Sitzbad angewandt wirkt menstruationsfördernd.

Die koptischen medizinischen Papyri[7] nennen den Knoblauch äußerlich als Mittel gegen eine Hautkrankheit, innerlich zur Förderung der Milchproduktion der Frau und allgemein als gutes Mittel für den Magen.

In der heutigen ägyptischen Volksmedizin dient Knoblauch äußerlich der Desinfektion von Wunden und Behandlung von Ohrenschmerzen. Innerlich findet er Anwendung bei Bluthochdruck, Magen- und Darmstörungen, er ist harntreibend, fiebersenkend, menstruations- und potenzfördernd[8].

Bemerkungen:

Da der Knoblauch den Ägyptern spätestens in der 18. Dynastie bekannt war, ist anzunehmen, dass er auch in der Heilkunst Verwendung fand. Vermutlich bezeichnete noch ein anderer Drogenname als *ḫtn* den Knoblauch in den medizinischen Rezepturen.

[1]Zohary and Hopf, Domestication, S. 183 f.; [2]Vartavan and Amorós, Codex, S. 36; [3]Dreyer et al., in: MDAIK 54, 1998, S. 97; [4]Brk § 75 b; [5]Plinius, XX, 50-57; [6]Dioskurides, II, 181; [7]Till, Arzneikunde, S. 68; [8]Moursi, Heilpflanzen, S. 49.

Ambrosia maritima L.
Strandtraubenkraut

Familie: Compositae (Korbblütler)

Verbreitung:

Vor allem in Unterägypten, entlang des Nils und in den Oasen ist das Strandtraubenkraut auf feuchteren Standorten recht häufig anzutreffen.

Beschreibung:

Das reich verzweigte, grau behaarte, bis etwa 60 cm hoch werdende Kraut trägt fiederschnittige Blätter und getrennte weibliche und männliche Blüten. Die weiblichen Blüten mit ihren gelben, verwachsenen Hüllblättern sitzen in Knäueln unterhalb der männlichen Köpfchenstände. Die Pflanze duftet aromatisch.

Inhaltsstoffe und pharmazeutische Wirkung:
In der Pflanze sind Bitterstoffe, Harze und ätherische Öle nachgewiesen. Sie wirkt diuretisch und krampflösend auf das Bronchialsystem[1].

Funde:
Zweige mit Blüten waren in den Blumenschmuck einer Mumie aus römischer Zeit eingearbeitet[2].

Zahlreiche Samen des Meertraubenkrautes fand man in Kahun, wobei unklar ist, ob sie aus dem Mittleren Reich oder der römischen Zeit stammen[3]. Ihre große Anzahl ohne eine Beimengung anderer Pflanzensamen deutet darauf hin, dass sie einst gesammelt und vermutlich in einem Gefäß aufbewahrt wurden.

Ambrosia maritima (nach Migahid)

Altägyptischer Name:
Aufrère[4] vermutet in dem Pflanzennamen *sꜥꜣm* eine Bezeichnung für die Ambrosia maritima.

Spätere medizinische Verwendung:
Dioskurides[5] erwähnt das Strandtraubenkraut als Kranzpflanze, ihre medizinische Nutzung beschränkt sich bei ihm auf einen adstringierend wirkenden Umschlag. Plinius[6] nennt ihre Verwendung als Mittel, das Wachstum von Tumoren zu stoppen.

Heute wird in Ägypten vor allem ein Aufguss bei Blasen- und Nierensteinen getrunken, aber auch bei Bilharziose, Diabetes und Rheuma. Dieser wirkt außerdem krampflösend auf das Bronchialsystem in Fällen von Asthma. Weiterhin dient er zur Spülung entzündeter Augen[7].

Bemerkungen:
Der Samenfund aus Kahun lässt vermuten, dass bereits die altägyptischen Ärzte das Strandtraubenkraut als Heilpflanze nutzten.

[1]Moursi, Heilpflanzen, S. 55; [2]Vartavan and Amorós, Codex, S. 38; [3]Germer, in: Stephen Quirke ed., Lahun Studies, Reigate 1998, S. 89; [4]Aufrère, in: BIFAO 87, 1987, S. 26 f.; [5]Dioskurides, III, 119; [6]Plinius, XXVII, 28; [7]Boulos, Medicinal Plants, S. 52; Moursi, Heilpflanzen, S. 55.

Ammi majus L.
Große Knorpelmöhre

Familie: Umbelliferae (Doldengewächse)

Verbreitung:
Die große Knorpelmöhre ist überall in Ägypten anzutreffen.

Beschreibung:
Die Pflanze erreicht eine Höhe von etwa 80 cm, die Blätter sind sehr fein, nur wenig gefiedert, die Doldenstrahlen nicht sehr zahlreich, und dadurch ist die weißblühende Dolde locker und nicht kompakt.

Ammi majus (nach Rothmaler)

Inhaltsstoffe und pharmazeutische Wirkung:
Die Samen enthalten ätherische Öle.

Funde:
In dem Pflanzenmaterial des Neuen Reiches aus Memphis fand Murray auch Früchte von Ammi majus[1].

Altägyptischer Name:
Der Name der Pflanze ist nicht bekannt.

Spätere medizinische Verwendung:
In der heutigen ägyptischen Volksmedizin wird aus den Samen eine Paste hergestellt, die bei Leukodermie (Vitiligo) helfen soll[2].

Bemerkungen:
Eine weitere medizinische Nutzung ist nicht bekannt.

[1]Vartavan and Amorós, Codex, S. 38; [2]Moursi, Heilpflanzen, S. 57.

Ammi visnaga (L.) Lam.
Knorpelmöhre (Zahnstocher-Ammi)

Familie: Umbelliferae (Doldengewächse)

Verbreitung:
Im gesamten Niltal und Delta, dem Fayum und dem mediterranen Küstenstreifen des Sinai wächst die Knorpelmöhre als häufiges Unkraut. Sie wird aber auch in Ägypten als Heilpflanze angebaut.

Ammi visnaga (nach Täckholm)

Beschreibung:

Die sehr kräftigen, glatten Stängel tragen dichte, aus bis zu 80 Strahlen bestehende, weißblühende Dolden und graugrüne, fein zerteilte Blätter. Die einjährige Pflanze erreicht eine Höhe von etwa 1 m. Wenn die Früchte an den Doldenstrahlen sitzen, rollen sich diese bei Trockenheit ein und breiten sich bei Feuchtigkeit wieder aus.

Inhaltsstoffe und pharmazeutische Wirkung:

In den Samen wurden die Glukoside Khellin, sowie die Alkaloide Visnagin, Visnadin und Visangana nachgewiesen.

Khellin hat krampflösende Eigenschaften, die auf Herzkranzgefäße, Bronchien, Magen, Darm, Gallenwege und ableitende Harnwege wirken. In hohen Dosen verursacht Khellin Schläfrigkeit und kann Erbrechen hervorrufen.

Visnadin begünstigt den Energiestoffwechsel des Herzens, es erweitert die Herzkranzgefäße und erhöht die Durchblutung des Herzmuskels.

Ein Aufguss der Samen wirkt diuretisch und krampflösend[1].

Funde:

Aus archäologischem Kontext sind keine Funde belegt.

Altägyptischer Name:

Der Name der Pflanze ist nicht bekannt.

Spätere medizinische Verwendung:

Dioskurides[2] erwähnt einen Ammi, der von den Römern Ammi alexandrinum genannt wird, ein anderer Name dafür ist Äthiopisches Kyminon. Ob es sich dabei um Ammi visnaga oder Trachyspermum ammi handelt, lässt sich nicht entscheiden. Er verordnet Ammi vor allem als Diuretikum und zum Fördern der Menstruation.

In der heutigen ägyptischen Volksmedizin werden Aufgüsse der Samen bei Blasen- und Nierensteinen und Prostatabeschwerden getrunken, zur Anregung der Menstruation, aber auch bei Angina pectoris und Asthma[3]. Die Doldenstrahlen benutzt man als Zahnstocher.

[1]Pahlow, Heilpflanzen, S. 390 f.; [2]Dioskurides, III, 63; [3]Ducros, Droguier, S. 13; Moursi, Heilpflanzen, S. 59; Boulos, Medicinal Plants, S. 175.

Amygdalus communis L. (= Prunus amygdalus Stock.) Mandelbaum

Familie: Rosaceae (Rosengewächse)

Amygdalus communis (nach Zohary)

Verbreitung:
Die Heimat des Mandelbaumes liegt im Ostmittelmeerraum.

Beschreibung:
Der kleine Baum trägt schmal-ovale Blätter und rosafarbene Blüten. Daraus entwickeln sich samtig behaarte, grüne Steinfrüchte.

Inhaltsstoffe und pharmazeutische Wirkung:
Der Same, die Mandel, enthält bis zu 50% fettes Öl, Eiweiße und Schleime. In der Bitteren Mandel var. amara ist das giftige Alkaloid Amygdalin enthalten[1].

Funde:
Seit der 18. Dynastie liegen mehrere Funde von Mandeln als Grabbeigaben vor, die vermutlich importiert und nicht im eigenen Land kultiviert worden waren.

Außerdem nutzte man gerade Schösslinge des Baumes mit der dekorativen Rinde als Stöcke[2].

Altägyptischer Name:
Möglicherweise bezeichnet *ʿwnt* den Mandelbaum[3].

Spätere medizinische Verwendung:
In der antiken griechisch-römischen Medizin schätzte man sowohl das Mandelöl als auch die Mandeln, und beides wurde gegen eine Vielzahl von Krankheitserscheinungen eingesetzt. Außerdem fanden die Wurzel des Baumes und das bei Anschnitt austretende Gummiharz[4] Verwendung. Das geruchlose Mandel-Öl vermischt mit anderen Substanzen, oft stark duftenden, war in der Kosmetik sehr beliebt[5]. Es diente als Salben- oder Duftöl-Grundlage.

In der heutigen ägyptischen Volksmedizin wird die Mandel kaum genutzt.

Bemerkungen:
Man kann wohl davon ausgehen, dass Mandeln in pharaonischer Zeit vor allem als Öllieferant für kosmetische Produkte gedient haben.

[1]Ghazanfar, Handbook, S. 184; [2]Vartavan and Amorós, Codex, S. 216; [3]Hall, in: GM 105, 1988, S. 15; [4]Dioskurides, I, 39 und I, 176; [5]Plinius, XIII, 19.

Anastatica hierochuntica L.
Rose von Jericho (Hand der Maria, Hand der Fatima)

Familie: Cruciferae (Kreuzblütler)

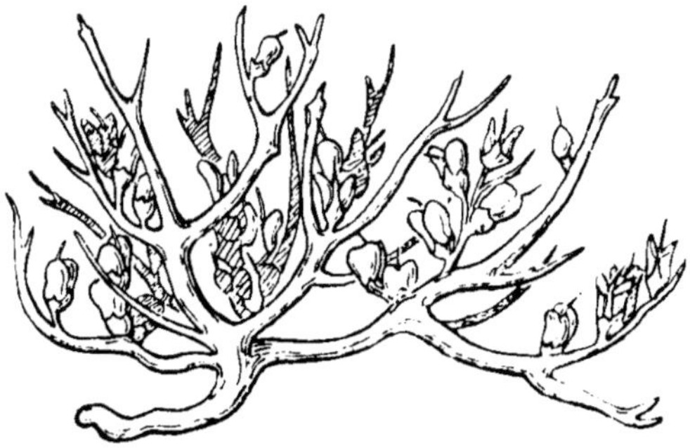

Anastatica hierochuntica (nach Stocker)

Verbreitung:
Die Rose von Jericho ist in den ägyptischen Wüstengebieten heimisch.

Beschreibung:
Während der Trockenzeit rollen sich die holzigen, blattlosen Zweige der Pflanze zu einem faustgroßen Ball mit einer kurzen Hauptwurzel zusammen. In dieser Form kann der Wind sie leicht über größere Distanzen transportieren. Bei Regen entfalten sich die Zweige schnell wieder und kleine, grüne Blättchen und weiße Blüten erscheinen. Die Samen werden dann in der folgenden Trockenzeit durch den Wind in der kugeligen Pflanze verbreitet.

Inhaltsstoffe und pharmazeutische Wirkung:
Die Früchte enthalten Glucoiberin, die Zweige, Blätter und Wurzel Glucocoheirolin, daneben zahlreiche Glykoside[1]. Deutliche pharmazeutische Wirkungen sind nicht belegt.

Funde:
Die Mumie der Thais, 4. Jahrhundert n. Chr., aus Antinoe, hielt in der Hand eine Rose von Jericho. Die Frau war vermutlich schon Christin[2]. Über den Zustand der Mumie, ob Thais eventuell im Kindbett verstarb, ist nichts berichtet.

Altägyptischer Name:
Der Name der Pflanze ist nicht bekannt.

Spätere medizinische Verwendung:
Die Rose von Jericho wird in der griechisch-römischen Literatur nicht erwähnt.

In der ägyptischen[3] und arabischen Volksmedizin findet sie bei der Geburt eines Kindes Verwendung, ein Aufguss der Pflanze soll die Geburt erleichtern. Des weiteren wird der Absud in der nordafrikanischen Medizin bei Epilepsie und Erkältungen verordnet[4].

Die Kreuzritter brachten die Kenntnis von dieser Pflanze mit nach Europa[5]. Man sah in ihr, wegen der Fähigkeit tot auszusehen, sich bei Feuchtigkeit aber schnell aufzurollen und zu neuem Leben zu erwachen, ein Symbol der christlichen Wiederauferstehung. Der Legende nach hatte die Pflanze schon Maria bei der Entbindung geholfen.

[1]Ghazanfar, Handbook, S. 58; [2]Bonnet, in: Journal de Botanique, Paris 1902, S. 314 f.; [3]Ducros, Droguier, S. 115; [4]Boulos, Medicinal Plants, S. 70; [5]Herwig Teppner, in: Samenaustauschverzeichnis 1993, Bot. Garten der Universität Graz.

Anethum graveolens L.
Dill

Familie: Umbelliferae (Doldengewächse)

Anethum graveolens (nach Weymar)

Verbreitung:

In Ägypten ist der Dill nicht heimisch, kommt jedoch heute als verwilderte Kulturpflanze vor[1]. Migahid[2] gibt ihn als Bestandteil der Flora der südlichen und östlichen Arabischen Halbinsel an. Die Kultur des Dill begann vermutlich im Gebiet des heutigen Persiens und Indiens[3].

Beschreibung:

Die Dill-Pflanze erreicht eine Höhe bis zu 1,5 m, ihre Blätter sind haarfein zerschnitten, und sie trägt gelbblühende, große Doppeldolden. Die 3-4 mm langen Teilfrüchte sind linsenförmig mit fünf Riefen und am Rande flügelartig verbreitert.

Inhaltsstoffe und pharmazeutische Wirkung:

Alle Teile der Pflanze enthalten ätherische Öle, deren Hauptkomponente das d-Carvon ist. Daneben sind auch noch Anthofuran und Limonene nachgewiesen[4]. Die Früchte wirken beruhigend auf das Magen- Darmsystem und sind leicht diuretisch.

Funde:

Ein im vorgeschichtlichen Hierakonpolis gefundener Korb enthielt Früchte und Rhizome verschiedener Pflanzen, unter anderem auch Dillsamen[5]. Auf der Mumie des Pharao Merenptah lagen einige Dillzweige, die sich heute im Botanischen Museum Berlin-Dahlem befinden. Sie gehören entweder zur ursprünglichen Grablegung der Mumie in der 19. Dynastie oder in die 21. Dynastie, als man sie in das Grab Amenophis' II. brachte[6]. Weiter Funde von Dill stammen aus Elephantine der griechisch-römischen Zeit und vom Mons Claudianus der römischen Epoche[7].

Altägyptischer Name:

Die altägyptische Bezeichnung für den Dill war vermutlich *ỉmst*, eine Pflanze, die nur in einigen, meist äußerlich zu verabreichenden Rezepturen genannt wird.

Spätere medizinische Verwendung:

Plinius[8] verordnet Dill zur Behandlung des Magen- Darmtraktes.

Nach Dioskurides[9] hilft eine Abkochung der Dolden und Früchte bei Magen- Darmproblemen und ist harntreibend, brechreizlindernd und fördert die Milchabsonderung, ein Umschlag der gebrannten Samen vertreibt Geschwülste am After.

Zwei koptische Rezepturen erwähnen den Dill, in einer soll er zusammen mit Alaun bei einem kranken Mund helfen, vermutlich als Mundspülung, und in der anderen zusammen mit Selleriesamen, die auch diuretisch wirken, bei Harnsand[10].

In der heutigen ägyptischen Volksmedizin dient Dill, sowohl das Kraut als auch die Früchte vor allem zur Behandlung von Magen- Darmproblemen. Weiterhin wird er als Diuretikum, herzstärkendes, brechreizberuhigendes und krampflösendes Mittel verordnet und zur Anregung der Milchproduktion. Für Behandlung von Wunden wird die Asche verbrannter Samen verwendet[11].

Bemerkungen:

Die heutige Nutzung des Dill in der ägyptischen Volksmedizin stimmt mit der von Dioskurides gut überein. Ein Vergleich mit der Verwendung von *ỉmst* in altägyptischen Rezepturen ist allerdings wenig aussagekräftig, da dieses nur in einigen und wenig spezifischen Rezepturen verordnet wurde. *ỉmst* scheint keine große Rolle in der altägyptischen Heilkunde gespielt zu haben, außerdem erwähnen die Rezepturen mit *ỉmst* nicht die magen- darmberuhigende und harntreibende Wirkung von Dill.

[1]Aly I. Ramis, Bestimmungstabellen zur Flora von Ägypten, Jena 1929, S. 143; [2]Migahid, Flora of Saudi Arabia 2nd ed., Riyadh 1978, S. 380; [3]Zohary, Flora Palaestina II, S. 433; [4]Wolfgang Franke, Nutzpflanzenkunde, Stuttgart 1976, S. 346; Ghazanfar, Handbook, S. 206; [5]Nekhen News Vol. 15, Fall 2003, London, S. 20; [6]Germer, Katalog, S. 10; [7]Vartavan and Amorós, Codex, S. 39; [8]Plinius, XX, 196; [9]Dioskurides, III, 60; [10]Till, Arzneikunde, S. 53; [11]Moursi, Heilpflanzen, S. 65.

Anthemis sp.
Hundskamille

Familie: Compositae (Korbblütler)

Anthemis sp. (nach Alpin)

Verbreitung:
In Ägypten wachsen zahlreiche Anthemis-Arten, von denen jedoch nur drei sehr häufig vorkommen: Anthemis retusa Del., Anthemis pseudocotula Boiss. und Anthemis melampodina Del.

Beschreibung:
Die einjährigen Kräuter tragen fiederschnittige Blätter. Ihre recht großen Blütenkörbchen bestehen im Innern aus gelben Röhrenblüten, die Randblüten haben weiße Zungen.

Inhaltsstoffe und pharmazeutische Wirkung:
Die Blütenköpfchen von A. pseudocotula haben äußerlich verabreicht bakterizide, fungizide und eingenommen antidiabetische Wirkung, außerdem hemmen sie das Wachstum von Tumoren[1].

Funde:
Mehrere Anthemis-Arten sind durch Funde, meist als Unkraut unter Kulturpflanzen, seit vordynastischer Zeit belegt[2].

Altägyptischer Name:
Namen für Hundskamillen sind nicht bekannt.

Spätere medizinische Verwendung:
Für die Antike ist keine Nutzung erwähnt.

Alpin[3] beschreibt die medizinische Verwendung einer Hundskamillenart und bildet sie ab. Die Pflanze soll geruchs- und geschmacklos sein, die Blütenköpfchen jedoch einen unbestimmbaren Duft haben. Aufgrund dieser Angaben hält Täckholm[4] es für wahrscheinlich, dass Alpin die Art Anthemis retusa Del. gemeint hat. Nach Alpin verwendeten die Ägypter die Blütenköpfchen zur Behandlung von Verstopfungen der Eingeweide, besonders bei Kranken mit Gelbsucht.

Heute spielen Hundskamille-Arten keine Rolle mehr in der ägyptischen Volksmedizin, an ihrer statt wird die echte Kamille (Matricaria recutita) verwendet.

[1]Boulos, Medicinal Plantes, S. 54; [2]Vartavan and Amorós, Codex, S. 40; [3]Alpin, Plantes, 119; [4]Täckholm, in: Alpin, Plantes, S. 167.

Apium graveolens L. var. graveolens
Wilder Sellerie

Familie: Umbelliferae (Doldengewächse)

Verbreitung:
Wildwachsend trifft man den Sellerie auf den salzhaltigen Böden des mediterranen Küstenstreifens Ägyptens an.

Beschreibung:
Alle Teile des Sellerie verströmen einen aromatischen Duft. Die Pflanze ist zweijährig, in ersten Jahr erscheint nur eine Rosette einfach gefiederter Blätter, im zweiten dann der tief gerillte, blütentragende, bis 1 m hoch werdende Stängel. Die weißen Blüten sitzen in kurzstieligen Dolden. Die spindelförmige Wurzel schmeckt bitter und ist ungenießbar.

Inhaltsstoffe und pharmazeutische Wirkung:
Die gesamte Pflanze ist reich an ätherischen Ölen, besonders Apiol. Alle Teile haben eine stark diuretische, aber auch uteruskontraktierende Wirkung. Dem Sellerie werden auch aphrodisierende Eigenschaften zugeschrieben. Er wirkt beruhigend auf das Magen- Darmsystem und ist blähtreibend. Ein Aufguss der Samen hilft bei Rheuma und Athritis.

Funde:
Von der 18. Dynastie an finden sich Blätter eingeflochten in Mumiengirlanden. Aus römischer Zeit liegt ein Fund der Früchte vor[1].

Apium graveonlens (nach Weymar)

Altägyptischer Name:
Bereits Loret[2] hat das Wort *m3tt/m3ṯt*[3] als Sellerie gedeutet, eine Identifizierung, die auch heute noch von Aufrère[4] geteilt wird. Danach war der Sellerie eine häufig verwendete Heilpflanze, deren diuretische und Magen- Darm beruhigende Wirkung in den einzunehmenden Rezepturen und hautreizende sowie desinfizierende in den äußerlich anzuwendenden zum Einsatz kam.

Spätere medizinische Verwendung:
Plinus erwähnt den Sellerie nur als Pflanze, aus der man Kränze fertigt und als Zusatz zu anderen Heilmitteln.

Dioskurides[5] unterscheidet einen Gartensellerie und den wilden Sellerie, deren pharmazeutische Wirkungen jedoch übereinstimmen. Er verordnet das Kraut bei Augenentzündungen, zum Beruhigen des Magens, bei Verhärtung der Brüste und als Diuretikum. Eine Abkochung der Wurzel hilft als Brechmittel nach Einnahme von „tödlichen Mitteln" und stoppt Durchfall. Die Früchte sind noch stärker harntreibend als das Kraut, sie helfen bei Blähungen und nach dem Biss von giftigen Tieren.

Die diuretische Wirkung des Sellerie nutzte auch die koptische Medizin, wo die zerriebenen Samen in Bier und Wein bei Harnsand helfen sollen[6].

Bis heute hat der Sellerie seinen festen Platz in der ägyptischen Volksmedizin in Form eines Aufgusses des Krautes oder der Früchte. Er wird als Diuretikum getrunken, bei Blähungen und Galle-, Leber- und Menstruationsbeschwerden, Gelenkentzündungen und Rheuma. Die Verwendung eines Aufgusses der Samen als Genitaleinguss bei ausbleibender Menstruation beobachtete Alpin[7]. Auch zur Steigerung der Potenz wird der Tee der Früchte getrunken[8].

Bemerkungen:
Die in den altägyptischen medizinischen Rezepturen für *m3tt* angegebenen Indikationen stimmen gut mit der bis heute gängigen Verwendung des Sellerie in der ägyptischen Volksmedizin überein.

[1]Vartavan and Amorós, Codex, S. 41; [2]Loret, in: RecTrav 16, 1894, S. 4 f.; [3]Bei *m3ṯt* handelt es sich nach Aufrère, op. cit. Anm. 4, nicht um eine Bezeichnung der Calotropis procera, wie von Daumas, in: BIFAO 56, 1957, S. 59 f. und Edel, in: ZÄS 96, 1970, S. 9 f. vorgeschlagen.; [4]Aufrère, in: BIFAO 86, 1986, S. 9 f.; [5]Dioskurides, III, 67 und 68; [6]Till, Arzneikunde, S. 94; [7]Alpin, Médicine, 315; [8]Moursi, Heilpflanzen, S. 67.

Arisarum vulgare Targ. Tozz.
Gemeiner Kappen-Aron (Kappenwurz)

Familie: Araceae (Aronstabgewächse)

Verbreitung:
Im Bereich des mediterranen Küstenstreifens kommt dieses Aronstabgewächs auch in Ägypten vor. Es wächst meist auf sandigen Böden, häufig als Unkraut in oder am Rande von Getreidefeldern.

Beschreibung:
Aus dem dunkelbraunen, etwa walnussgroßen Rhizom entspringen langgestielte, ungeteilte, herz- oder breitpfeilförmige Blätter. Der Blütenstiel ist oft purpurn gepunktet und trägt eine weiß und rot gestreifte Spathe.

Inhaltsstoffe und pharmazeutische Wirkung:
Boulos[1] erwähnt, dass die jungen Rhizome gut gekocht in Ägypten gegessen wurden, die ganze Pflanze jedoch als giftig angesehen wird. Die Rhizome haben brechreizfördernde und schleimlösende Wirkung.

Funde:
Aus archäologischem Kontext liegen keine Funde vor.

Täckholm[2] identifizierte Blattdarstellungen auf einem Leinentuch aus dem Grab des Cha[3], 18. Dynastie, als Arisarum vulgare. Die Blattform ist jedoch so sehr stilisiert, dass diese botanische Bestimmung nicht gesichert ist.

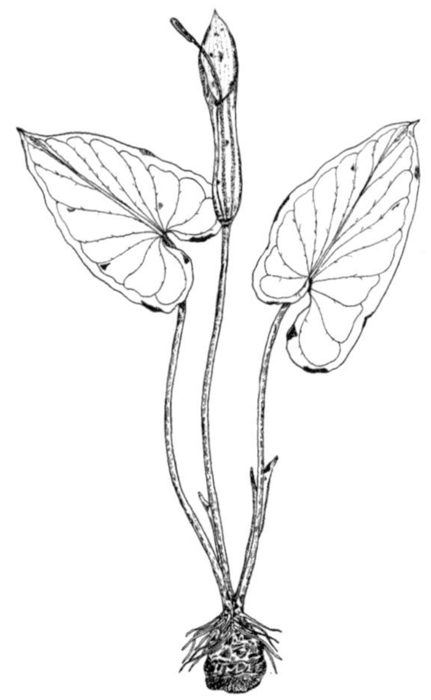

Arisarum vulgare (nach Täckholm)

Altägyptischer Name:
Der Name der Pflanze ist nicht bekannt.

Spätere medizinische Verwendung:
Plinius[4] erwähnt die Pflanze „Aris", die in Ägypten beheimatet ist. Nach seiner Beschreibung handelt es sich um Arisarum vulgare. Als medizinische Verwendung nennt er die Behandlung nässender Geschwüre, Verbrennungen und Fisteln. Als besondere Eigenschaft von Aris führt Plinius an, dass, wenn sie mit dem Geschlechtsteil eines weiblichen Tieres in Berührung gebracht wird, dieses stirbt.

Dioskurides[5] bezeichnet die Pflanze als Arisoron, erzählt die selbe Geschichte mit den weiblichen Tieren und die Nutzung als Heilmittel ist ebenfalls bei gleichen Indikationen.

Bemerkungen:
Es ist durchaus möglich, dass Arisarum vulgare von den altägyptischen Ärzten als Heilpflanze genutzt wurde.

[1]Boulos, Medicinal Plants, S. 25; [2]Täckholm, Flora II, S. 362; [3]Ernesto Schiaparelli, La tomba intatta dell' architetto Cha, Turin 1927, Fig. 114 und 116; [4]Plinius, XXIV, 151; [5]Dioskurides, II, 198.

Artemisia judaica L.
Judäischer Beifuß

Familie: Compositae (Korbblütler)

Verbreitung:
An trockenen Standorten wie in Wadis und steinigen Wüstengebieten, aber auch dem mediterranen Küstenstreifen, wächst in Ägypten diese Beifuß-Art.

Beschreibung:
Von der Basis an ist der bis 80 cm hohe, kleine Busch reich verzweigt. Die Blätter sind fiederschnittig. Die Blüten sitzen in Ähren. An den fast kugelförmigen, gelben Köpfchen fehlen Zungenblüten. Die gesamte Pflanze riecht stark aromatisch.

Artemisia judaica (nach Täckholm)

Inhaltsstoffe und pharmazeutische Wirkung:
Die Pflanze ist reich an ätherischen Ölen, Bitter- und Gerbstoffen. Ein Aufguss wirkt krampflösend auf das Magen- Darmsystem und wurmtötend[1].

Funde:
Pollen und Samen verschiedener in Ägypten heimischer Artemisia-Arten sind seit vorgeschichtlicher Zeit belegt. Blütenköpfchen mit Blättern einer nicht näher bestimmten Artemisia-Art befanden sich unter den Mumiengirlanden der 21. Dynastie aus der Royal Cachette in Deir el Bahari[2].

Altägyptischer Name:
In dem Pflanzennamen *sꜥm* möchte Daumas[3] die Bezeichnung für den Absinth (Artemisia absinthium L.) und Aufrère[4] für den Beifuß (Artemisia herba-alba Asso) sehen, beides jedoch Artemisia-Arten, die nicht in Ägypten wachsen. Es käme eher die Artemisia judaica in Frage.

Spätere medizinische Verwendung:
Dioskurides[5] erwähnt einen „Seebeifuß" der in Ägypten wachsen soll, unter dem vielleicht die Artemisia judaica zu verstehen ist. Ihn würden die Isispriester an stelle eines Ölzweiges im Kultus verwenden. Dieser Seebeifuß hätte einen durchdringenden Geruch, sei wohltuend für den Magen und treibe Würmer aus.

Koptische Rezepturen verordnen verbrannte Artemisia-Zweige bei Zahnfleischentzündungen[6].

In der heutigen ägyptischen Volksmedizin wird die Artemisia judaica vielfach genutzt. Den Duft der Zweige inhaliert man bei Erkältungserkrankungen, ein Aufguss der Blütenzweige wird bei Magen- Darmbeschwerden und als Mittel gegen Eingeweidewürmer getrunken[7].

[1]Moursi, Heilpflanzen, S. 71; [2]Vartavan and Amorós, Codex, S. 43; [3]Daumas, in: Festschrift Edel, Ägypten und Altes Testament I, Bamberg 1979, S. 66 f.; [4]Aufrère, in: BIFAO 86, 1986, S. 13; [5]Dioskurides, III, 27; [6]Till, Arzneikunde, S. 49; [7]Boulos, Medicinal Plants, S. 57; Moursi, Heilpflanzen, S. 71.

Arum sp.
Aronstab

Familie: Araceae (Aronstabgewächse)

Verbreitung:
Zur ägyptischen Flora gehört keine Arum-Art. In der „Botanischen Kammer" Thutmosis' III. im Karnaktempel ist jedoch ein Aronstab abgebildet. Nach der Inschrift an der Tempelwand sollen die hier aufgeführten Pflanzen in Syrien beheimatet sein. Ungewöhnlich für die ägyptische Kunst ist die botanisch recht genaue Darstellung, und deshalb muss man davon ausgehen, dass dem Zeichner ein Exemplar als Muster vorgelegen hat. Aron-

stabgewächse sind durch ihre Rhizome leicht zu verpflanzen, und so gab es zur Zeit Thutmosis' III. im Garten von Karnak sicher blühende Aronstäbe. Nach Schweinfuth[1] handelte es sich dabei um die Art Arum italicum Mill., Beaux[2] hält hingegen aufgrund ihres Verbreitungsgebietes Palästina, Libanon, Syrien die Art Arum dioscorides Sm. für wahrscheinlicher.

Vermutlich hat man Aronstäbe nicht nur wegen ihres ungewöhnlichen Aussehens und eigenartigen Duftes angepflanzt. Da Arum später in der griechisch-römischen Medizin als Heilpflanze genutzt wurde, kann man vermuten, die Ägypter haben diese Pflanze importiert, um sie in der Medizin zu verwenden und nicht nur als „Kuriosum" in ihren Gärten gezogen. Die gleiche Überlegung gilt auch für das weiter unten aufgeführten Aronstabgewächs Drachenwurz (Dracunculus vulgaris), der ebenfalls in der „Botanischen Kammer" dargestellt ist.

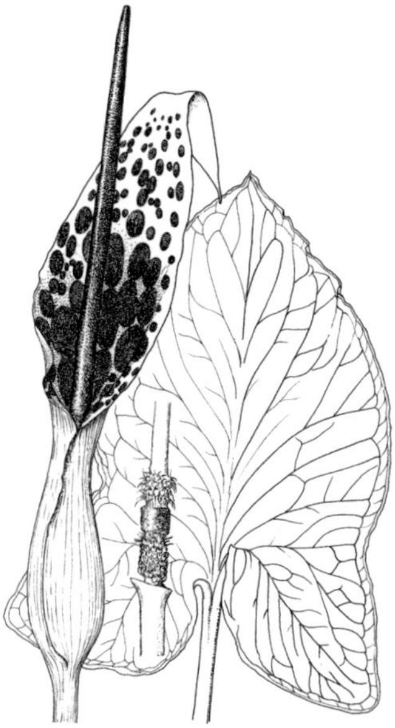

Arum dioscorides (nach Zohary)

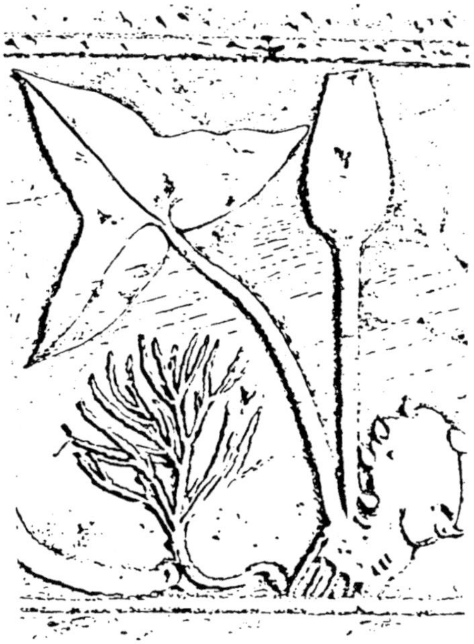

Arum-Darstellung in der „Botanischen Kammer" (nach Schweinfurth)

Beschreibung:

Aus einem knolligen Rhizom wachsen lange Blattstängel mit breit-keilförmigen Blättern. Aus der tütenförmigen Spatha, die sich basal kesselförmig erweitert, erhebt sich der Blütenkolben.

Inhaltsstoffe und pharmazeutische Wirkung:

Die Wurzel wirkt schleimlösend, leicht harntreibend und laxierend.

Funde:

Der Aronstab ist in Ägypten nur durch die Darstellung in der „Botanischen Kammer" belegt.

Altägyptischer Name:

Der Name der Pflanze ist nicht bekannt.

Spätere medizinische Verwendung:
Schon Hippokrates verordnet die Wurzel eines Aronstabes bei Asthma und Bronchialerkrankungen[3].

Bei der von Plinius[4] für Ägypten beschriebenen Pflanze „aron“ handelt es sich jedoch nicht um den Aronstab, sondern die Colocasia (Colocasia antiquorum), eine Nahrungsmittelpflanze, die erst in griechisch-römischer Zeit ins Niltal gelangte[5].

Dioskurides[6] führt zwei in Europa beheimatete Aronstab-Arten auf, den Arum italicum und Arum maculatum , deren Rhizome gegessen wurden und auch bei Husten helfen sollen.

Auch Boulos[7] erwähnt die schleimlösende und expektorierende Wirkung der Wurzel von Arum italicum, die in der nordafrikanischen Volksmedizin bei chronischen Bronchialproblemen genutzt wird.

[1]Schweinfurth, in: Adolf Engler, Botanische Jahrbücher 55, Leipzig 1919, S. 469; [2]Nathalie Beaux, Le cabinet de curiosités de Thoutmosis III, Orientalia Lovaniensia Analecta 36, Leuven 1990, S. 78 f.; [3]Madaus, Lehrbuch, S. 607; [4]Plinius, XXIV, 142; [5]Täckholm, Flora II, S. 374 f.; [6]Dioskurides, II, 196 und 197; [7]Boulos, Medicinal Plants, S. 27.

Asparagus stipularis Forssk.
Wilder Spargel

Familie: Liliaceae (Liliengewächse)

Asparagus stipularis (nach Täckholm)

Verbreitung:
Auf sandigem und steinigem Untergrund ist der Spargel im mediterranen Küstengebiet Ägyptens häufig anzutreffen.

Beschreibung:
Aus einem kurzen, kriechenden Rhizom entspringen die meist niederliegend wachsenden Stängel dieser Spargel-Art. An ihnen sitzen nadelförmige Flachsprosse. Die Frucht ist eine etwa erbsengroße, schwarze Beere.

Inhaltsstoffe und pharmazeutische Wirkung:
Chemische Untersuchungen liegen von dieser Spargel-Art nicht vor. Der verwandte Gemüsespargel (Asparagus officinalis) enthält die Aminosäure Asparagin, einen hohe Anteil an Kalium und Zucker und wirkt in allen seinen Teilen diuretisch.

Funde:
Es sind keine Spargel-Funde aus archäologischem Kontext belegt. Auch auf Grabdarstellungen finden sich keine Spargelbündel, wie manchmal behauptet wird. Dabei handelt es sich um die essbaren, unteren Teile der Papyrusstängel, die mit Spargel verwechselt wurden.

Altägyptischer Name:
Der Name der Pflanze ist nicht bekannt.

Spätere medizinische Verwendung:
Die von Plinius und Dioskurides aufgeführte Spargelart ist der in Europa heimische Asparagus officinalis L.

Heute werden in der ägyptischen Volksmedizin vor allem die Rhizome von Asparagus stipularis als Diuretikum genutzt und um Nierensteine zu entfernen. Die jungen Triebe gelten als appetitanregend und gut für das Magen- Darmsystem[1].

Bemerkungen:
Es ist durchaus möglich, dass auch die altägyptischen Ärzte schon die diuretischen Eigenschaften dieser heimischen Spargelart beobachtet hatten und ihn dementsprechend in der Heilkunde einsetzten.

[1]Boulos, Medicinal Plants, S. 130.

Atriplex halimus L.
Strauch-Melde

Familie: Chenopodiaceae (Gänsefußgewächse)

Verbreitung:
Auf den sandigen, salzhaltigen Böden der Mittelmeerküste wächst die Strauch-Melde.

Beschreibung:
Der große, bis 3 m hoch werdende, silbergraue Busch ist reich verzweigt und trägt elliptisch-ovale, bis 6 cm lange Blätter. Sie sind bedeckt von Blasenhaaren, die Salz enthalten. Die unscheinbaren, getrenntgeschlechtlichen Blüten stehen in langen, verzweigten, lockeren Ähren.

Inhaltsstoffe und pharmazeutische Wirkung:
Die Pflanze entnimmt dem Boden Salze und lagert diese, zum Teil in hohen Konzentrationen, in den Blasenhaaren auf den Blättern ab.

Funde:
In Grabungsschichten von vorgeschichtlicher Zeit an fanden sich Meldesamen, deren botanische Art jedoch nicht bestimmt werden konnte[1].

Altägyptischer Name:
Der Name der Pflanze ist nicht bekannt.

Spätere medizinische Verwendung:
Nach Dioskurides[2] sind die Blätter der Strauch-Melde als Gemüse essbar. Medizinisch genutzt wurde die Wurzel gegen Leibschneiden und zur Förderung der Milchabsonderung.

Heute dient in Ägypten die Wurzel als Heilmittel bei Wassersucht und Gastritis, ein Aufguss der Samen als Brechmittel, in hohen Dosen sind jedoch die Samen giftig[3]. Die Blätter werden als Viehfutter genutzt.

[1]Vartavan and Amorós, Codex, S. 46; [2]Dioskurides, I, 120; [3]Boulos, Medicinal Plants, S. 46.

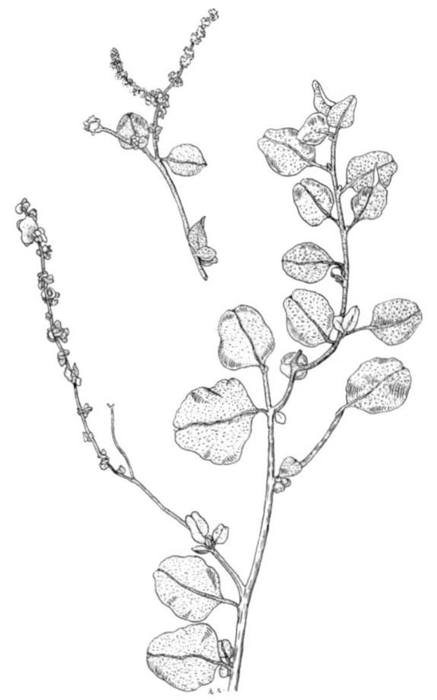

Atriplex halimus (nach Zohary)

Balanites aegyptiaca Del. Ägyptischer Zahnbaum

Familie: Balanitaceae (Balanitesgewächse)

Verbreitung:
Der Baum ist in den Wüstengebieten Ägyptens heimisch.

Beschreibung:
Der Ägyptische Zahnbaum erreicht eine Höhe von etwa 6-15 m und hat eine dicht belaubten Krone. Das Holz ist gelblich und sehr fest. An den Zweigen sitzen oberhalb der Blattachseln bis 12 cm lange Dornen, und kleine, grünlich-weiße Blüten stehen in achselständigen Büscheln. Die länglich-elliptischen, fleischigen Steinfrüchte werden bei Reife gelb. Sie sind etwa 3-4 cm lang, und das süßliche Fruchtfleisch ist essbar.

Inhaltsstoffe und pharmazeutische Wirkung:
Alle Pflanzenteile enthalten reichlich Saponine. Diese wirken vor allem auf Fische und Schnecken stark toxisch. Extrakte der Wurzel, Rinde und Frucht sind gegen einige Bakterium-Arten bakterizid. Die Samen enthalten bis zu 45% Öl von starker Viskosität[1].

Funde:
Die Früchte sind als Grabbeigaben seit vorgeschichtlicher Zeit belegt[2].

Altägyptischer Name:
Eine sichere Identifizierung für den Namen dieses Baumes ist nicht gegeben. Die umfangreiche Literatur zu der Frage, ob der *išd*-Baum die Balanites aegyptiaca ist, hat Baum zusammengefasst[3], und sie hält dies für eine wahrscheinliche Deutung. In den medizinischen Texten wird allerdings kein *jšd*-Baum genannt, sondern nur *išd*-Früchte, die vor allem innerlich zur Behandlung des Bauches und als Laxans verordnet werden.

Balanites aegyptiaca (nach Crowfoot)

Spätere medizinische Verwendung:

Weder Plinius noch Dioskurides erwähnen eine medizinische Nutzung der Balanites aegyptiaca.

Alpin[4] sah ein Exemplar dieses Baumes in Kairo in einem Garten, der aus Äthiopien importiert sein sollte und berichtet, dass man dort die Blätter als Wurmmittel bei Kindern verwendet.

In der afrikanischen Volksmedizin hat die Balanites ihren festen Platz als häufig genutzte Heilpflanze. Frucht, Wurzel und Rinde sind ein kräftiges Abführmittel und sie werden gegen Würmer sowie bei Diarrhoe und Koliken angewandt, im Sudan auch gegen Bilharziose. Die Blätter dienen als Wundauflage und ihr Aufguss der Behandlung von Frauenkrankheiten. In vielen Gegenden Afrikas kommt zerkleinerte Rinde als Fischfanggift zur Anwendung aber auch als Koagulationsmittel zur Wasserreinigung[1].

Auch in der heutigen Volksmedizin Ägyptens[5] und Nordafrikas[6] werden noch Teile der Balanites genutzt und zwar äußerlich ein Blätteraufguss zur Wundbehandlung, innerlich ein Tee aus den Blättern bei Leber-Milzbeschwerden und ein Tee aus den Früchten als Laxans, Mittel gegen Würmer, bei Husten und Bluthochdruck. Ein Tee aus den Wurzeln wird bei Malaria getrunken.

[1]Neuwinger, Afrikanische Arzneipflanzen, S. 806 f.; [2]Vartavan and Amorós, Codex, S. 47; [3]Baum, Arbres et arbustes, S. 264 f., [4]Alpin, Plantes, 38 f., [5]Moursi, Heilpflanzen, S. 77, [6]Boulos, Medicinal Plantes, S. 35.

Blepharis edulis (Forssk.) Pers.

Familie: Acanthaceae (Akanthusgewächse)

Blepharis edulis (nach Crowfoot)

Verbreitung:
Dieses Akanthusgewächs ist in Ägypten nur selten in den Wüstengebieten, auf dem Sinai, an der Küste des Roten Meeres und am Gebel Elba anzutreffen.

Beschreibung:
Der kleine, ausdauernde, holzige Busch wird etwa 30 cm hoch. Seine bis 6 cm langen Blätter sind an den Spitzen stachlig, Blätter und Deckblätter silbrig und die bis 2 cm langen Röhrenblüten weiß oder violett mit einem flachen, dreilappigen Saum.

Inhaltsstoffe und pharmazeutische Wirkung:
Die ganze Pflanze enthält Alkaloide, Flavonoide, Sterole und Tannin[1].

Funde:
Aus archäologischem Kontext sind keine Funde belegt.

Altägyptischer Name:
Der Name der Pflanze ist nicht bekannt.

Spätere medizinische Verwendung:
In der ägyptischen Volksmedizin[2] und auch auf der Arabischen Halbinsel[1] werden die Samen zur Heilung von Wunden, gegen Entzündungen und Hämorrhoiden verwendet sowie die Holzkohle der Wurzeln als Augenschminke bei schlechtem Sehen und Starerkrankungen aufgetragen.

[1]Ghazanfar, Handbook, S. 8; [2]Boulos, Medicinal Plants, S. 23.

Boerhavia repens L.
Kriechende Wunderblume

Familie: Nyctaginaceae (Wunderblumengewächse)

Boerhavia repens (nach Crowfoot)

Verbreitung:
Bis auf die Wüstengebiete ist in ganz Ägypten die Kriechende Wunderblume verbreitet, oftmals auch als Unkraut auf den Feldern.

Beschreibung:
Das ausdauernde, bis zu 60 cm hohe Kraut ist reich verzweigt, im unteren Teil verholzt. Es trägt ovale, bis 4 cm lange Blätter und kleine weiß- oder rosafarbene Blüten zu zwei bis sieben in achselständigen Dolden.

Inhaltsstoffe und pharmazeutische Wirkung:
Über speziell pharmazeutisch wirkende Inhaltsstoffe dieser Pflanze liegen keine Untersuchungen vor.

Funde:
Aus archäologischem Kontext sind keine Funde belegt.

Altägyptischer Name:
Der Name der Pflanze ist nicht bekannt.

Spätere medizinische Verwendung:
Nach Boulos[1] wird die Kriechende Wunderblume in der nordafrikanischen Volksmedizin als Abführ- und Brechmittel eingesetzt.

[1]Boulos, Medicinal Plants, S. 137.

Boswellia sp.
Weihrauchbaum

Familie: Burseraceae (Balsambaumgewächse)

Verbreitung:
Weihrauch liefernde Boswellia-Arten wachsen sowohl im Sudan, Äthiopien und Somalia als auch der Küstenregion im Südosten der Arabischen Halbinsel. Sie bevorzugen trockene, steinige Böden. Unklarheit besteht nach wie vor über die genaue botanische Klassifizierung, welche der bisher in der Literatur genannten Namen sind Synonyme oder tatsächlich eigenständige Arten. Zur Diskussion stehen fünf Boswellia-Arten: Boswellia papyrifera (Del.) Hochst., Boswellia carteri Birdwood, Boswellia frereana Birdwood, Boswellia bhaudajiana Birdwood und Boswellia sacra Flueckiger[1]. Als Lieferanten von Weihrauch nach Ägypten in pharaonischer Zeit kommen sowohl die im Süden von Ägypten wachsenden Arten als auch die arabische Boswellia sacra in Frage.

Es ist durchaus vorstellbar, dass die afrikanischen Weihraucharten zu Beginn der pharaonischen Zeit im Süden Ägyptens noch wuchsen und vielleicht erst im Laufe der Zeit durch Raubbau weiter nach Süden verdrängt wurden. Hinzu kommt die Möglichkeit, dass die Ägypter versucht haben, Boswellia-Arten auch in ihren Gärten anzupflanzen. Ein

Relief aus der 5. Dynastie zeigt die Ernte von Weihrauch in einem Garten[2]. Allerdings ist sowohl der Baum als auch das geerntete Produkt so schematisch dargestellt, dass eine botanische Identifizierung nicht möglich ist. Aus klimatischen Gründen ist jedoch eine Kultur von Boswellia-Bäumen in Ägypten auf die Dauer nicht möglich gewesen.

Boswellia papyrifera (nach Bekele-Tesemma)

Beschreibung:
Die als Weihrauchlieferanten bekannten Boswellia-Arten sind kleine, meist nur 8 bis 10 m hohe Bäume mit papierartiger, abpellender Rinde. Die Fiederblätter sind unpaarig gegenständig und von ovaler Form, ganzrandig oder gekerbt. Die in Trauben stehenden kleinen Blüten haben fünf Blütenblätter von weißer, grünlicher oder rötlicher Farbe.

Inhaltsstoffe und pharmazeutische Wirkung:
Bei Anschnitt der Rinde quillt das milchig-weiß aussehende Gummiharz hervor, erstarrt in Form von Harztränen am Baum und kann dann eingesammelt werden. In trockenem Zustand ist das Harz gelblich, manchmal auch etwas bräunlich. Es besteht zu 60-70% aus Harzsäuren, daneben Gummi und einigen ätherischen Ölen.

In den letzten Jahren fand Weihrauch als Heilmittel wieder verstärktes Interesse, vor allem im Bereich der ayurvedischen Medizin. Studien haben die antibakterielle, antirheumatische und entzündungshemmende Wirkung der im Harz enthaltenen Boswelliasäuren bestätigt, wenn auch deren Wirkmechanismus noch nicht im einzelnen geklärt ist. Eingenommen wirkt Weihrauch leicht laxierend.

Funde:
Neue chemische Untersuchungsmethoden erlauben heute zwar eine Analyse von Harzprodukten aus archäologischem Kontext, doch ist es immer noch schwierig, in jahrtausende alten Proben einzelne Harzkomponenten zu identifizieren, die sichere Rückschlüsse auf die botanische Art des Lieferanten erlauben[3]. So sind bisher noch in keinem Räuchergefäß mit Sicherheit Weihrauchreste gefunden worden. Auch das Material der vier, im Durchmesser etwas 2 cm großen Harzkügelchen aus dem Grab des Tutanchamun[4] ist nicht eindeutig bestimmt. Nur anhand ihres Geruches beim Verbrennen, der Löslichkeit in Wasser und der Farbe war Weihrauch vermutet worden.

Altägyptischer Name:

Mit großer Wahrscheinlichkeit bezeichnete *sntr*, das vom Beginn des Alten Reiches an belegt ist, Weihrauchharz von verschiedenen Boswellia-Arten. Wie Baum[5] in ihrer ausführlichen Studie über *sntr* herausgearbeitet hat, diente das gleiche Wort vermutlich auch zur Bezeichnung von Terebinthenharz, das besonders im Neuen Reich sehr verbreitet war (s. u. Pistacia terebinthus). Da die Ägypter in dieser Zeit beide Harze nicht selber ernteten, sondern nur das fertige Handelsprodukt kannten, ist es gut vorstellbar, dass beide, sehr ähnlich aussehende und riechende Harze mit dem gleichen Wort bezeichnet wurden.

sntr ist eines der am häufigsten verordneten Heilmittel der altägyptischen Medizin, innerlich sowie äußerlich angewandt.

Boswellia carteri (nach Engler)

Spätere medizinische Verwendung:

Plinius[6] beschreibt nur die Gewinnung des arabischen Weihrauches.

Dioskurides[7] nennt Weihrauch wie auch Weihrauchrinde als Mittel zur Behandlung von Wunden und Geschwüren, innerlich von Beschwerden der Atemwege und des Bauches.

In den koptischen Rezepturen wird Weihrauch recht häufig aufgeführt, aber nur in äußerlicher Applikation. Sein Anwendungsschwerpunkt liegt bei Wunden und Geschwüren, dort auch die Weihrauchrinde[8].

In der heutigen Volksmedizin Ägyptens verwendet man Weihrauch sowohl innerlich wie äußerlich. Eingenommen hilft er bei Darm- und Harnwegsinfektionen, Asthma und Rheuma, aufgetragen dient er vor allem der Wund- und Rheumabehandlung[9].

[1]Serpico, in: Nicholson and Shaw, Materials, S. 438 ff.; [2]Ägyptisches Museum Berlin, Inv. Nr. 3/65; Sylvia Schoske, Barbara Kreißl und Renate Germer, „Anch" Blumen für das Leben, München 1992, Abb. 46; [3]Serpico, in: Nicholson and Shaw, Materials, S. 468 ff.; [4]Carter-Nummer C 32 t; Renate Germer, Die Pflanzenmaterialien aus dem Grab des Tutanchamun, Hildesheimer Ägyptologische Beiträge 28, Hildesheim 1989, S. 79; [5]Baum, in: RdE 45, 1994, S. 17 f.; [6]Plinius, XII, 55; [7]Dioskurides, I, 81, 82, 83 und 84; [8]Till, Arzneikunde, S. 101; [9]Moursi, Heilpflanzen, S. 79.

Brassica nigra (L.) Koch
Schwarzer Senf

Familie: Cruciferae (Kreuzblütler)

Verbreitung:
Vor allem als Unkraut in Feldern wächst der Schwarze Senf in Ägypten, er wird teilweise auch angebaut.

Beschreibung:
Das etwa 30 cm hohe, einjährige, gelb blühende Kraut hat 1-2 cm lange, aufrecht stehende Schoten mit kurzen Schnäbeln. In ihnen sitzen die schwarzen Samen.

Inhaltsstoffe und pharmazeutische Wirkung:
In den Samen ist das stark riechende Senfölglykosid Sinigrin enthalten, der Bitterstoff Sinapin und fettes Öl.

Funde:
Mehrere, nicht näher zu bestimmende Brassica-Samen wurden als Verunkrautung unter Kulturpflanzen gefunden.

Der Anbau von Brassica rapa L. (Rübenkohl) und Brassica oleracea L. (Gemüsekohl) ist erst für die römische Zeit belegt[1].

Brassica nigra (nach Rothmaler)

Altägyptischer Name:
Der Name der Pflanze ist nicht bekannt.

Spätere medizinische Verwendung:
Heute wird in Ägypten ein heißer Brei der Senfsamen bei Gelenkentzündungen aufgetragen, ein Tee davon hilft bei Magenverstimmungen und wirkt diuretisch[2].

[1]Vartavan and Amorós, Codex, S. 52-53; [2]Moursi, Heilpflanzen, S. 81.

Bupleurum sp.
Hasenohr

Familie: Umbelliferae (Doldenblütler)

Verbreitung:
In Ägypten wachsen vier Bupleurum-Arten, jedoch nur Bupleurum lancifolium Hornem. und Bupleurum semicompositum L. sind häufiger im mediterranen Küstenstreifen und dem Niltal vertreten.

Beschreibung:
Kennzeichnend für die Hasenohrarten sind die ganzrandigen, den Stiel schneidig umfassenden Blätter, die bei Bupleurum lancifolium, das eine Höhe von etwa 50 cm erreichen kann, im unteren Bereich lineal, im oberen oval sind. Diese Art hat zwei bis drei strahlige primäre Dolden, die sekundären stehen dicht zusammen und sind von sternförmig angeordneten Tragblättern umgeben. Das nur bis 15 cm hoch werdende Bupleurum semicompositum trägt schmal-lineale Blätter. Beide Pflanzen sind einjährige Kräuter.

Bupleurum lancifolium (nach Täckholm)

Bupleurum semicompositum (nach Täckholm)

Inhaltsstoffe und pharmazeutische Wirkung:

Von den in Ägypten wachsenden Bupleurum-Arten sind keine speziellen pharmazeutischen Wirkstoffe bekannt.

Funde:

Bupleurum semicompositum ist in archäologischem Kontext durch Samenfunde der Frühzeit nachgewiesen[1].

Altägyptischer Name:

Nach Goyon[2] bezeichnet *hdn* möglicherweise eine Bupleurum-Art. *hdn* wurde aus Nubien importiert, und seine Reisige dienten im Kultus zum Verwischen der Spur[3].

Die Herkunftsangabe Nubien spricht allerdings gegen die Deutung Hasenohr, da dieses nicht im Süden Ägyptens und dem Sudan wächst.

Spätere medizinische Verwendung:

Dioskurides[4] erwähnt ein äthiopisches Seseli, das nach der Beschreibung durchaus eine Bupleurum-Art sein könnte.

In der heutigen ägyptischen Volksmedizin werden keine Bupleurum-Arten genutzt.

[1]Vartavan and Amorós, Codex, S. 55; [2]Goyon, in: Festschrift Westendorf, Göttingen 1984, S. 241; [3]Rainer Hanning, Großes Handwörterbuch, Mainz, 1995, S. 500; [4]Dioskurides, III, 54.

Calotropis procera (Aiton) W. T. Aiton
Sodomsapfel

Familie: Asclepiadaceae (Seidenpflanzengewächse)

Verbreitung:

Überall in Ägypten, besonders häufig aber in Oberägypten, wächst der Sodomsapfel.

Beschreibung:

Der 3-5 m hoch werdende Strauch trägt große, bis 20 cm lange, breitovale, in einer Spitze auslaufende Blätter. Diese sind von einem weißen Haarmehl besetzt. Aus den rosa-violettfarbenen Blüten, die in achselständigen Dolden sitzen, entwickeln sich bis zu 15 cm lange, unregelmäßig eiförmige, grüne Doppelfrüchte. An den Samen haften lange, seidige Haare, die als Kissenfüllung Verwendung finden. Alle Teile der Pflanze enthalten reichlich Milchsaft.

Calotropis procera (nach Crowfoot)

Inhaltsstoffe und pharmazeutische Wirkung:

Die Verwendung dieser Pflanze in der Medizin beruht auf den im Milchsaft enthaltenen Stoffen, vor allem herzwirksame Glykoside und Alkaloide. Die Glykoside sind stark toxisch und deshalb benutzen viele afrikanische Stämme den Milchsaft als Pfeilgift. In geringen Dosen eingenommen dient der getrocknete Milchsaft als Brechmittel.

Der Milchsaft wirkt stark uteruskontraktierend, als Tampon eingeführt lässt sich damit ein Abort einleiten, der allerdings aufgrund der hohen Giftigkeit auch tödlich ablaufen kann. Der Wurzelsaft erhöht den Tonus von Magen und Darm.

Auf der Haut führt der Milchsaft zu Ätzungen, gelangen größere Mengen in das Auge, kann es zu Erblindung führen.

Im Milchsaft enthaltene Enzyme haben anthelminthische und bakterizide Wirkung, Auszüge der Blätter und Blüten sind entzündungshemmend[1].

Funde:

Aus der 1. Dynastie und römischen Zeit liegen sicher datierte Funde der Früchte vor, mehrere andere Funde sind undatiert[2].

Altägyptischer Name:

Daumas[3] schlug für den allerdings nicht in den medizinischen Texten vorkommenden Pflanzennamen *mꜣṯt/mꜣṯrt* die Deutung Calotropis procera vor, Aufrère[4] lehnt dies ab und sieht in *mꜣṯt* nur eine andere Schreibweise für *mꜣtt* Sellerie.

Spätere medizinische Verwendung:

Für die Medizin der Antike ist keine Nutzung des Sodomsapfels belegt.

Alpin[5] beschreibt die Verwendung der Blätter, gehackt als Umschlag bei Geschwüren, den Milchsaft zum Enthaaren und zur Behandlung von Hauterkrankungen, eingenommen als drastisches Abführmittel.

In der heutigen ägyptischen Volksmedizin kommen sowohl der Milchsaft, die Blätter und die Wurzel zum Einsatz, der Milchsaft äußerlich zum Herausziehen von Fremdkörpern aus der Haut, als Enthaarungsmittel und bei Zahnschmerzen, die Blätter gegen Würmer und die Wurzel innerlich bei Dysenterie und Vergiftungen. Ein Auszug der Blätter wirkt auf das Herz, und die trockenen Blätter werden bei Asthma geraucht[6].

Bemerkungen:
Die Calotropis procera ist eine Pflanze mit auffallender pharmazeutischer Wirkung, die bestimmt auch von den altägyptischen Ärzten genutzt wurde.

[1]Hans Dieter Neuwinger, Afrikanische Arzneipflanzen und Jagdgifte, Stuttgart 1994, S. 208 f.; [2]Vartavan and Amorós, Codex, S. 60; [3]Daumas, in: BIFAO 56, 1957, S. 59 f.; [4]Aufrère, in: BIFAO 86, 1986, S. 9 f.; [5]Alpin, Plantes, 118 f.; [6]Boulos, Medicinal Plants, S. 27; Moursi, Heilpflanzen, S. 83.

Capparis decidua (Forssk.) Edgew.

Familie: Capparaceae (Kaperngewächse)

Verbreitung:
Dieser Kapernstrauch ist nur selten im Niltal, den Oasen und der östlichen Wüste anzutreffen.

Beschreibung:
Der blattlose Busch erreicht eine Höhe bis zu 5 m. Er hat lange, bedornte Zweige. Die roten Blüten sitzen zu dritt in Büscheln, wobei ein Blütenblatt jeweils helmförmig ist. Die rote, essbare Frucht ist einer Kirsche ähnlich.

Inhaltsstoffe und pharmazeutische Wirkung:
Die Früchte sind zuckerhaltig.

Funde:
Von dieser Kapernart liegen Funde aus vordynastischer Zeit vor[1].

Altägyptischer Name:
Täckholm[2] hat vorgeschlagen, dass der Pflanzenname *iṯrw* die Capparis decidua bezeichnet. *iṯrw* wird gegen Schlangenbisse verordnet und in einem Zauberspruch „lebendes Fleisch" genannt.

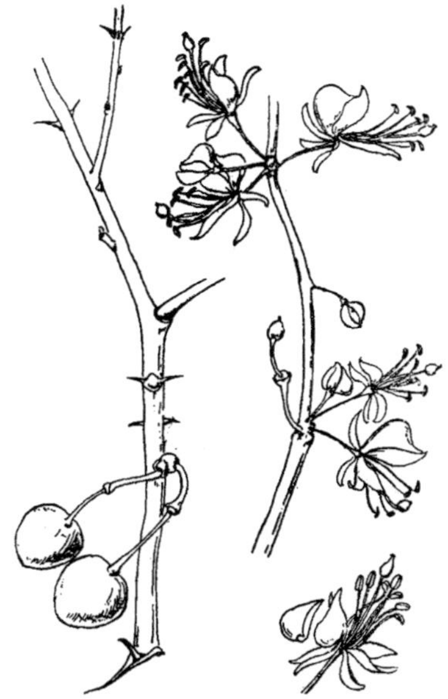

Capparis decidua (nach Crowfoot)

Spätere medizinische Verwendung:
Heute verwendet man die Frucht wie die grünen Zweige der Capparis decidua vor allem gegen Asthma und bei Husten, Rheuma und als leichtes Abführ- und Wurmmittel, die Asche der Rinde zum Behandeln von Wunden[3].

[1]Vartavan and Amorós, Codex, S. 62; [2]Täckholm, in: Sauneron, Schlangenpapyrus, S. 120; [3]Boulos, Medicinal Plants, S. 40; Ghazanfar, Handbook, S. 74.

Capparis spinosa L. (= C. aegyptia Lam.)
Ägyptischer Kapernstrauch

Familie: Capparaceae (Kaperngewächse)

Verbreitung:
Meist auf felsigem Grund wächst der Ägyptische Kapernstrauch überall in Ägypten.

Beschreibung:
Der bis etwa 1 m große Strauch kann sowohl von niederliegender als auch hängender Wuchsform sein. Er hat eiförmig-zugespitzte, grün-gräuliche, 4 cm lange Blätter, hakenförmige Dornen und weiße Blüten aus vier Blütenblättern, die früh abfallen, mit roten Staubgefäßen. Die Frucht ist eine dunkelgrüne, längsgestreifte, essbare Kapsel.

Capparis spinosa (nach Täckholm)

Inhaltsstoffe und pharmazeutische Wirkung:
Die Pflanze enthält Senfölglykoside, die den spezifischen Geschmack der Kapern, das sind die ungeöffneten Blüten, bedingen und ihre Verwendung als Gewürz. Daneben sind noch Schleimstoffe, Flavonoide, organische Säuren, Fettsäuren, Saponine und Tannine nachgewiesen[1].

Funde:
Aus archäologischem Kontext liegen Funde seit vorgeschichtlicher Zeit vor[2].

Altägyptischer Name:
Der Name der Pflanze oder ihrer Frucht ist nicht bekannt.

Spätere medizinische Verwendung:

Nach Plinius[3] beseitigen die Wurzeln weiße Eruptionen auf der Haut, die Rinde der Wurzel hilft bei Milzleiden, die Samen sowie Wurzeln bei Zahn- und Ohrenschmerzen, Geschwüren, auch im Mund, Blasenbeschwerden und in Essig mit Honig gegen Bandwürmer.

Dioskurides[4] verordnet die Frucht und Rinde der Wurzel innerlich als Diuretikum, zum Erweichen der Milz und Abführen von Schleim, äußerlich bei Zahnschmerzen und zum Reinigen von Geschwüren. Der Saft der Blätter und Wurzel wird gegen Würmer in den Ohren sowie weiße Flecken eingesetzt.

Auch in der koptischen Medizin fanden Teil des Kapernstrauches, vor allem wohl die Wurzel, Verwendung, bei Wunden und Hämorrhoiden[5].

Prosper Alpin[6] berichtet von der Nutzung der Wurzelrinde als Heilmittel in Ägypten. Sie wurde zum Abtöten von Würmern, Anregung der Menstruation, Behandlung der Milz und äußerlich als Puder zur Behandlung von Hauterkrankungen verwendet.

Auch in der heutigen ägyptischen Volksmedizin sind die einzelnen Teile des Kapernstrauches noch beliebte Heilmittel. Die Frucht, die Samen, die Blätter wie auch die Wurzelrinde werden gegen eine Vielzahl von verschiedenen Erkrankungen sowohl äußerlich als auch innerlich verordnet[7].

Bemerkungen:

Da der Kapernstrauch noch heute als eine sehr geschätzte und vielseitig einzusetzende Heilpflanze angesehen wird, haben vermutlich auch die altägyptischen Ärzte seine einzelnen Produkte ausgiebig verordnet.

[1]Ghazanfar, Handbook, S. 75; Kotb Hussein, Medicinal Plants, S. 278; [2]Vartavan and Amorós, Codex, S. 62; [3]Plinius, XX, 165; [4]Dioskurides, II, 204; [5]Till, Arzneikunde, S. 68; [6]Alpin, Plantes, 129; [7]Ducros, Droguier, S. 17; Boulos, Medicinal Plants, S. 40.

Capsella bursa-pastoris (L.) Medik.
Gemeines Hirtentäschelkraut

Familie: Cruciferae (Kreuzblütler)

Verbreitung:

In Ägypten wächst das Gemeine Hirtentäschelkraut als verbreitetes Unkraut, vor allem in Nildelta.

Beschreibung:

Die Wuchsform der Pflanze kann sehr variieren, sie erreicht eine Höhe von 4-50 cm; die rosettig stehenden Grundblätter sind ungeteilt, buchtig gelappt bis fiederspaltig, die Stängelblätter ganzrandig oder gezähnt mit stängelumfassenden, breiten Öhrchen. Aus den weißen Blüten entwickeln sich dreiseitige Schötchen mit vielen Samen.

Inhaltsstoffe und pharmazeutische Wirkung:

Der Pflanze wird eine blutstillende Wirkung zugeschrieben, doch auf welcher der nachgewiesenen Substanzen, vor allem Thyramin, Cholin, Acetylcholin und Harzen, diese beruht, ist noch ungeklärt.

Funde:

Aus archäologischem Kontext sind keine Funde belegt.

Altägyptischer Name:
Der Name der Pflanze ist nicht bekannt.

Spätere medizinische Verwendung:
Nach Dioskurides[1] fördern die Samen eingenommen den Gallefluss, das Abführen von Blut und öffnen innere Abszesse. Sie können aber auch das Abtöten des Fötus hervorrufen.

In der ägyptischen Volksmedizin wird ein Aufguss der Pflanze vor allem als blutstillendes Mittel bei Uterusblutungen, Blutungen im Nieren- Blasensystem und Nasenbluten verwendet[2].

[1]Dioskurides, II, 185; [2]Boulos, Medicinal Plants, S. 71.

Capsella bursa-pastoris (nach Weymar)

Carthamus tinctorius L.
Färberdistel (Saflor)

Familie: Compositae (Korbblütler)

Verbreitung:
Die Kultur der Färberdistel begann vermutlich im Nahen Osten[1] und breitete sich von dort nach Ägypten aus. Heute findet man die Pflanze in Ägypten häufig in Kultur und auch verwildert.

Beschreibung:
Carthamus tinctorius wächst als bis ca. 1m hohes, einjähriges Kraut, in Kultur ist die Pflanze manchmal auch zweijährig. Die ovalen bis lanzettlichen Blätter haben schwach ausgebildete Blattstacheln, die gelben, beim Verblühen rot werdenden Blüten sitzen in 2-3 cm großen, distelartigen Blütenköpfchen.

Inhaltsstoffe und pharmazeutische Wirkung:
Die Blütenblätter enthalten zwei Farbstoffe, einen gelben, wasserlöslichen und einen roten, das Carthamin, der nur in Alkali löslich ist. Beide fanden in der altägyptischen Textilfärberei Verwendung, später auch als Zusatz zu Lebensmitteln, dort vor allem als billiger Ersatz für den Safran, und in Kosmetika.

Aus den Blütenblättern wurden in den letzten Jahren entzündungshemmende Substanzen isoliert[2].

Die Samen sind reich an Öl, das sich auch zu Speisezwecken eignet.

Funde:
Die frühesten sicher datierten Samenfunde stammen aus der 2. Zwischenzeit aus Tell el-Dab'a und der 18. Dynastie. In späteren Zeiten hat man dann die Blütenköpfchen häufig in Mumiengirlanden eingeflochten[3]. Chemische Analysen konnten den Farbstoff auf Leinen jedoch schon für das Mittlere Reich belegen, und so sind die aus Kahun stammenden Samen, deren Datierung Mittleres Reich bisher bezweifelt wurde, vermutlich doch aus dieser frühen Zeit[4].

Altägyptischer Name:

Die Pflanze trug mit großer Wahrscheinlichkeit den Namen *kṯ/k3ṯ*, ein im Ursprung nichtägyptisches Wort, das wohl zusammen mit der Pflanze aus dem palästinensischen Raum übernommen wurde[5]. Er kommt allerdings nicht in den medizinischen Rezepturen vor.

Spätere medizinische Verwendung:

Als Heilpflanze scheint die Färberdistel in der griechisch-römischen Medizin keine große Rolle gespielt zu haben. Dioskurides[6] nennt nur die Verwendung eines aus den Samen gewonnenen Saftes zum „Reinigen des Bauches".

Carthamus tinctorius (nach Weymar)

Interessant ist hingegen die Verwendung in der ägyptischen Volksmedizin. Im koptischen Papyrus Chassinat 129 wird alter, getrockneter Saflor, ein spezieller Teil wird nicht genannt, zur Behandlung einer Wunde verordnet, im Papyrus Chassinat 228 Saflor-Mehl innerlich bei Blutfluß und im Papyrus Chassinat 233 die Saflorblüten bei Blutspucken[7].

Die äußerliche Nutzung der Blüten bei Hauterkrankungen findet sich noch heute in Ägypten[8], auch bei entzündeten Augen in der arabischen Medizin[9]. Außerdem wird ein Aufguss der roten Blütenblätter als leichtes Abführmittel, zum Schweiß treiben und bei Geschwüren im Mund eingenommen, aber auch bei Röteln und Menstruationsbeschwerden. An diesen Verordnungen ist ganz deutlich zu Erkennen, dass die roten Blütenblätter neben ihrer wohl leichten entzündungshemmenden Wirkung medizinisch auch als Sympathiemittel zum Einsatz kamen, so bei Erkrankung oder Störungen mit Blutabgang, roten, entzündeten Augen und Röteln.

Bemerkungen:

Auch wenn wir den Saflor nicht in den altägyptischen medizinischen Rezepturen identifizieren können, ist die Wahrscheinlichkeit sehr groß, dass er zum Heilpflanzenschatz der Ärzte, spätestens vom Neuen Reich an, gehört hatte. Vermutlich war ein Teil seiner Verordnungen dann auch als rotes Sympathiemittel.

[1]Zohary and Hopf, Domestication, S. 193; [2]Ghazanfar, Handbook, S. 40; [3]Vartavan and Amorós, Codex, S. 63; [4]Germer, in: Stephen Quirke, ed., Lahun Studies, Reigate 1998, S. 88-89; [5]Renate Germer, Die Textilfärberei und die Verwendung gefärbter Textilien im Alten Ägypten, Ägyptologische Abhandlungen Bd. 53, Wiesbaden 1992, S. 120; [6]Disokurides, IV, 187; [7]Till, Arzneikunde, S. 89; [8]Moursi, Heilpflanzen, S. 86; [9]Ghazanfar, Handbook, S. 40.

Centaurium spicatum (L.) Fritsch
Ährenförmiges Tausendgüldenkraut

Familie: Gentianaceae (Enziangewächse)

Centaurium spicatum
(nach Täckholm)

Verbreitung:
An feuchten Standorten ist das Ährenförmige Tausendgüldenkraut in ganz Ägypten verbreitet.

Beschreibung:
Das bis 50 cm hoch werdende, reich verzweigte, einjährige Kraut trägt gegenständige, spitzovale Blätter und verzweigte Blüten-Ähren. Die Blütenröhre der rosafarbenen, 5-zipfligen Blüten ist fast vollständig vom Kelch umhüllt.

Inhaltsstoffe und pharmazeutische Wirkung:
Von dieser Centaurium-Art sind keine speziell pharmazeutisch wirksamen Substanzen bekannt.

Funde:
Aus archäologischem Kontext sind keine Funde belegt.

Altägyptischer Name:
Der Name der Pflanze ist nicht bekannt.

Spätere medizinische Verwendung:
Bei dem von Dioskurides[1] genannten großen und kleinen Centaurion handelt es sich um andere, nicht in Ägypten heimische Centaurium-Arten.

In der ägyptischen Volksmedizin wird heute ein Aufguss der blühenden und fruchttragenden Pflanzen vor allem bei Nieren- und Blasensteinen verwendet, ein Puder äußerlich zur Wundheilung[2].

[1]Dioskurides, III, 6 und 7; [2]Boulos, Medicinal Plants, S. 89.

Ceratonia siliqua L.
Johannisbrotbaum

Familie: Leguminosae (Hülsenfrüchte)

Verbreitung:
In Ägypten ist der Johannisbrotbaum wildwachsend nur sehr selten im mediterranen Küstenstreifen und auf dem Sinai anzutreffen, und auch bei diesen Exemplaren ist nicht gesichert, ob sie nicht verwildert sind. Im Allgemeinen geht man davon aus, dass seine Heimat der Ostmittelmeerraum war, von wo aus er sich mit Hilfe des Menschen nach Westen hin ausbreitete.

Beschreibung:

Ceratonia siliqua (nach Weymar)

Der Baum erreicht meist nur eine Höhe von ca. 4 m, ist immergrün und trägt ledrige, 10-20 cm lange Blätter, die aus zwei bis vier Paar ovale Fiederblättern bestehen. Die oft eingeschlechtlichen Blüten stehen in aufrechten Trauben. Aus ihnen entwickeln sich etwa 2 cm breite, abgeflachte, bei Reife dunkelbraune Hülsen von bis zu 20 cm Länge, die bei Reife nicht aufspringen. Die innere Schicht der Hülsen schmeckt süß, und sie umschließt die dunkelbraunen, glänzenden Samen.

Inhaltsstoffe und pharmazeutische Wirkung:
Das Fruchtfleisch in den Hülsen hat einen hohen Zuckeranteil und wirkt dadurch leicht laxierend, ebenso die gummose Kohlenhydrate enthaltenden Samen.

Funde:
Früheste Funde von Früchten liegen aus Kahun der 12. Dynastie vor, bei denen es sich aber möglicherweise um Importprodukte handelt[1] wie der ebenfalls aus dem Mittleren Reich stammende Bogen aus dem Holz von Ceratonia siliqua. Weitere Funde von Früchten oder Samen sind dann von der 18. Dynastie an belegt.

Altägyptischer Name:
Der Baum *nḏm* wird im allgemeinen als Johannisbrotbaum gedeutet[2]. Aufrère[3] hält es für wahrscheinlich, dass die Hülsen mit dem Wort *ḏ3rt* bezeichnet wurden, ein in den medizinischen Texten sehr häufig genanntes Pflanzenprodukt, das sowohl innerlich wie äußerlich verordnet wird. Auch das einmal im Schlangenpapyrus genannte *sprt* ist wahrscheinlich die Hülse des Johannisbrotbaumes.

Spätere medizinische Verwendung:
Nach Dioskurides[4] sind die frischen Hülsen abführend, die getrockneten inneren Schichten hingegen stopfend und diuretisch.

Alpin[5] berichtet über die Nutzung der Hülsen als Abführmittel, innerlich und äußerlich bei Nierenentzündungen und Asthma.

Moursi[6] nennt als heutige Verwendung der Johannisbrot-Hülsen und Samen in der ägyptischen Volksmedizin die Behandlung von Durchfall, Rheuma und Stärkung der Nierenfunktion. Außerdem dienen sie als leichtes Abführmittel.

Bemerkungen:
Wenn tatsächlich *ḏ3rt* die Hülsen des Johannisbrotbaumes bezeichnet, so waren diese ein außerordentlich beliebtes und häufig verordnetes Heilmittel.

[1]Vartavan and Amorós, Codex, S. 70-71; [2]Charpentier, Receuil, S. 424, Nr. 666; [3]Aufrère, in: BIFAO 83, 1983, S. 28 f.; [4]Dioskurides, I, 158; [5]Alpin, Plantes, 16; [6]Moursi, Heilpflanzen, S. 99.

Cichorium endivia L.
Kleine Zichorie (Endivienwegwarte)

Familie: Compositae (Korbblütler)

Verbreitung:
Zur ägyptischen Flora gehört nur diese Zichorien-Art. Sie wächst als häufiges Unkraut in den Feldern und deren Rändern, im Niltal und den Oasen. Heute unterscheidet man zwei Unterarten, subsp. divaricatum ist wildwachsen, subsp. endivia kultiviert[1].

Beschreibung:
Die Kleine Zichorie ist eine einjährige Pflanze, deren Blütenköpfchen aus blaue Zungenblüten bestehen. Die Größe der Pflanzen variiert sehr stark, von 5 cm bis über 1 m [2]. Die bis zu 35 cm langen, gezähnten Basalblätter werden als Salat gegessen.

Inhaltsstoffe und pharmazeutische Wirkung:
Pharmazeutisch wirksame Inhaltsstoffe wurden bisher nur von der nahe verwandten, nicht in Ägypten vorkommenden Art Cichorium intybus L. berichtet. Deren Wurzel und

Blätter enthalten den Bitterstoff Cholin, weiterhin Zucker und Inulin sowie Harze, ätherische Öle und Gerbstoffe[3].

Cichorium endivia (nach Weymar)

Funde:

Aus archäologischem Kontext sind keine Funde belegt.

Altägyptischer Name:

Manniche[4] hält es für möglich, dass *hri*, aufgrund der koptischen Bezeichnung ϩⲣⲓ für die Zichorie, diese Pflanze bezeichnet. *hri* wird in den medizinischen Papyri nur einmal zur Behandlung einer Verbrennung genannt.

Spätere medizinische Verwendung:

Plinius[5] erwähnt die pharmazeutische Nutzung von Zichorien, deren Saft bei Kopfschmerzen, Gelbsucht, Leber- Magen- und Nieren-Blasenproblemen helfe. Für Ägypten erwähnt er eine wildwachsende und eine kultivierte Zichorie, bei der es sich um die heimische Cichorium endivia handelt. Die kultivierte wird nach Plinius „seris" genannt, ein Name, den die Cichorium endivia noch heute in Ägypten trägt[6].

Auch Dioskurides[7] führt die Zichorie unter den Heilpflanzen auf, vor allem zur Behandlung von Magenproblemen und ein Umschlag des Krautes und der Wurzel lindert die Folgen von Skorpionsstichen.

In der Koptischen Medizin diente die Zichorie äußerlich angewandt als Mittel gegen Hautkrankheiten und innerlich bei Blutspucken[8].

In der heutigen ägyptischen Volksheilkunde werden die Blätter bei Magenverstimmungen, Gallestörungen, aber auch bei typhösem Fieber gegessen, außerdem dienen sie der Förderung von Harnabsonderung und als leichtes Abführmittel[6].

Bemerkungen:
Da die Kleine Zichorie zur ägyptischen Flora gehört, von Plinius ausdrücklich als ägyptische Heilpflanze erwähnt und auch heute noch in der Volksmedizin genutzt wird, kann man davon ausgehen, dass sie auch von den altägyptischen Ärzten verwendet wurde.

[1]Boulos, Flora III, S. 270; [2]Zohary, Flora Palaestina III, S. 408; [3]Ghazanfar, Handbook, S. 42; Moursi, Heilpflanzen, S. 108; [4]Manniche, Herbal, S. 88; [5]Plinius, XX, 73, 74; [6]Moursi, Heilpflanzen, S. 108; [7]Dioskurides, II, 159; [8]Till, Arzneikunde, S. 100.

Cistanche phelypaea (L.) Cout. und Cistanche tubulosa (Schenk) Hook.

Familie: Orobranchaceae (Sommerwurzgewächse)

Cistanche phelypaea (nach Crowfoot)

Verbreitung:
Cistanche-Arten sind an das Vorkommen ihrer Wirtspflanzen gebunden, Cistanche phelypaea an Chenopodiaceae, die in ganz Ägypten vertreten sind, Cistanche tubulosa vor allem an Tamarisken aber auch Lygos- und Lycium-Arten, sie ist in Ägypten eher selten anzutreffen.

Beschreibung:
Cistanche ist ein blattgrünloser, ausdauernder Wurzelparasit mit schuppenförmigen Blättern. Der fleischige Stängel erreicht eine Höhe bis zu 80 cm und an der Basis einen Durchmesser um 5 cm. Beide Arten tragen bis 5 cm große, gelbe Blüten in traubigen Blütenständen, die Blüten der Cistanche tubulosa haben noch einen violetten Rand.

Inhaltsstoffe und pharmazeutische Wirkung:
Nur von Cistanche tubulosa liegen chemische Untersuchungen vor, danach enthalten die Stängel diverse Alkaloide, Cumarine, Saponine und Tannin[1].

Funde:
Aus archäologischem Kontext sind keine Funde belegt.

Altägyptischer Name:
Der Name der Pflanze ist nicht bekannt.

Spätere medizinische Verwendung:
In der ägyptischen Volksmedizin dient ein Pulver der getrockneten Stängel zur Behandlung von Diarrhoe. Außerdem hat die Pflanze den Ruf, aphrodisierend zu wirken[2].

[1]Ghazanfar, Handbook, S. 194; Kotb Hussein, Medicinal Plants, S. 320; [2]Boulos, Medicinal Plants, S. 138.

Cistus creticus L.
Kretische Zistrose

Familie: Cistaceae (Zistrosengewächse)

Verbreitung:
Im ganzen östlichen Mittelmeerraum ist die Zistrose verbreitet, in der mediterranen Region Südosteuropas, Kreta, Cypern, der westlichen Türkei und dem Libanon, Syrien und Palästina. Sie wächst vor allem in der Macquie und an Waldrändern[1]. Der ägyptischen Flora fehlt sie.

Beschreibung:
Der kleine, bis 80 cm hohe, verholzte Busch trägt rosenähnlichen Blüten, bestehend aus fünf rosafarbenen, an der Basis gelben Blütenblättern. Die spitzovalen Blätter stehen gegenständig, sind am Rande gewellt und mit Drüsenhaaren besetzt.

Inhaltsstoffe und pharmazeutische Wirkung:
Die Drüsenhaare der Blätter scheiden ein Harz ab, das reich an verschiedenen ätherischen Ölen ist. Es trägt den Namen Ladanum und wird heute durch Auskochen der Blätter gewonnen. Das Harz wirkt antibakteriell und fungizid.

Funde:
Aus archäologischem Kontext ist der Import von Ladanum für die pharaonische Zeit noch nicht nachgewiesen.

Altägyptischer Name:
Die Deutung des häufig in den medizinischen Texten genannten Produktes *ibr* als Ladanum ist nicht belegbar. Möglicherweise bezeichnet aber das seit der 25. Dynastie auftretende *rdnw*, das einmal im Schlangenpapyrus zur Behandlung eines Schlangenbisses genannt wird, Ladanum[2].

Cistus creticus (nach Zohary)

Spätere medizinische Verwendung:
Plinius[3] wie Dioskurides[4] beschreibt die Gewinnung des Ladanums. Es bliebe am Fell, speziell dem Bart, weidender Ziegen haften und könne von dort eingesammelt werden. Seine medizinische Verwendung liegt vor allem bei der Wundversorgung, Ohrenschmerzen, der Behandlung der Gebärmutter und als Zusatz zu Husten- und Schmerzmitteln.

Ladanum spielt heute in der ägyptischen Volksmedizin keine Rolle.

[1]Serpico in: Nicholson and Shaw, Materials, S. 436-437; [2]Leclant et Yoyotte, in: BIFAO 51, 1952, S. 11; Charpentier, Receuil, S. 440, Nr. 698; [3]Plinius, XXVI, 47; [4]Dioskurides, I, 128.

Citrullus colocynthis (L.) Schrad.
Koloquinthe

Familie: Cucurbitaceae (Kürbisgewächse)

Verbreitung:
Die Koloquinthe gehört zur heimischen Flora Ägyptens und wächst dort vor allem an sandigen Standorten.

Beschreibung:
Die niederliegende Pflanze hat einen bis über 1 m langen, kriechenden Stängel, der am oberen Ende schraubenförmige Ranken besitzt. Die im Umriss dreieckigen Blätter sind tief gelappt, aus den gelben, einhäusigen Blüten entwickeln sich etwa apfelgroße Früchte, die auf dem Boden liegen. Sie sind zuerst grünmarmoriert und werden bei Reife gelb. Im trockenen, schwammigen, weißen Fruchtfleisch sind flach-eiförmige, kleine Samen.

Citrullus colocynthis (nach Crowfoot)

Inhaltsstoffe und pharmazeutische Wirkung:
In der Fruchtschale und dem Fruchtfleisch befindet sich das Bitterstoffglykosid Colocynthin sowie Alkaloide, Harze und fettes Öl, dieses auch in den Samen. Ein Aufguss der von der äußeren Pergamenthaut befreiten Früchte ist ein starkes Abführmittel.

Funde:
Seit vorgeschichtlicher Zeit ist die Koloquinthe durch Funde belegt[1].

Altägyptischer Name:
Dawson[2] deutete das in den medizinischen Texten sehr häufig erwähnte Wort *ḏ3rt* als Bezeichnung für die Koloquinthe. Da sich aber aus den Verordnungen dieser Droge keine deutliche Abführwirkung erkennen lässt, ist diese Identifizierung nicht sehr wahrscheinlich[3].

Spätere medizinische Verwendung:
Plinius[4] nennt die Frucht als drastisches Abführmittel, daneben hilft das Fruchtfleisch bei Zahn- und Ohrenschmerzen, entzündeten Augen und äußerlich angewandt in Öl bei Rücken- und Hüftbeschwerden. Sowohl die Blätter als auch das Pulver der Frucht dienen der Behandlung von Wunden und Entzündungen.

Dioskurides[5] verordnet das Fruchtfleisch der Koloquinthe innerlich als Abführmittel und auch als Zusatz zu Klistieren zum Entleeren des Darmes. In Vaginalzäpfchen tötet es den Embryo ab. Als Bestandteil eines Mundspülmittels hilft es bei Zahnschmerzen, Saft der frischen Frucht äußerlich bei Ischias.

In der heutigen ägyptischen Volksmedizin findet ein Aufguss der geschälten Früchte als gutes Laxans häufige Verwendung und äußerlich bei Hautkrankheiten. Ein Brei der Wurzel wird bei Schlangenbissen und Skorpionsstichen aufgetragen[6].

[1]Vartavan and Amorós, Codex, S. 77; [2]Dawson, in: JEA 20, 1934, S. 41 f.; [3]Germer, Arzneimittelpflanzen, S. 350; Manniche, Herbal, S. 91; [4]Plinius, XX, 14; [5]Dioskurides, IV, 175; [6]Moursi, Heilpflanzen, S. 111.

Citrullus lanatus (Thunb.) Mats. & Nakai
Wassermelone

Familie: Cucurbitaceae (Kürbisgewächse)

Verbreitung:
In der Kulturpflanzenforschung geht man heute davon aus, dass die Wassermelone aus der in Ägypten heimischen Koloquinthe kultiviert wurde. Seit pharaonischer Zeit ist sie in Ägypten in der Varietät colocynthis Schwf. im Anbau[1].

Beschreibung:
Die kleinfrüchtige Citrullus lanatus var. colocynthis ähnelt im Aussehen der Pflanze und der Frucht der wilden Koloquinthe. Ihr Fruchtfleisch ist bitter, und nur die Samen werden, meist geröstet, gegessen.

Inhaltsstoffe und pharmazeutische Wirkung:
Die Samen enthalten fettes Öl, sie gelten außerdem als leichtes Diuretikum.

Funde:
Seit vorgeschichtlicher Zeit ist die Wassermelone in Ägypten durch Funde belegt[2].

Altägyptischer Name:
In den medizinischen Texten wird des öfteren eine Pflanze *bddw-kꜣ* aufgeführt, ein Name, der vermutlich mit „Kugeln des Seth-Stieres" zu übersetzen ist. Aufgrund der Ähnlichkeit mit dem arabischen Namen für die Wassermelone „Battich" wurde eine Deutung als diese Melonenart vorgeschlagen[3], was Keimer[4] jedoch ablehnt. Auch die überwiegend äußerliche Verordnung von *bddw-kꜣ* passt nicht gut zur Wassermelone.

Außerdem wird sowohl der Name *šspt* als auch *šb/šbt* als eine Bezeichnung für eine Melonenart angesehen, entweder der Wassermelone oder der Chate. Eine genauere Zuordnung dieses Namens ist jedoch nicht möglich.

Spätere medizinische Verwendung:
Die Samen der Wassermelone werden noch heute als Diuretikum bei Nierensteinen verwendet[5].

Bemerkungen:
Da die Samen der Wassermelone im Alten Ägypten ein beliebtes Nahrungsmittel waren, fanden sie sicherlich auch in der Medizin Verwendung.

[1]Zohary and Hopf, Domestication, S. 181-182; [2]Vartavan and Amorós, Codex, S. 78; [3]Charpentier, Receuil, S. 282, Nr. 446; Loret, Flore, S. 73 , Nr. 125; [4]Keimer, Gartenpflanzen I, S. 18 und 133; [5]Ghazanfar, Handbook, S. 92; Moursi, Heilpflanzen, S. 112.

Citrullus lanatus (nach Fuchs)

Cocculus pendulus (J. R. & G. Forst.) Diels, Cocculus hirsutus (L.) Diels Hängender Kokkelstrauch, Kokkelstrauch

Familie: Menispermaceae (Mondsamengewächse)

Verbreitung:

An trockenen Standorten ist in Oberägypten Cocculus pendulus häufig anzutreffen, Cocculus hirsutus hingegen nur weiter südlich, im Gebiet des heutigen Sudan.

Beschreibung:

Cocculus pendulus ist ein rankender Strauch, der entweder an Bäumen emporwächst oder niederliegend auf dem Boden. Die Zweigen können mehrere Meter lang werden und tragen elliptische oder gelappte, bis 3 cm lange Blätter. Die Pflanzen sind getrennt geschlechtlich, die winzigen männlichen Blüten sitzen zu mehreren in den Blattachseln, die weiblich einzeln oder zu 2-3. Die Früchte sind essbare, etwa 5 mm große, rote, kugelige Beeren.

Das holzige Klettergewächs Cocculus hirsutus hat in der Form sehr variierende Blätter und unterscheidet sich von der vorherigen Art vor allem durch seine etwas abgeflachteren Früchte.

Inhaltsstoffe und pharmazeutische Wirkung:
In beiden Arten wurden mehrer Alkaloide nachgewiesen[1].

Funde:
Von Cocculus pendulus liegen Funde aus einem Grab der 12. Dynastie vor, von Cocculus hirsutus aus dem Grab des Tutanchamun, 18. Dynastie[2].

Altägyptischer Name:
Von beiden Arten ist der Name nicht bekannt.

Spätere medizinische Verwendung:
Der wichtigste medizinische Anwendungsbereich beider Kokkelstrauch-Arten ist heute die Behandlung von Fiebererkrankungen. Dazu dient ein Aufguss der Wurzeln und Blätter. Dieser findet auch äußerlich bei Hauterkrankungen und getrunken gegen Verstopfungen und allgemein als schmerzlinderndes Mittel Verwendung[3].

In der modernen Homöopathie wird Cocuulus pendulus ebenfalls eingesetzt.

Cocculus pendulus (nach Crowfoot)

Bemerkungen:
Es ist zu vermuten, dass die Früchte beider Kokkelstrauch-Arten bereits in der altägyptischen Medizin genutzt wurden.

[1]Ghazanfar, Handbook, S. 141; [2]Vartavan and Amorós, Codex, S. 80-81; [3]Ghazanfar, Handbook, S. 140; Ibrahim Ragab Fahmy, Report on Gabel Elba, Kairo 1936, S. 48.

Commiphora sp.
Myrrhebaum

Familie: Burseraceae (Balsambaumgewächse)

Verbreitung:
Es gibt eine ganze Reihe von Commiphora-Arten, die als Harzlieferant für das pharaonische Ägypten in Frage kommen, deren genaue botanische Bestimmung und Abgrenzung untereinander jedoch bis heute nicht gesichert ist. Sie wachsen in südlich von Ägypten liegenden Gebieten, dem Sudan, Somalia, Äthiopien sowie im Süden der Arabischen Halbinsel. Die wichtigste von ihnen war sicherlich die Myrrhe produzierende Commiphora myrrha (Nees) Engl.[1]. Nur die Art Commiphora gileadensis (L.) C. Chr. (= Commiphora opobalsamum (L.) Engl.), deren Harz Mekka-Balsam genannt wird, gehört zur Flora des südlichen Ägyptens und wurde anscheinend auch von Zeit zu Zeit in ägyptischen und palästinensischen Gärten angepflanzt.

Beschreibung:

Myrrhebäume wachsen meist als vielstämmiger Busch oder kleiner Baum auf steinigem Untergrund. Die äußersten Schichten der Rinde sind oftmals papierartig und lösen sich ab. Die Zweige einiger Arten tragen Dornen und nur für eine kurze Zeit des Jahres sind grau-grüne Blätter und weiße Blüten vorhanden, aus denen sich die Steinfrüchte entwickeln. Das beim Ausfluss gelbe, nach dem Trocknen aber braun-rote Myrrhe-Harz wird durch Anschnitt der Rinde gewonnen.

Commiphora gileadensis (nach Engler und Täckholm)

Inhaltsstoffe und pharmazeutische Wirkung:

Myrrhe gehört zur Gruppe der Gummiharze und enthält bis zu 60% Gummi, 20-40% Harze und ätherische Öle. Es wirkt äußerlich angewandt adstringierend und desinfizierend, eingenommen entzündungshemmend[2].

Funde:

Steinkerne der Früchten von Commiphora gileadensis aus einem nicht datierten ägyptischen Grab befinden sich heute sowohl im Botanischen als auch Ägyptischen Museum Berlin[3].

Bei den von Möller in Theben gefundenen Harzklümpchen des Mittleren und Neuen Reiches soll es sich um Myrrheharz handeln[4], doch ist die chemische Analyse dieser Proben nicht gesichert. Hingegen konnte 1993 in einem Gefäß des Mittleren Reiches aus Dahschur Myrrheharz nachgewiesen werden[5].

Darstellungen des Neuen Reiches zeigen *ꜥntiw*-Bäumchen unter den Produkten, die von der berühmten Puntexpedition der Königin Hatschepsut mit nach Ägypten gebracht wurden, sie finden sich aber auch, in Töpfen eingepflanzt, unter den von Süden angelieferten Tributen[6]. Man hat wohl des öfteren versucht, Myrrhebäume in Ägypten anzupflanzen.

Altägyptischer Name:

Mit großer Wahrscheinlichkeit war die altägyptische Bezeichnung des Myrrheharzes *ꜥntiw*[7], ein in der Medizin sehr häufig verwendetes Produkt.

Spätere medizinische Verwendung:

Sowohl Plinius[8] als auch Dioskurides[9] beschreiben verschiedene Sorten und Qualitäten von Myrrhe, die von der Arabischen Halbinsel und der Küste des westlichen Afrikas eingeführt wurden. Die medizinische Nutzung ist außerordentlich vielfältig. Eingenommen hilft Myrrhe bei Husten, Durchfall und Nierenleiden, als Zäpfchen fördert sie die Menstruation und beschleunigt die Geburt. Äußerlich dient Myrrhe der Wundbehandlung und gekaut als Mittel gegen Zahnfleischentzündungen.

Auch in der koptischen Medizin fand die Myrrhe eine vielfache Verwendung, mit einem deutlichen Schwerpunkt in der Behandlung von Augenerkrankungen[10].

Alpin[11] widmet der Commiphora gileadensis ein umfangreiches Kapitel in seinem Werk über die ägyptischen Heilpflanzen. Er beschreibt unter anderem die mehrfachen Versuche, diesen Baum in Matarieh bei Kairo in einem Garten anzupflanzen. Doch die Myrrhe-Bäume gingen nach kurzer Zeit immer wieder ein.

Heute wird Myrrhe vor allem zur Behandlungen von Entzündungen im Mundbereich eingesetzt[12].

Bemerkungen:

Myrrhe war in der altägyptischen Medizin ein wichtiges und vielfach eingesetztes Heilmittel. Dabei nutzte man sicherlich die Harze verschiedener Commiphora-Arten, ohne diese jedoch durch spezielle Bezeichnungen zu unterscheiden.

[1]Serpico, in: Nicholson and Shaw, Materials, S. 439 f.; [2]Ghazanfar, Handbook, S. 64-65; [3]Germer, Katalog, S. 31; [4]Germer, Katalog, S. 57; [5]Serpico, in: Nicholson and Shaw, Materials, S. 463; [6]Norman de Garis Davies, The Tomb of Puyemrê at Thebes, New York 1922, Bd. I, Pl. XXXIV; [7]Baum, in: RdE 45, 1994, S. 17 f.; Baum, in: Sydney H. Aufrère ed., Encyclopédie religieuse de l'Univers végétal I, Montpellier 1999, S. 421 f.; [8]Plinius, XII, 68; [9]Dioskurides, I, 77 und 80; [10]Till, Arzneikunde, S. 78; [11]Alpin, Plantes, 48 f.; [12]Moursi, Heilpflanzen, S. 118.

Coniferae
Koniferen (Nadelhölzer)

Verbreitung:

In Ägypten wachsen keine Koniferen, nur in der mediterranen Region des Sinai gibt es ein kleines Vorkommen der Wacholderart Juniperus phoenicea L. Das Holz und Harz verschiedener Nadelhölzer wurde im pharaonischen Ägypten in großem Umfang aus dem östlichen Mittelmeerraum, vor allem dem palästinensischen Gebiet und dem Libanon, eingeführt.

Beschreibung:

Zu den Nadelhölzern, die für die Medizin des Alte Ägypten von Bedeutung waren, gehören Pinaceae (Kieferngewächse) mit Zeder, Tanne, Pinie und Kiefer und Cupressaceae (Zypressengewächse) mit Zypresse und Wacholder. Der Wacholder wird unter Juniperus behandelt. Von diesen Bäumen kannte der Ägypter nur das importierte Holz und Harz, nicht aber ihr Aussehen, da das Fällen der Bäume und Einsammeln des Harzes durch die einheimische Bevölkerung erfolgte.

Inhaltsstoffe und pharmazeutische Wirkung:

Koniferenprodukte sind reich an Harzen mit darin enthaltenen ätherischen Ölen. Sie haben eine hautreizende und desinfiziere Wirkung.

Funde:

Seit vorgeschichtlicher Zeit ist Koniferenharz und -holz in Ägypten belegt[1].

Altägyptischer Name:
Der Name *ˁš* bezeichnet einen Koniferen-Baum, die Zeder, Tanne oder Zypresse. Von ihm sind Holz und Harz in den Rezepturen aufgeführt.

Das Harz der *ˁš*-Konifere trug einen eigenen Namen *sf̱t* und wurde häufig äußerlich verordnet.

Spätere medizinische Verwendung:
Eine große Anzahl verschiedener Koniferenharzprodukte waren in der antiken Medizin wichtige Heilmittel.

[1]Serpico, in Nicholson and Shaw, Materials, S. 430 f.; Vartavan and Amorós, Codex, S. 66 und 205.

Convolvulus althaeoides L., C. arvensis L. Malvenblättrige Winde, Ackerwinde

Familie: Convolvulaceae (Windengewächse)

Verbreitung:
In Ägypten wachsen zahlreiche Winden-Arten. Eine medizinische Nutzung in der Volksmedizin wird von Convolvulus althaeoides und Convolvulus arvensis L. berichtet, von denen die erste vor allem auf den sandigen Böden im mediterranen Küstenstreifen, die zweite als Unkraut auf Feldern wächst.

Beschreibung:
Die Malvenblättrige Winde ist eine ausdauernde, bis 1 m hoch werdende Staude, an der sich nur die jüngeren Zweigenden verschlingen und die Blätter im oberen Bereich gelappt sind. Die Ackerwinde hingegen wächst an anderen Pflanzen empor, windet sich auf einer Länge bis zu 1 m. Ihre Blätter sind meist pfeilförmig. Beide Winden haben die typischen großen, trichterförmigen Blüten, die bei Convolvulus althaeoides rosa-, an der Basis purpurfarben sind, bei Convolvulus arvensis weiß.

Inhaltsstoffe und pharmazeutische Wirkung:
Aus Convolvulus arvensis wurden zahlreiche chemische Verbindungen isoliert, keine jedoch mit einer deutlichen pharmazeutischen Wirkung. Nur dem in ihr enthalten gummiartigen Harz wird eine leichte abführende Wirkung zugeschrieben[1].

Funde:
Die Gattung Convolvulus ist durch Funde von der 18. Dynastie an belegt[2].

Altägyptischer Name:
Möglicherweise bezeichnet die *sn-wtt*-Pflanze eine Winde, denn in ihrer Beschreibung in Eb 294 heißt es: „ sie wächst auf ihrem Bauch“ und „sie hat Blüten wie der Lotus“[3].

Spätere medizinische Verwendung:
Dioskurides[4] führt die Ackerwinde auf, deren Saft getrunken „den Bauch lösende“ Kraft hat. Vielleicht bezeichnet das von ihm genannte Medion[5] die Convolvulus althaeoides.

In der heutigen ägyptischen Volksmedizin dient ein Aufguss des Krautes der Ackerwinde als Mittel bei Gallenbeschwerden und zum Abführen[6].

Convolvulus althaeoides (nach Täckholm)

Convolvulus arvensis (nach Täckholm)

Bemerkungen:

Es ist gut möglich, dass in pharaonischer Zeit die beiden heimischen Winden-Arten als leichtes Abführmittel genutzt wurden.

Fraglich ist jedoch, ob die Ägypter damals schon die pharmazeutisch wirksamere Purgierwinde (Convolvulus scammonia L.) nutzten. Diese gehört nicht zur Flora Ägyptens und wurde bisher nur auf dem Sinai ganz vereinzelt gefunden, ihr Verbreitungsgebiet ist der östliche Mittelmeerraum. Aus der Wurzel der Pflanze wird ein Milchsaft gewonnen, der eingetrocknet ein gutes Abführmittel ist. Er spielte in der antiken griechisch-römischen Medizin, der koptischen[7] unter der Bezeichnung ⲥⲕⲁⲙⲟⲩⲛⲓⲁ und noch in Europa bis ins Mittelalter eine wichtige Rolle.

[1]Madaus, Lehrbuch, S. 1099 f.; Ghazanfar, Handbook, S. 88; Moursi, Heilpflanzen, S. 121; [2]Vartavan and Amorós, Codex, S. 81-82; [3]Dawson, in: JEA 20, 1934, S. 186; [4]Dioskurides, IV, 39; [5]Dioskurides, IV, 18; [6]Moursi, S. 121; [7]Till, Arzneikunde S. 86.

Corchorus olitorius L.
Langkapseljute

Familie: Tiliaceae (Lindengewächse)

Verbreitung:

Die Kulturpflanzenforschung geht davon aus, dass die Heimat der Langkapseljute in Indien lag und sich von dort ihr Anbau ausbreitete[1]. Heute wird sie als Blattgemüselieferant in Ägypten vielfach angepflanzt, daneben kommt sie aber auch verwildert als Unkraut in den Feldern vor.

Beschreibung:

Die Pflanze kann eine Höhe bis zu 4 m erreichen. In den Achseln der am Rande gesägten Blätter sitzen die gelben Blüten. Aus ihnen entwickeln sich etwa 6 cm lange, 10-rippige Früchte. In der 5-fächrigen Kapsel bilden sich zahlreiche schwarze Samen.

Corchorus olitorius (nach Alpin)

Inhaltsstoffe und pharmazeutische Wirkung:

Die Blätter enthalten Bitter- und Schleimstoffe, Harz, Glykoside sowie Saponine[2].

Funde:

Unklar ist, wann die Kultur der Langkapseljute in Ägypten begann, der älteste Fund stammt aus dem römischen Kom Ouschim[3].

Altägyptischer Name:

Der Name der Pflanze ist nicht bekannt.

Spätere medizinische Verwendung:

Plinius[4] erwähnt die Langkapseljute als Nahrungsmittelpflanze Ägyptens, deren Blätter gegessen wurden. Diese fanden auch in der Heilkunde Verwendung, innerlich bei Schwermut, äußerlich bei Hauterkrankungen und Skabies beim Vieh, ein Blattumschlag soll bei Schlangenbissen helfen.

Alpin[5] berichtet, dass die Blätter und daraus gekochte Pflanzenschleime zu seiner Zeit ein wichtiges Nahrungsmittel in Ägypten waren. Ein Aufguss der Blätter diente zum Lindern von Erkrankungen der Atemwege, die Samen als Abführmittel.

In der heutigen Volksmedizin Ägyptens werden die Blätter äußerlich bei Skorpionsstichen angewendet, in Suppe gekocht als Abführmittel und zum Entwässern[2].

[1]Franke, Nutzpflanzenkunde, S. 398; [2]Moursi, S. 125; [3]Vartavan and Amorós, Codex, S. 84; [4]Plinius, XXI, 89 und 183; 5Alpin, 92.

Cordia sinensis Lam. und Cordia myxa L.

Familie: Boraginaceae (Borretschgewächse)

Verbreitung:

Das heutige Vorkommen von Cordia sinensis in Ägypten ist begrenzt auf die Oasen der libyschen Wüste und das Gebel Elba Gebiet an der südöstlichen Grenze Ägyptens zum Sudan. In weiter südlich gelegen Regionen Afrikas sowie von Arabien bis Indien ist diese Pflanze häufig anzutreffen.

Cordia myxa hingegen gehörte ursprünglich nicht zu Flora Ägyptens, ihre Heimat ist im Südhimalaya-Gebiet Indiens. Der Baum kam als Kulturpflanze ins Niltal, wo er heute aber auch verwildert vorkommt.

Cordia sinensis (nach Crowfoot)

Cordia myxa (nach Hayne)

Beschreibung:

Cordia sinensis wächst meist als große Busch, seltener als bis 3 m hoher Baum mit hängenden Zweigen. Die Blätter sind oval-länglich, in ihren Blattachseln sitzen die weißen Blüten in einer Rispe. Die Früchte sind fast kugelige, rote Steinfrüchte.

Cordia myxa ist ein bis 5 m hoch werdender Baum mit mehr ovalen, manchmal auch leicht eingebuchteten Blättern. Das Fruchtfleisch der Steinfrüchte wird bei Reife süßlich schleimig.

Inhaltsstoffe und pharmazeutische Wirkung:

In den Früchten von Cordia myxa sind Schleimstoffe, Glukose und Gerbstoffe nachgewiesen[1].

Funde:

Cordia sinensis ist seit der 5. Dynastie belegt, die Kultur der Cordia myxa begann vermutlich im Mittleren Reich[2].

Altägyptischer Name:

Von keiner der beiden Cordia-Arten ist der Name bekannt.

Spätere medizinische Verwendung:

Theophrast beschreibt die Cordia myxa, von ihm Persea genannt, als einen in Ägypten wachsenden Baum mit süßlich schmeckenden, leicht verdaulichen Früchten[3].

Auch Dioskurides[4] erwähnt die Cordia myxa als Baum Ägyptens, dessen essbaren Früchte dem Magen zuträglich sind, und die Blätter getrocknet, fein zerstoßen auf eine Wunde gestreut, stillen Blut.

Alpin[5] führt beide Cordia-Arten, sowohl die wildwachsende Cordia sinensis als auch die kultivierte Cordia myxa, als ägyptische Heilpflanzen auf. In der pharmazeutischen Anwendung gibt er für sie keinen Unterschied an. Aus dem Fruchtfleisch wurde eine Paste hergestellt, die bei allen Tumoren als Pflaster dient. Innerlich hilft sie bei Husten, Beschwerden der Atemwege und Fieber.

In der heutigen ägyptischen Volksmedizin werden nur noch die Früchte von Cordia myxa medizinisch genutzt, sie haben eine leicht abführende Wirkung, und ein Aufguss hilft bei Lungen- und Bronchialbeschwerden[6].

[1]Moursi, Heilpflanzen, S. 126; [2]Vartavan and Amorós, Codex, S. 84-85; [3]K. Sprengel, Theophrast's Naturgeschichte der Gewächse, Altona 1822, IV, II, 5; [4]Dioskurides, I, 187; [5]Alpin, Plantes, 29: [6]Ducros, Droguier, S. 33; Moursi, Heilpflanzen, S. 126.

Coriandrum sativum L.
Koriander

Familie: Umbelliferae (Doldengewächse)

Verbreitung:

Die Heimat des Korianders liegt im östlichen Mittelmeerraum[1], von wo aus sich seine Kultur ausbreitete. Er gehört nicht zur ursprünglichen Flora Ägyptens, ist dort aber heute außer in Kultur auch verwildert weit verbreitet.

Beschreibung:

Die Pflanze wächst als einjähriges Kraut 30-40 cm hoch mit fein gefiederten Blättern. Die Blütendolde hat weiße oder rosafarbene Blüten, aus denen sich die 3-5 mm großen, kugeligen Früchte entwickeln. Sie sind auf der Oberseite runzlig mit geschlängelten Rippen und enthalten in ihrem Innern einen Samen.

Inhaltsstoffe und pharmazeutische Wirkung:
Korianderfrüchte und auch das Kraut enthalten einen hohen Anteil an ätherischen Ölen[2].

Funde:
Durch zahlreiche Funde ist die Kultur des Korianders in Ägypten seit der 18. Dynastie belegt[3]. Aus dem Rahmen fällt der einzige sehr viel frühere Fund aus dem vordynastischen Adama[4], zu dem jedoch zeitlich Samen passen, die Kislev in der Nahal Hemar Höhle in Israel der Schicht Pre-Pottery Neolithic B fand, wenn diese nicht später in diese frühe Schicht verbracht worden sind[1]. Der genaue Zeitpunkt, wann die Ägypter den Koriander kennen gelernt und dann auch selber angebaut haben, bleibt also zur Zeit noch unklar.

Altägyptischer Name:
Versuchsweise wird der Pflanzenname *šȝw* mit Koriander, übersetzt aufgrund seiner Verwandtschaft zur koptischen Bezeichnung **ⲃⲉⲣϣⲏⲟⲩ** für Koriander[5], eine Pflanze, die allerdings in keinem koptisch medizinischen Rezept erwähnt ist.

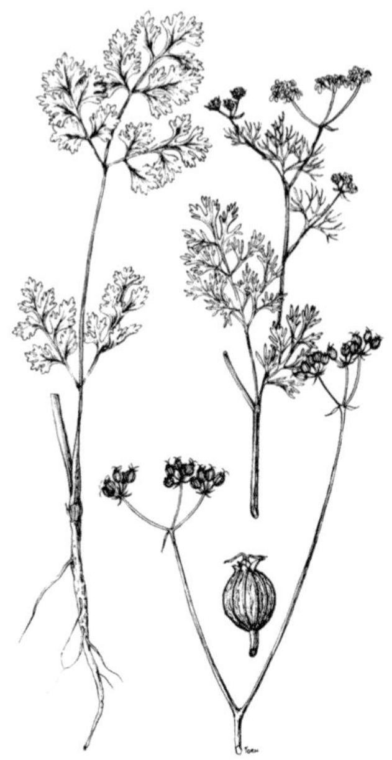

Coriandrum sativum (nach Zohary)

Spätere medizinische Verwendung:
Plinius[6] schreibt, der beste Koriander komme aus Ägypten. Äußerlich angewandt sind die gemahlenen Früchte und die frische Pflanze ein gutes Mittel bei allen Arten von Wunden, Furunkeln und Verbrennungen, sowie bei Schlangenbiss. Innerlich hilft Koriander bei Cholera, Parasiten und Ausfluss der Eingeweide werde gestoppt.

Auch Dioskurides[7] verordnet Koriander vor allem äußerlich bei Entzündungen, Geschwüren, Furunkeln, innerlich in Wein gegen Bandwürmer, außerdem fördere der Genuss die Samenbildung.

Alpin[8] beschreibt die häufige Nutzung des Korianders in Ägypten, sowohl in der Ernährung als Gewürz wie auch in der Medizin, äußerlich gegen Tumore, Geschwüre und bei Gelenkschmerzen, innerlich das Kraut wie die Früchte zur Behandlung des Magens, gegen Koliken und Gonorrhoe.

Moursi[9] nennt für die heutige ägyptische Volksmedizin nur noch die innerliche Verordnung der Blätter und Früchte bei Blähungen und Ruhr, zur Förderung der Verdauung, bei Arterienverkalkung, Bluthochdruck und außerdem als krampflösendes Mittel.

Bemerkungen:
Der Koriander wurde sicherlich von den altägyptischen Ärzten als Heilmittel genutzt. Ob es sich dabei um die in den medizinischen Texten *šȝw* genannte Pflanze handelt, lässt sich allerdings nicht mit Sicherheit sagen.

[1]Zohary and Hopf, Domestication, S. 188; [2]Ghazanfar, Handbook, S. 206; [3]Vartavan and Amorós, Codex, S. 85; [4]Vartavan, in: BIFAO 91, 1992, S. 244 f.; [5]Charpentier, Receuil, S. 642, Nr. 1047; [6]Plinius, XX, 216; [7]Dioskurides, III, 64; [8]Alpin, Plantes, 131; [9]Moursi, Heilpflanzen, S. 129.

Cressa cretica L.
Harzkraut

Familie: Convolvulaceae (Windengewächse)

Verbreitung:
Das Harzkraut ist in ganz Ägypten recht häufig anzutreffen. Es wächst vor allem auf leicht salzhaltigen Böden.

Beschreibung:

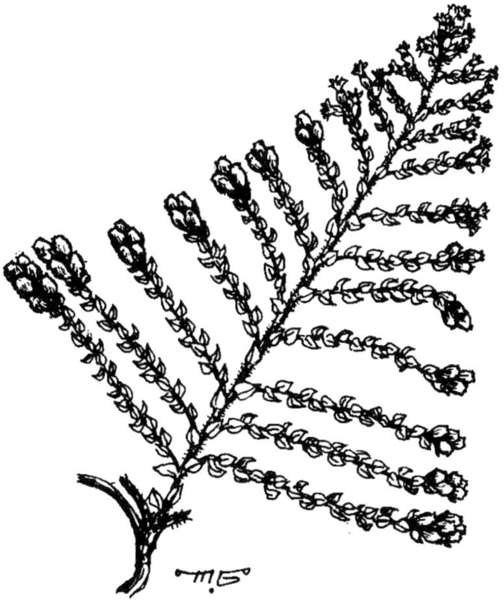

Cressa cretica (nach Täckholm)

Der nur kleine, 10-30 cm hohe, oft niederliegend wachsende Busch ist im unten Bereich verholzt, die oberen Zweige sind dicht mit winzigen Haaren besetzt. Sie tragen eng beieinander sitzende, kleine, ovale, seidig behaarte Blättchen und am Ende die in etwa erbsengroßen, runden Ähren stehenden weißen Blüten.

Inhaltsstoffe und pharmazeutische Wirkung:
Wie viele Windengewächse enthält auch das Harzkraut mehrere glykosidische Harze.

Funde:
In Mumiengirlanden der römischen Zeiten fanden sich Zweige der Cressa cretica eingebunden[1].

Altägyptischer Name:
Der Name der Pflanze ist nicht bekannt.

Spätere medizinische Verwendung:
Dioskurides[2] verordnet die Wurzel als Diuretikum, in Form von Zäpfchen bei Gebärmutterentzündungen und zerrieben zur Förderung der Wundheilung.

Auch heute noch findet das Harzkraut in der Volksmedizin verschiedener Länder Verwendung, für Ägypten ist dies allerdings nicht berichtet. In Nordafrika, der arabischen Heilkunde und im Sudan dienen die zerstoßenen Blätter der Behandlung von Gelbsucht und Wunden, ein Aufguss der Pflanze wirkt als stärkendes, magenberuhigendes, schleimlösendes Mittel und es wird ihr auch eine aphrodisierende Wirkung zugeschrieben[3].

[1]Vartavan and Amorós, Codex, S. 87; [2]Dioskurides, III, 143; [3]Boulos, Medicinal Plants, S. 70; Kotb Hussein, Medicinal Plants, S. 354; Ghazanfar, Handbook, S. 88 f.; Georg Dragendorff, Die Heilpflanzen der verschiedenen Völker und Zeiten, Stuttgart 1898, S. 552.

Crinum zeylanicum L.
Hakenlilie

Familie: Amaryllidaceae (Amaryllisgewächse)

Verbreitung:
Die Hakenlilie wächst nicht in Ägypten, ihr nächsten Vorkommen ist heute im mittleren und südlichen Sudan.

Beschreibung:

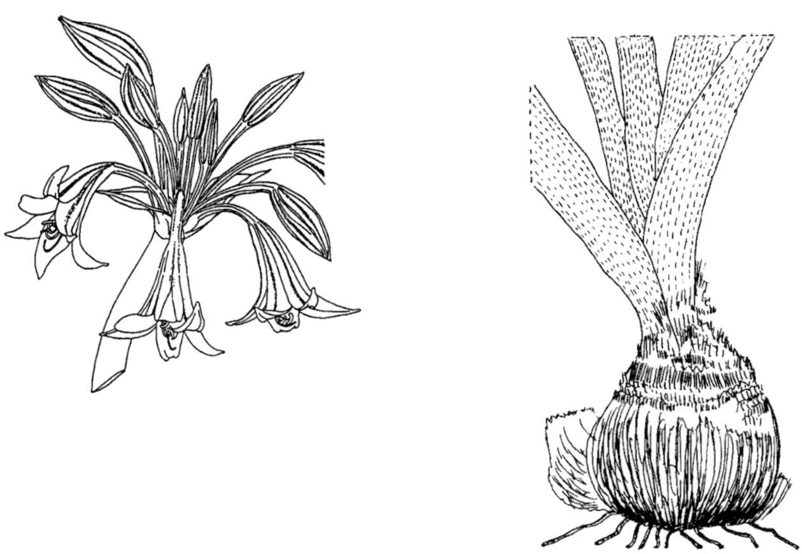

Crinum zeylanicum (nach Neuwinger und Boullard)

Crinum zeylanicum ist ein Zwiebelgewächs mit schmalen, lanzettlichen, bis zu 75 cm langen Blättern, die aufrecht stehend oder hängend sein können. Die 20-25 cm großen Blüten bestehen aus sechs weißen, mit purpurfarbenem Mittelstreifen versehenen Blütenblättern. Sie stehen zusammen in vielblütigen Dolden auf einem 60-90 cm langen Stängel. Die Zwiebeln erreichen einen Durchmesser von mehr als 20 cm.

Inhaltsstoffe und pharmazeutische Wirkung:

Vor allem in der Zwiebel sind mehrere Alkaloide enthalten, die ähnlich wie Digitalis auf das Herz wirken. Daher ist der Saft der Zwiebel hoch toxisch[1].

Funde:

Aus der 21. Dynastie liegen Crinum-Zwiebelschalen vor, die an der Mumie der Nesi-Chonsu den Mund, die Augen und den Mumifizierungsschnitt abdeckten. Nach einem Gutachten von Müller-Doblies handelt es sich bei ihnen höchst wahrscheinlich um die Art Crinum zeylanicum[2].

Altägyptischer Name:

Der Name der Pflanze ist nicht bekannt.

Spätere medizinische Verwendung:

Heute dient ein Extrakt der Zwiebelschalen der Hakenlilie bei mehreren afrikanischen Völkern als Jagdgift benutzt, die Schalen in der afrikanischen Volksmedizin innerlich als drastisches Abführmittel und äußerlich bei Geschwüren und Wunden verwendet. Auch die Blätter werden sowohl innerlich als auch äußerlich medizinisch genutzt[1].

Bemerkungen:

Man kann sicher davon ausgehen, dass in pharaonischer Zeit die Zwiebeln der Crinum zeylanicum nicht nur für den Ziergartenbedarf von Süden her eingeführt wurden, sondern dass die Ärzte deren pharmazeutische Eigenschaften kannten und nutzten.

[1]Hans Dieter Neuwinger, Afrikanische Arzneipflanzen und Jagdgifte, Stuttgart 1994, S. 10 f.; [2]Germer, Katalog, S. 12.

Crocus sativus L.
Safran-Krokus

Familie: Iridaceae (Schwertliliengewächse)

Verbreitung:

Der Safran-Krokus gehört nicht zur Flora Ägyptens. Nach Abbildungen auf minoischen Fresken und Vasen war er auf Kreta mindestens seit 1600 v. Chr. in Kultur[1].

Beschreibung:

Die Pflanze wächst im Herbst aus einer Knollen-Zwiebel von etwa 3 cm Durchmesser, ohne Stängel mit grundständigen, schmal-linealen Blättern und Einzelblüten. Diese bestehen aus sechs hellvioletten Blütenblättern, die im unteren Teil zu einer dünnen Blütenblattröhre verwachsen sind. In ihrem Innern sitzen die drei Staubgefäße und der unterständige Fruchtknoten mit einem langen Griffel, dessen Narbe aus drei braunroten, 3 cm lange Äste besteht.

Inhaltsstoffe und pharmazeutische Wirkung:

Die getrockneten Narben des Safran-Krokus enthalten ätherische Öle mit krampflösender Wirkung, daneben den gelben Farbstoff Crocin, der direkt auf Wolle, Seide und Baumwolle färbt.

Funde:
Weder Krokusfunde, mit Safran gefärbte Textilien noch Darstellungen der Pflanze sind für das pharaonische Ägypten nachgewiesen.

Altägyptischer Name:
Der Name der Pflanze ist nicht bekannt.

Spätere medizinische Verwendung:
Plinius[2] schreibt, dass Safran Bestandteil vieler verschiedener Rezepturen ist. Allein genommen wirkt er entzündungshemmend, besonders bei Augenentzündungen und Erkrankungen der Atemwege, aber auch der Niere, Blase sowie Leber. Außerdem gilt er als Aphrodisiakum.

Dioskurides[3] nennt seine harntreibenden, adstringierenden Eigenschaften, Safran zu Salbe verarbeitet hilft bei Rose, entzündeten Augen und Ohren und in Mundsalben, auch die Wurzel ist diuretisch.

In der koptischen Medizin dient Safran vor allem der Behandlung von Augenerkrankungen, Wunden und Hautkrankheiten[4].

Crocus sativus (nach Offenbach)

Auch heute noch wird der Safran in der ägyptischen Volksmedizin verwendet, in Tee zum Lösen von Hustenkrämpfen in Folge von Asthma oder Keuchhusten, allgemein als krampflösendes Mittel und Aphrodisiakum[5].

Bemerkungen:
Im Neuen Reich bestand ein reger Handelsverkehr zwischen Ägypten und Kreta. Es ist durchaus vorstellbar, dass in diesem Rahmen auch kostbarer Safran an den ägyptischen Hof gelangte.

[1]Zohary and Hopf, Domestication, S. 189; [2]Plinius, XXI, 137; [3]Dioskurides, I, 25; [4]Till, Arzneikunde, S. 90; [5]Boulos, Medicinal Plants, S. 97, Moursi, Heilpflanzen, S. 130.

Cucumis melo L. var. chate (L.) Naud. ex Boiss.
Chate-Melone

Familie: Cucurbitaceae (Kürbisgewächse)

Verbreitung:
Die Kultur der Chate breitete sich vermutlich vom tropischen Afrika[1] nach Ägypten aus. Dort ist sie noch heute im Anbau, wächst bevorzugt auf den sandigen Nilinseln und ist auch verwildert anzutreffen.

Beschreibung:
Die niederliegend wachsende, einjährige Pflanze trägt an ihrem Spross große, drei bis fünf lappige oder ovale Blätter und unverzweigte Ranken. Aus dem unterständigen Fruchtknoten der weiblichen Blüten entwickeln sich die gelb-grünen, länglichen bis ovalen, leicht ge-

rippten Früchte in einer großen Formenvielfalt. Die männlichen Blüten stehen an der gleichen Pflanze in kleinen Blütenständen.

Cucumis melo var. chate (nach Fuchs)

Inhaltsstoffe und pharmazeutische Wirkung:

Die Samen enthalten einen geringen Anteil an fettem Öl.

Funde:

Nach neueren Untersuchungen scheint die Chate-Melone schon in vorgeschichtlicher Zeit in Ägypten bekannt gewesen zu sein[2].

Altägyptischer Name:

Sowohl *šspt* als auch *šb/šbt* werden als Bezeichnungen für eine Melonenart angesehen. Ob es sich dabei im einzelnen um die Chate oder die Wassermelone handelt, lässt sich nicht entscheiden. Beide Pflanzennamen sind einige Male in den medizinischen Rezepturen erwähnt.

Spätere medizinische Verwendung:
Dioskurides[3] verordnete das Fruchtfleisch der Melone als Diuretikum, äußerlich bei Augenentzündungen und die Wurzel als Brechmittel.

Auch in den koptischen Texten gibt es mehrere Bezeichnungen für Kürbisgewächse, die sich jedoch nicht sicher speziellen botanischen Arten zuordnenden lassen. Das Wort **ϣωⲃⲉ** steht wohl in Verbindung zum altägyptischen *šspt*. In der koptischen Medizin kommen Melonen sowohl zur Behandlung von Augen- als auch Hauterkrankungen zum Einsatz[4].

Alpin berichtet, dass Chate-Melonen vor allem bei fiebrigen Erkrankungen gegessen wurden[5].

In der heutigen ägyptischen Volksmedizin dient ein Aufguss der Samen als Wurmmittel, die Fruchtstiele werden als schleimlösendes Mittel bei Erkrankungen der Atemwege und als Brechmittel gegessen[6].

[1]Franke, Nutzpflanzenkunde, Stuttgart 1976, S. 262; [2]Vartavan and Amorós, Codex, S. 88; [3]Dioskurides, II, 163; [4]Till, Arzneikunde, S. 63; [5]Alpin, Plantes, 114; [6]Moursi, Heilpflanzen, S. 133; Boulos, Medicinal Plants, S. 75.

Cuminum cyminum L.
Kreuzkümmel

Familie: Umbelliferae (Doldengewächse)

Verbreitung:
Die Kultur des Kreuzkümmels begann wahrscheinlich im Ostmittelmeerraum, wilde Formen sind allerdings heute nur noch in Zentral-Asien anzutreffen[1]. Angebaut findet sich dieses im Orient sehr beliebte Gewürz jetzt im gesamten Mittelmeergebiet, besonders häufig in Ägypten.

Beschreibung:
An einem 60-150 cm hohen, vielfach verzweigten Stängel sitzen kleine, weiß- bis rosafarbene Blütendolden. In ihnen stehen bei Reife die Früchte, die aus zwei Teilfrüchten bestehen. Sie haben auf der Rückenseite 5-gezähnte, gelbe Rippen und einen mit Borsten versehenen Kiel. Die Blätter sind haarfein zerteilt.

Inhaltsstoffe und pharmazeutische Wirkung:
Die Früchten enthalten mehrere ätherische Öle, sie haben eingenommen eine krampflösende Wirkung im Bereich des Magen- Darmtraktes und der Galle, sind verdauungsfördernd, bläh- und leicht harntreibend. Äußerlich angewandt wirken die Früchte hautreizend und desinfizierend.

Funde:
Aus vorrömischer Zeit ist bisher nur ein Fund aus dem Grab des Cha in Deir el Medineh der 18. Dynastie belegt[2].

Altägyptischer Name:
Der Kreuzkümmel hieß *tpnn*. Diese Deutung ist aufgrund der Verwandtschaft mit dem koptischen Namen **ⲧⲁⲡⲛ** für Kreuzkümmel recht gesichert.

Spätere medizinische Verwendung:

Sowohl Plinius[3] als auch Dioskurides[4] führen einen wilden und einen kultivierten Kreuzkümmel an, deren Anwendungsbereiche sich nicht sehr unterscheiden. Besonders gut soll der äthiopische und der ägyptische sein. Kreuzkümmel hilft vor allem bei Problemen des Magen-Darmtraktes, auch als Klistier und äußerlich angewandt bei Hodenschwellungen und Nasenbluten. Ins Ohr eingeträufelt mildert er Ohrgeräusche. Weiterhin lindert er als Trankmittel die Folgen von Bissen und Stichen giftiger Tiere.

Auch in der koptischen Heilkunde fand der Kreuzkümmel Verwendung, äußerlich bei geschwollenen Augen und Hauterkrankungen und innerlich bei Magenbeschwerden[5].

In der heutigen ägyptischen Volksmedizin[6] wird auch weiterhin die wohltuende Wirkung des Kreuzkümmels auf das Magen- Darmsystem genutzt. Daneben kommt er äußerlich zur Anwendung bei Ohrenerkrankungen, Mumps und Hodenentzündungen.

Cuminum cyminum (nach Hegi)

Bemerkungen:

Die altägyptischen Ärzte verordneten den Kreuzkümmel recht häufig und, soweit wir die Indikationen deuten können, ganz entsprechend seiner pharmazeutischen Wirkung vor allem in Rezepturen zur Behandlung des Bauches.

Interessant ist, dass die heutige Nutzung bei Mumps und Hodenentzündungen schon von Plinius und Dioskurides erwähnt wird, aus den altägyptischen Rezepturen lässt sie sich allerdings nicht erkennen.

[1]Zohary and Hopf, Domestication, S. 189; [2]Vartavan and Amorós, Codex, S. 89-90; [3]Plinius, XX, 159; [4]Dioskurides,III,61; [5]Till, Arzneikunde, S.77; [6]Moursi, Heilpflanzen, S.139; Boulos, Medicinal Plants, S.183.

Cymbopogon schoenanthus (L.) Spreng.
Bartgras (Kamelgras)

Familie: Gramineae (Gräser)

Verbreitung:

Die Art Cymbopogon schoenanthus wird in zwei Unterarten gegliedert, von denen nur die subsp. proximus (Hochst. ex A. Rich.) Maire & Weiller in Ägypten in der östlichen Wüste und auf dem Sinai selten vorkommt. Ihr Hauptverbreitungsgebiet liegt südlich von Ägypten, dem Sudan, Äthiopien bis Kenia.

Von der subsp. schoenanthus wurden bisher einige wenige Exemplare auf dem Sinai gefunden, ansonsten wächst das Gras in Nordafrika, Marokko und Algerien, aber auch in Somalia und Saudi-Arabien[1].

Die Pflanze wird zur Gewinnung des in ihr enthaltenen ätherischen Öles auch angebaut.

Beschreibung:
Die Halme des tuffbildenden Kamelgrases können bis zu 1,2 m hoch werden. Sie tragen eine lockere bis dichte, rötliche Rispe und sehr schmale Blätter. Die ganze Pflanze duftet nach Geranien und Rosen.

Inhaltsstoffe und pharmazeutische Wirkung:
Das Kamelgras enthält in allen seinen Teilen, besonders reichlich im Halm und dem Rhizom, ätherische Öle. Vor allem das Geraniol und Citral bedingen den aromatischen Geruch. Ein Aufguss des Grases wirkt diuretisch, krampflösend und blähtreibend, äußerlich adstringierend.

Funde:
In der Royal Cachette von Deir el Bahari fand sich ein Korb mit Halmstücken und Rispen von Cymbopogon schoenanthus zusammen mit der auch aromatisch duftenden Flechte Pseudevernia furfuracea[2]. Das Material ist höchst wahrscheinlich in die 21. Dynastie zu datieren.

Altägyptischer Name:
In ptolemäischer Zeit wird die Pflanze *šwt-Nmti* aus dem Süden importiert und für Salböle verwendet. Loret[3] sah darin eine Bezeichnung für Cymbopogon schoenanthus. Diese Identifizierung ist jedoch nicht belegbar.

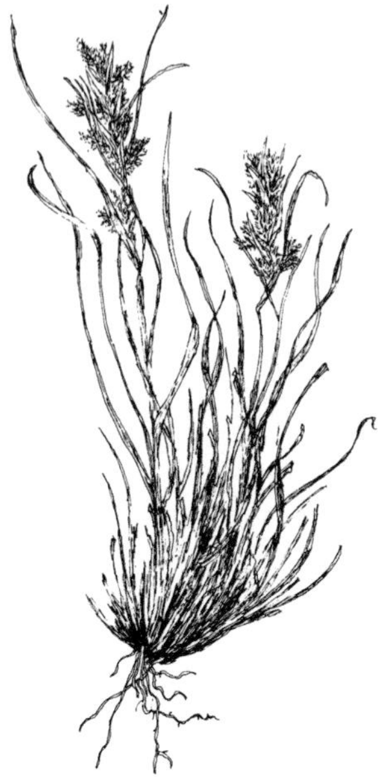

Cymbopogon schoenanthus (nach Moursi)

Spätere medizinische Verwendung:
Theophrast[4] und Dioskurides[5] erwähnen ein Bartgras σχοινου, das sowohl in Libyen, Arabien als auch Palästina wächst. Zwar kommt Cymbopogon schoenanthus nicht in Palästina vor, aber das sehr ähnlich aussehende und riechende Cymbopogon parkeri Stapf, mit dem es oft verwechselt wird[6]. Dioskurides verordnet das Bartgras als harntreibend, blähfördernd und menstruationsregulierend.

In der ägyptischen Volksmedizin wird noch immer der Aufguss der Stängel und Rhizome von Cymbopogon schoenanthus als krampflösendes, diuretisches, verdauungs- und menstruationsförderndes und fiebersenkendes Mittel genutzt, außerdem äußerlich bei Rheuma und zur Wundbehandlung angewandt sowie bei Zahnschmerzen[7].

Bemerkungen:
Den Ägyptern war das Kamelgras auf jeden Fall seit dem Neuen Reich bekannt, ob man es in der östlichen Wüste gesammelt oder importiert hat, ist unbekannt. Nach der Fundsituation in der Royal Cachette, zusammen mit der duftenden Flechte Pseudevernia furfuracea, benutzte man es sicherlich zur Herstellung duftender Salböle und wahrscheinlich auch zu Heilzwecken.

[1]Boulos, Flora IV, S. 337-338; [2]Vartavan and Amorós, Codex, S. 91; [3]Loret, Flore, S. 25, Nr. 22; [4]K. Sprengel, Theophrast's Naturgeschichte der Gewächse, Altona 1822, IX, 7, 1; [5]Dioskurides, I, 16; [6]Zohary, Flora IV, S. 327-328; [7]Ducros, Droguier, S. 1; Boulos, Medicinal Plants, S. 94; Moursi, Heilpflanzen, S. 145, 146.

Cynodon dactylon (L.) Pers.
Fingergras (Hundszahngras)

Familie: Gramineae (Gräser)

Verbreitung:

Das Fingergras ist in ganz Ägypten sowohl auf sandigen und steinigen Böden als auch entlang von Wasserläufen als Unkraut auf den Feldern vertreten.

Beschreibung:

Cynodon dactylon (nach Townsend)

Die Halme des ausdauernden Grasen sind bis 40 cm hoch, endständig sitzen vier bis sechs purpurfarbene, 6 cm lange Ähren. Das Gras verbreitet sich vor allem durch dem Boden aufliegende, oft meterlange, wurzelnde Ausläufer und dünne, unterirdische Rhizome.

Inhaltsstoffe und pharmazeutische Wirkung:

In der Pflanze wurden bisher keine Substanzen mit ausgeprägter pharmazeutischer Wirkung nachgewiesen[1].

Funde:

Früheste Funde des Fingergrases stammen aus der Spätzeit[2].

Altägyptischer Name:

Der Name der Pflanze ist nicht bekannt.

Spätere medizinische Verwendung:

Möglicherweise ist das von Dioskurides erwähnte Cynodon dactylon. Er verordnet das Rhizom zum Verkleben von Wunden, eine Abkochung davon bei Erkrankungen des Harnwegsystems und bei Blasensteinen[3].

Auch heute noch finden die Rhizome des Fingergrases in der ägyptischen Volksmedizin als harn- und schweißtreibendes, blutreinigendes und wunddesinfizierendes Mittel Verwendung[4].

[1]Ghazanfar, Handbook, S. 170; [2]Vartavan and Amorós, Codex, S. 92; [3]Dioskurides, IV, 30; [4]Täckholm, Flora I, S. 381; Boulos, Medicinal Plants, S. 94; Moursi, Heilpflanzen, S. 149.

Cynomorium coccineum L.
Hundskolbengewächs

Familie: Balanophoraceae (Kolbenträgergewächse)

Cynomorium coccineum (nach Täckholm)

Verbreitung:

Cynomorium coccineum wächst im mediterranen Küstenstreifen, der östlichen Wüste und auf dem Sinai. Es bevorzugt sandige und salzhaltigen Böden und als Wirtspflanzen Tamarix-Nitraria- und Salsola-Arten.

Beschreibung:

Die Pflanze ist ein Wurzelparasit, dessen Wurzelknollen mit den Wurzel der Wirtspflanze verbunden sind.

Aus einem knolligen Rhizom entspringt der etwa 30 cm lange, unverzweigte Stamm des Hundskolbengewächses. Er ist zylindrisch, mit einem Durchmesser von etwa 3 cm, fleischig und mit kleinen, roten Schuppen bedeckt. An einem endständigen, keulenförmigen Kolben sitzen dicht die winzigen Blüten, weibliche, männliche und zweigeschlechtliche.

Inhaltsstoffe und pharmazeutische Wirkung:

Bisher liegen nur wenige chemische Untersuchungen von Cynomorium coccineum vor. Die Knollen sind reich an Stärke, Kalium und Phosphaten, sie sind essbar. Die Blüten verströmen einen unangenehmen Geruch, der Fliegen anlockt. Sie fanden auch als roter Farbstoff Verwendung[1].

Funde:

Aus archäologischem Kontext sind keine Funde belegt.

Altägyptischer Name:

Der Name der Pflanze ist nicht bekannt.

Spätere medizinische Verwendung:

In der ägyptischen Volksmedizin werden der Pflanze vor allem aphrodisierende Eigenschaften zugeschrieben[1]. Diese Annahme muss allerdings nicht auf einer tatsächlichen pharmazeutischen Wirkung beruhen, sondern kann sich auch von der eigenwilligen Gestalt ableiten. Daneben dient die ganze Pflanze in der arabischen Medizin als Abführmittel[2].

Bemerkungen:

Die ungewöhnliche Wuchsform des Hundskolbengewächses führte sicherlich dazu, dass sie auch in der altägyptischen Medizin Verwendung fand.

[1]Boulos, Medicinal Plants, S. 80; [2]Ghazanfar, Handbook, S. 51.

Cyperus esculentus L.
Erdmandel

Familie: Cyperaceae (Riedgräser)

Verbreitung:
Wildwachsend ist die Erdmandel heute in Ägypten nur recht selten im Niltal, Nildelta und dem mediterranen Küstenstreifen anzutreffen. Kultiviert wird die Pflanze hingegen im ganzen Land auf sandigen Böden, vor allem im Gebiet südlich von Rosetta.

Beschreibung:
Das bis etwa 40 cm hoch werdende Riedgras hat am oberen Ende des Halmes einen doldenförmigen Blütenstand aus zahlreiche Ähren tragenden Strahlen. Meist sind drei Tragblätter vorhanden. Einige schmale Blätter umgeben den Halm am basalen Teil. Dort entspringen auch die Ausläufer mit den runden, eichelgroßen Sprossknollen.

Inhaltsstoffe und pharmazeutische Wirkung:
Die leicht madelartig schmeckenden Rhizomknollen sind ein proteinreiches Nahrungsmittel. Sie enthalten 20-25% fettes Öl, das sich gut zu Speisezwecken eignet.

Funde:
Seit vorgeschichtlicher Zeit ist die Erdmandel als häufige Grabbeigabe belegt[1].

Altägyptischer Name:
Die Rhizomknollen von Cyperus esculentus wurden *wꜥḥ* genannt, das daraus gewonnene Öl *mrḥt wꜥḥ*.

Spätere medizinische Verwendung:
Weder Plinius noch Dioskurides erwähnen die Erdmandel unter den Heilpflanzen. In der heutigen ägyptischen Volksmedizin spielen sie als hochwertiges Nahrungsmittel eine Rolle[2].

Cyperus esculentus (nach Engler)

Bemerkungen:
Die recht unspezifische Anwendung der Erdmandel in der altägyptischen Heilkunde zeigt sie als geschätztes Nahrungsmittel, das sich gut als Drogengrundlage eignet.

[1]Vartavan and Amorós, Codex, S. 94 f.; [2]Moursi, Heilpflanzen, S. 151.

Cyperus papyrus L.
Papyrus

Familie: Cyperaceae (Riedgräser)

Verbreitung:
In pharaonischer Zeit war der Papyrus entlang des Nils in dickichtartiger Wuchsform überall vertreten. Heute findet sich nur noch eine kleiner Restbestand des natürlichen

Vorkommens im Wadi Natrun, daneben wird aber die Pflanze zur Papyrusgewinnung wieder angebaut.

Beschreibung:

Cyperus papyrus (nach Alpin)

Aus einem kriechenden Rhizom wachsen die bis 5 m hohen, dreikantigen Stängel. Sie tragen eine große Blütendolde mit fünf bis sechs Hüllblättern an ihrer Basis. Den unteren Teil des Stängels umschließen einige häutige Blattscheiden. Aus dem weißen Mark des Stängels wird das Schreibmaterial Papyrus gewonnen.

Inhaltsstoffe und pharmazeutische Wirkung:

Das Rhizom der Pflanze ist essbar. Pharmazeutische Wirkungen sind nicht bekannt.

Funde:

Seit vorgeschichtlicher Zeit liegen Funde der Papyruspflanze aus archäologischem Kontext vor[1].

Altägyptischer Name:

Die Papyruspflanze wird nur einige wenige Male unter zwei Namen in dem medizinischen Papyri aufgeführt, *mḥit* und *mnḥ*. Aber auch das aus dem Mark der Pflanze hergestellte Schreibmaterial Papyrus *šꜥt* und *šw* wurde in der Heilkunde verwendet. Die Asche eines alten Papyrusblattes soll einem Kind gegeben werden, damit es „die Ansammlung von

Harn ausscheidet, die in seinem Bauch ist“ (Eb 262), und ein gekochtes, neues Papyrusblatt dient dem Wundverschluss bei Verbrennungen (Eb 482, 484, 497).

Spätere medizinische Verwendung:

Sowohl Plinius[2] als auch Dioskurides[3] führen die medizinische Nutzung der Papyruspflanze und des Schreibmateriales Papyrus an. Der Stängel mazeriert hilft Fisteln zu öffnen, das Rhizom ist nahrhaft und die zu Asche verbrannte Pflanze oder noch besser das Papyrusschreibblatt heilt Geschwüre im Mund und an anderen Stellen des Körpers.

Die Verordnung von Papyrusasche zur Behandlung von Geschwüren, vor allem im Mund, findet sich auch in der koptischen Medizin[4] und hat sich in Ägypten bis heute erhalten[5].

Bemerkungen:

Da der Papyrus eine typisch ägyptische Pflanze ist, kann man davon ausgehen, dass die Angaben bei Plinius und Dioskurides über ihre Verwendung in der Heilkunde aus der altägyptischen Medizin übernommen wurden.

[1]Vartavan and Amorós, Codex, S. 6 f.; [2]Plinius, XXIV, 88; [3]Dioskurides, I, 115; [4]Till, Arzneikunde, S. 83; [5]Moursi, Heilpflanzen, S. 152; Boulos, Medicinal Plants, S. 82; Alpin, Plantes, 110.

Cyperus rotundus L.
Nussgras

Familie: Cyperaceae (Riedgräser)

Verbreitung:

Das Nussgras wächst in ganz Ägypten, besonders häufig an feuchten Standorten und als Unkraut auf den Feldern.

Beschreibung:

Der etwa 60 cm hoch werdende Halm ist nur unterhalb des Blütenstandes und an der Basis beblättert. Er wächst aus einem kriechenden Rhizom. Dünne Ausläufer verdicken sich zu schwarzen, ellipsoiden Rhizomknollen.

Inhaltsstoffe und pharmazeutische Wirkung:

In den Rhizomknollen sind zahlreiche ätherische Öle enthalten, von denen einige eine Anti-Malaria Wirkung zeigen[1].

Funde:

Seit vorgeschichtlicher Zeit ist das Nussgras in archäologischem Kontext belegt, wobei die frühesten Fundplätze auf eine Nutzung der Rhizomknollen als Nahrungsmittel hinweisen. Ansonsten fanden sie sich als Verunreinigung unter Kulturpflanzenresten und aufgrund ihrer aromatischen Eigenschaften in kosmetischem Zusammenhang[2].

Altägyptischer Name:

Möglicherweise bezeichnet der Pflanzenname *giw* das Nussgras.

Spätere medizinische Verwendung:

Dioskurides[3] verordnet die Rhizomknollen des Nussgrases als Diuretikum, gegen Skorpionsstiche, als Räuchermittel bei Erkältungen, Verstopfung der Gebärmutter und zur Anregung der Menstruation. Außerdem helfen sie fein zerrieben bei Geschwüren, auch im Mund[3].

Alpin[4] beschreibt das Nussgras als ein in Ägypten häufig verwendetes Heilmittel, besonders gegen Geschwüre im Mund, Frauenerkrankungen, Menstruationsbeschwerden, Blasen- und Nierensteine, Magen- und Atembeschwerden, und es wirkt fiebersenkend.

Auch heute noch spielt das Nussgras in der Volksmedizin Ägyptens eine wichtige Rolle, ein Aufguss der Rhizome wird bei Verdauungsstörungen, Durchfall und Blasen- sowie Nierenleiden getrunken, ein Brei auf Skorpionsstiche aufgetragen[5], und in Ostafrika dienen die Rhizome als Heilmittel bei Fieber[6].

Cyperus rotundus (nach Täckholm)

[1]Ghazanfar, Handbook, S. 95; Boulos, Medicinal Plants, S. 82; [2]Vartavan and Amorós, Codex, S. 100-101; [3]Dioskurides, I, 4; [4]Alpin, Plantes, 112; [5]Ducros, Droguier, S. 71-72; Moursi, Heilpflanzen, S. 155; [6]Hans Dieter Neuwinger, African Traditional Medicine, Stuttgart 2000, S. 165.

Dalbergia melanoxylon Guill. et Perr.
Afrikanisches Ebenholz

Familie: Leguminosae (Hülsenfrüchte)

Verbreitung:

Der Baum gehört nicht zur Flora Ägyptens, er wächst in den Steppengebieten südlicherer Regionen wie dem Sudan und Äthiopien.

Beschreibung:

Dalbergia melanoxylon (nach Engler)

Das Afrikanische Ebenholz wird von einem bis ca. 10 m hohen Baum gewonnen. An seinen mit Dornen versehenen Zweigen, die gefiederte Blätter tragen, sitzen weißlich-gelbe Blüten in dichten Rispen. Im Gegensatz zum hellbraunen Splintholz ist das Kernholz von schwarz-violetter Farbe. Es war in pharaonischer Zeit besonders beliebt für die Möbeltischlerei und wurde in großem Umfang von Süden importiert.

Inhaltsstoffe und pharmazeutische Wirkung:

In das Kernholz sind vor allem Gerbstoffe eingelagert, spezielle pharmazeutische Wirkungen sind nicht bekannt.

Funde:

Das Holz ist als Importprodukt seit der 1. Dynastie belegt[1].

Altägyptischer Name:

Das Afrikanische Ebenholz hieß *hbni* und wurde in der Medizin äußerlich bei Augenerkrankungen verordnet.

Spätere medizinische Verwendung:
Plinius[2] erwähnt einen Ebenholzbaum, dessen Holz-Sägespäne ein hervorragendes Augenheilmittel seien. Mit Rosenöl vermischt vertreiben sie die Schlieren in den Augen und die Wurzel des Baumes nimmt die weißen Flecken weg. Aus diesem Text lässt sich nicht erkennen, ob es sich um den indischen Ebenholzbaum Diospyrum ebenum oder den afrikanischen Dalbergia melanoxylon handelt.

Dioskurides[3] hingegen erwähnt eindeutig den Afrikanischen Ebenholzbaum. Das äthiopische Ebenholz soll von besserer Qualität sein als das indische. Auch er verordnet Sägespäne als Heilmittel bei verschiedenen Augenerkrankungen.

In der heutigen ägyptischen Volksmedizin wird das Afrikanische Ebenholz nicht mehr verwendet.

Bemerkungen:
Auffallend ist die Übereinstimmung der altägyptischen Verordnung von Afrikanischem Ebenholz mit der bei Plinius und Dioskurides. Da der Baum in Europa unbekannt war, können die griechischen und römischen Ärzte das Produkt nur über Ägypten eingeführt haben, zusammen mit dem Hinweis auf seine medizinische Nutzung.

[1]Hepper, in: Nicholson and Shaw, Materials, S. 338; [2]Plinius, XXIV, 89; [3]Dioskurides, I, 129.

Dracunculus vulgaris Schott
Gemeiner Drachenwurz

Familie: Araceae (Aronstabgewächse)

Verbreitung:
Zur ägyptischen Flora gehören keine Drachenwurz-Arten. Wie auch vom Aronstab gibt es nur eine Darstellung an der Wand der „Botanischen Kammer" Thutmosis' III. im Karnaktempel. Dracunculus vulgaris wächst in den südlichen europäischen Mittelmeerländern und der Türkei.

Beschreibung:
Aus einem großen, kugeligen Rhizom wachsen der bis 1 m hoch werdende Stängel und die langgestielten, in 13-15 Finger gelappten Blätter. Der Stängel wie auch die Blattstiele sind purpurfarben gefleckt. Den fleischigen Kolben umschließt eine braun-purpurne Spathe.

Inhaltsstoffe und pharmazeutische Wirkung:
Spezielle pharmazeutische Wirkungen sind von dieser Pflanze nicht bekannt.

Funde:
Aus archäologischem Kontext sind keine Funde belegt. In der „Botanischen Kammer" des Karnaktempels, erbaut von Thutmosis III., 18. Dynastie, ist der Drachenwurz eindeutig abgebildet. Nach der Beischrift soll er aus Palästina mitgebracht worden sein, wo er heute allerdings nicht anzutreffen ist.

Altägyptischer Name:
Der Name der Pflanze ist nicht bekannt.

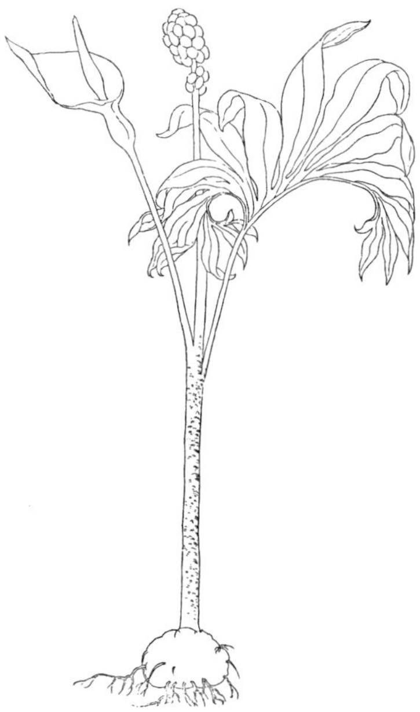

Dracunculus vulgaris (nach Fuchs)

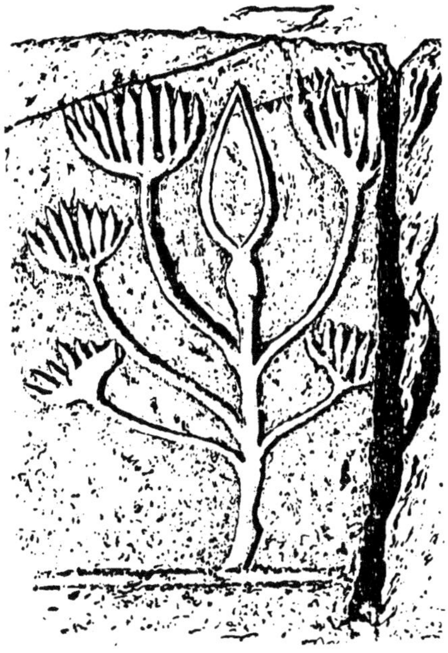

Dracunculus-Darstellung in der „Botanischen Kammer" (nach Schweinfurth)

Spätere medizinische Verwendung:

Dioskurides[1] und Plinius[2] erwähnen mehrere Pflanzen mit dem Namen Drachenwurz, es lässt sich jedoch nicht erkennen, um welche Arten der Aronstabgewächse es sich dabei im einzelnen handelt. Die Anwendungen dieser Drachenwurze sind sehr ähnlich, äußerlich die Rhizome und Blätter bei Geschwüren und Wunden, der Saft gegen Augenkrankheiten, innerlich bei Krämpfen, Husten und Katharren. Das gemeinsame aller dieser Pflanzen ist ihre Anwendung bei Schlangenbissen und sogar schon das Tragen eines Rhizomes soll gegen Schlangenbisse schützen.

Täckholm[3] führt an, dass in der frühen arabischen Medizin der Gemeine Drachenwurz unter dem Namen „Schlangen-Arum" als Heilmittel Verwendung fand, heute gehört er allerdings nicht mehr zum Bestand der ägyptischen Volksmedizin.

Bemerkungen:

Im Gegensatz zu den recht ungenauen Beschreibungen der Pflanze Drachenwurz bei Plinius und Dioskurides, ist die Darstellung in der „Botanischen Kammer" des Karnaktempels so detailliert, dass die botanische Bestimmung sicher ist. Es ist also sehr wahrscheinlich, dass im Neuen Reich der Drachenwurz in den altägyptischen Medizinalgärten angepflanzt wurde.

[1]Dioskurides, II, 195; [2]Plinius, XXI, 142 f.; XXV, 18; [3]Täckholm, Flora II, S. 392.

Eminium spiculatum (Blume) Schott

Familie: Araceae (Aronstabgewächse)

Verbreitung:

Zu den in Ägypten wachsenden Aronstabgewächsen gehört Eminium spiculatum. Es kommt dort im mediterranen Küstensteifen vor, sein Hauptverbreitungsgebiet ist aber Palästina, der Libanon und Syrien. In der „Botanischen Kammer" Thutmosis' III., 18. Dynastie, in Karnak befindet sich eine Abbildung, die Schweinfurth[1] als Drachenwurz (Dracunculus vulgaris) gedeutet hat. Aber aufgrund der etwas anders gestalteten Blätter sieht Beaux[2] darin eher eine Darstellung von Eminium spiculatum.

Beschreibung:

Eminium spiculatum (nach Täckholm)

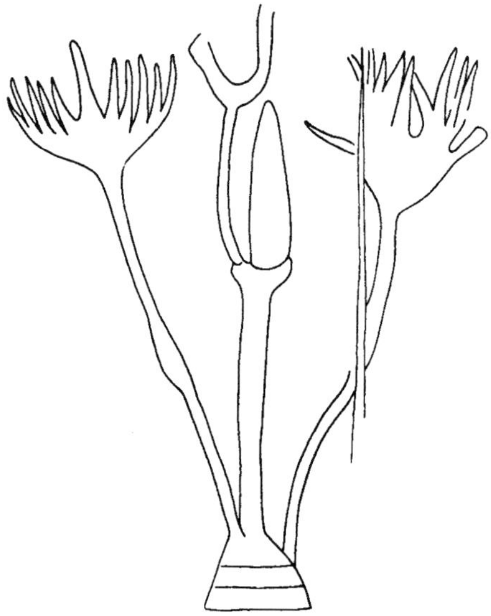

Eminium-Darstellung (?) in der „Botanischen Kammer" (nach Keimer)

Auffallend ist die sehr große, bis 15 cm lange, im Innern purpurfarbene und an der Außenseite grüne Spathe. Die blühende Pflanze verströmt einen intensiven, unangenehmen Geruch. Die basal entspringenden Blätter sind gelappt. Das abgeflachte, knollenförmige Rhizom hat einen Durchmesser von 3-10 cm.

Inhaltsstoffe und pharmazeutische Wirkung:

Nach Boulos[3] wird die Pflanzen in Ägypten als giftig angesehen, ihr wässriger Auszug ist jedoch frei von Giftstoffen, nur im alkoholischen ließen sich Glykoside nachweisen[3]. Der Saft wirkt blutdrucksenkend, der alkoholische Auszug hingegen hebend.

Funde:

Aus archäologischem Kontext sind keine Funde belegt.

Altägyptischer Name:

Der Name der Pflanze ist nicht bekannt.

Spätere medizinische Verwendung:
Nur Boulos[3] erwähnt die Verwendung der Pflanze als Gift. Demnach wurden die gekochten Rhizome früher im Ostmittelmeerraum und von den Beduinen in Ägypten gegessen, die auch die Samen in Notzeiten verzehrten[4].

Bemerkungen:
Da Eminium spiculatum in der „Botanischen Kammer" des Karnak-Tempels abgebildet ist, muss diese Pflanze für die Ägypter etwas Besonderes gewesen sein. Eine medizinische Nutzung, wie auch der anderen dort abgebildeten Aronstabgewächse, ist höchst wahrscheinlich.

[1]Schweinfurth, in: Adolf Engler, Botanische Jahrbücher 55, Leipzig 1919, S. 472; [2]Nathalie Beaux, Le cabinet de curiosités de Thoutmosis III, Orientalia Lovaniensis Analecta 36, Leuven, 1990, S. 88 f.; [3]Boulos, Medicinal Plants, S. 27; [4]Täckholm, Flora III, S. 365.

Ephedra alata Decne.
Meerträubchen

Familie: Ephedraceae (Meerträubchengewächse)

Verbreitung:
Das Meerträubchen wächst in den Wüstengebieten Ägyptens, oft in Sanddünen.

Beschreibung:
Der reich verzweigte, holzige Busch hat rutenartige, bis zu 1 m lange, meist kahle Zweige. Die zweihäusige Pflanze gehört zu den Mantelsamern, trägt unscheinbare Blüten, bei denen die männlichen Zapfen in dichten, axilären Gruppen stehen. Die weiblichen, roten, zweisamigen Zapfen sind von einer erhärtenden Blütenhülle umgeben.

Inhaltsstoffe und pharmazeutische Wirkung:
Die Pflanze enthält die Alkaloide Ephedrin und Pseudo-Ephedrin, die blutdrucksteigernd und auf die Bronchien erweiternd wirken[1].

Funde:
Bisher wurden nur Pollen einer nicht näher zu bestimmenden Ephedra-Art in archäologischem Kontext aus vorgeschichtlicher Zeit nachgewiesen[2].

Altägyptischer Name:
Der Name der Pflanze ist nicht bekannt.

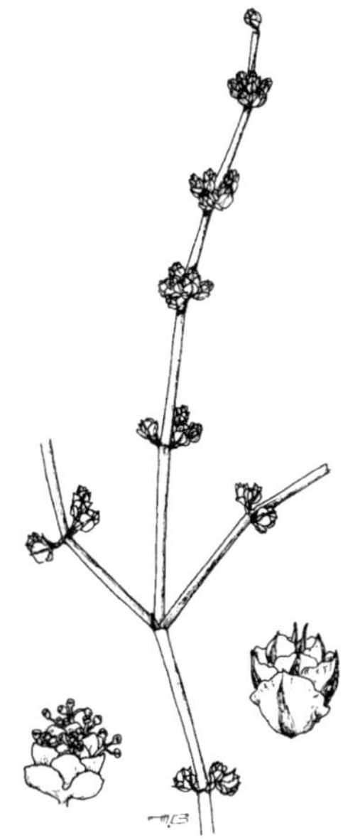

Ephedra alata (nach Täckholm)

Spätere medizinische Verwendung:
In Ägypten und Nordafrika wird noch heute Ephedra alata als gutes Mittel zur Behandlung von Asthma und niedrigem Blutdruck eingesetzt[3].

[1]Kotb Hussein, Medicinal Plants, S. 426; Madaus, Lehrbuch, S. 1259 f.; [2]Vartavan and Amorós, Codex, S. 110; [3]Boulos, Medicinal Plants, S. 82; Kotb Hussein, Medicinal Plants, S. 426.

Erodium cicutarium (L.) L'Hér.
Schierlings-Reiherkraut

Familie: Geraniaceae (Storchschnabelgewächse)

Verbreitung:
In den Oasen, dem mediterranen Küstenstreifen und den Wüstengebieten wächst das Schierlings-Reiherkraut.

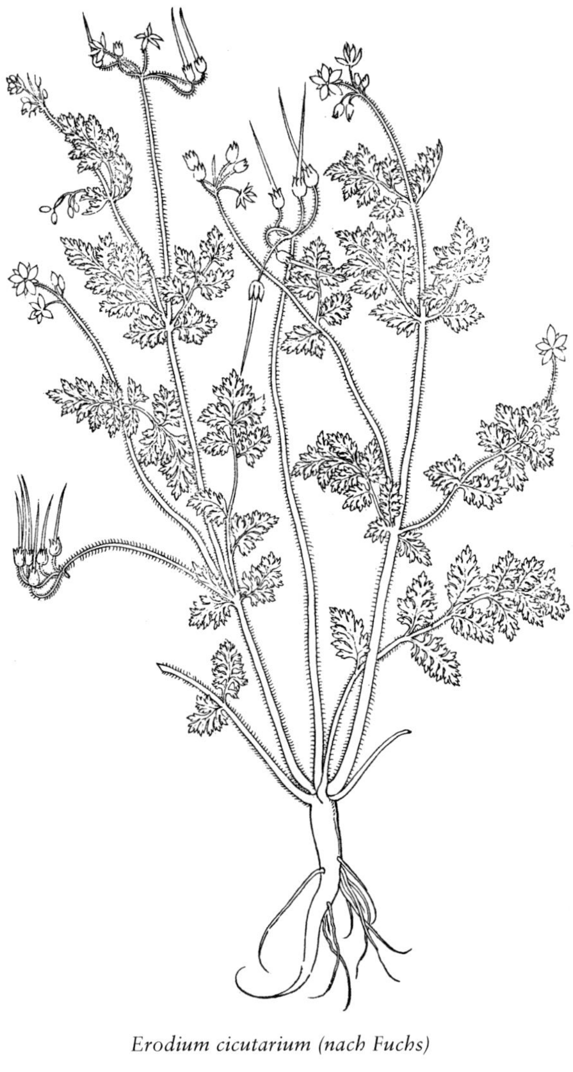

Erodium cicutarium (nach Fuchs)

Beschreibung:
Das einjährige, weiß behaarte, bis 40 cm hohe Kraut hat gabelästige Stängel, die oft rot überlaufen sind. Die hellgrünen, fiederschnittigen Blätter bilden an der Basis eine Rosette. Violett-rötliche Blüten, deren Blütenblätter nicht viel länger als die Kelchblätter sind, stehen in 3 bis 6-blütigen Dolden. Charakteristisch für diese Pflanze sind die langen, sich schraubig einrollenden, stark hygroskopischen Grannen der Früchte.

Inhaltsstoffe und pharmazeutische Wirkung:
In der Pflanze wurden Gerbstoffe, Flavone, ätherische Öle, Saponine und Coffein nachgewiesen, ein Auszug wirkt uteruskontraktierend[1].

Funde:
Aus archäologischem Kontext sind keine Funde belegt.

Altägyptischer Name:
Der Name der Pflanze ist nicht bekannt.

Spätere medizinische Verwendung:
Heute werden blühende Zweige des Schierlings-Reiherkrautes in der ägyptischen und nordafrikanischen Volksmedizin als blutstillendes Mittel, zum besseren Heilen von Wunden und der Erhöhung von Uteruskontraktionen bei der Geburt verwendet[2].

[1]Pahlow, Heilpflanzen, S. 471; Kotb, Hussein, Medicinal Plants, S. 436; [2]Boulos, Medicinal Plants, S. 92; Kotb Hussein, Medicinal Plants, S. 436.

Eruca sativa Mill.
Ruke

Familie: Cruciferae (Kreuzblütler)

Verbreitung:
In ganz Ägypten ist die Ruke als Unkraut auf Feldern anzutreffen, daneben auch in Kultur als Salatgemüse.

Beschreibung:
Die etwa 60 cm hohe Pflanze hat große, bis zu 18 cm lange, leierförmige, grob gefiederte Blätter. Die hellgelben, violett geäderten Blüten sitzen in endständigen Trauben. Aus ihnen entwickeln sich 3 cm lange Schoten mit braunen, ovalen Samen.

Inhaltsstoffe und pharmazeutische Wirkung:
Die intensiv riechenden Blätter enthalten ätherische Öle und werden als Salat gegessen. In den Samen ist neben ätherischen Ölen auch fettes Öl vorhanden.

Funde:
Aus archäologischem Kontext sind keine Funde belegt.

Altägyptischer Name:
Der Name der Pflanze ist nicht bekannt. Die von Charpentier[1] vorgeschlagen Deutung von *gngnt* als Eruca sativa über die Ableitung des koptischen Namens dieser Pflanze ϭⲓⲛϭⲓⲛ passt nicht.

Spätere medizinische Verwendung:
Sowohl Plinius[2] als auch Dioskurides[3] sprechen den Blättern der Ruke aphrodisierende Wirkung zu. Außerdem verordnen sie die Samen der Pflanzen, die auch als Senfersatz verwendet wurden, als verdauungsförderndes, harntreibendes Mittel und gegen Skorpionsstiche sowie Parasiten am Körper.

In der koptischen Medizin dienten Rukesamen in Öl äußerlich angewandt zum Lindern von Bauchschmerzen[4].

Heute wird in Ägypten der Ruke-Salat immer noch als Aphrodisiakum angesehen, dieser aber auch bei Magenproblem und Rheuma gegessen[5].

[1]Charpentier, Receuil, S. 772, Nr. 1302; [2]Plinius, XX, 124-125; [3]Dioskurides, II, 170; [4]Till, Arzneikunde, S. 87; [5]Boulos, Medicinal Plants S. 71; Moursi, Heilpflanzen, S. 167.

Eruca sativa (nach Fuchs)

Eryngium campestre L.
Feld-Mannstreu

Familie: Umbelliferae (Doldenblütler)

Verbreitung:
Das Vorkommen des Feld-Mannstreu ist in Ägypten auf den mediterranen Küstenstreifen beschränkt.

Beschreibung:
Der Feld-Mannstreu ist von kräftigem Wuchs, wird 30-60 cm hoch und hat ein distelartiges Aussehen. Sein gerader oder verzweigter Stängel entspringt einer spindelförmigen, braunen Wurzel. Die blaugrünen Blätter sind doppelt fiederspaltig und am Rand gezähnt. Kleine Blüten sitzen in fast kugeligen Köpfchen und sind von dornigen Hochblättern umgeben.

Inhaltsstoffe und pharmazeutische Wirkung:
In der Wurzel wurden Saponine, Gerbstoffe und diverse ätherische Öle nachgewiesen, sie bewirkt eine Steigerung der Harnabsonderung[1].

Funde:
Aus archäologischem Kontext sind keine Funde belegt.

Altägyptischer Name:
Der Name der Pflanze ist nicht bekannt.

Spätere medizinische Verwendung:
Dioskurides[2] nennt den Mannstreu als Heilpflanze, wobei jedoch die botanische Art nicht festzulegen

Eryngium campestre (nach Fuchs)

ist. Er verordnet vor allem die Wurzel zur Anregung der Harnproduktion und Menstruation, daneben soll sie auch bei Leberleiden und nach dem Biss von giftigen Tieren helfen.

Heute wird die Pflanze in Ägypten vor allem bei Erkrankungen des Harnwegsystems verwendet. Ein Aufguss der Wurzel und des Krautes dient der Behandlung von Nierensteinen. Der Wurzel wird auch eine Dämpfung des Sexualtriebs beim Mann nachgesagt[3].

[1]Madaus, Lehrbuch, S. 1301; [2]Dioskurides, III, 21; [3]Boulos, Medicinal Plants, S. 183.

Euphorbia helioscopia L.
Sonnenwolfsmilch

Familie: Euphorbiaceae (Wolfsmilchgewächse)

Verbreitung:
Sonnenwolfsmilch ist ein verbreitetes Unkraut auf den Feldern, im Niltal und dem mediterranen Küstenstreifen.

Beschreibung:
Bis etwa 40 cm hoch wächst die einjährige Sonnenwolfsmilch. Schon von der Basis an ist die Pflanze reich verzweigt. Sie trägt alternierend angeordnete, spatelförmige Blätter und endständige Blütendolden. Dort wo die vier bis fünf, bis zu 4 cm langen Doldenstrahlen entspringen, sitzen fünf Hüllblätter. Jeder Doldenstrahl trägt drei Döldchen auf drei Vorblättern. Die eingeschlechtlichen Blüten sind ein Cyanthium, bestehend aus einer zentralen weiblichen Blüte und mehreren sie umgebenden männlichen. Alle Teile der Pflanze sind milchsaftführend.

Inhaltsstoffe und pharmazeutische Wirkung:
Der Milchsaft enthält scharfe, hautreizende Harze, Bitterstoffe und Kautschuk. Dieser hat abführende und auf der Haut blasenziehende Wirkung.

Funde:
Von der Sonnenwolfsmilch ist eine Frucht aus dem Mittleren Reich belegt[1].

Euphorbia helioscopia (nach Fuchs)

Altägyptischer Name:
Der Name der Pflanze ist nicht bekannt.

Spätere medizinische Verwendung:
Noch heute wird der Milchsaft der Sonnenwolfsmilch als Abführmittel und hautreizendes Pflaster in der ägyptischen Volksmedizin verwendet[2].

Bemerkungen:
Möglicherweise nutzten die altägyptischen Ärzte außer dem Milchsaft der Sonnenwolfsmilch auch andere in Ägypten heimische Euphorbia-Arten wie z.B. Euphorbia peplis L. in der Heilkunde.

[1]Vartavan and Amorós, Codex, S. 111; [2]Boulos, Medicinal Plants, S. 83.

Ferula gummosa Boiss. (= F. galbaniflua Boiss. and Buhse = Peucedanum galbanifluum (Boiss. and Buhse) Baill.) Gummihaltiges Steckenkraut

Familie: Umbelliferae (Doldengewächse)

Verbreitung:
Ferula gummosa kommt heute nur im Hochgebirge des Iran vor.

Beschreibung:
Das etwa 1 m hoch wachsende, ausdauernde Steckenkraut trägt fein gefiederte Blätter, endständige Dolden mit gelblich-weißen Blüten, und die Früchte bestehen jeweils aus zwei länglich-ovalen, gerippten Spaltfrüchten.

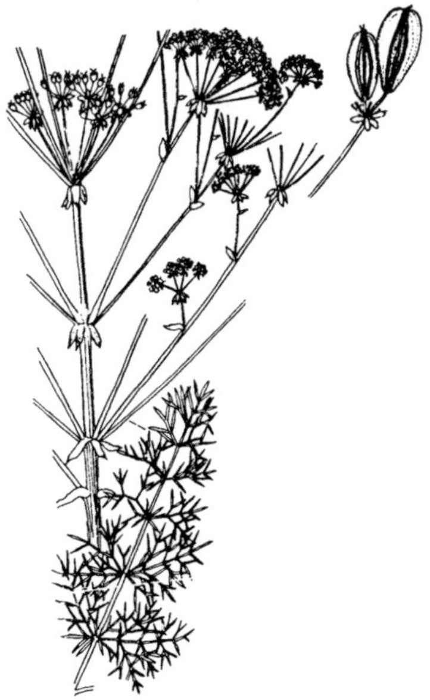

Ferula gummosa (nach Jávorka)

Inhaltsstoffe und pharmazeutische Wirkung:
Alle Teile der Pflanze sind reich an ätherischen Ölen. Die weiß-grünlichen, durchscheinenden Tränen des Gummiharzes, Galbanum genannt, treten bei Stängelanschnitt im basalen Teil, nahe der Wurzel aus. Sie haben einen starken Geruch und werden deshalb in der Parfümerie verwendet, daneben in der Medizin als Antispasmodikum[1].

Funde:
In Antinoe fand sich das Grab der Myrithis aus römischer Zeit. Ihr hatte man mehrere Tongefäße mitgegeben, die etliche Pflanzenmaterialien enthielten, unter anderem einen Topf mit Ferula-Samen, deren botanische Art aber nicht geklärt ist. Bonnet[1] vermutet die in Nordafrika, bis auf Ägypten, sowie Palästina und Griechenland heimische Art Ferula communis, deren Samen in der Volksmedizin als Mittel gegen Nierensteine dienen[2]. Weiterhin wird von ihr auch ein Gummiharz gewonnen, das vielseitige medizinische Verwendung findet[3]. Schweinfurth untersuchte jedoch diese Samen einige Jahre später und bestimmte sie dann als Ferula gummosa[4].

Altägyptischer Name:
Der Name von Ferula gummosa oder dem Harz Galbanum ist nicht bekannt.

Spätere medizinische Verwendung:
Theophrast[5], Plinius[6] und Dioskurides[7] geben als Herkunftsgebiet für Galbanum Syrien an. Wenn es sich dabei tatsächlich um das Harz von Ferula gummosa gehandelt hat, muss das Verbreitungsgebiet dieser Pflanze in der Antike ausgedehnter gewesen sein als heute.

In der antiken griechisch-römischen Medizin diente das Galbanum-Harz in Form von Zäpfchen der Förderung der Menstruation, dem Abtreiben des Fötus, eingenommen zum Lindern von Husten und Asthma, in den Zahn gestopft gegen Zahnschmerzen und als Räuchermittel und Salbe gegen den Biss wilder Tiere.

In der heutigen ägyptischen Volksmedizin spielt Galbanum keine Rolle.

Bemerkungen:
In der pharaonischen Heilkunde können sowohl die Samen von Ferula gummosa als auch das Galbanum-Harz sowie die Samen und das Harz von Ferula communis verwendet worden sein, für die Nutzung des Stinkasants, dem Harz der im Iran und in Afghanistan beheimaten Ferula foetida gibt es jedoch zur Zeit keinen Hinweis[8].

[1]Bonnet, in: Journal de Botanique, Paris 1905, S. 6 und S. 11; [2]Zohary, Flora Palaestina II, S. 438; [3]Boulos, Medicinal Plants, S. 183; [4]Botanische Museum Berlin Dahlem, Sammlung Schweinfurth, Inv. Nr. 92; [5]K. Sprengel, Theophrast's Naturgeschichte der Gewächse, Altona 1822, 9. Buch, 7, 2; [6]Plinius, XII, 126; [7]Dioskurides, III, 87; [8]Serpico, in: Nicholson and Shaw, Materials, S. 442-443.

Ficus carica L.
Ess-Feige

Familie: Moraceae (Maulbeergewächse)

Ficus carica (nach Offenbach)

Verbreitung:
Heute wächst der Feigenbaum überall in Ägypten, seine Heimat ist jedoch der östliche Mittelmeerraum, wo seine Kultur schon sehr früh begann. Älteste Funde sind in Syrien und Jericho aus der Zeit um 7000 v. Chr. zu Tage gekommen[1].

Beschreibung:
Der meist 3-5 m hohe Busch, selten bis 10 m hohe Baum trägt große, handförmig gelappte Blätter. Er ist in allen Teilen Milchsaft führend. In den krugförmigen Blütenstandsachsen der essbaren Hausfeige (var. domestica) sitzen winzige Blüten. Sie können nur durch den Blütenstaub der ungenießbaren Holzfeige (var. caprificus) befruchtet werden, den Gallwespen übertragen.

Inhaltsstoffe und pharmazeutische Wirkung:
Der Milchsaft des Feigenbaumes enthält das anthelminthische Enzym Ficin. Die Früchte sind reich an Zucker und haben eine laxierende sowie leicht diuretische Wirkung[2].

Funde:
Neuere Funde deuten bereits auf eine prädynastische Nutzung der Ess-Feige in Ägypten hin, wobei es sich allerdings sowohl um Importprodukte aus Palästina als auch im eigenen Land kultivierte Früchte handeln kann[3]. Dabei ist weiterhin zu bemerken, dass Ficus-Samen eine sehr große morphologische Variationsbreite haben und deshalb eine Abgrenzung zwischen der Ess-Feige und der Sykomorenfeige sehr unsicher ist[4]. Eindeutige Belege für den Anbau von Ess-Feigen sind die Abbildungen des Feigenbusches mit seinen so typischen Blättern in Gräbern des Alten Reiches.

Altägyptischer Name:

Der Feigenbaum wurde mit *nht nt d3b* bezeichnet, die Feige selbst hieß *d3b*. Feigen sind recht häufig in den medizinischen Rezepturen erwähnt, vor allem wegen ihrer leicht abführenden Wirkung in Rezepturen zur Behandlung des Bauches.

Spätere medizinische Verwendung:

Plinius[5] und Dioskurides[6] erwähnen den Milchsaft des Feigenbaumes als Mittel, um Geschwüre zu öffnen und zur Behandlung zahlreicher Hauterkrankungen, Verletzungen durch Tierbisse und -stiche, das gleiche bewirken auch die Blätter. Von der Feige loben sie die harntreibende und abführende Wirkung aber auch ihren äußerlichen Nutzen bei Geschwüren.

Diese Anwendungsbereiche haben sich über die koptische Medizin bis in die heutige ägyptische Volksmedizin erhalten[7].

[1]Zohary and Hopf, Domestication, S. 155 f.; [2]Ghazanfar, Handbook, S. 148; [3]Vartavan and Amorós, Codex, S. 113; [4]Stefanie Maehl, Morphologie von Fruchtständen und Früchten der Maulbeergewächse (Moraceae) unter besonderer Berücksichtigung altägyptischer Feigen aus Abydos, Examensarbeit im Fach Biologie an der Universität Hamburg, 1993; [5]Plinius, XXIII, 117; [6]Dioskurides, I, 183; [7]Till, Arzneikunde, S. 53; Moursi, Heilpflanzen, S. 171.

Ficus sycomorus L.
Sykomorenfeige

Familie: Moraceae (Maulbeergewächse)

Verbreitung:

In Ägypten ist der Baum seit vorgeschichtlicher Zeit in Kultur, seine Heimat wird in südlich vom heutigen Ägypten liegenden Gebieten vermutet[1].

Beschreibung:

Die Sykomorenfeige ist ein großer, weit ausladender Baum mit vielfach verzweigen Ästen. Seine Blätter sind spitz-oval bis herzförmig. Aus den fleischigen, krugförmigen Blütenstandsachsen entwickeln sich die Sykomorenfeigen, die sowohl an den Ästen als auch am Stamm wachsen.

Ficus sycomorus (nach Offenbach)

In Ägypten lebt in den Sykomorenfeigen die Gallwespe Sycophaga sycomori L., die jedoch keine Befruchtung der weiblichen Blüten verursacht. Dies kann nur durch die Gallwespenart Ceratosolen arabicus Mayr erfolgen, die allerdings heute nicht in Ägypten heimisch ist, und auch in pharaonischer Zeit nicht war. So bilden in Ägypten die Sykomore keine fruchtbaren Samen aus, und deshalb ist nur eine vegetative Vermehrung dieses Baumes durch Stecklinge möglich.

Um essbare Sykomorenfeigen ernten zu können, werden die noch unreifen Feigen mit einem Messer eingeritzt. Dies beschleunigt den Reifeprozess, sodass sie reif werden, bevor sich die Gallwespen entwickeln.

Der Baum ist in der Rinde Milchsaft führend.

Inhaltsstoffe und pharmazeutische Wirkung:

Im Milchsaft der Sykomore ist das Enzym Chymase enthalten, des weiteren in allen Teilen Flavonoide und Sterole[2] vorhanden. Die Sykomorenfeigen wirken leicht laxierend.

Funde:

Seit vorgeschichtlicher Zeit sind Sykomorenfeigen als Grabbeigaben belegt[3].

Altägyptischer Name:

Der Baum sowie die Feigen hießen *nht.*

Viele verschiedene Produkte der Sykomore, die zum Teil noch nicht identifiziert sind, wurden in der altägyptischen Heilkunde verwendet, schwerpunktmäßig die leicht laxierend wirkenden Sykomorenfeigen innerlich, der Milchsaft und die Blätter äußerlich zur Wundversorgung.

Spätere medizinische Verwendung:

Plinius erwähnt die Sykomore nicht unter den Heilmitteln.

Dioskurides[4] verordnet nur den Milchsaft, der durch Anritzen des Stammes gewonnen wird. Er dient zum Erweichen, Wunden zu verkleben, schwere Speisen verdaulich zu machen, innerlich und äußerlich bei Schlangenbissen, Leberverhärtung, Magenleiden und Fieberschauern. Auch in der koptischen Medizin spielt der Milchsaft zur Behandlung von Hauterkrankungen und Geschwüren eine Rolle[5].

Alpin[6] beobachtete die erfrischende, magenfreundliche Wirkung der Früchte, ein Umschlag der Früchte half bei heißen und harten Geschwüren, der Milchsaft bei Geschwüren und Pest.

In der heutigen ägyptischen Volksmedizin wird der Milchsaft noch äußerlich gegen Ekzeme angewandt und als Tee aus den Blättern bei Husten und zur Menstruationsregulierung[7] getrunken.

[1]Germer, Flora, S. 25; [2]John Mitchel Watt and Breyer-Brandwijk, The Medicinal and Poisonous Plants of Southern and Eastern Africa, Edinburgh and London 1962, S. 780; [3]Vartavan and Amorós, Codex, S. 114; [4]Dioskurides, I, 181; [5]Till, Arzneikunde, S. 97; [6]Alpin, Plantes, 22; [7]Moursi, Heilpflanzen, S. 173.

Gynandropis gynandra (L.) Briq.

Familie: Capparaceae (Kaperngewächse)

Verbreitung:

Diese Pflanze ist als Unkraut auf den Feldern in ganz Ägypten verbreitet.

Beschreibung:

Gynandropis gynandra ist ein einjähriges, 30-80 cm hoch werdendes Kraut, dessen untere Blätter 5-zählig, die oberen 3-zählig gefiedert sind. Die mit vier weißen oder hellvioletten Blütenblättern versehenen Blüten stehen in endständigen Rispen, die Frucht ist eine bis 10 cm lange Kapsel.

Inhaltsstoffe und pharmazeutische Wirkung:

Inhaltsstoffe mit speziellen pharmazeutischen Eigenschaften sind nicht nachgewiesen.

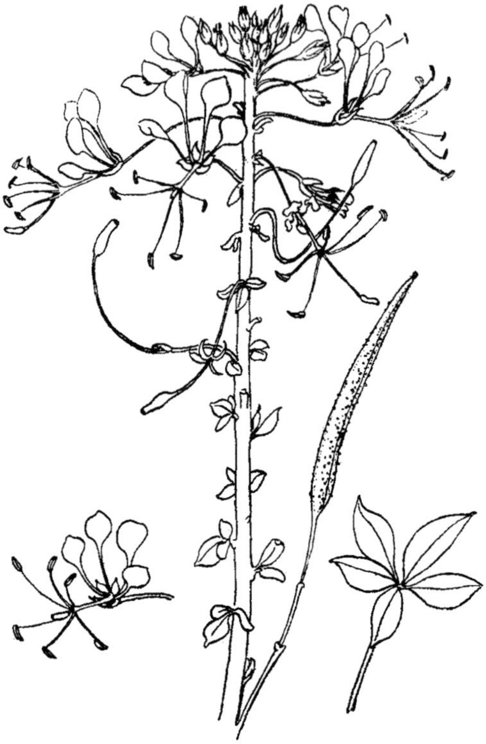

Gynandropis gynandra (nach Crowfoot)

Funde:

Aus archäologischem Kontext sind keine Funde belegt.

Altägyptischer Name:

Der Name der Pflanze ist nicht bekannt.

Spätere medizinische Verwendung:

Nach Moursi[1] werden die Blätter dieser Pflanze zusammen mit denen des Portulak (Portulaca oleracea) und des Mauergänsefußes (Chenopodium murale) heute in Ägypten zur allgemeinen Stärkung und gegen hohen Blutdruck als Salat gegessen.

[1]Moursi, Heilpflanzen, S. 181.

Haloxylon scoparium Pomel (= Hammada scoparia (Pomel) Iljin) Saxaul

Familie: Chenopodiaceae (Gänsefußgewächse)

Verbreitung:

Auf sandigen und steinigen Böden des mediterranen Küstenstreifens, den Wüstengebieten und auf dem Sinai ist die salzliebende Saxaul anzutreffen.

Beschreibung:

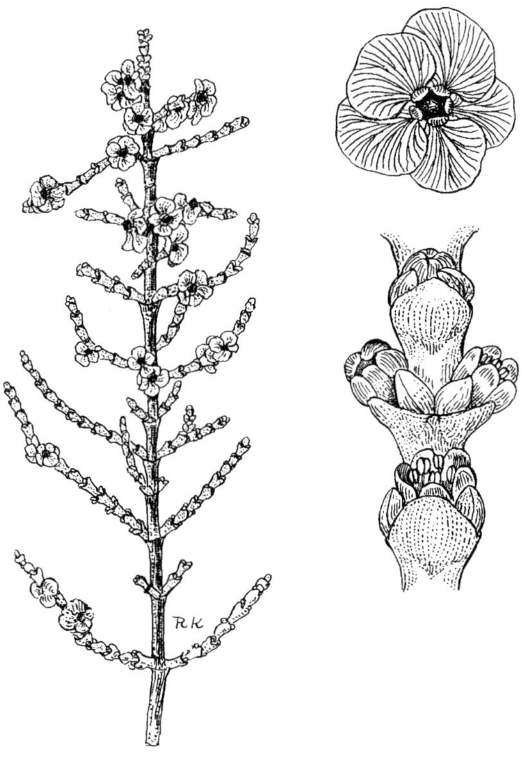

Haloxylon scoparium (nach Zohary)

Der 20-40 cm hohe, reich verzweigte, holzige Busch hat graugrüne, im Alter schwarz werdende Zweige mit sehr kurze Abschnitten zwischen den einzelnen Internodien. Die Blätter sind reduziert zu winzigen, dreieckigen Schuppen. Die grünlich-gelbe Blütenhülle ist 5-teilig, die Frucht hat kleine, gelbe Flügel.

Inhaltsstoffe und pharmazeutische Wirkung:

In Haloxylon scoparium und anderen Haloxylon-Arten wurden verschiedene Alkaloide nachgewiesen, deren pharmazeutische Wirkung aber meist noch ungeklärt ist[1].

Funde:

Aus archäologischem Kontext sind keine Funde belegt[2].

Altägyptischer Name:
Der Name der Pflanze ist nicht bekannt.

Spätere medizinische Verwendung:
Noch heute wird ein heißer Brei der Haloxylon scoparium vermischt mit Fett bei Schlangenbissen auf die Wunde aufgetragen[3].

Bemerkungen:
Da in der heutigen ägyptischen Volksmedizin das Kraut von Haloxylon scoparium ganz speziell als gutes Heilmittel bei Schlangenbissen gilt, ist ein gleiche Verwendung bereits in pharaonischer Zeit durchaus möglich.

[1]El-Shaly and Wink, in: Zeitschrift für Naturforschung 58, Tübingen 2003, S. 477-480; [2]Vartavan and Amorós, Codex, S. 126; [3]Boulos, Medicinal Plants, S. 46; Moursi, Heilpflanzen, S. 182.

Haplophyllum tuberculatum (Forssk.) A. Juss

Familie: Rutaceae

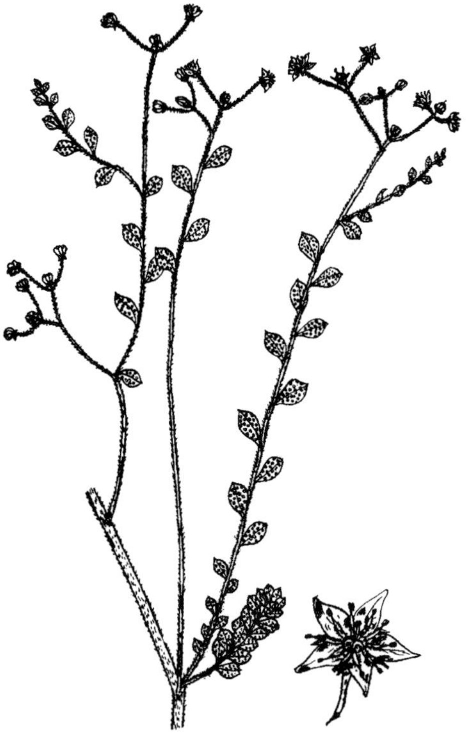

Haplophyllum tuberculatum (nach Täckholm)

Verbreitung:
Auf sandigen und steinigen Böden wächst dieser kleine Busch in ganz Ägypten.

Beschreibung:
Das Haplophyllum tuberculatum ist ein ausdauernder, reich verzweigter, 20-50 cm hoher Busch. Seine Zweige sind im unteren Bereich verholzt, im oberen tragen sie bis 5 cm lange, in ihrer Form sehr variable, lineale bis ovale Blätter. Diese sind auf der Oberseite mit Drüsen besetzt. Die gelben Blüten stehen in endständigen Blütenständen.

Inhaltsstoffe und pharmazeutische Wirkung:
Die ganze Pflanze ist reich an ätherischen Ölen, daneben wurden Harze und Alkaloide nachgewiesen[1].

Funde:
Aus archäologischem Kontext sind keine Funde belegt.

Altägyptischer Name:
Der Name der Pflanze ist nicht bekannt.

Spätere medizinische Verwendung:
Ein Aufguss der trockenen Stängel dient heute in Ägypten vor allem der Behandlung von Malaria, Rheuma, Vergiftungserscheinungen und Geburtsfolgen[2].

[1]Ghazanfar, Handbook, S. 188; [2]Boulos, Medicinal Plants, S. 155; Moursi, Heilpflanzen, S. 183.

Heliotropium bacciferum Forssk.
Sonnenwende

Familie: Boraginaceae (Borretschgewächse)

Verbreitung:
In den Wüstengebieten Ägyptens, vor allem den Wadis, ist diese Sonnenwende-Art anzutreffen.

Beschreibung:
Der reich verzweigte, an der Basis verholzte, kleine Busch erreicht eine Höhe von etwa 20-50 cm. Er hat Zweige, die aufrecht oder niederliegend wachsen, lineale bis lineal-lanzettliche, etwa 2 cm lange Blätter tragen, die mehr oder weniger gewellt und dicht mit Borstenhaaren besetzt sind. Die ährenähnlichen, gegabelten Blütenstände bestehen aus weißen Blüten und rollen sich bei Fruchtreifen ein. Die reife Frucht zerfällt in vier Klausen.

Inhaltsstoffe und pharmazeutische Wirkung:
In einigen Heliotropium-Arten wurden Alkaloide mit leberschädigenden und krebserregenden Wirkungen nachgewiesen[1].

Funde:
Von dieser Sonnenwende-Art sind aus archäologischem Kontext keine Funde belegt.

Altägyptischer Name:
Der Name der Pflanze ist nicht bekannt.

Heliotropium bacciferum (nach Zohary)

Spätere medizinische Verwendung:
Bei dem von Dioskurides[2] genannten ἡλιοτρόπιον handelt es sich um eine südeuropäische Heliotropium-Art.

In der ägyptischen Volksmedizin wird eine Pulver der Blätter mit Wasser vermischt zur Behandlung von Schlangebissen[1], Schwellungen und Geschwüren jeder Art verwendet[3].

[1]Ghazanfar, Handbook, S. 56; [2]Dioskurides, IV, 190 und 191; [3]Boulos, Medicinal Plants, S. 37.

Herniaria hirsuta L.
Behaartes Bruchkraut

Familie: Caryophyllaceae (Nelkengewächse)

Verbreitung:
Auf steinigen und sandigen Böden der Oasen, des mediterranen Küstenstreifens, der Wüstengebiete und des Sinai wächst das Behaarte Bruchkraut.

Beschreibung:

Herniaria hirsuta (nach Zohary)

Die einjährige, behaarte, von der Basis an verzweigte, niederliegende Pflanze erreicht meist nur eine Höhe von 10-15 cm. Sie trägt schmal-ovale, bis 1 cm lange Blätter, die sich im Alter rötlich verfärben. Kleine, grünliche Blüten stehen in seitlichen und endständigen köpfchenähnlichen Blütenständen. Die Frucht ist von einem stacheligen Kelch umschlossen und enthält braun-schwärzliche Samen.

Inhaltsstoffe und pharmazeutische Wirkung:
Das Kraut von Herniaria hirsuta enthält mehrere Saponine, die Cumarine Herniarin und Umbelliferon sowie einen geringen Anteil an ätherischen Ölen. Das Kraut wirkt diuretisch.

Funde:
Aus archäologischem Kontext sind keine Funde belegt.

Altägyptischer Name:
Der Name der Pflanze ist nicht bekannt.

Spätere medizinische Verwendung:
Eine Nutzung des Rauhen Bruchkrautes in der antiken griechisch-römischen Medizin ist nicht belegt. In der heutigen nordafrikanischen und ägyptischen Volksmedizin wird das Kraut vor allem als Diuretikum verwendet[1].

[1]Boulos, Medicinal Plants, S. 45.

Hyoscyamus muticus L. und Hyoscyamus albus L.
Ägyptisches Bilsenkraut und Weißes Bilsenkraut

Familie: Solanaceae (Nachtschattengewächse)

Verbreitung:
Das Ägyptische Bilsenkraut ist sehr verbreitet, bevorzugt auf sandigen Standorten, das etwas seltenere Vorkommen des Weißen Bilsenkrautes beschränkt sich auf den mediterranen Küstenstreifen.

Beschreibung:
Hyoscyamus muticus ist ein kräftiger, ausdauernder, leicht sukkulenter Busch mit einer Höhe bis zu 1 m. Er ist reich verzweigt und trägt gestielte, etwa 8-12 cm lange, buchtig gezähnte Blätter, die oberen Blätter sind schmal-lanzettlich. Die trichterförmigen, fünflappigen Blüten sind weiß, hellgrün oder purpurfarben mit violetten Adern. Sie stehen in einem bis 30 cm langen, ährenähnlichen Blütenstand. Die Blüte sitzt in einem glockenförmigen Kelch, die Frucht ist eine zweifächrige Kapsel mit Deckel. Bei Fruchtreife vergrößert sich der Kelch und umhüllt die Fruchtkapsel becherförmig.

Das Bilsenkraut Hyoscyamus albus wird nur etwa 60 cm hoch, ist weiß behaart, die Blätter sind gebuchtet und etwas kleiner. Die weißen Blüten sitzen einzeln in den Blattachseln.

Inhaltsstoffe und pharmazeutische Wirkung:
In der gesamten Pflanze sind die giftigen Alkaloide Hyoscyamin, Skopolamin, Atropin und weitere Nebenalkaloide enthalten. Sie wirken krampflösend und schmerzlindernd, in höheren Dosen eingenommen können auch Halluzinationen auftreten.

Funde:
Samen einer nicht näher zu bestimmenden Hyoscyamus-Art liegen seit der 18. Dynastie vor, Funde von Hyoscyamus muticus von ptolemäischer Zeit an[1].

Altägyptischer Name:
Von keiner der beiden Pflanzen-Arten ist der Name bekannt.

Hyoscyamus muticus und Hyoscyamus albus (nach Boulos)

Spätere medizinische Verwendung:

Dioskurides[2] erwähnt neben dem in Ägypten nicht vorkommenden Hyoscyamus nigra und Hyoscyamus aureus das Weiße Bilsenkraut, das er medizinisch für die beste hält. Er verordnet innerlich wie äußerlich die Samen und den Saft der Pflanze als schmerzlinderndes Mittel, vor allem aber die Blätter, von denen er auch sagt, sie verursachen in größeren Mengen gegessen Wahnsinn. Auch Plinius[3] beschreibt das Wahnvorstellungen hervorrufende Hyoscyamus albus. Beide erwähnen weiterhin ein aus den Samen hergestelltes Öl.

Aufgrund seiner Eigenschaft, Halluzinationen hervorzurufen, war Bilsenkraut im Mittelalter ein wichtiger Bestandteil der sogenannten Hexensalben.

Trotz seiner oft nicht zu kontrollierenden Nebenwirkungen diente bis zur Erfindung der Äthernarkose Bilsenkraut als eines der wichtigsten Betäubungsmittel in der Medizin.

Heute finden beide Bilsenkrautarten in der ägyptischen Volksmedizin noch vielseitige Verwendung, sie lindern vor allem spasmische Schmerzen, besonders auch bei Folgen von Schlangenbissen und Skorpionsstichen und wirken allgemein betäubend. Die Blätter als heiße Kompressen aufgelegt helfen bei Augenschmerzen. Die Blätter von Hyoscyamus muticus werden bei Asthma auch geraucht[4].

Bemerkungen:

Sicherlich hatten schon die altägyptischen Ärzte die narkotisierende Wirkung des Bilsenkrautes beobachtet. Auch wenn wir aus keiner medizinischen Rezeptur ein spezifisch schmerzstillendes Mittel erkennen können, nutzten sie sicherlich Bilsenkraut, um ihren Patienten Schmerzlinderung zu verschaffen.

[1]Vartavan and Amorós, Codex, S. 134; [2]Dioskurides, IV, 69 und I, 42; [3]Plinius, XXV, 35 f.; [4]Moursi, Heilpflanzen, S. 188; Boulos, Medicinal Plants, S. 167.

Hyphaene thebaica (L.) Mart.
Dumpalme

Familie: Palmae (Palmen)

Verbreitung:
Die Dumpalme ist ein Charakterbaum Oberägyptens, ihr nördlichstes Vorkommen liegt im Bereich von Kena. Der Baum wächst vor allem im Niltal, kultiviert aber auch in den Oasen.

Beschreibung:

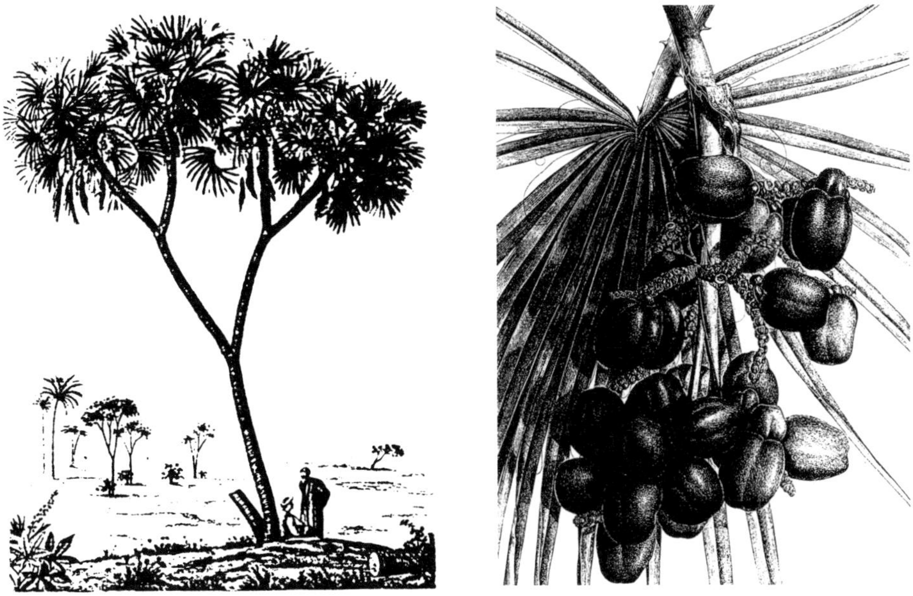

Hyphaene thebaica (nach Delile)

Der mehrfach gegabelte Stamm der Dumpalme trägt an den Enden fächerförmige, bis 1m im Durchmesser große Blätter. Die Bäume sind getrenntgeschlechtlich. An den weiblichen Blütenständen entwickeln sich nach Windbestäubung bis zu 40 braunglänzende, gepunktete, unregelmäßig ovale Früchte. Diese sind 7-8 cm lang, enthalten in ihrem Innern einen einsamigen Steinkern, der von einem trockenen, schwammigen Fruchtfleisch umgeben ist.

Inhaltsstoffe und pharmazeutische Wirkung:
Von den einzelnen Teilen der Dumpalme sind keine speziellen pharmazeutischen Eigenschaften bekannt.

Funde:
Die Früchte der Dumpalme dienten seit vorgeschichtlicher Zeit häufig als Grabbeigaben[1].

Altägyptischer Name:
Die Dumpalme wurde mit dem Wort *mȝmȝ,* die Früchte mit dem eigenständigen Namen *ḳwḳw*[2] bezeichnet. Beide Namen sind nicht in medizinischen Rezepturen erwähnt.

Spätere medizinische Verwendung:
Von der Dumpalme werden noch heute mehrere Produkte in der Heilkunde verwendet. Vor allem die Wurzel und ein bei Anschnitt ausfließendes Harz dienen der Behandlung von Bilharziose und Bandwürmern, das Harz auch von Bissen und Stichen giftiger Tiere. Ein Aufguss des Fruchtfleisches soll den Blutdruck senken[3].

Bemerkungen:
Sieht man die häufige Verwendung verschiedener Produkte der Dattelpalmein den Rezepturen, ist es sehr unwahrscheinlich, dass die der Dumpalme nicht auch in der altägyptischen Medizin genutzt wurden. Es muss für sie noch andere Namen als *m3m3* und *ḳwḳw* gegeben haben.

[1]Vartavan and Amorós, Codex, S. 134 f.; [2]Ingrid Wallert, Die Palmen im Alten Ägypten, MÄS 1, Berlin 1962, 50 f.; [3]Boulos, Medicinal Plants, S. 138; Moursi, Heilpflanzen, S. 191.

Imperata cylindrica (L.) Raeusch.

Familie: Gramineae (Gräser)

Imperata cylindrica (nach Townsend)

Verbreitung:
Vor allem direkt an den Kanalufern oder etwas weiter landeinwärts auf feuchten Standorten findet sich Imperata cylindrica.

Beschreibung:
Das Gras wächst mit seinen schmalen, linealen Blättern aus einem kriechenden Wurzelstock. Der bis zu 1 m hohe Halm trägt den Blütenstand, eine etwa 20 cm lange, zylinderförmige Rispe, deren Ährchen von bis zu 5 cm langen, seidigen Haaren umgeben sind.

Inhaltsstoffe und pharmazeutische Wirkung:
Im Rhizom sind diverse ätherischen Öle nachgewiesen[1].

Funde:
Seit vordynastischer Zeit ist Imperata cylindrica als Flechtmaterial belegt[2].

Altägyptischer Name:
Der Name der Pflanze ist nicht bekannt.

Spätere medizinische Verwendung:
Ein Aufguss des Wurzelstockes dient heute als fiebersenkendes, harntreibendes und blutstillendes Mittel[3].

[1]Ghazanfar, Handbook, S. 172; [2]Vartavan and Amorós, Codex, S. 138; [3]Boulos, Medicinal Plants, S. 94; Moursi, Heilpflanzen, S. 193.

Iris sp.
Schwertlilie

Familie: Iridaceae (Schwertliliengewächse)

Verbreitung:
In Ägypten wachsen keine Iris-Arten[1].

Beschreibung:
Viele der Schwertlilien entspringen einem kriechenden Rhizom. Ihre Blätter sind meist schmal-lineal, die Blüten zwittrig, dreizählig und wegen ihrer großen, schönen, farbigen Blüten sind die Schwertlilien beliebte Gartenpflanzen.
In der „Botanischen Kammer“ des Karnak-Tempels aus der 18. Dynastie ist eine Pflanze abgebildet, bei der es sich vermutlich um eine eingeführte Iris-Art oder die im mediterranen Küstenstreifen heimische Moraea sisyrinchium (L.) Ker Gawl. in Kon. & Sims (= Iris sisyrinchium L.) handelt. Eine genaue botanische Bestimmung ist nicht möglich.

Inhaltsstoffe und pharmazeutische Wirkung:
Die Rhizome vieler Iris-Arten sind reich an ätherischen Ölen und wurden bereits in der Antike sowohl zur Herstellung von Duftsalben als auch Heilmitteln verwendet[2].

Funde:
Aus römischer Zeit sind Blütenfunde der im südlichen Arabien heimischen Iris albicans Lange belegt[3].

Altägyptischer Name:
Der Name der Pflanze ist nicht bekannt.

Iris-Darstellung in der „Botanischen Kammer“ (nach Schweinfurth)

Spätere medizinische Verwendung:

Dioskurides[4] erwähnt die medizinische Nutzung der Iris, wobei es sich sowohl um die Iris germanica L. als auch Iris florentina L. handeln kann. Der Wurzelstock der Pflanze hilft bei Geschwüren, giftigen Tierbissen, Kopfschmerzen, Verhärtungen und Frauen bei der Entbindung.

Bemerkungen:

Aufgrund der Darstellung einer Iris-Art in der „Botanischen Kammer“ ist die medizinische Nutzung von Schwertlilien für das Neue Reich in Ägypten durchaus möglich. Um welche Art es sich aber dabei handeln kann, ist nicht zu entscheiden.

Heute wird in Ägypten das Rhizom von Iris albicans zum Röten der Haut und als Brechmittel verwendet[5].

[1]Boulos, Flora IV, S. 91; [2]Täckholm, Flora III, S. 480 f.; [3]Vartavan and Amorós, Codex, S. 139; [4]Dioskurides, I, 1; [5]Täckholm, Flora III, S. 482.

Juniperus oxycedrus L.
Zederwacholder

Familie: Cupressaceae (Zypressengewächse)

Verbreitung:

Der Zederwacholder wächst im gesamten Mittelmeerraum bis nach Nordpersien, fehlt aber in Ägypten und dem südlichen Palästina.

Beschreibung:

Der bis ca. 8 m hoch werdende Baum ist von kegelförmiger Wuchsform. Die starren, etwa 2 cm langen Nadeln stehen zu dritt in einem Quirl. Männliche und weibliche Blüten sitzen an getrennten Bäumen. Die Beerenzapfen werden aus drei bis sechs Schuppen gebildet und enthalten zwei bis drei Samen, in Einzelfällen auch nur einen. Der Durchmesser der reifen Wacholderbeere beträgt um 1 cm, und sie ist von braun-roter Farbe.

Juniperus oxycedrus (nach Zohary)

Inhaltsstoffe und pharmazeutische Wirkung:

Die pharmazeutische Wirkung der Wacholderbeeren beruht auf ihrem hohen Anteil an ätherischen Ölen, vor allem α-Pinen, Camphen und Kardinen. Wacholderbeeren sind diuretisch durch eine direkte Beeinflussung des Nierenparenchyms. In größeren Dosen eingenommen, kann es bei Frauen zu Uterusblutungen, bei Gravidität zum Abort führen.

Äußerlich verabreicht wirken die ätherischen Öle der Wacholderbeeren hautreizend und desinfizierend.

Auch im Holz des Wacholders sind ätherische Öle enthalten.

Funde:

Die Beeren von Juniperus oxycedrus sind seit vordynastischer Zeit als Grabbeigaben belegt[1] und ab dem Mittleren Reich findet man Wacholderbeeren vereinzelt auch an Mumien, entweder direkt am Körper oder in der Leinenumhüllung[2]. Bei diesen Wacholderbeeren handelt es sich um Importprodukte aus Palästina.

Außer Juniperus oxycedrus waren den Ägyptern vermutlich auch die Arten Juniperus phoenicea L., die auch auf dem Sinai vorkommt und Juniperus drupacea Labill., die in Kleinasien, Syrien und Griechenland beheimatet ist, bekannt, doch ist die botanische Bestimmung von Funden dieser Arten ungesichert[1].

Altägyptischer Name:

Der Wacholderstrauch wurde mit dem Namen *wꜥn* bezeichnet.

Die Beerenzapfen sind häufig in den medizinischen Verordnungen erwähnt, eingenommen zur Behandlung des Bauches, mit besonderem Schwerpunkt bei Nieren- und Blasenerkrankungen, äußerlich zum Erweichen der Gelenke und Gefäße, als Genitalzäpfchen zum „Lösen des Kindes aus dem Bauch".

Spätere medizinische Verwendung:

Plinius[3] nennt eine große und eine kleine Wacholderart, deren Samen und Beeren aber gleiche Verwendung fanden. Dabei handelt es sich vermutlich um Juniperus oxycedrus bzw. Juniperus communis[4]. Die Samen helfen bei Magen- und Brustbeschwerden, äußerlich angewandt bei Geschwüren, Verstauchungen und Brüchen. Die Beeren sind Bestandteil von Verordnungen zur besseren Verdauung, sie wirken diuretisch und lindern Uterusbeschwerden.

Dioskurides[5] nennt ebenfalls einen großen und kleinen Wacholder. Die Beeren sind dem Magen wohl bekömmlich, sie werden angewandt bei Brustleiden, Husten, Blähungen, Leibschneiden und dem Biss wilder Tiere. Außerdem wirken sie urintreibend und werden auch bei der Geburt verabreicht.

In der ägyptischen Volksmedizin dienen Wacholderbeeren vor allem als Diuretikum und zur Behandlung des Magen- Darmtraktes bei Verdauungsbeschwerden. Ein Aufguss der Blätter wird bei Hauterkrankungen eingesetzt, zur Behandlung von Diarrhoe bei Kindern und zur Förderung von Uteruskontraktionen im Verlauf der Geburt. Zur Anwendung kommen sowohl Juniperus communis, Juniperus oxycedrus als auch Juniperus phoenicea[6].

Ein Teerprodukt des Wacholderholzes (Oleum cadinum) ist ein weit verbreitetes Mittel gegen verschiedene Hauterkrankungen.

[1]Vartavan and Amorós, Codex, S. 142 f.;[2]Germer, Flora, S. 12; [3]Plinius, XXIV, 54; [4]Roderich König ed., C. Plinius secundus d. Ä., Naturkunde, Buch XXIV, München 1993, S. 140; [5]Dioskurides, I, 103; [6]Ducros, Droguier, S. 41; Täckholm, Flora I, S. 65, Boulos, Medicinal Plants, S. 79.

Lactuca serriola L. und Lactuca sativa L.
Stachellattich und Gartensalat (Lattich)

Familie: Compositae (Korbblütler)

Verbreitung:

Der Stachellattich ist die wilde Stammpflanze der Kulturpflanze Gartensalat. Er gehört zur heimischen Flora Ägyptens, wächst im Nildelta und -tal sowie den Oasen, vor allem an Wegrändern und auf Brachland.

Beschreibung:

Lactuca serriola kommt als ein- oder zweijährige Pflanze vor und kann eine Höhe von mehr als 1 m erreichen. Der Stachellattich ist wie alle Lactuca-Arten milchsaftführend. Die Blätter sind breit, buchtig fiederspaltig, stachlig auf der Mittelrippe der Unterseite. Die in Rispen angeordneten Blütenköpfchen sind von einem mehrreihigen Hüllkelch umgeben und enthalten nur gelbe Zungenblüten. Der Hüllkelch ist grau-pupur.

Aus dem Stachellattich wurde der Gartensalat gezüchtet, der in Ägypten seit dem Alten Reich in seiner Varietät longifolia Lam. = Römischer Salat im Anbau ist. Die Salatstrunke dieser Varietät haben eine keulenförmige Wuchsform, sind bis zu 1m lang und haben ganzrandige Blätter. Auch der Gartensalat ist milchsaftführend.

Die typischen Blattunterschiede beider Lattich-Arten sind sehr schön in der Ausgabe des Dioskurides von 1610 abgebildet[1].

Inhaltsstoffe und pharmazeutische Wirkung:

Die Samen von Lactuca sativa enthalten fettes Öl, das als Speiseöl genutzt wird. Pharmazeutisch bedeutender ist jedoch der Milchsaft. Dieser wurde früher vor allem von der Art Lactuca virosa L. in der Heilkunde verwendet, die anderen Lattich-Arten enthalten in ihrem Milchsaft jedoch die gleichen Substanzen, wenn auch in geringerer Konzentration. Im eingedickten Milchsaft, Lactucarium oder Lattich-Opium genannt, ist Lactucin und Lactucopikrin, die beide sedativ wirken. Frisch eingenommener Lattichmilchsaft wirkt beruhigend, schlaffördernd, leicht diuretisch, und er dämpft die Liebeslust. Der Salat wurde deshalb von den Griechen auch „Pflanze der Eunuchen“ genannt. Nach neueren Untersuchungen besteht die pharmazeutische Wirkung des Lattich-Milchsaftes vor allem in frischem Zustand, da Lactucin und Lactucopikrin instabil sind.

Lactuca serriola (nach Offenbach)

Lactuca sativa (nach Offenbach)

Funde:

Darstellungen vom Anbau des Gartensalates gibt es bereits in zahlreichen Gräbern des Alten Reiches, Samenfunde sind allerdings erst aus griechisch-römischer Zeit belegt[2].

Altägyptischer Name:

Der Name des Gartenlattichs war *ʿbw,* eine Bezeichnung, die jedoch nicht in den medizinischen Texten genannt ist.

Spätere medizinische Verwendung:

Plinius[3] gibt eine umfangreiche medizinische Verwendung des Lattichs an, sowohl seiner wilden Arten als auch der Kulturpflanze. Vor allem wurde der Milchsaft genutzt, dessen Eigenschaften dem Opium ähnlich seien und der durch Abschneiden des Stängels gewonnen wird. Man setzte ihn vor allem als Schlafmittel ein, zum dämpfen sexueller Gelüste, beruhigen des Magens, als Diuretikum, äußerlich bei Wunden und innerlich sowie äußerlich bei Skorpionsstichen.

Dioskurides[4] nennt für wilden und angebauten Lattich die gleichen Indikationen wie Plinius, betont auch, dass die wilde Art wirksamer ist. Der Milchsaft wirkt beruhigend, einschläfernd, schmerzstillend und hindert den Beischlaf. Innerlich hilft er auch gegen Skorpionsstiche und Spinnenbisse, außerdem beruhigt er den Magen.

In den koptischen Rezepturen wird der Milchsaft in einem Augenmittel erwähnt, die Samen in einem Brechmittel bei Eingeweidewürmern[5].

In der heutigen ägyptischen Volksmedizin dient der Gartensalat als verdauungsförderndes, nervenberuhigendes, entkrampfendes, diuretisch wirkendes aber auch potenzförderndes Mittel, ein Aufguss der Samen wird bei Skorpionsstichen und Schlangenbissen eingesetzt[6].

Bemerkungen:
In den altägyptischen Darstellungen sehen wir den Gartensalat, außer als Kulturpflanze im Garten, häufig hinter der Figur des ithyphallischen Gottes Min. Für die Verbindung Fruchtbarkeitsgott Min—Lattich ist nicht, wie teilweise angenommen, eine aphrodisierende Wirkung der Pflanze die Ursache, denn ihre pharmazeutische Wirkung ist genau entgegengesetzt. Vielmehr wurde der weißlich Milchsaft mit der Samenflüssigkeit des Min als Symbol männlicher Fruchtbarkeit gleichgesetzt[7]. Diese altägyptische Vorstellung ist auch der Grund dafür, dass noch heute in der ägyptischen Volksmedizin der Genuss des Gartensalates als potenzfördernd angesehen wird. In der griechisch-römischen Medizin hingegen, der diese religiöse Verbindung unbekannt war, hatte man die tatsächliche pharmazeutische Wirkung der Pflanze richtig beobachtet und sie entsprechend medizinisch verwendet.

[1]Peter Offenbach, Kräuterbuch des Pedacii Dioscoridis, Frankfurt 1610, S. 116; [2]Vatavan and Amorós, Codex, S. 146-147; [3]Plinius, XX, 58-68; [4]Dioskurides, II, 164 und 165; [5]Till, Arzneikunde, S. 90; [6]Boulos, Medicinal Plants, S. 67; Moursi, Heilpflanzen, S. 200; [7]Germer, in: SAK 8, 1980, S. 85 f.

Lawsonia inermis L.
Hennastrauch

Familie: Lythraceae (Weiderichgewächse)

Verbreitung:
Der Hennastrauch gehört nicht zur heimischen Flora Ägyptens. Wildwachsend kommt er in Ostafrika und Vorderasien vor. Von dort aus hat er sich als Kulturpflanze schnell ausgebreitet und ist heute überall in Ägypten anzutreffen.

Beschreibung:
Der bis etwa 3 m hohe Strauch trägt cremefarbene, stark duftende Blüten in großen Rispen und spitz-ovale Blätter. Die kugeligen, im Durchmesser ca. 5 mm großen Früchte enthalten zahlreiche Samen.

Inhaltsstoffe und pharmazeutische Wirkung:
Die getrockneten Blätter enthalten den Farbstoff Lawson, dessen fungizide Wirkung nachgewiesen ist sowie Gerbstoffe mit antibakteriellen Eigenschaften. Eine aus den getrockneten Blättern hergestellte Paste wird heute zum rötlich Färben der Haare benutzt und in der arabischen Welt zum Kolorieren der Handflächen und Fußsohlen zum Auftragen von Mustern auf die Haut. Die intensiv duftenden Blüten sind reich an ätherischen Ölen.

Funde:
Bereits in der 20. Dynastie, häufiger dann aber in griechisch-römischer Zeit, verarbeiteten die Ägypter die Blütenstände des Hennastrauches in den Mumiengirlanden[1]. Wann sie begannen, sich mit Henna die Haare zu färben und die Haut zu bemalen, ist zur Zeit noch ungeklärt. Auch wenn viele Mumien eine rötliche Haarfarbe zeigen, besonders stark die Ramses' II., so ist der Farbstoff selbst noch nicht an den Haaren chemisch nachgewiesen worden[2]. Da sich Haare nach dem Tode durch Oxidationsvorgänge von selbst rötlich verfärben, ist auch ein natürliches Rotwerden von Mumien-Haaren möglich. Eine Bemalung der Haut mit Henna an Mumien ist ebenfalls bisher nur vermutet worden, ebenso die Nutzung des Farbstoffes in der Textilfärberei[3].

Lawsonia inermis (nach Crowfoot)

Altägyptischer Name:

Drei altägyptische Pflanzennamen wurden bisher als Henna gedeutet, von denen *ḳwpr* nicht in den medizinischen Texten vorkommt[4] und *ḥnw* nur einmal als Mittel gegen Haarausfall in Eb 774 erwähnt wird[5]. Die dritte Pflanze ist *ʿnḫ-imi*, die in einigen wenigen medizinischen Rezepturen aufgeführt ist, ansonsten vor allem im magischen Bereich, wie im Balsamierungsritual, Verwendung fand. Ob aber *ʿnḫ-imi* tatsächlich Henna bezeichnete, ist mehr als fraglich.

Spätere medizinische Verwendung:

Plinius[6] beschreibt neben der Nutzung der Blätter als Mittel zum rot färben der Haare ihre äußerliche Anwendung bei Magen- und Uterusbeschwerden, Verbrennungen sowie Verstauchungen, gekaut gegen Entzündungen im Mund. Die Blüten in Essig helfen bei Kopfschmerzen.

Dioskurides[7] sieht die Heilwirkung der Blätter vor allem bei entzündeten Geschwülsten, Brandwunden und Ausschlag im Mund, und auch er erwähnt, dass die Blüten in Essig Kopfschmerzen lindern.

Alpin[8] konnte die vielfache Verwendung sowohl der Blätter als auch der Blüten in der ägyptischen Volksmedizin beobachten. Die von ihm angeführten Indikationen entsprechen denen von Dioskurides, außerdem soll das Salben des in Wasser gelösten Blattpulvers bei feuchten, geschwollenen Füßen helfen. Moursi[9] nennt außerdem noch die innerliche Anwendung eines Auszuges der Blätter bei Milzbeschwerden, Bronchialkatarrh und zur Entwässerung.

Bemerkungen:

Es ist unbekannt, wann die Kultur des Hennastrauches in Ägypten begann. Somit lässt sich auch nicht entscheiden, ob das Hennapulver bereits in der pharaonischen Medizin Verwendung fand.

[1]Vartavan and Amorós, Codex, S. 151; [2]Lionel Balout ed., La Momie de Ramsès II, Paris 1985, S. 212 f.; [3]Germer, Textilfärberei, S. 86 f.; [4]Charpentier, Receuil, S. 718, Nr. 1187; [5]Charpentier, Receuil, S. 474, Nr. 763; [6]Plinius, XXIII, 90; [7]Dioskurides, I, 124; [8]Alpin, Plantes, 44 f.; [9]Moursi, Heilpflanzen, S. 205.

Lens culinaris Medik.
Linse

Familie: Leguminosae (Hülsenfrüchte)

Verbreitung:

Die Linse wird heute in Ägypten überall als wichtige Kulturpflanze angebaut.

Beschreibung:

Lens culinaris wächst als einjährige Pflanze in buschiger Form und erreicht meist eine Höhe von 30-40 cm. Die Blätter sind paarig gefiedert und enden in einer kleinen Blattranke. In den Blattachseln sitzen die Blütenstiele mit einer bis drei bläulich-weißen Blüten. Die Hülse ist leicht aufgebläht und enthält bei den in Ägypten angebauten Sorten einen bis drei flache, runde, rote Samen.

Inhaltsstoffe und pharmazeutische Wirkung:

Die Samen der Linse sind ein wertvolles Nahrungsmittel mit einem hohe Gehalt an Kohlenhydraten, Eiweißen und Fett.

Funde:

Seit vorgeschichtlicher Zeit ist die Linse in Ägypten als Kulturpflanze belegt[1].

Altägyptischer Name:

Der Name der Linse war *ʿršn*, er wird aber nicht in den medizinischen Texten genannt.

Spätere medizinische Verwendung:

Plinius[2] beschreibt sehr ausführlich die vielseitige medizinische Nutzung der Linse, vor allem äußerlich gegen Abszesse, Entzündungen, Geschwüre und Verbrennungen.

Dioskurides[3] verordnet sie zusammen mit anderen Pflanzenprodukten oder Honig äußerlich bei Gicht, verschiedenen Arten von Geschwüren, Frostbeulen und verhärteter Brust.

In der koptischen Medizin dienten gekochte Linsen als Mittel gegen Hautkrankheiten[4]. Breie aus gekochten Linsen in Form von Umschlägen finden noch immer in der ägyptischen Volksmedizin bei Geschwüren und Knochenbrüchen Verwendung[5].

Bemerkungen:

Man kann sicher davon ausgehen, dass auch in der altägyptischen Medizin die Linse als Heilmittel genutzt wurde. Sie muss in den medizinischen Texten unter einem anderen Namen als *ʿršn* aufgeführt sein.

[1]Vartavan and Amorós, Codex, S. 154 f.; [2]Plinius, XXII, 142; [3]Dioskurides, II, 129; [4]Till, Arzneikunde, S. 73; [5]Moursi, Heilpflanzen, S. 206.

Lens culinaris (nach Weymar)

Lepidium sativum L.
Gartenkresse

Familie: Cruciferae (Kreuzblütler)

Verbreitung:
Die Gartenkresse wächst als Unkraut in den Feldern des Niltales und der Oasen, außerdem ist sie als Salatpflanze in Gartenkultur.

Beschreibung:
Der bis 60 cm hohe, aufrechte Stängel der Pflanze ist vor allem im oberen Teil verzweigt. Er hat 4-15 cm lange, im unteren Bereich doppelt fiederschnittige, im oberen oval-lineale Blätter. Die Blütenstände sind endständig oder wachsen aus den Blattachseln. Sie tragen weiße bis blass-violette, kleine Blüten, aus denen sich einsamige Schoten entwickeln.

Inhaltsstoffe und pharmazeutische Wirkung:
Ätherische Öle, besonders verschiedene Senföle, und Bitterstoffe geben den Blättern einen beißenden, senfartigen Geschmack. Sie werden deshalb meist nur ganz jung gegessen. Die Samen enthalten daneben noch fette Öle.

Funde:
Samen der Gartenkresse sind seit der 18. Dynastie belegt[1].

Altägyptischer Name:
Manniche[2] vermutet in dem Pflanzennamen *smt* eine Bezeichnung für die Gartenkresse.

Spätere medizinische Verwendung:
Dioskurides[3] verordnet die Blätter der Gartenkresse äußerlich bei Ischias, Milzbeschwerden und Aussatz.

In der koptischen Medizin dienen sie als blutstillendes Mittel, die Samen innerlich zum Abführen, Behandeln von Fieber und äußerlich bei Erkrankungen der Kopfhaut[4].

Heute finden in Ägypten die Blätter wie die Samen Verwendung als Mittel zur Potenzsteigerung, gegen Blähungen und bei Erkrankungen der Atemwege[5].

Lepidium sativum (nach Fuchs)

Bemerkungen:
Vermutlich gehörte die in Ägypten heimische Gartenkresse auch schon zum Heilpflanzenschatz der pharaonischen Ärzte.

[1]Vartavan and Amorós, Codex, S. 156; [2]Manniche, Herbal, S. 115; [3]Dioskurides, II, 205; [4]Till, Arzneikunde, S. 71; [5]Moursi, Heilpflanzen, S. 209; Boulos, Medicinal Plants, S. 71.

Leptadenia pyrotechnica (Forssk.) Decne

Familie: Asclepiadaceae (Seidenpflanzengewächse)

Verbreitung:
Auf sandigem Wüstenboden, vor allem in den Wadis, ist diese Pflanzen in Ägypten häufig anzutreffen.

Beschreibung:
Der blattlose Strauch wird bis 5 m hoch, seine aufrechten, rutenartigen Stängel sind vielfach verzweigt. Lineal-lanzettliche Blätter finden sich nur an ganz jungen Zweigen, und sie fallen früh ab. Die 0,5 cm großen, gelb-grünen Blüten sitzen axilar in wenigblütigen Trugdolden. Aus den schmalen, an den Enden zugespitzten, bis 12 cm langen Früchten werden bei Reife Samen mit langen Haartuffs frei.

Leptadenia pyrotechnica (nach Andrews)

Inhaltsstoffe und pharmazeutische Wirkung:

In den Stängeln von Leptadenia pyrotechnica wurden Triterpenoide, Teraxerol, Ferneol und Sitosterol identifiziert, jedoch bisher noch keine eindeutige pharmazeutische Wirkung der Pflanze nachgewiesen[1].

Funde:

Aus archäologischem Kontext sind keine Funde belegt

Altägyptischer Name:

Der Name der Pflanze ist nicht bekannt

Spätere medizinische Verwendung:

Ein Aufguss der Zweige dient in der ägyptischen Volksmedizin als Diuretikum, die Früchte und jungen Zweige werden von den Beduinen gegessen[2].

[1]Ghazanfar, Handbook, S. 35; [2]Boulos, Medicinal Plants, S. 27.

Linum usitatissimum L.
Lein (Flachs)

Familie: Linaceae (Leingewächse)

Verbreitung:
Die Kultur des Lein begann im 6. Jahrtausend v. Chr. im Nahen Osten und gelangte von dort aus etwa im 4. Jahrtausend v. Chr. nach Ägypten[1].

Beschreibung:
Der Kulturlein ist eine einjährige Pflanze. Sie wächst meist eintriebig bis zu einer Höhe von 1 m, der Stängel trägt schmal-lanzettliche, wechselständige Blätter und endständige, wenigblütige Rispen mit hellblauen Blüten. Die Frucht ist eine kugelige Kapsel, die meist sechs bis sieben oval-flache, braune Samen enthält.

Linum usitatissimum (nach Jávorka)

Inhaltsstoffe und pharmazeutische Wirkung:
Das aus den Samen gewonnene fette Öl wird zur Behandlung von Hauterkrankungen genutzt. Weiterhin enthalten die Samen einen hohen Anteil an Schleimstoffen. Sie bedingen die Verwendung der Samen als einhüllendes Mittel bei Husten und sanftes Abführmittel aufgrund ihrer Quellwirkung im Darm.

Funde:
Seit vorgeschichtlicher Zeit sind Samen- und Faserfunde belegt[2].

Altägyptischer Name:
Die Leinpflanze wurde mit *mḥi* bezeichnet, ihre Produkte sind nur einige wenige Male in den medizinischen Texten erwähnt.

Spätere medizinische Verwendung:
In der antiken Medizin dienten Leinsamen häufig als Drogengrundlage für einzunehmende Rezepturen zur Behandlung des Magen-Darmtraktes und äußerlich zum Erweichen von Geschwüren und Behandeln von Hauterkrankungen[3]. Dioskurides[4] erwähnt weiterhin die hustenlindernde Wirkung.

Eine koptische, einzunehmende Rezeptur gegen die unbekannte „Sir“-Krankheit enthält Leinsamen[5].

In der heutigen ägyptischen Volksmedizin werden Breiumschläge aus den Samen äußerlich bei Gelenkentzündungen und Schuppenflechte angewandt, innerlich dienen die Samen als Abführmittel und das Öl eingenommen der Behandlung von Rheuma und Magen- Darmstörungen[6].

Bemerkungen:
In der altägyptischen Medizin lag die Hauptbedeutung der Leinpflanze in ihrer Eigenschaft als Faserlieferant. Alle Verbandsmaterialien und Tampons waren aus Leinen hergestellt. Es ist jedoch nicht bekannt, ob man für medizinische Zwecke spezielle Binden oder Tücher webte, oder nur normale Haushaltstextilien in die passenden Streifen riss, wie es für die bei der Balsamierung verwendeten Binden der Fall war.

[1]Zohary and Hopf, Domestication, S. 119 f.; [2]Vartavan and Amorós, Codex, S. 158 f.; [3]Plinius, XXI, 151; XXII, 33, 125; XXX, 55, 90, 107; XXXI, 99; [4]Dioskurides, II, 125; [5]Till, Arzneikunde, S. 72; [6]Moursi, Heilpflanzen, S. 210.

Liquidambar orientalis Miller
Orientalischer Amberbaum (Storaxbaum)

Familie: Hamamelidaceae (Hamamelisgewächse)

Verbreitung:

Im Südwesten Anatoliens, Nord-Syrien und auf den Inseln Kos und Rhodos ist der Orientalische Amberbaum beheimatet.

Liquidambar orientalis (nach Taylor)

Beschreibung:

Meist wächst Liquidambar orientalis als mittelgroßer Baum, er kann in Einzelfällen aber auch die stattliche Höhe von 30 m erreichen. Sein Aussehen ähnelt dem einer Platane mit seinen 5-lappigen, dunkelgrünen Blättern. Die männlichen und weiblichen Blüten stehen in kugeligen, kronblattlosen Blütenständen, die männlichen zu mehreren in aufrechten Trauben, die weiblichen hängen und bilden kugelige Fruchtständen aus kleinen holzigen Kapseln. Bei Verletzung der Rinde sondert der Baum Harz ab.

Inhaltsstoffe und pharmazeutische Wirkung:
Das angenehm duftende Harz, Storax genannt, enthält Zimtsäure und ihre Ester sowie ätherische Öle, vor allem Styrol und Vanillin. Es hat entzündungshemmende und schleimlösende Wirkung und wird auch als Räuchermittel benutzt.

Funde:
Bisher ließ sich Storax noch nicht in altägyptischen Salböl- oder Räuchersubstanzresten chemisch nachweisen, nur ein kleines Stück bearbeitetes Holz dieses Baumes fand sich im Grab des Tutanchamun[1].

Altägyptischer Name:
Für die Deutung von *nnib* als Storax gibt es keine Belege, *ḥḏw* kann es nicht sein, da es die Herkunftsangabe Punt trägt.

Spätere medizinische Verwendung:
Es ist nicht bekannt, wann die medizinische Nutzung des Harzes von Liquidambar orientalis begann. Bei dem von den antiken Autoren genanten Harz Styrax handelt es sich wahrscheinlich um das Harz von Styrax officinalis L., auch wenn heute dieser kleine Baum kein Harz mehr gibt. In der gegenwärtigen ägyptischen Volksmedizin spielt das Harz des Orientalischen Amberbaumes keine Rolle.

Bemerkungen:
Es ist möglich, dass die Ägypter in pharaonischer Zeit Storax-Harz aus Kleinasien oder Syrien als Heilmittel importierten.

[1]Gale et al., in: Nicholson and Shaw, Materials, S. 341-342; Serpico, in: Nicholson and Shaw, Materials, S. 437.

Lolium temulentum L.
Taumellolch

Familie: Gramineae (Gräser)

Verbreitung:
Der Taumellolch ist in ganz Ägypten als Unkraut der Getreidefelder verbreitet.

Beschreibung:
Der Halm des Taumellolches wird bis zu 1 m hoch und trägt eine etwa 30 cm lange Ähre, die bei der Getreide-Ernte leicht mit abgeschnitten wird und die Samen dann in das Dreschgut gelangen. Bis zu 80% der Samen einer Pflanze können von dem Rostpilz Endoconidium temulentum befallen sein, der vor allem für das Vieh gefährlich ist, aber auch bei Menschen Krankheitssymptome hervorrufen kann, wenn er sich in zu hoher Konzentration im Brot befindet.

Inhaltsstoffe und pharmazeutische Wirkung:
Die pharmazeutische Wirkung der Lolchsamen beruht auf dem Alkaloid Temulin, das der Rostpilz bildet. Dieses wirkt auf das Zentralnervensystem des Menschen, verursacht Schwindelgefühle und Kopfschmerzen, in höherer Dosierung Vergiftungserscheinungen wie bei starker Trunkenheit mit anschließendem tiefen Schlaf. Außerdem beeinflusst es das Nieren-Blasensystem[1].

Funde:
Seit vorgeschichtlicher Zeit ist der Taumellolch als Getreideunkraut durch Funde belegt[2], an Samen des Mittleren Reiches konnte auch der Rostpilz Endoconidium temulentum nachgewiesen werden[3].

Altägyptischer Name:
Der Name der Pflanze ist nicht bekannt.

Spätere medizinische Verwendung:
Plinius[4] und Dioskurides[5] verordnen Lolium-Samen äußerlich zur Behandlung von Hauterkrankungen. Es ist überraschend, dass sie nichts von der schwindelerregenden, narkotisierenden Wirkung der Samen erwähnen, und man möchte vermuten, dass sie vielleicht eine andere Lolium-Art meinten. Doch die Bemerkung von Dioskurides, dass die Pflanze zwischen dem Weizen wächst, ist eigentlich ein Hinweis auf Lolium temulentum.

Auch in der heutigen nordafrikanischen Medizin werden die Samen des Taumellolches als Umschlag aufgebracht bei Hautkrankheiten verwendet[6], außerdem ein Aufguss der ganzen Pflanzen bei Blut im Urin und Inkontinenz getrunken[7].

Bemerkungen:
Man kann nur vermuten, dass die altägyptischen Ärzte die durch den Rostpilz hervorgerufene Wirkung der Lolium-Samen auf den menschlichen Körper beobachtet haben. Ob sie diese dann auch in der Heilkunde einsetzten, lässt sich nicht sagen.

Lolium temulentum (nach Weymar)

[1]Madaus, Lehrbuch, S. 1789 f.; [2]Vartavan and Amorós, Codex, S. 162-162; [3]Schweinfurth, in: Heinrich Schäfer, Priestergräber und andere Grabfunde vom Ende des Alten Reiches bis zur griechischen Zeit vom Totentempel des Ne-User-Rê, Leipzig 1908, S. 155 f.; [4]Plinius, XXII, 160; [5]Dioskurides, II, 122; [6]Kotb Hussein, Medicinal Plants, S. 562; [7]Boulos, Medicinal Plants, S. 96.

Lupinus albus L. (= L. termis Forssk.)
Ägyptische Lupine

Familie: Leguminosae (Hülsenfrüchte)

Verbreitung:
Die Ägyptische Lupine wird im Niltal und den Oasen angebaut, daneben gibt es auch verwilderte Vorkommen.

Beschreibung
Die einjährige Pflanze ist reich verzweigt, sie wird bis 60 cm hoch, und ihre Blätter bestehen aus fünf bis sieben Fiederblättchen. Sie sind an der Unterseite silbrig behaart. Die weißen, an den Spitzen bläulichen Blüten stehen in einer Traube. Die etwa 6 cm langen, flachen Hülse enthalten große, gelbe Samen.

Inhaltsstoffe und pharmazeutische Wirkung:
In den Samen sind fettes Öl und alkaloide Bitterstoffe enthalten.

Funde:
Sicher bestimmte Funde der Ägyptischen Lupine liegen erst aus griechisch-römischer Zeit vor, dennoch ist der Beginn ihrer Kultur in Ägypten möglicherweise früher anzusetzen[1].

Altägyptischer Name:
Der Name der Pflanze ist nicht bekannt.

Spätere medizinische Verwendung:
Da Dioskurides[2] ausdrücklich von einer kultivierten Lupine spricht im Gegensatz zur wilden, ist mit der Bezeichnung wohl nicht, wie von Berendes angegeben, die Lupinus micranthus Guss (= Lupinus hirsutus L.) gemeint, sondern die Lupinus albus. Für sie gibt Dioskurides als medizinische Verwendung an, ein Aufguss und Umschlag helfe bei Hauterkrankungen, die Samen gegessen bei Völlegefühl und sie seien appetitanregend.

Auch die in den koptischen Rezepturen genannte Lupine ist die Lupinus albus, ihr Mehl dient als Mittel gegen Warzen und aufgebrochene Hämorrhoiden[3].

In der heutigen ägyptischen Volksmedizin wird vor allem das bittere Weichwasser der Samen oder ein aus ihnen hergestellter Breiumschlag bei Hauterkrankungen verwendet, gegessen sollen sie den Appetit anregen und die Verdauung fördern sowie Leberbeschwerden lindern[4].

Lupinus albus (nach Fuchs)

[1]Vartavan and Amorós, Codex, S. 67; Germer, Flora, S. 67; [2]Dioskurides, II, 132; [3]Till, Arzneikunde, S. 73; [4]Moursi, Heilpflanzen, S. 215; Boulos, Medicinal Plants, S. 125-126.

Maerua crassifolia Forssk.

Familie: Capparidaceae (Kaperngewächse)

Verbreitung:
Die Maerua kommt in Ägypten nur in den Wüstengebieten vor, des weiteren gehört sie zur Flora Palästinas, Arabiens und des Sudan.

Beschreibung:
Maerua crassifolia wächst meist als Busch, seltener als bis 6 m hoher Baum mit schirmförmiger Krone. Sie trägt ovale, an der Spitze gerade, 1-2 cm lange, leicht sukkulente Blätter. In den Blattachseln sitzen gelblich-grüne, kleine Blüten, die zahlreiche Staubgefäße haben, einzelnen oder zu zweit. Die essbare, leicht mehlig schmeckende Frucht ist eine 2-5 cm lange, ungleichmäßig zylindrische Beere mit leichten Einschnürungen zwischen den einzelnen Samen.

Inhaltsstoffe und pharmazeutische Wirkung:
Außer einem hohen Anteil an Calcium, einigen Aminosäuren und Peptiden sind bisher keine speziellen pharmazeutischen Eigenschaften der Blätter oder Früchte nachgewiesen[1].

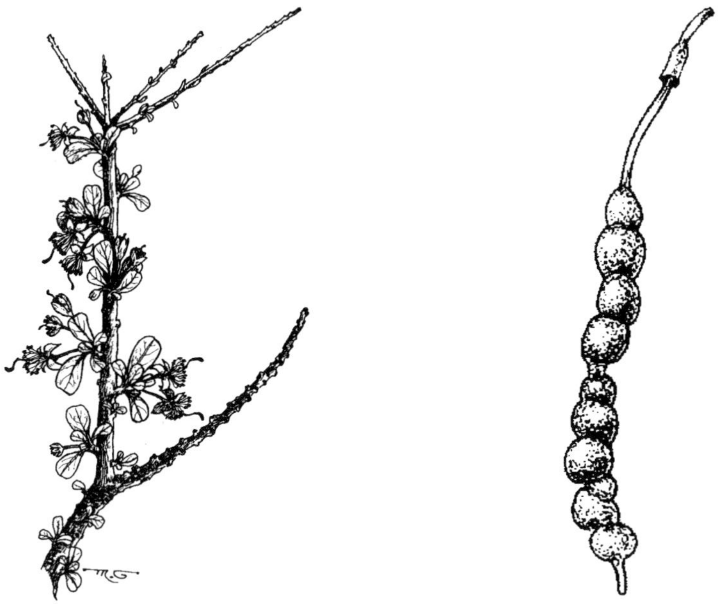

Maerua crassifolia (nach Täckholm)

Funde:

Schon aus vorgeschichtlicher Zeit sind Holzkohlereste der Maerua belegt, Früchte wurden in einem Grab der 11. Dynastie gefunden. Das sehr harte Holz ließ sich an Objekten von der 18. Dynastie an nachweisen[2].

Altägyptischer Name:

Baum[3] vermutet in dem Baumnamen *imꜣ* eine Bezeichnung für die Maerua crassifolia. Vom *imꜣ*-Baum werden vor allem die Blätter und Früchte in der Heilkunde verwendet, sowie *ꜥꜣgit*, ein Ausflussprodukt, und das unbekannte Produkt *ḫs(ꜣ)w*. Der Behandlungsschwerpunkt liegt in der äußerlichen Anwendung bei der Versorgung von Knochenbrüchen und Wunden.

Spätere medizinische Verwendung:

In der heutigen ägyptischen und arabischen Volksmedizin wird ein Aufguss der Blätter bei Koliken getrunken, äußerlich dienen die Rinde und Blätter, diese oft zusammen mit Hennablättern, der Behandlung entzündeter Wunden und von Knochenbrüchen[4].

[1]Ghazanfar, Handbook, S. 78; [2]Vartavan and Amorós, Codex, S. 166; [3]Baum, Arbres et arbustes, S. 183 f.; [4]Boulos, Medicinal Plants, S. 42; Ghazanfar, Handbbok, S. 78.

Malva parviflora L. und Malva sylvestris L.
Kleinblütige Malve und Wilde Malve (Käsepappel)

Familie: Malvaceae (Malvengewächse)

Verbreitung:

Malva parviflora ist in ganz Ägypten als häufiges Unkraut anzutreffen, die Malva sylvestris hingegen nur selten im mediterranen Küstenstreifen.

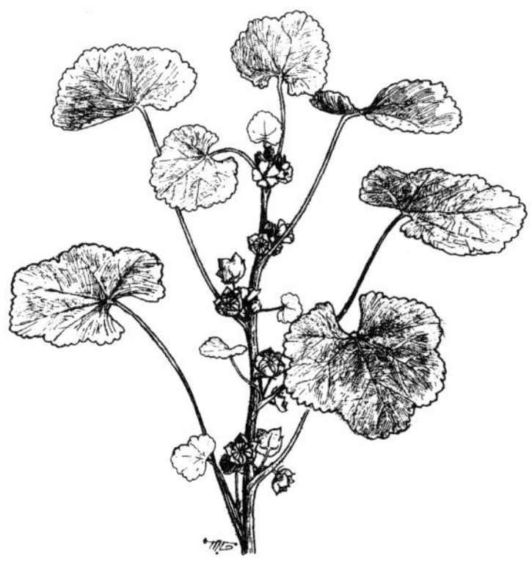

Malva parviflora (nach Täckholm)

Malva sylvestris (nach Boulos)

Beschreibung:

Beide Malven-Arten wachsen in Ägypten als einjährige Kräuter mit einer Höhe bis zu etwa 50 cm. Sie tragen kreisrundliche, 3- bis 7-lappige und am Rande gesägte Blätter. Die Blüten sind bei Malva parviflora weiß bis rosa, die Blütenblätter klein, kaum so lang wie der Kelch, bei Malva sylvestris hingegen rosa bis purpurfarben und die Blütenblätter drei bis vier mal so lang wie der Kelch.

Inhaltsstoffe und pharmazeutische Wirkung:

Die pharmazeutische Nutzung der Pflanze beruht vor allem auf ihrem Gehalt an Schleimstoffen.

Funde:

Zahlreiche Malvenfunde, deren Art jedoch nicht zu bestimmen war, liegen seit vordynastischer Zeit vor, Malva parviflora ist seit dem Alten Reich belegt[1].

Altägyptischer Name:

Der Name der Pflanze ist nicht bekannt.

Spätere medizinische Verwendung:

Sowohl Plinius[2] als auch Dioskurides[3] beschreiben Malven-Arten als nützliche Heilpflanzen, von denen die Wurzel, die Blätter und die Samen genutzt werden. Die Pflanzen helfen gegen Insekten- und Skorpionsstiche sowie Gifte. Äußerlich heilen sie Wunden und Geschwüre, die Wurzel lindert Zahnschmerzen und Atemwegserkrankungen. Die Blätter in verschiedenen Applikationsformen dienen der Erleichterung der Geburt, und es wird ihnen eine aphrodisierende Wirkung zugeschrieben.

In der koptischen Medizin verordnete man die Blätter in einer Salbe verarbeitet bei Abszessen[4].

Auch heute noch werden in Ägypten beide heimischen Malven-Arten medizinisch genutzt, äußerlich zur Behandlung von Hauterkrankungen und entzündeten Wunden, innerlich als einhüllendes Mittel bei Bronchialerkrankungen und Magen- Darmbeschwerden[5].

[1]Vartavan and Amorós, Codex, S. 167; [2]Plinius, XX, 222 f.; [3]Dioskurides, II, 144; [4]Till, Arzneikunde, S. 74; [5]Boulos, Medicinal Plants, S. 134; Moursi, Heilpflanzen, S. 219.

Mandragora autumnalis Bertol. (= M. officinarum L.)[1]
Mandragora (Alraune)

Familie: Solanaceae (Nachtschattengewächse)

Verbreitung:
Die Mandragora gehört nicht zur Flora Ägyptens, ihr Verbreitungsgebiet liegt im östlichen Mittelmeerraum und dem südlichen Europa.

Mandragora autumnalis (nach Köhler)

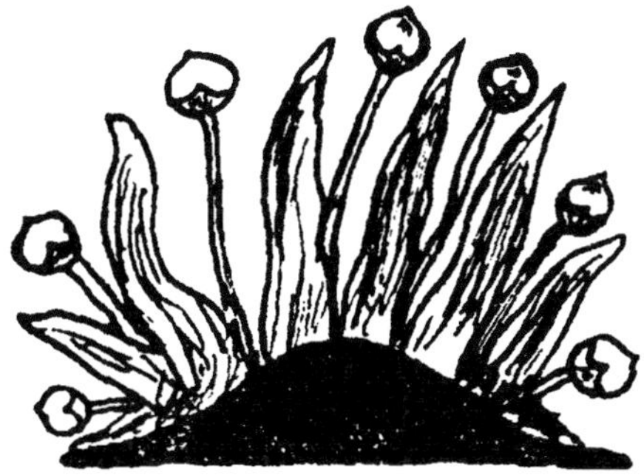

Darstellung einer Mandragora-Pflanze mit Früchten (nach Rosellini)

Beschreibung:
Das ausdauernde Kraut hat eine dicke, oft verzweigte, bis 80 cm lange Wurzel. Aus ihr entspringt eine dichte Blattrosette mit breit-eiförmigen, am Rande leicht gewellten Blättern. Diese sind etwa 15-25 cm lang. Aus der Mitte der Blattrosette wachsen die gestielten, 3 cm großen, glockenblumenartigen, 5-zipfligen, hellvioletten Blüten. Sie umgibt ein 5-zipfliger Kelch. Die 2-3 cm große, gelb-rötliche, stark duftende Frucht ist eine Beere mit vielen Samen. Bei Reife sind die Fruchtstiele niederliegend.

Inhaltsstoffe und pharmazeutische Wirkung:
Alle Teile der Pflanze, in höherer Konzentration die Wurzel, enthalten die Alkaloide Hyoscyamin, Scopolamin und Atropin. Diese haben eine einschläfernde, narkotisierende und schmerzstille Wirkung. Außerdem wird die Wurzel der Mandragora als Aphrodisiakum angesehen.

Funde:
Aus dem pharaonischen Ägypten liegen keine gesicherten Funde von Mandragora-Früchten vor. Bei den in der Literatur genannten halbierten Früchten aus dem Blütenhalskragen des Tutanchamun[2] handelt es sich mit großer Wahrscheinlichkeit um Mimusops-Früchte[3].

Es sind jedoch Abbildungen erhalten, die vermutlich die Mandragora-Pflanze zeigen, mit oder ohne Früchte. Die älteste dieser Darstellungen ist in der „Botanischen Kammer" des Karnak-Tempels, Zeit Thutmosis' III., 18. Dynastie, es folgen dann weitere in Fußboden- und Grabmalereien sowie auf Objekten des täglichen Lebens[4].

Eine Elfenbeintruhe aus dem Grab des Tutanchamun zeigt sogar die Ernte von Mandragora-Früchten[5].

Aufgrund dieser Darstellungen kann man wohl davon ausgehen, dass die Mandragora zu Beginn der 18. Dynastie aus Palästina eingeführt und dann in den ägyptischen Gärten kultiviert wurde.

Altägyptischer Name:
Der Pflanzenname *rrmt* wird meist als Mandragora übersetzt[6], allerdings erscheint dieser nicht in den medizinischen Texten. Auch wenn die Indikation „Lindern der Schmerzen" oder ähnliches nicht in den Rezepturen genannt wird, scheint es sehr unwahrscheinlich zu sein, dass eine Pflanze mit so deutlichen pharmazeutischen Wirkungen wie die Mandragora nicht aufgeführt wäre. Deshalb muss es für sie noch einen anderen, in medizinischem Zusammenhang benutzten Namen geben.

Spätere medizinische Verwendung:
In der griechisch-römischen Medizin fand die Alraune vor allem als Schlaf- Schmerz- und Betäubungsmittel weite Anwendung[7].

In der heutigen ägyptischen Volksmedizin ist sie kaum noch genutzt.

[1]Zohary, Flora Palaestina III, Text, S. 167; [2]Vartavan and Amorós, Codex, S. 168; [3]Renate Germer, Die Pflanzenmaterialien aus dem Grab des Tutanchamun, Hildesheimer Ägyptologische Beiträge 28, Hildesheim 1989, S. 11; Nigel Hepper, Pharaoh's Flowers, London 1990, S. 15; [4]Keimer, Gartenpflanzen I, S. 172; [5]Carter-Nr. 540; [6]Charpentier, Receuil, S. 434, Nr. 689; [7]Plinius, XXV, 147 f.; Dioskurides, IV, 76.

Marrubium vulgare L.
Gemeiner Andorn

Familie: Labiatae (Lippenblütler)

Verbreitung:
Nur im mediterranen Küstenstreifen und dort auch sehr selten, ist in Ägypten der Gemeine Andorn anzutreffen.

Beschreibung:
Der ausdauernde Busch mit seinen wollig behaarten Stängeln wird bis zu 60 cm hoch. Die auf der Oberseite dunkelgrünen Blätter sind 2 x 3 cm breit oval und am Rande gesägt. In

den Blattachseln stehen die weißen Blüten eng zusammen. Sie sind von einem Kelch mit 10 winzigen, dornigen Zähnen umgeben.

Marrubium vulgare (nach Weymar)

Inhaltsstoffe und pharmazeutische Wirkung:
Die Blätter des Gemeinen Andorn enthalten zahlreiche ätherische Öle, Marrubin, Tannin und Glykoside.

Funde:
Aus dem pharaonischen Ägypten sind keine Funde belegt.

Altägyptischer Name:
Der Name der Pflanze ist nicht bekannt.

Spätere medizinische Verwendung:
Nach Dioskurides[1] wirkt ein Aufguss der Blätter schleimlösend und hilft bei Atemwegsbeschwerden, außerdem ist er menstruations- und geburtsfördernd. Des weiteren lindert der Aufguss getrunken die Wirkung von Gift, sei es von Tierbissen oder geschlucktem, äußerlich verwendet man ihn bei Geschwüren, Gelbsucht und Ohrenschmerzen.

Auch heute noch wird in der ägyptischen und nordafrikanischen Medizin der Blattaufguss des Gemeinen Andorns gegen eine Vielzahl von Erkrankungen eingesetzt, innerlich bei verschiedenen Fiebern, Lebererkrankungen, Atemwegsinfekten und Diabetes, äußerlich bei Hautkrankheiten[2].

[1]Dioskurides, III, 109; [2]Boulos, Medicinal Plants, S. 104; Kotb Hussein, Medicinal Plants, S. 574.

Matricaria recutita L. (= Matricaria chamomilla L.)
Echte Kamille

Familie: Compositae (Korbblütler)

Verbreitung:

Zu den seltener im Niltal, Nildelta und dem mediterranen Küstenstreifen wildwachsend anzutreffenden Heilkräutern gehört die Echte Kamille. Sie wird aber in Ägypten auch angebaut, und es gibt einige verwilderte Vorkommen.

Matricaria recutita (nach Fuchs)

Beschreibung:

Das stark duftende, bis 50 cm hohe Kraut hat 2-3fach feinst gefiederte Blättern und kegelförmige Köpfchenböden mit gelben Scheiben- und weißen Zungenblüten.

Inhaltsstoffe und pharmazeutische Wirkung:

Zahlreiche ätherische Öle mit entzündungshemmender und krampflösender Wirkung sind in allen Teilen der Pflanze enthalten.

Funde:
Bisher liegt nur der Fund eines einzigen Blütenköpfchens der Echten Kamille aus Abusir der 5. Dynastie vor[1].

Altägyptischer Name:
Der Name der Pflanze ist nicht bekannt

Spätere medizinische Verwendung:
In der griechisch-römischen Medizin wurde die Echte Kamille als Heilpflanze sehr geschätzt und meist die Blüten, das Kraut und die Wurzeln zusammen verarbeitet. Plinius[2] und Dioskurides[3] geben in etwa die gleiche Verwendungsmöglichkeit an. Diese ist vor allem die Behandlung von Blasenentzündung sowie Nieren- und Blasensteinen, denn ein Aufguss der Kamille fördert den Urinfluss. Weiterhin hilf er bei Magen- Leber- und Darmbeschwerden, regt den Gallefluss an, innerlich und als Sitzbad fördert der Aufguss die Menstruation und treibt den Embryo aus. Gekaut heilt die Echte Kamille Entzündungen im Mundbereich, aufgelegt die am Auge.

Die koptische Medizin verordnet die Echte Kamille äußerlich in Öl eingelegt, innerlich gegen Eingeweide-Würmer[4].

Heute werden in der ägyptischen Volksheilkunde die Blütenköpfchen der Matricaria recutita als krampflösendes Mittel bei Magen-Darmbeschwerden und Bronchitis benutzt[5].

[1]Germer, Katalog, S. 49; [2]Plinius, XXII, 53; [3]Dioskurides, III, 144; [4]Till, Arzneikunde, S. 68; [5]Moursi, Heilpflanzen, S. 101; Boulos, Medicinal Plants, S. 61.

Mentha longifolia (L.) Huds. und Mentha pulegium L.
Ross-Minze und Polei-Minze

Familie: Labiatae (Lippenblütler)

Verbreitung:
In Ägypten wachsen zwei Minze-Arten, die Mentha longifolia und Mentha pulegium, beide an feuchten Standorten entlang des Nils und in den Oasen.

In großem Umfang wird heute in Ägypten auch die Pfefferminze Mentha x piperita L. angebaut. Diese Kulturpflanze ist ein in England entstandener Tripelbastard aus drei in Europa heimischen Minze-Arten, die somit für das Alte Ägypten nicht in Frage kommt[1].

Beschreibung:
Die wohlriechenden Kräuter haben in Ähren stehende Blüten, die bei Mentha longifolia rosafarben, bei Mentha pulegium lila sind. Die spitz-ovalen, am Rande gezähnten Blätter der Ross-Minze sind schmaler als die der Polei-Minze, außerdem ist die Pflanze etwas größer, sie kann bis 80 cm hoch werden.

Inhaltsstoffe und pharmazeutische Wirkung:
Das Kraut der Minzen ist reich an ätherischen Ölen, vor allem an dem aromatisch riechenden Menthol. Aufgrund dessen wirkt ein Aufguss krampflösend bei Magen- und Darmkoliken, beruhigend bei Kopfschmerzen, und er regt die Galleproduktion an[2].

Mentha longifolia (nach Fuchs)

Mentha pulegium (nach Fuchs)

Funde:

In einem spätzeitlichen thebanischen Grab lagen auf der Mumie beblätterte Zweige einer Minze-Art, die Schweinfurth botanisch untersuchte. Da leider an diesen Zweigen die Blüten fehlten, konnte die Art nicht bestimmt werden[3].

Altägyptischer Name:

Die Namen der beiden Minze-Arten sind nicht bekannt. Die Deutung von *in(n)k* als Mentha aquatica L., wie es Dawson[4] vorschlägt, ist nicht haltbar. Long und Aufrère vermuten in *niꜣiꜣ* eine Bezeichnung für die Polei-Minze[5].

Spätere medizinische Verwendung:

Die Medizin der griechisch-römischen Antike[6] verwendete sowohl wilde wie auch angebaute Minze, vor allem zur Förderung der Verdauung und Menstruation sowie äußerlich gegen Hauterkrankungen. Außerdem wirke die wilde Minze abortiv und die angebaute diente in Form von Vaginalzäpfchen der Empfängnisverhütung.

Noch heute nutzt man in Ägypten neben der kultivierten Pfefferminze auch die wildwachsenden Minzen als Heilpflanzen. Das Kraut wird heißen Bädern bei Hauterkrankungen zugesetzt, und ein Tee der Blätter und Blütenähren dient innerlich zur Behandlung von Störungen in Bereich des Magen- Darmtraktes und als krampflösendes Mittel[7].

Bemerkungen:

Nach den Vorstellungen der Alten Ägypter hatten stark aromatisch duftende Pflanzen eine regenerative Wirkung. Deshalb kann man davon ausgehen, dass die beiden heimischen Minze-Arten, die neben dem Geruch auch noch so positive pharmazeutische Eigenschaften aufweisen, den pharaonischen Ärzten aufgefallen sind und sie diese sicherlich auch in der Heilkunde nutzten.

[1]Wolfgang Franke, Nutzpflanzenkunde, Stuttgart 1976, S. 350; [2]Martin Furlenmeier, Wunderwelt der Heilpflanzen, Zürich 1978, S. 120; [3]Germer, Katalog, S. 13; [4]Dawson, in: JEA 20, 1934, S. 45; [5]Long, in: Fs Gutbub, S. 145 f.; Aufrère, in: Fs Gutbub, S. 253 f.; [6]Plinius, XIX, 159 f.; Dioskurides, III, 33 und 36; [7]Loutfy Boulos and M. Nabil el-Hadidi, The Weed Flora of Egypt, Kairo 1984, S. 114.

Mercurialis annua L.
Einjähriges Bingelkraut

Familie: Euphorbiaceae (Wolfsmilchgewächse)

Verbreitung:
Im mediterranen Küstenstreifen und dem Nildelta findet sich die Mecurialis annua.

Weibliche und männliche Pflanze von Mercurialis annua (nach Boulos)

Beschreibung:
Das einjährige Bingelkraut erreicht eine Höhe von etwa 40 cm, ist reich verzweigt, trägt an vierkantigen Stängeln spitz-ovale, am Rande gesägte Blätter. Die Pflanzen sind einhäusig, die männlichen Blüten stehen in langen Ähren, die weiblichen in kugeligen Blütenständen in den Blattachseln. Den Blüten fehlen Kronblätter.

Inhaltsstoffe und pharmazeutische Wirkung:
In der Pflanze sind zahlreiche ätherische Öle, Saponine, Methylamin, Trimethylamin und Bitterstoffe enthalten, sie wirkt abführend. Die Blätter können ein Heufieber erzeugen und sind leicht giftig[1].

Funde:
Aus archäologischem Kontext sind keine Funde belegt.

Altägyptischer Name:
Der Name der Pflanze ist nicht bekannt.

Spätere medizinische Verwendung:
Nach Dioskurides[2] führt der Genuss der rohen Pflanze zu Durchfall. Interessanterweise unterscheidet Dioskurides auch schon eine männliche und eine weibliche Pflanze, jedoch nach anderen Kriterien als die moderne Botanik. Die weibliche, mit ihren zweifächrigen Kapsel-Früchten, die wie kleine Hoden aussehen, bezeichnet Dioskurides als männlich, die Pflanze mit männlichen Blütenständen entsprechend als weiblich. Auf dieser Unterscheidung beruht auch die Annahme, ein Aufguss oder Vaginalzäpfchen der nach Dioskurides weiblichen Pflanze würde bei der Zeugung Mädchen, im anderen Fall Jungen bedingen.

Sowohl Kotb Hussein[1] als auch Boulos[3] erwähnen die abführende Wirkung der Pflanze, daneben auch eine leicht diuretische, außerdem wirkt sie äußerlich angewandt lindernd bei Rheuma.

Bemerkungen:
Es ist durchaus möglich, dass auch schon die altägyptischen Ärzte die abführende Wirkung von Mercurialis annua beobachtet haben.

[1]Kotb Hussein, Medicinal Plants, S. 596; Madaus, Lehrbuch, S. 1892; [2]Dioskurides, IV, 188; [3]Boulos, Medicinal Plants, S. 86.

Mimusops laurifolia (Forssk.) Friis. (= Mimusops schimperi Hochst.) Persea-Baum

Familie: Sapotaceae (Sapotengewächse)

Verbreitung:
Der Persea-Baum gehörte wohl nie zur heimischen Flora Ägyptens, sondern er wuchs auch in pharaonischer Zeit dort nur in Kultur. Sein Bestand wurde anscheinend jedoch immer geringer, und die Kultur kam in römischer Zeit ganz zum Erliegen[1]. Die frühen europäischen Reisenden berichten nichts von diesem Baum. Heute kommt die Mimusops laurifolia wildwachsend noch im Hochland Abessiniens, dem Nordwesten von Somalia, dem Sudan und im Jemen vor[2].

Beschreibung:
Der Baum erreicht eine Höhe bis zu 20 m, ist dicht belaubt mit immergrünen Blättern. Diese haben einen dünnen Stiel, sind ledrig, elliptisch geformt und am Rande leicht gesägt. Weiße Blüten stehen in wenigblütigen Dolden. Die bei der Reife gelben Früchte sind spitz-eiförmig. Das süßlich schmeckende Fruchtfleisch umhüllt zwei bis drei braunglänzende Samen. An der Basis der Frucht sitzt ein kleiner, 4-6zipfliger Kelch.

Mimusops laurifolia (nach Bekele-Tesemma)

Inhaltsstoffe und pharmazeutische Wirkung:

Von Mimusops laurifolia sind keine chemischen Analysen bekannt. Die meisten Mimusops-Arten enthalten einen Milchsaft, aus dem ein Kautschuk gewonnen werden kann. Dieser findet auch in der Medizin als Wundabdeckung Verwendung.

Funde:

Von der 3. Dynastie an ist der Persea-Baum durch Funde von Früchten in Ägypten belegt[3].

Altägyptischer Name:

Der Name des Mimsopsbaumes war *šwꜣb.* Von ihm wird nur einmal der gekochte Milchsaft zur Behandlung einer Verbrennung verordnet.

Spätere medizinische Verwendung:

Unter dem Namen Persea beschreibt Theophrast[4] die Mimusops laurifolia als ägyptischen Baum, eine medizinische Nutzung erwähnt er nicht, nur dass das Fruchtfleisch leicht verdaulich sei. Die gleiche Information gibt Dioskurides[5] und fügt noch hinzu, dass ein Pulver aus den Blättern blutstillend wirke.

In der heutigen ägyptischen Volksmedizin ist die Persea unbekannt.

Bemerkungen:

Außer dem Milchsaft als Wundabdeckung spielten andere Teil des Persea-Baumes anscheinend keine Rolle als Heilmittellieferant in pharaonischer Zeit. Dies überrascht, da ansonsten von fast allen anderen ägyptischen Bäumen zahlreiche Produkte in der Medizin Verwendung fanden. Es besteht allerdings die Möglichkeit, dass die süßliche Frucht unter einem eigenen, bisher noch nicht identifizierten Namen in den Texten erscheint.

[1]Michael Schnebel, Die Landwirtschaft im hellenistischen Ägypten, München 1925, S. 313; [2]Baum, Arbres et arbustes, S. 87 f.; [3]Vartavan and Amorós, Codex, S. 173; [4]K. Spengel, Theophrast's Naturgeschichte der Gewächse, Altona 1822, S. 134, IV, 2, 5; [5]Dioskurides, I, 187.

Moringa peregrina Fiori
Benbaum

Familie: Moringaceae (Moringagewächse)

Verbreitung:

Der Benbaum ist heute nur sehr selten in Ägypten anzutreffen. Er wächst dort auf felsigem Untergrund in der arabischen Wüste, an der Rote-Meer-Küste und auf dem Sinai. Vermutlich war er in pharaonischer Zeit viel verbreiteter. Größere Bestände gibt es noch im palästinensischen und syrischen Raum, von wo aus im Neuen Reich auch große Mengen des aus den Samen herstellten Öles von den Ägyptern importiert wurden.

Beschreibung:

Der Benbaum erreicht in Ägypten eine Höhe von ca. 10-15 m. Die rutenförmigen Zweige sind meist blattlos. Seine Früchte, bis 20 cm lange Hülsen, enthalten zahlreiche, dreikantige Samen, die Behennüsse, die sowohl gegessen als auch zur Ölgewinnung genutzt werden.

Inhaltsstoffe und pharmazeutische Wirkung:

Das aus den Samen gewonnene Öl gehört zu den nicht trocknenden Pflanzenölen, es enthält einen hohen Anteil an ungesättigten Ölsäuren. Spezielle pharmazeutische Eigenschaften dieses Öles sind nicht bekannt. Es wird nicht schnell ranzig, ist fast geruchlos und eignet sich als Speiseöl ebenso wie als Grundlage für die Herstellung von duftenden Salbölen und Arzneimitteln.

Funde:

Der früheste Fund von Samen stammt aus der 18. Dynastie, aus dem Grab des Tutanchnamun[1], der Name des Öles ist allerdings schon für das Alte Reich belegt.

Altägyptischer Name:

Der Name des Baumes und des aus den Samen gewonnenen Behen-Öles war *b3ḳ*, eine Deutung, die allgemein akzeptiert ist[2]. Das Behen-Öl fand eine weite Verbreitung in der altägyptischen Medizin, innerlich, aber vor allem äußerlich und als Rektaleinguss.

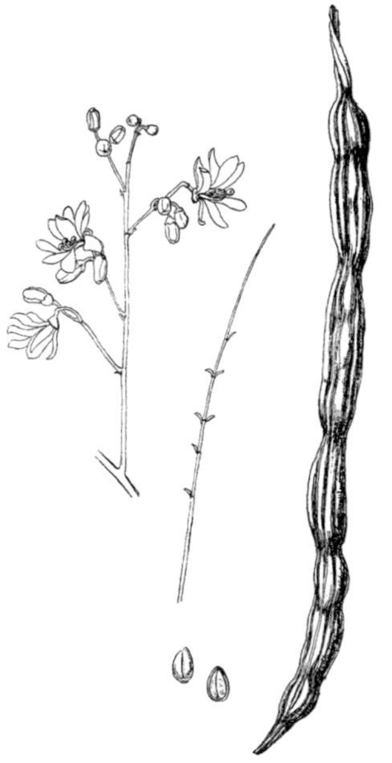

Moringa peregrina (nach Crowfoot)

Spätere medizinische Verwendung:

Behenöl wurde von griechisch-römischen Ärzten nur selten verordnet. Dies lag vermutlich an der Schwierigkeit, die Samen oder das Öl durch Handel aus Palästina und Ägypten zu beziehen. Dioskurides[3] erwähnt das Öl nur mit wenigen Sätzen und beschreibt es als hilfreich bei Hautveränderungen wie Leberflecken, Finnen und Narben, zum Reinigen des Bauches und bei Ohrenschmerzen.

In den arabischen Ländern, in denen der Baum noch heute wächst, hat sich die Nutzung des Behenöles in der Volksmedizin erhalten. Dort wird es äußerlich zur Hautpflege, bei Verbrennungen, Muskelschmerzen, Kopfschmerzen, Fieber und innerlich als Laxans und zur Linderung der Schmerzen während der Geburt genutzt[4].

Auf dem Kairener Drogenmarkt sind die Samen auch heute noch zu bekommen. Ihr Verzehr hilft, das Körpergewicht zu erhöhen und das Öl wird zur Parfümherstellung verwendet[5].

[1]Vartavan and Amorós, Codex, S. 177; [2]Baum, Arbres et arbustes, S. 129 f.; [3]Dioskurides, I, 40; [4]Ghazanfar, Handbook, S. 151; [5]Ducros, Droguier, S. 39-40.

Narcissus tazetta L.
Tazette

Familie: Amaryllidaceae (Amaryllisgewächse)

Verbreitung:
Wildwachsend ist die Tazette in Ägypten nur im mediterranen Küstenstreifen anzutreffen, sie wächst aber in Kultur auch in oberägyptischen Gärten.

Beschreibung:
Aus einer Zwiebel entspringen lineale Blätter und ein bis 50 cm hoher Stängel. Er trägt oberhalb einer verwachsenen, häutigen Hochblatthülle eine vier bis acht blütige Dolde. Die Blüte besteht aus einer dünnen Blütenröhre mit weißen, abstehenden Blütenzipfeln und einer gelben, becherförmigen Nebenkrone.

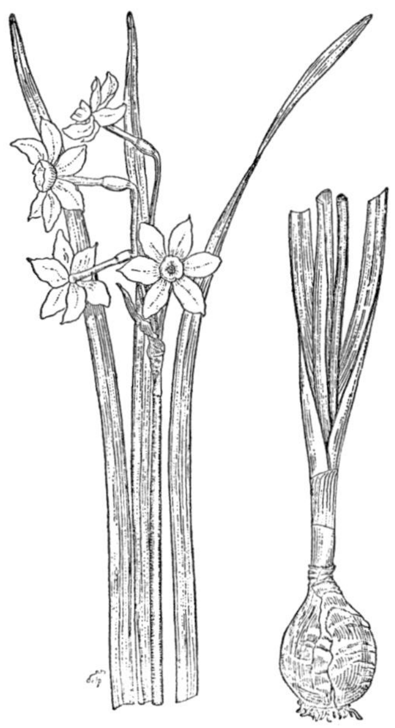
Narcissus tazetta (nach Moldenke)

Inhaltsstoffe und pharmazeutische Wirkung:
Von der Tazette sind keine speziell pharmazeutisch wirkenden Substanzen bekannt.

Funde:
Am Hals der Mumie Ramses' II. fanden sich winzige Reste einer Zwiebel der Tazette[1], des weiteren gibt es mehrere nicht datierbare Zwiebel-Reste. Blüten sind in Mumiengirlanden der römischen Zeit belegt[2].

Altägyptischer Name:
Der Name der Pflanze ist nicht bekannt.

Spätere medizinische Verwendung:
Nach Dioskurides[3] kann die gekochte Zwiebel als Brechmittel benutzt werden, äußerlich hilft sie zusammen mit Honig bei Verbrennungen, Verstauchungen, Geschwüren und chronischen Gliederschmerzen.

In der heutigen ägyptischen Volksmedizin[4] wird die Zwiebel immer noch mit Honig vermischt zum Behandeln von Verbrennungen und anderen Verletzungen eingesetzt, innerlich bei Vergiftungen.

Bemerkungen:
Neben der Verwendung von Narzissenzwiebeln bei der Mumifizierung, ist auch eine Nutzung in der pharaonischen Medizin sehr wahrscheinlich.

[1]Lionel Balout ed., La Momie de Ramsès II, Paris 1985, S. 188 f.; [2]Vartavan and Amorós, Codex, S. 179; [3]Dioskurides, IV, 158; [4]Boulos, Medicinal Plants, S. 25.

Nasturtium officinale R. Br. in Ait.
Brunnenkresse

Familie: Cruciferae (Kreuzblütler)

Verbreitung:
In Brunnen, Wassergräben und den Kanälen des Nildeltas ist diese Pflanze häufig anzutreffen.

Beschreibung:
Die Brunnenkresse ist eine ausdauernde, im Wasser wachsende Pflanze mit bis zu 1m langen Stängeln. Die 5-12 cm langen Blättern bestehen aus zwei bis sieben Paaren ganzrandigen, rundlappigen Fiederblättern und einem endständigen größeren. Kleine, weiße Blüten ragen über das Wasser hinaus. Leicht gebogene, etwa 2 cm lange Schoten haben in zwei Reihen angeordnete Samen.

Nasturtium officinale (nach Fuchs)

Inhaltsstoffe und pharmazeutische Wirkung:
Die Blätter der Brunnenkresse sind reich an Vitamin C, enthalten ätherische Öle, vor allem Raphanol, und sie werden aufgrund dessen als leicht bitter schmeckendes Salatgemüse genutzt. Des Weiteren ist in ihnen ein antibiotisch wirkendes Senfölglykosid nachgewiesen[1].

Funde:
Aus archäologischem Kontext sind keine Funde belegt.

Altägyptischer Name:
Der Name der Pflanze ist nicht bekannt.

Spätere medizinische Verwendung:
Nach Dioskurides[2] wirken die Blätter verzehrt erwärmend und diuretisch, äußerlich angewandt helfen sie gegen Leber- und Sonnenbrandflecken.

Neben der Verwendung als Diuretikum und gegen Hautkrankheiten wird heute die Brunnenkresse in Ägypten auch noch bei Bronchitis und Fieber eingesetzt, außerdem gilt sie als Aphrodisiakum[3].

[1]DBG Lexikon der Pflanzenwelt, Frankfurt, Berlin ohne Jahresangabe, S. 78; [2]Dioskurides, II, 155; [3]Boulos, Medicinal Plants, S. 71.

Nigella sativa L.
Schwarzkümmel

Familie: Ranunculaceae (Hahnenfußgewächse)

Verbreitung:
Wilde Formen des Schwarzkümmels kommen in der Süd-Türkei, Syrien und dem nördlichen Irak vor. Aufgrund dessen kann man davon ausgehen, dass in der dortigen Region

die Kultur dieser Pflanze begann[1]. Heute wird Schwarzkümmel im ganzen Orient und Mittelmeergebiet angebaut.

Beschreibung:

Die einjährige Pflanze erreicht eine Höhe von ca. 40 cm, ihre wechselständigen Blätter sind mehrfach gefiedert. Am Ende der wenig verzweigten Stängel sitzen die Blüten. Sie bestehen aus fünf spitzovalen, grünlich-weißen, an der Spitze bläulichen Kelchblättern und acht zu Nektarien umgewandelten Blütenblättern. Die Samenkapsel enthält zahlreiche kleine, schwarze Samen.

Nigella sativa (nach Fuchs)

Inhaltsstoffe und pharmazeutische Wirkung:

Die Samen enthalten die Alkaloide Thymochinon und Nigellon, bis zu 38% fette Öle und ätherische Öle. In hohen Dosen eingenommen sind sie giftig.

Funde:

Bisher sind nur zwei Funde des Schwarzkümmels bekannt, Samen aus dem Grab des Tutanchamun der 18. Dynastie und vom römischen Mons Claudianus. Weiterhin befinden sich im Ägyptischen Museum Berlin Samen unbekannter Herkunft und Datierung[2].

Altägyptischer Name:

Der Name der Pflanze ist nicht bekannt.

Spätere medizinische Verwendung:

Plinius[3] nennt den Schwarzkümmel als Heilmittel bei Schlangen- und Spinnenbissen, Skorpionsstichen, und, wie auch Dioskurides[4], als Umschlag auf der Stirn gegen Kopfschmerzen, äußerlich bei Hauterkrankungen, in Form einer Mundspülung bei Zahnschmerzen, als Riechmittel gegen Schnupfen und innerlich fördert er die Menstruation, Harn- und Milchabsonderung. In Wein getrunken hilft er bei Atembeschwerden, als Räuchermittel verscheucht er Schlangen. Im Übermaß genossen kann Schwarzkümmel sogar tödlich sein.

In der koptischen Medizin wird Schwarzkümmel gegen Hauterkrankungen eingesetzt[5].

Alpin[6] berichtet, dass der Schwarzkümmel in der Heilkunde innerlich zum Abtöten von Würmern bei Kindern Verwendung findet, äußerlich bei Hautkrankheiten, und als Räuchermittel hilft er den Frauen beim Ausbleiben der Menstruation.

Auch in der heutigen ägyptischen Volksmedizin findet der Schwarzkümmel noch eine vielseitige Verwendung, innerlich gegen Kopfschmerzen, bei Asthma und Bronchitis sowie Blähungen, als harntreibendes Mittel, zur Anregung der Milchproduktion und Menstruation und gegen Eingeweidewürmer[7].

[1]Zohary and Hopf, Domestication, S. 189; [2]Vartavan and Amorós, Codex, S. 181; [3]Plinius, XX, 182; [4]Dioskurides, III, 83; [5]Till, Arzneikunde, S. 94; [6]Alpin, Plantes, 129; [7]Moursi, Heilpflanzen, S. 228; Ducrois, Droguier, S. 116-117; Boulos, Medicinal Plantes, S. 150-151.

Nymphaea lotus L. und Nymphaea caerulea Savigny
Weißer Lotus (Ägyptischer Lotus) und Blauer Lotus

Familie: Nymphaeaceae (Seerosengewächse)

Verbreitung:

In pharaonischer Zeit wuchsen beide Seerosenarten entlang der Nilufer und in den Kanälen. Nach den Darstellungen in den Gräbern befanden sie sich aber auch in den künstlich angelegten Teichen der Gärten vornehmer Häuser und Tempel. Heute ist das Vorkommen der Nymphaeaceen fast ganz auf Unterägypten beschränkt.

Nymphaea lotus und Nymphaea caerulea (nach Täckholm)

Beschreibung:

Aus dem im Schlamm wurzelnden, ausdauernden Rhizom entspringen die auf der Wasseroberfläche schwimmenden, kreisförmigen Blätter. Beim weißen Lotus sind die Blätter am Rande gezähnt, die des blauen hingegen fast ganzrandig. Die aus dem Wasser herausragenden Blütenstiele tragen jeweils nur eine Blüte. Die weißen Blütenblätter der Nymphaea lotus sind oben etwas mehr abgerundet, die hellblauen der Nymphaea caerulea hingegen spitz. Im Innern der Blüten befinden sich zahlreiche, gelbe Staubgefäße, die Blüte umgibt ein 4-blättriger, grüner Kelch, der beim blauen Lotus oft mit schwarzen Punkten und Linien versehen ist. Die stark duftende Blüte des blauen Lotus öffnet sich am frühen Morgen und schließ sich am späten Nachmittag, während die des weißen Lotus sich erst am Abend ganz öffnet. Die Frucht, eine fleischige Beere mit zahlreichen Samen, ähnelt in ihrer Gestalt einer Mohnkapsel.

Inhaltsstoffe und pharmazeutische Wirkung:

Von den beiden in Ägypten heimischen Nyphaea-Arten liegen keine chemischen Analysen hinsichtlich pharmazeutisch wirksamer Substanzen vor. In anderen Nymphaeaceen wurden bisher in den Blüten, Samen und dem Rhizom vier Alkaloide nachgewiesen: Nymphaein, Nuciferin, Nupharidin und Alpha-Nupharadin, die beruhigend auf das Zentralnervensystem und antiaphrodisierend wirken[1]. Deshalb werden die Samen von Nymphaea alba im Volksmund auch „Liebestöter" genannt. Wie weit dieses Analyse-Ergebnisse auf die ägyptischen Nymphaea-Arten übertragbar sind, ist bisher nicht bekannt. Ob vom weißen und blauen Lotus tatsächlich eine starke narkotische Wirkung ausgeht, wie es Harer[2] vermutet, ist noch nicht bewiesen.

Funde:

Von beiden Nymphaea-Arten liegen unzählige Funde aus dem Neuen Reich vor, einer Zeit in denen sowohl Blüten als auch einzelne Blütenblätter in kunstvollen Gebinden zum Schmuck von Mumien oder Grabbeigaben verwendet wurden[3].

Altägyptischer Name:

Das altägyptische Wort *sšn*, das in den medizinischen Texten genannt ist, bezeichnet nach dem Determinativ zu urteilen die Lotusblüte, *sꜣpt* das Lotusblatt. Um welche der beiden heimischen Lotusarten es sich jeweils handelt, lässt sich allerdings nicht sagen.

Spätere medizinische Verwendung:

Plinius[4] erwähnt die antiaphrodisierende Wirkung der europäischen Nymphaea alba, und Dioskurides[5] nennt ihre vielseitige Verwendung in der Heilkunde, das Rhizom in Wein bei Magenschmerzen, Dysenterie und Milzbeschwerden, äußerlich gegen Magen- und Blasenleiden und gegen weiße Flecken. Ein Aufguss des Rhizoms wie auch die Samen bewirken eine Schlaffheit des männlichen Gliedes.

Alpin[6] beobachtete die medizinische Nutzung vom Weißen Lotus in Ägypten, die zermahlenen Blätter gegen Hitze jeder Form, Entzündungen, Verbrennungen, Fieber, das Pulver des Rhizoms und der Samen als Schlafmittel, gegen Gonorrhoe und vor allem als Mittel gegen sexuelles Verlangen, das von den Mönchen eingenommen wurde, um das Zölibat einfacher einzuhalten zu können.

Heute dienen nur noch die Blüten als Mittel zum Erfrischen und Beruhigen[7].

[1]Madaus, Lehrbuch, Leipzig 1938, S. 1997; Kotb Hussein, Medicinal Plants, S. 618; Harer, in: JARCE 22, 1985, S. 53; [2]Harer, in: JARCE 22, 1985, S. 49 f.; [3]Vatavan and Amorós, Codex, S. 181 f.; [4]Plinius, XXV, 75; [5]Dioskurides, III, 138; [6]Alpin, Plantes, 103 f.; [7]Ducros, Droguier, S. 21.

Olea europaea L.
Ölbaum

Familie: Oleraceae (Ölbaumgewächse)

Verbreitung:

Der Ölbaum gehört nicht zur Flora Ägyptens, seine Heimat liegt im Ostmittelmeerraum. Seit dem Beginn des Neuen Reiches lässt sich jedoch die Kultur des Baumes in Ägypten nachweisen, vermutlich wurde aber bereits im Mittleren Reich das Öl und die Oliven-Früchte aus Palästina eingeführt[1].

Beschreibung:

Der weit ausladend wachsende Ölbaum trägt schmal-ellipsoide, immergrüne Blätter. Sie sind auf der Oberseite dunkelgrün, unten silbrig und eignen sich deshalb hervorragend zur dekorativen Verarbeitung in Mumiengirlanden. Aus den 4-zähligen, weißen Blüten entwickeln sich bei Reife schwarze Steinfrüchte.

Olea europaea (nach Esdorn)

Inhaltsstoffe und pharmazeutische Wirkung:
Im Fruchtfleisch der Olive befindet sich bis zu 50% goldgelbes, fettes, nichttrocknendes Öl.

Funde:
Der älteste Fund eines Olivenkernes liegt aus dem Mittleren Reich vor, Ölbaumblätter finden sich dann häufig in Mumiengirlanden von der 18. Dynastie an[1].

Altägyptischer Name:
Vermutlich bezeichnet das Wort *nḥḥ* Olivenöl[1], das nur in einem einzigen Rezept in einem Rektaleinguss verordnet wird. Im Koptischen kann das Wort ⲛⲉϩ Öl im allgemeinen als auch das Olivenöl bezeichnen[2]. Die Olive hieß *ḏt*, sie wird allerdings in den medizinischen Texten nicht genannt[1].

Überlegungen, *nḥḥ* sei Sesamöl[1], sind wahrscheinlich nicht richtig, denn vom Sesam liegen bisher noch keine vorrömischen Funde vor[3].

Spätere medizinische Verwendung:
Das Olivenöl fand verstärkten Eingang in die ägyptische Medizin wohl erst in griechisch-römischer Zeit, als auch die Kultur des Ölbaumes intensiviert wurde. In der koptischen Heilkunde[2] dient es häufig als Salbengrundlage für verschiedene Krankheitsbehandlungen, und in der heutigen ägyptischen Volksmedizin wird es äußerlich bei verschiedenen Hauterkrankungen und innerlich als Abführmittel und bei Gallenbeschwerden benutzt[4].

[1]Vartavan and Amorós, Codex, S. 183 f.; Krauß, in: MDAIK 55, 1999, S. 293 f.; [2]Till, Arzneikunde, S. 80 f.; [3]Bei dem Sesam-Samen aus dem Grab des Tutanchamun handelt es sich nach Auskunft der Royal Botanic Gardens Kew nicht um die Kulturpflanze Sesamum indicum L.; [4]Moursi, Heilpflanzen, S. 232.

Papaver rhoeas L.
Klatschmohn

Familie: Papaveraceae (Mohngewächse)

Verbreitung:
In Ägypten ist der Klatschmohn im Bereich des mediterranen Küstenstreifens und dem Nildeltagebiet heimisch.

Beschreibung:
Der Klatschmohn ist ein verbreitetes Ackerunkraut. Seine Blüten bestehen aus vier tiefroten Blütenblättern, die an der Basis meist einen schwarzen Fleck haben, und zwei früh abfallenden Kelchblättern. Der Stängel und die tief gespaltenen, gezähnten Blätter sind dicht mit weißen Haaren besetzt. Die Samenkapsel hat acht bis zehn Narbenstrahlen und ist bei Reife länglich oval. Die ganze Pflanze ist milchsaftführend.

Papaver rhoeas (nach Jávorka)

Inhaltsstoffe und pharmazeutische Wirkung:
Im Milchsaft wurden zwar zahlreiche Alkaloide, vor allem Rhoeadin, nachgewiesen[1], von denen aber keine pharmazeutischen Wirkungen bekannt sind[2]. Opiumalkaloide enthält diese Mohnart nicht. Dennoch wirkt der aus der Kapsel gewonnene Milchsaft leicht beruhigend.

Aufgrund der in den Blütenblättern vorhandenen Schleimstoffe ist ein Aufguss einhüllend und hustenlindernd[3].

Funde:
Samenfunde des Klatschmohnes liegen vom Alten Reich an vor[4]. Im Neuen Reich haben die Ägypter den Klatschmohn wegen seines attraktiven Aussehens häufig in ihren Gärten angepflanzt, auch in Oberägypten, also außerhalb seines natürlichen Verbreitungsgebietes. Besonders schöne Abbildungen dieser Mohnart fanden sich auf den Fußboden- und Wandmalereien in Amarna, andere sind heute noch im Grab des Sennedjem in Deir el Medineh zu sehen. Nach den Darstellungen waren die Blütenblätter des Klatschmohn auch ein häufiger Bestandteil der seit der 18. Dynastie so beliebten Stabsträuße und Blumengirlanden. In Mumiengirlanden sind sie allerdings erst seit der 21. Dynastie belegt[5].

Altägyptischer Name:
Der Name der Pflanze ist nicht bekannt.

Spätere medizinische Verwendung:
Plinius[6] erwähnt den Klatschmohn, dessen Blüten mit Kelch manchmal roh gegessen würde. Die Fruchtkapseln in Wein gekocht wirken als Schlafmittel.

Dioskurides[7] handelt den Klatschmohn zusammen mit dem Schlafmohn (s. u. Papaver somniferum) und noch einer dritten, nicht bestimmbaren Mohnart ab. Vom Klatschmohn verordnet er die gekochten Blätter und Blütenköpfe bei Schlaflosigkeit.

Kotb Hussein[1] und Boulos[3] beschreiben die Nutzung sowohl der Kapseln und Samen als auch der Blütenblätter des Klatschmohnes als ein bei Husten einhüllendes und beruhigendes Mittel der nordafrikanischen Volksmedizin, für Ägypten wird aber weder von

Moursi noch Ducros eine Verwendung von Papaver rhoeas in der Volksheilkunde erwähnt[8].

[1]Kotb Hussein, Medicinal Plants; [2]Martin Furlenmeier, Wunderwelt der Heilpflanzen, Zürich 1978, S. 128; [3]Boulos, Medicinal Plants, S. 140; [4]Germer, Flora, S. 44; [5]Vartavan and Amorós, Codex, S. 189; [6]Plinius, XX, 204; [7]Dioskurides, IV, 65; [8]Moursi, Heilpflanzen; Ducros, Droguier.

Papaver somniferum L.
Schlafmohn

Familie: Papaveraceae (Mohngewächse)

Verbreitung:
Der Schlafmohn gehört nicht zur Flora Ägyptens.

Das natürliche Verbreitungsgebiet der Wildform Papaver setigerum DC, aus der sich Papaver somniferum entwickelt hat, liegt im westlichen Mittelmeerraum, und frühe Funde in Europa machen den Beginn der Kultur in dieser Region wahrscheinlich.

Der älteste Beleg für die Kultur des Schlafmohns im Ostmittelmeerraum sind Darstellungen von Mohnkapseln als Kopfschmuck einer Göttin aus Gazi auf Kreta, die in die Zeit 1400-1200 v. Chr. zu datieren ist[2].

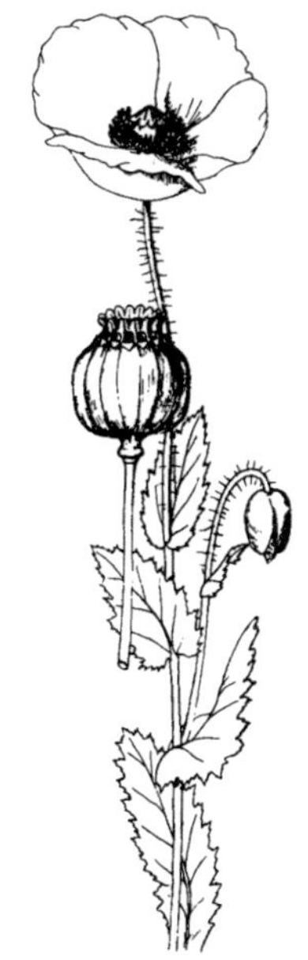

Papaver somniferum (nach Jávorka)

Beschreibung:
Die ganze Pflanze ist milchsaftführend und an der Oberfläche stark behaart. Ihre Blätter sind gesägt. Im Gegensatz zu dem roten Klatschmohn sind die Blütenblätter des Schlafmohns weiß oder weißlich-violett. Die Samenkapsel ist bei der Reife fast kugelig.

Inhaltsstoffe und pharmazeutische Wirkung:
Die Samen des Schlafmohns enthalten bis zu 60% fettes Öl, das sich gut zu Speisezwecken eignet. Es ist frei von Morphin.

Aus den unreifen Mohnkapseln wird durch Anschnitt der Milchsaft gewonnen, das Opium. Es enthält 25 verschiedene Alkaloide, von denen das Morphin und Codein die pharmazeutisch wichtigsten sind. Opium ist ein starkes Narkotikum.

Funde:
Bis heute ist die Frage offen, wann die Ägypter den Schlafmohn und somit auch das Opium kennen gelernt haben. Berichtet ist der Fund von zwei Mohnkapseln der Art Papaver somniferum in Deir el Medineh[3], von denen eine im Dokki Agricultural Museum Kairo ohne Inventar-Nummer ausgestellt ist. Weitere Funde sind dann erst aus römisch-koptischer Zeit bekannt[4].

Problematisch ist die Deutung von Ornamenten oder Schmuckgegenständen als Schlafmohnkapsel. Diese Darstellungen sind meist botanisch zu unspezifisch, um daraus eine Identifizierung abzuleiten. Es kann sich dabei sowohl um die Kapseln des Klatschmohnes handeln, stilisierte Lotusfrüchte, wie die im vorgeschichtlichen Friedhof von Abydos gefundenen Tonmodelle[5], Granatäpfel oder auch Kornblumen sind möglich[6].

In den letzten Jahren wurden Versuche unternommen, Opiumreste in altägyptischen Gefäßen nachzuweisen. Die erste Untersuchung dieser Art führte schon Benedicenti an Material aus dem Grab des Cha, 18. Dynastie, durch[7]. Er glaubte in einem Gefäß Opium mit Öl identifizieren zu können, eine Annahme, die jetzt durch erneute Untersuchung des gleichen Materiales von Bisset et al. mit modernen Analysemethoden widerlegt wurde[8].

Merrillees[9] hatte in mehreren Arbeiten die Vermutung geäußert, in zypriotischen Gefäßen der Form „Base-ring ware I juglet“, deren Form einer umgestülpten Mohnkapsel ähnelt, hätten die Ägypter von der 18. Dynastie an Opium aus Zypern importiert. Doch die Form dieser Gefäße, die auch auf der Nachbildung eines Flaschenkürbis Lagenaria sincenaria beruhen kann[10], ist kein eindeutiger Beweis, dass darin tatsächlich Opium verhandelt wurde. So war man bestrebt, antiken Inhalt dieser Gefäße chemisch zu untersuchen. Meist ließen sich darin jedoch nur Wachse oder Fette nachweisen, viele waren anscheinend sogar leer in die ägyptischen Gräber gelegt worden. Nur in einer kurzen Kongressmitteilung veröffentlichte Evans Arbeiten über den chemischen Nachweis von Opium in einem solchen zypriotischen Gefäß, die aber Fachleute nicht überzeugten[11].

Anders verliefen die Untersuchungen von Bisset et al.[12] und Pászthory[11]. Beide haben in Paralleluntersuchungen Material aus einem „Base-ring-juglet“ des Martin von Wagner Museums Würzburg analysiert und darin Reste einer Morphin enthalten Substanz chemisch nachgewiesen. Das einzige Problem dieser überzeugenden Arbeiten besteht darin, dass dieses zypriotische Gefäß von einem Sammler im ägyptischen Antikenhandel erworben wurde und nicht direkt aus einer Grabung stammt. In anderen Materialproben wurden bisher keine Opiumalkaloide identifiziert.

Altägyptischer Name:

Eine Bezeichnung für den Schlafmohn oder das daraus gewonnene Opium ist nicht bekannt. Die Deutung von *špn/špnn* als Mohnsamen[13] ist nicht überzeugend.

Spätere medizinische Verwendung:

Bereits Theophrast[14] beschreibt die Gewinnung des Milchsaftes vom Schlafmohn durch Anschnitt der Fruchtkapsel.

Plinius[15] erwähnt die Opiumgewinnung durch Anritzen, jedoch des Stängels und nicht der Fruchtkapsel. Der austretende Milchsaft wird in Wolle aufgefangen und getrocknet. Er dient als Schlafmittel und in großen Dosen eingenommen, führe er zum Tod. Auch die Samen und die Pflanze selbst gekocht sollen bei Schlaflosigkeit helfen. Plinius berichtet außerdem, dass in Alexandria Opium verfälscht würde, sodass es eine schwächere Wirkung zeige.

Dioskurides[16] schreibt sehr ausführlich über die pharmazeutische Nutzung von Mohn. Den Gartenmohn μήκων ἥμερος κηπατος unterteilt er in drei Pflanzenarten, die erste wird angebaut und ihre weißen Samen in Brot gegessen. Das müsste Papaver somniferum sein. Die zweite, wilde, hat schwarze Samen und reichlich Milchsaft, vermutlich Papaver rhoeas, und die dritte auch wilde Art lässt sich botanisch nicht sicher identifizieren.

In der medizinischen Anwendung macht Dioskurides jedoch kaum Unterschiede bei den einzelnen Arten. Er verordnet eine Abkochung der Blätter und Fruchtkapseln gegen Schlaflosigkeit, der Fruchtkapseln allein als schmerzstillendes Mittel und zerstoßene, noch grüne Fruchtkapseln äußerlich bei Geschwüren. Dioskurides beschreibt dann die Wirkung des Milchsaftes als schmerzstillend und schläfrig-machend, im Übermaß genossen jedoch als tödlich. Dabei muss es sich um den Milchsaft des Schlafmohns Papaver somniferum handeln, da der des Klatschmohns Papaver rhoeas nicht diese Wirkung hat. Der Milchsaft kann durch Zerstoßen und Auspressen der Blätter und Fruchtkapseln gewonnen werden, ist dann aber nicht so wirksam wie der durch Anritzen der Fruchtkapsel produzierte.

Zahlreiche Papyrusfunde belegen den Anbau des Schlafmohns in Ägypten in der ptolemäischen Epoche[17], in römischer Zeit galt das Opium aus Theben als qualitativ besonders gut[18].

Seltsamerweise nennen die koptischen medizinischen Papyri des 9. Jahrhunderts n. Chr. nur eine äußerliche Anwendung von Opium[19].

Opiumgenuss war in Ägypten der späteren Zeit dann weit verbreitet, wobei es vor allem gegessen und nur selten geraucht wurde. Man konsumierte sowohl einheimisches Opium als auch aus Persien importiertes. Die frühen europäischen Reisenden, zuerst ausführlich Prosper Alpin[20], berichten von den Auswirkungen dieser Sucht auf den menschlichen Körper. Nach Alpin sahen die Ägypter im Opium eine Art Universalheilmittel und Aphrodisiakum.

In der heutigen ägyptischen Volksmedizin dient ein Aufguss der getrockneten Fruchtkapseln noch immer als Beruhigungs- und Schlafmittel[21].

[1]Zohary and Hopf, Domestication, S. 128 f.; [2]Jane M. Renfrew, Palaeoethnobotany, London 1973, Pl. 43; [3]Bruyère, Deir el Medineh 1934-35 II, S. 201; [4]Vartavan and Amorós, Codex, S. 190; [5]Dreyer et al., in: MDAIK 54, 1998, S. 97; [6]Germer, Flora, S. 45; Germer, in: GM 60, 1982, S. 35 f.; [7]E. Schiaparelli, La tomba intatta dell'architetto Cha nella necropolis de Tebe, Turin 1927, S. 154; [8]Bisset et al., in: Ägypten und Levante VI, 1996, S. 199 f.; [9]Merrillees, in: Antiquity 36, 1962, S. 287; R. S. Merrillees, Bronze Age Pottery Found in Egypt, SIMA 18, 1968; [10]Germer, in: SAK 9, 1981, S. 125 f.; [11]Koschel, in: Ägypten und Levante VI, 1996, S. 159 f.; [12]Bisset et al., in: Ägypten und Levante VI, 1996, S. 203 f.; [13]Charpentier, Receuil, S. 668, Nr. 1094/1095; [14]K. Sprengel, Theophrast's Naturgeschichte der Gewächse, Altona 1822, IX, 8, 2; [15]Plinius, XIX, 168, XX, 197; [16]Dioskurides, IV, 64 f.; [17]Michael Schnebel, Die Landwirtschaft im hellenistischen Ägypten, München 1925, S. 206; [18]Matthias Seefelder, Opium, Landsberg 1996, S. 19; [19]Till, Arzneikunde, S. 82; [20]Alpin, Médicine, S. 332 f.; [21]Ducros, Droguier, S. 5 und 55.

Peganum harmala L.
Harmalstaude (Steppenraute)

Familie: Zygophyllaceae (Jochblattgewächse)

Verbreitung:

In Ägypten ist die Pflanze im mediterranen Küstenbereich, den Wüstengebieten und dem Sinai auf trockenen Standorten anzutreffen.

Beschreibung:

Die Steppenraute wächst von der Basis an reich verzweigt und bildet grüne Büsche mit einer Höhe von 50-100 cm. Die Blätter sind unregelmäßig gefiedert. Aus den endständigen, weiße Blüten entwickeln sich bei Reife Kapsel-Früchte mit dreikantigen Samen.

Inhaltsstoffe und pharmazeutische Wirkung:

Die Samen, für die eine antibakterielle Eigenschaft nachgewiesen wurde[1],und die Wurzeln enthalten die Alkaloide Harmin, Harmalol und Harmalin sowie weitere Alkaloide in geringeren Mengen. Harmin wirkt auf das Zentralnervensystem. Es ruft eine Rauschwirkung mit Halluzinationen hervor, in größeren Dosen eingenommen können Lähmungen auftreten. Weiterhin sind Krämpfe mit Erhöhung des Blutdruckes beobachtet.

Durch chemische Zersetzung des Harmalins entsteht der Farbstoff „Türkisch Rot“, der in der Textilfärberei Verwendung fand[2].

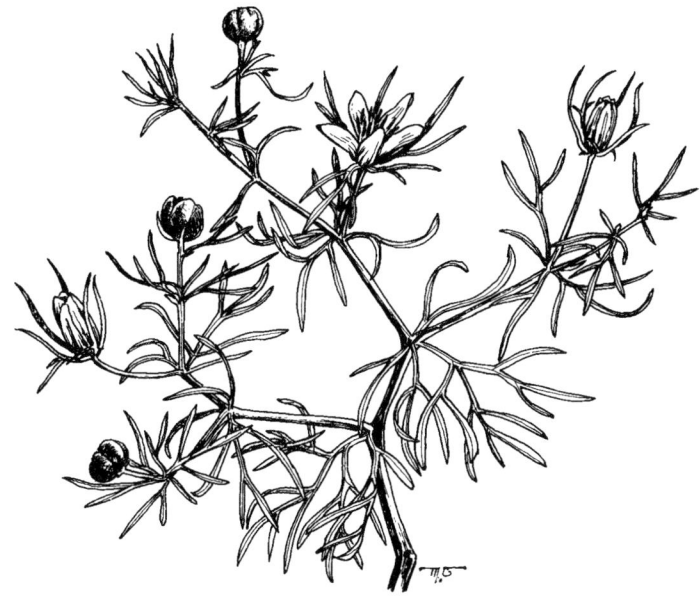

Peganum harmala (nach Täckholm)

Funde:
Aus archäologischem Kontext sind keine Funde bekannt

Altägyptischer Name:
Miller[3] vermutet in dem altägyptischen Pflanzennamen *ḏ3s*, der in den medizinischen Texten erwähnt wird, die Bezeichnung für Peganum harmala.

Spätere medizinische Verwendung:
Plinius erwähnt die Steppenraute nicht.

Dioskurides[4] führt die Samen der Pflanze als Mittel gegen „Stumpfsichtigkeit“ auf.

In der ägyptischen Volksmedizin werden sowohl das Kraut als auch die Samen verwendet, bei Konjunktivitis und anderen Augeninfektionen dient die zerriebene Pflanze oder das aus den Samen extrahierte Öl als Heilmittel. Die Samen stimulieren das Nervensystem, und sie helfen auch bei Wurmerkrankungen[5].

Bemerkungen:
Die pharmazeutische Wirkung der Harmalstaude wurde sicherlich schon von den altägyptischen Ärzten beobachtet, und wir können deshalb davon ausgehen, dass sie diese Pflanze auch in der Heilkunde einsetzten.

[1]Ghazanfar, Handbook, S. 217; [2]Madaus, Lehrbuch, S. 2079; [3]Miller, in: BIFAO 94, 1994, S. 349 f.; [4]Dioskurides, III, 46; [5]Boulos, Medicinal Plants, S. 195.

Perularia tomentosa L.

Familie: Asclepiadaceae (Schwalbenwurzgewächse)

Verbreitung:
An trockenen, sandigen Standorten ist diese Pflanze in Ägypten häufig anzutreffen.

Beschreibung:
Der ausdauernde Strauch wird etwa 1 m hoch. Seine jungen, biegsamen Zweige winden sich um die älteren, starren. Die Pflanze ist milchsaftführend, die herzförmigen Blätter sind gegenständig. Aus den Blattachseln entspringen die bis 5 cm langen, wenigblütigen Blütenstände mit bräunlich-weißen Blüten. Die sich aus paarigen Fruchtständen entwickelnden Früchte sind aufgeblasen, stachlig und am oberen Ende zugespitzt. Sie enthalten flache, mit einem weißen Haartuff an der Spitze versehene Samen.

Perularia tomentosa (nach Täckholm)

Inhaltsstoffe und pharmazeutische Wirkung:
Im Milchsaft der Pflanze wurden Ghlakinoside, ein zelltoxisches sowie ein herzwirksames Glykosid nachgewiesen[1].

Funde:
Aus archäologischem Kontext sind keine Funde belegt.

Altägyptischer Name:
Der Name der Pflanze ist nicht bekannt.

Spätere medizinische Verwendung:
In der ägyptischen und arabischen Volksmedizin wird der Milchsaft von Perularia tomentosa bei diversen Hautkrankheiten verwendet. Ein Aufguss der Pflanze dient als Abführ- und Wurmmittel, außerdem soll er eine leicht abortive Wirkung haben[2].

Bemerkungen:
Die auffallende Pflanze mit ihrer deutlichen pharmazeutischen Wirkungen wird sicherlich bereits den altägyptischen Ärzten bekannt gewesen sein.

[1]Ghazanfar, Handbook, S. 35; [2]Boulos, Medicinal Plants, S. 32; Ghazanfar, Handbook, S. 35.

Phoenix dactylifera L.
Dattelpalme

Familie: Palmae (Palmen)

Verbreitung:
Die Kultur der Dattelpalme aus Wildformen begann vermutlich in den warmen und trockenen Gebieten des Nahen Ostens[1].

Phoenix dactylifera (nach Bekele-Tesemma)

Beschreibung:

Der sich nach oben hin verjüngende Stamm trägt am Ende einen Schopf von bis zu 4 m langen Palmblattwedeln. Die Dattelpalme ist zweihäusig, ihre Blütenstände sind von einer langen, aus zwei Hochblättern gebildeten Spatha umschlossen. Gute, süße, bis zu 50% Zucker enthaltende Früchte produziert der Baum nur in Kultur mit künstlicher Bestäubung. Die Dattel ist eine Beerenfrucht mit einem harten Kerne, der von saftigem Fruchtfleisch umgeben ist.

Inhaltsstoffe und pharmazeutische Wirkung:

Die Früchte haben einen sehr hohen Zuckeranteil und wirken deshalb leicht abführend.

Funde:

Phoenix dactylifera ist in Ägypten seit vordynastischer Zeit belegt[2].

Altägyptischer Name:

Die Dattelpalme hieß *bnrt*, die Dattel *bnr*. Das Fruchtfleisch der Dattel sowie zahlreiche daraus hergestellte Produkte fanden in der Heilkunde eine vielseitige Verwendung.

Spätere medizinische Verwendung:

In der griechisch-römischen Medizin wurden die Produkte der Dattelpalme sehr häufig eingesetzt, innerlich wie äußerlich, wobei Dioskurides[3] die ägyptische Dattel bevorzugt. Asche der Kerne verordnet er bei Augenerkrankungen, was Moursi[4] auch noch für die heutige ägyptische Volksmedizin angibt. Alpin[5] beschreibt, wie auch schon Dioskurides, außerdem noch die Verwendung der Blütenscheide in der Medizin.

In den koptischen Rezepten wird die Dattel nur zweimal genannt mit äußerlicher Anwendung[6].

[1]Zohary and Hopf, Domestication, S. 158 f.; [2]Vartavan and Amorós, Codex, S. 193 f.; [3]Dioskurides, I, 148-150; [4]Moursi, Heilpflanzen, S. 120; [5]Alpin, Plantes, 41 f.; [6]Till, Arzneikunde, S. 52.

Phragmites australis (Can.) Trin. ex Steud.
Gemeines Schilfrohr

Familie: Gramineae (Gräser)

Verbreitung:

In pharaonischer Zeit bildete das Gemeine Schilfrohr schwer durchdringbare, hohe Dickichte entlang des Nils. Auch heute noch ist es in der Uferregion, sowohl in seichtem Wasser stehend als auch an feuchten Standorten am Land anzutreffen.

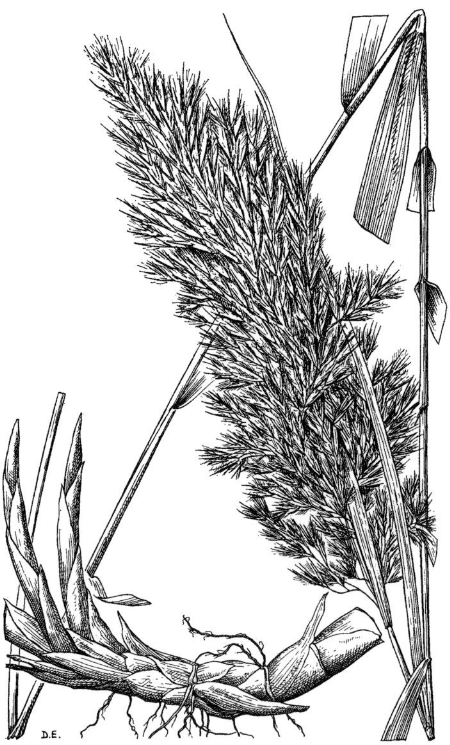

Phragmites australis (nach Townsend)

Beschreibung:
Der bis etwa 5 m hoch werdende Stängel ist mit zahlreichen, flachen, schmalen Blättern besetzt. Er entspringt einem langen, kriechenden Rhizom. Am oberen Ende trägt der Stängel eine nach einer Seite hängende, 30 cm lange, lockere Rispe.

Inhaltsstoffe und pharmazeutische Wirkung:
Zwar wurden aus der Pflanze einige flavonoide Glykoside und Aminosäuren isoliert[1], eine spezielle pharmazeutische Wirkung ist jedoch nicht belegt.

Funde:
Seit vorgeschichtlicher Zeit ist das Gemeine Schilfrohr als Nutzpflanze, vor allem als Flechtmaterial, belegt[2].

Altägyptischer Name:
Möglicherweise bezeichnet der in den medizinischen Texten genannte Pflanzenname *isw* das Schilfrohr.

Spätere medizinische Verwendung:
Für die heutige ägyptische Volksmedizin gibt Moursi[3] die Verwendung der Asche des verbrannten Schilfrohres als einzunehmendes Mittel bei Fieber, Gelenkentzündungen und Vergiftungen an, ähnliche Indikationen nennen Ghazanfar[1] für den Aufguss der Pflanze in der arabischen Medizin und Boulos[4] für das Rhizom in der nordafrikanischen Heilkunde.

[1]Ghazanfar, Handbook, S. 172; [2]Vartavan and Amorós, Codex, S. 199 f.; [3]Moursi, Heilpflanzen, S. 242; [4]Boulos, Medicinal Plants, S. 96.

Piper nigrum L.
Schwarzer Pfeffer

Familie: Piperaceae (Pfeffergewächse)

Verbreitung:
Die Heimat des Schwarzen Pfeffers liegt in den Wäldern der vorderindischen Malabarküste.

Beschreibung:
Die Pfefferpflanze wächst als bis 15 m hoher Wurzelkletterer an Bäumen. Die kleinen Blüten sitzen in Ähren, die in den Blattachseln entspringen. Aus ihnen entwickeln sich die bei Reife roten Steinfrüchte.

Im Handel unterscheidet man zwei Pfefferprodukte: Wird die Pfefferfrucht in unreifem Zustand geerntet, spricht man von schwarzem Pfeffer. Weißer Pfeffer hingegen blieb bis zur Reife an der Pflanze, und die Fruchtschale wurde dann später nach dem Einweichen in Wasser mechanisch entfernt.

Inhaltsstoffe und pharmazeutische Wirkung:
Der Schwarze Pfeffer enthält das Alkaloid Piperin, ätherische Öle und Harzsubstanzen. Innerlich wirkt er verdauungsfördernd.

Funde:
An der Mumie Ramses' II. wurden Samen-Fragmente gefunden, bei denen es sich mit großer Wahrscheinlichkeit um Samen von Piper nigrum handelt. Nach der radiologischen Untersuchung ist auch die Nasenhöhle des Königs mit Pfeffersamen aufgefüllt[1].

Große Mengen von Pfeffer kamen bei Ausgrabungen in den römischen Hafenstädten Berenike[2] und Koseir[3] am Roten Meer zu Tagen.

Piper nigrum (nach Köhler)

Altägyptischer Name:
Der Name für Pfeffer ist nicht bekannt.

Spätere medizinische Verwendung:
In der römischen Medizin war Pfeffer eine hoch geschätztes Heilmittel. Nach den schriftlichen Quellen muss er in großen Mengen aus Indien importiert worden sein.

Dioskurides[4] verordnet Pfeffer vor allem als verdauungsförderndes, harntreibendes Mittel, das auch die Verdunklung der Augen vertreibt. Weiterhin hilft er gegen den Biss giftiger Tiere, Brustleiden und in Form von Zäpfchen ist er empfängnisverhütend.

Plinius[5] führt den Pfeffer als Teil von Rezepturen mit ähnlichen Indikationen auf.

Auch wenn die Lesung des koptischen Wortes für Pfeffer nicht ganz gesichert ist, kann man davon ausgehen, dass er in der koptischen Medizin häufig eingesetzt wurde, nach Till[6] bei Beschwerden des Magen- Darmtraktes, der Leber und Milz und in der Augenheilkunde.

In der heutigen ägyptischen Volksmedizin gilt Pfeffer als appetitanregendes und potenzförderndes Mittel[7].

Bemerkungen:

Es ist schwer zu beurteilen, ob den Ärzten der pharaonischen Zeit Piper nigrum schon als Heilmittel zur Verfügung stand. Die geringe Fundmenge, nur an der Mumie Ramses' II., ist kein entscheidendes Kriterium, denn wie Cappers[2] angibt, wurde auch im römischen Reich außer in Berenike nur noch in Oberaden und Straubing Pfeffer gefunden, obwohl er nach den Texten in der Heilkunde des öfteren genutzt wurde. Eher spricht die Herkunft Indien gegen einen größeren Import in vorrömischer Zeit.

[1]Lionel Balout ed., La Momie de Ramsès II, Paris 1985, S. 174-175; [2]Cappers, in: Marijke van der Veen ed., The Exploitation of Plant Resources in Ancient Africa, New York, Boston, Dorrecht, London, Moscow 1999, S. 185 f.; [3]Vartavan and Amorós, Codex, S. 206; [4]Dioskurides, II, 188; [5]Plinius, XXIII, 57; XXV, 100; XXVI, 154; XXVII, 48; XXVII, 130; [6]Till, Arzneikunde, S. 84 f.; [7]Moursi, Heilpflanzen, S. 247.

Pistacia sp.
Pistazie

Familie: Anacardiaceae (Sumachgewächse)

Verbreitung:

Mehrere Pistazienarten liefern Substanzen, die früher in der Heilkunde Verwendung fanden. Dies waren vor allem Harzprodukte, daneben nutzte man von einigen Arten aber auch die Samen. Die botanische Systematik einiger Pistacia-Arten ist noch nicht eindeutig geklärt, in einer grundlegenden Studie hat aber Serpico[1] jetzt die Arten eingegrenzt, die für die altägyptische Medizin, vor allem als Harzlieferanten, in Frage kommen.

Zur Flora Ägyptens gehört nur die Art Pistacia khinjuk Stocks in Hook. Der Baum wächst sehr selten in der östlichen Wüste, dem Gebel Elba Gebiet und auf dem Sinai. Sein Hauptverbreitungsgebiet ist Jordanien, Syrien sowie die südöstliche Türkei.

Als Harzlieferanten, deren Produkte die Ägypter über Handel erhielten, sind drei Pistazienarten wahrscheinlich: 1. Pistacia lentiscus L., die im ganzen Mittelmeerraum weit verbreitet ist, 2. Pistacia terebinthus L. wächst in Syrien, dem Libanon, Israel, Jordanien, sowie weiten Gebieten der Ägäis und 3. Pistacia atlantica Desf., die in Israel, Jordanien, Libanon, Syrien, Nordafrika, dem Sinai und mit seltenen Vorkommen im ägäischen Raum beheimatet ist.

Aber auch in Gebieten südlich von Ägypten wachsen Pistazienarten, die Harze liefern. Pistacia aethiopica Kokwaro ist zwar in Äthiopien und Somalia heute fast ausgerottet, die Pistacia chinensis Bge. var. falcata (Beccari) Zoh. im Sudan, Somalia und Äthiopien aber noch verbreitet.

Beschreibung:

Pistazien sind Bäume oder Sträucher mit paarig fiederteiligen Blättern und zweihäusigen Blüten ohne Kronblätter, die in Rispen stehen. Die Frucht ist eine trockene Steinfrucht mit ölhaltigem Samen.

Inhaltsstoffe und pharmazeutische Wirkung:

Alle oben genannten Pistazien-Arten sondern bei Anschnitt der Rinde Terpentinharze ab. Diese enthalten triterpenoide Harzsäuren und sind wasserunlöslich. Von wirtschaftlicher Bedeutung waren nach dem heutigen Erkenntnisstand in der Antike das Harz der Pistacia lentiscus, Mastix genannt, das vor allem ein Exportprodukt der Insel Chios gewesen ist und das Terebinthenharz von Pistacia terebinthus.

Pistazienharze haben einen stark aromatischen Geruch, wirken verdauungsfördernd, leicht diuretisch und entzündungshemmend bei äußerlicher Anwendung.

Pistaziensamen enthalten fette Öle.

Pistacia lentiscus (nach Zohary)

Pistacia terebinthus (nach Zohary)

Funde:

In Amarna fanden sich in kanaanitischen Amphoren sowie an Tonscherben, auf den geräuchert worden war, Reste von Terebinthenharz. Harzklümpchen dieser Art entdeckte man ebenfalls im Tempelbereich von Amarna und auch im Karnaktempel von Theben. Diese Funde belegen eindeutig, dass im Neuen Reich Terebinthenharz für religiöse Zeremonien verbrannt wurde. Die Ägypter importierten das Harz aus dem Ostmittelmeerraum, und die vielen großen, mit Terebinthenharz gefüllten Amphoren, die sich an Bord des untergegangenen Handelsschiffes von Ulu Burun aus der Zeit der 18. Dynastie befanden, zeigen, welche großen Mengen an Harz damals verhandelt wurden[1].

In Memphis lagen in der Schicht des Mittleren Reiches einige verkohlte Pistaziensamen, deren Artbestimmung nicht möglich war, für das Neue Reich sind dann Funde von Samen der Pistacia vera belegt, die gegessen aber nicht pharmazeutische genutzt wurden[2].

Altägyptischer Name:

Nach Baum[3] muss man davon ausgehen, dass besonders im Neuen Reich das Wort *sn<u>t</u>r* nicht nur das Weihrauchharz von Boswellia-Arten bezeichnete, sondern auch Terebinthenharz von Pistacia terebinthus. Vielleicht war auch ein Harzgemisch von Weihrauch und Terebinthenharz in dieser Zeit gebräuchlich, denn Dioskurides[4] erwähnt, dass Pistazienharz mit Weihrauch verfälscht würde.

Spätere medizinische Verwendung:

Nach Dioskurides[5] waren die Anwendungsbereiche von Mastixharz und Terebinthenharz die gleichen, eingenommen zur Behandlung des Magen-Darmtraktes und von Asthma und

Husten. Die Harze wirken diuretisch und entzündungshemmend in Pflastern und Salben sowie im Mundbereich bei Zahnfleischentzündungen und lockeren Zähnen. Außerdem erwähnt er ein aus den Samen von Pistacia lentiscus oder Pistacia terebinthus gewonnenes Öl, dass Heilmitteln zugesetzt wird und adstringierend wirkt. Der Genuss von Früchten der Pistacia terebinthus reize zum Liebesgenuss.

Nach Ducros[6] wurden sowohl das Harz von Pistacia terebinthus als auch Pistacia lentiscus noch im 20. Jahrhundert auf dem Drogenmarkt Kairos verkauft, beide vor allem wegen ihrer dem Magen zuträglichen und diuretischen Wirkung. Heute ist nur noch das Mastixharz in Gebrauch, als Kaumittel gegen Mundgeruch und bei Magenbeschwerden sowie Durchfall[7].

Bemerkungen:

Pistatienharze gehörten sicherlich zum Arzneischatz der altägyptischen Ärzte.

[1]Serpico, in: Nicholson and Shaw, Materials, S. 434 f.; [2]Vartavan and Amorós, Codex, S. 207; [3]Baum, in: Revue d'Égyptology, Tome 45, Paris 1994, S. 17 f.; [4]Dioskurides, I, 90; [5]Dioskurides, I, 50; I, 89, 90, 91; [6]Ducros, Droguier, S. 80 und 126; [7]Moursi, Heilpflanzen, S. 249.

Pistia stratiotes L.
Wassersalat

Familie: Araceae (Aronstabgewächse)

Verbreitung:

In Ägypten ist der Wassersalat nicht sehr verbreitet. Man findet ihn nur vereinzelt im ruhigen Wasser des Nildeltas. Ansonsten wächst er in den Flüssen Afrikas in der Wald- und Steppenregion und kann sich dort bei starker Vermehrung zur Problempflanze entwickeln, indem er kleiner Flussläufe und Bewässerungskanäle verstopft.

Beschreibung:

Die bis 15 cm langen und etwa 6 cm breiten Blätter der frei schwimmenden Wasserpflanze stehen in einer Rosette mit feinen, tuffartigen Wurzeln. Die winzige Spadix sitzt in den Blattachseln und trägt mehrere männliche Blüten mit zwei Stamen und weibliche Blüten an ihrer Basis und eine 1 cm langen Spatha. Die Früchte enthalten zahlreiche, sehr kleine Samen. Die Pflanze verbreitet sich außerdem durch zahlreiche Ausläufer.

Inhaltsstoffe und pharmazeutische Wirkung:

Spezielle pharmazeutische Eigenschaften der Pistia stratiotes sind bisher nicht festgestellt.

Funde:

Aus archäologischem Kontext sind keine Funde des Wassersalates bekannt. Nach Täckholm[1] zeigt möglicherweise eine Fußbodenmalerei aus Amarna[2] die Pistia stratiotes.

Altägyptischer Name:

Der Name der Pflanze ist nicht bekannt.

Spätere medizinische Verwendung:

Plinius[3] beschreibt die Pflanze als nur in Ägypten vorkommend, in Essig eingelegt heile sie Wunden, innerlich stoppe sie Blutungen der Niere.

Dioskurides[4] nennt die gleiche Anwendung.

Auch Alpin[5] erwähnt die medizinische Nutzung des Wassersalates in Ägypten, innerlich gegen Blutungen des Uterus und anderer Körperteile, äußerlich zur Wundheilung.

Heute ist in Ägypten keine Verwendung der Pistia stratiotes in der Volksmedizin mehr bekannt.

Pistia stratiotes (nach Täckholm)

Bemerkungen:

Da die Pflanze nicht in Europa wächst, kann ihre medizinische Verwendung in der griechisch-römischen Medizin nur von den Ägyptern übernommen worden sein. Daraus können wir schließen, dass sie höchst wahrscheinlich in der altägyptischen Medizin für die Indikation innere Blutungen und zur Wundbehandlung verwendet worden war.

[1]Täckholm, Flora II, S. 358; [2]Museum Kairo, Inv. Nr. 38030/16; [3]Plinius, XXIV, 169; [4]Dioskurides, IV, 100; [5]Alpin, Plantes, 106.

Plantago sp.
Wegerich

Familie: Plantaginaceae (Wegerichgewächse)

Verbreitung:

In Ägypten wachsen zahlreiche Wegericharten, vier davon finden in der Volksmedizin Verwendung. Überall verbreitet sind Plantago major L. Breitwegerich, Plantago coronopus L. Krähenfußwegerich und Plantago lagopus L. Wolliger Wegerich, während Plantago afra L. (= Plantago psyllium L.) Flohwegerich nur selten in den Wüstengebieten, auf dem Sinai und an der Rote Meerküste anzutreffen ist.

Beschreibung:

Die Gattung Plantago wächst als Kraut mit Blüten in Ähren oder Köpfchen angeordnet, die Blätter, unterschiedlich geformt, können kahl oder behaart sein, die Frucht ist eine viele Samen enthaltende Kapsel. Das unterschiedliche Aussehen der behandelten Plantago-Arten ist aus den Zeichnungen zu erkennen.

Plantago major (nach Täckholm)

Plantago coronopus (nach Zohary)

Plantago lagopus (nach Täckholm)

Plantago afra (nach Zohary)

Inhaltsstoffe und pharmazeutische Wirkung:

Die Samen enthalten saure Polysaccharide, aufgrund dessen sie stark quellen[1]. Frischer Saft aus der Pflanze verhindert die Blutgerinnung[2].

Funde:

Plantago-Samen, meist nicht bestimmbarer Art, sind seit vordynastischer Zeit als Unkrautbeimengung unter Kulturpflanzen zahlreich belegt[3].

Altägyptischer Name:
Die Namen von Plantago-Arten sind nicht bekannt.

Spätere medizinische Verwendung:
Sowohl Plinius[4] als auch Dioskurides[5] erwähnen Plantago-Arten als Heilpflanzen. Dioskurides beschreibt zwei Arten, die in der Anwendung nicht unterschieden werden. Es handelt sich bei ihnen vermutlich um Plantago major und Plantago lagopus. Die Blätter eignen sich als Umschlag bei allen Arten von Geschwüren und Wunden, gegessen zum Beheben von Magen- und Darmbeschwerden. Der Saft der Pflanze hilft äußerlich bei Augenerkrankungen, die Wurzel innerlich bei Blasen-, Milz- und Fieberbeschwerden. Die Samen getrunken halten „Bauchfluss" und Blutspeien auf.

Alpin[6] beschreibt die häufige Verwendung der Samen von Plantago afra in Ägypten, vor allem wegen ihres Schleimes. Sie wurden gegen Fieber und Lungenentzündung verordnet, ein Extrakt des Schleimes in Fällen von Diarrhoe.

Auch heute noch wird vor allem Plantago afra medizinisch genutzt, die Samen als gutes mechanisches Abführmittel sowie bei Harnwegsproblemen, die Blätter und Wurzeln, auch die der drei anderen Wegerich-Arten, bei Wunden und Geschwüren, ein Aufguss der Blätter bei Lungenerkrankungen und Augenentzündungen[7].

Bemerkungen:
Man kann davon ausgehen, dass Plantago-Arten auch schon in pharaonischer Zeit zu medizinischen Zwecken genutzt wurden, vermutlich als leichtes Abführmittel und bei der Wundbehandlung.

[1]Ghazanfar, Handbook, S. 165; [2]Madaus, Lehrbuch, S. 2166; [3]Vartavan and Amorós, Codex, S. 209; [4]Plinius, XXVI, 26 f.; [5]Dioskurides, II, 152; [6]Alpin, Plantes, 129; [7]Ducros, Droguier, S. 20 und 119; Boulos, Medicinal Plants, S. 145-146.

Pluchea dioscorides (L.) DC (= Conyza dioscorides Desf.)

Familie: Compositae (Korbblütler)

Verbreitung:
An Nil- und Kanalufern und anderen feuchten Standorten wächst die Pluchea dioscorides überall in Ägypten.

Beschreibung:
Der reich verzweigte, 1-3 m hohe Busch trägt oval-lanzettliche, am Rande gezähnte Blätter. Die Zweige enden in einem dichten Blütenstand aus hellgelb oder rosa blühenden Köpfchen. Stängel und Blätter sind behaart und duften aromatisch.

Inhaltsstoffe und pharmazeutische Wirkung:
Die Pflanze ist reich an ätherischen Ölen, die krampflösend wirken.

Funde:
Auf dem Sarg Amenophis' II. befanden sich Zweige der Pluchea dioscorides, die aber vermutlich aus der Zeit der Restaurierung der Mumie in der 21. Dynastie stammen[1]. Ein weiterer Fund liegt aus der griechisch-römischen Zeit[2] vor, dessen botanische Bestimmung allerdings nach Vartavan und Amorós[3] ungesichert ist.

Altägyptischer Name:
Aufrère[4] sieht in dem Pflanzennamen *in(n)k* eine Bezeichnung für eine Pluchea oder Conyza, ohne sich auf die Art festzulegen

Spätere medizinische Verwendung:
Aus der antiken griechisch-römischen Medizin ist keine Nutzung dieser Pflanze in der Heilkunde bekannt.

Till erwähnt den Saft einer Conyza- oder Pluchea-Art zur äußerlichen Anwendung bei geschwollenen Augen, Gliedererkrankungen und Wunden in der koptischen Medizin[5].

In der ägyptischen Volksmedizin wird die Pluchea dioscorides noch heute verwendet, innerlich bei Rheuma und als krampflösendes und schweißtreibendes Mittel, sowie gegen Blähungen und äußerlich zur Wundbehandlung[6].

[1]Germer, Katalog, S. 8; [2]Newberry, in: William M. Flinders Petrie, Kahun, Gurob and Hawara, London 1890, S. 47; [3]Vartavan and Amorós, Codex, S. 84; [4]Aufrère, in: BIFAO 86, 1986, S. 24 f.; [5]Till, Arzneikunde, S. 52; [6]Moursi, Heilpflanzen, S. 123; Ducros, Droguier, S. 9.

Pluchea dioscorides (nach Täckholm)

Polygonum aviculare L.
Vogel-Knöterich

Familie: Polygonaceae (Knöterichgewächse)

Verbreitung:
In Niltal und dem mediterranen Küstenstreifen wächst der Vogelknöterich, vor allem als Unkraut auf Feldern. Er ist allerdings nicht sehr häufig anzutreffen.

Beschreibung:
Der Stängel der niederliegend wachsenden, einjährigen Pflanze ist knotig gegliedert und trägt 2 cm lange, lanzettliche Blätter mit stängelumfassenden Nebenblattröhren. In den Blattachseln sitzen die winzigen, weißen oder rötlichen Blüten in kleinen Blütenständen. Die Frucht ist eine dreikantig Nuss.

Inhaltsstoffe und pharmazeutische Wirkung:
Das Kraut hat einen hohen Gehalt an Kieselsäure, daneben Schleim- und Gerbstoffe.

Funde:
Es ist bisher nur ein Fund von Polygonum aviculare aus der 19. Dynastie belegt[1].

Altägyptischer Name:
Der Name der Pflanze ist nicht bekannt.

Spätere medizinische Verwendung:
In der antiken Medizin[2], dann später auch in Europa und Nordafrika war dieses Knöterichgewächs ein wichtiges Heilmittel. Sein Saft oder Aufguss wurde eingesetzt als Mittel zum Blutstillen, zum Behandeln von blutigen Durchfällen, Nieren- und Lungenleiden.

Äußerlich angewandt halfen die Blätter bei Geschwüren, entzündeten Wunden und Ohrenentzündungen.

Für diese Indikationen wird der Vogelknöterich auch heute noch in der ägyptischen Volksmedizin benutzt[3].

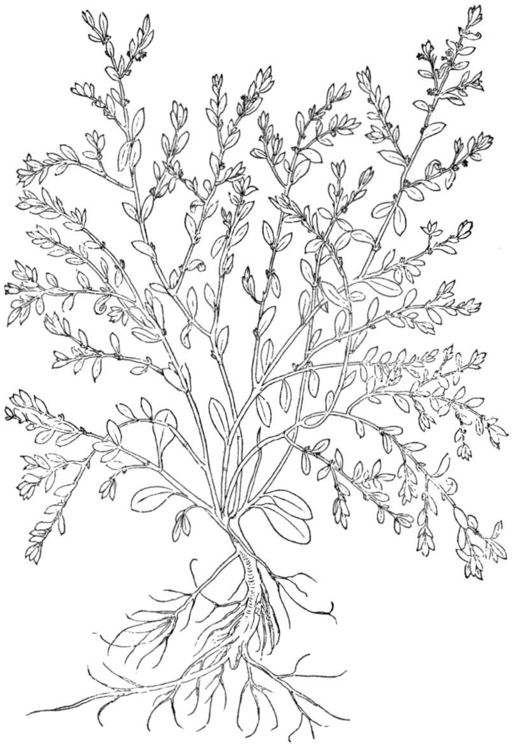

Polygonum aviculare (nach Fuchs)

Bemerkungen:

Beaux[4] weist darauf hin, dass auch das in Ägypten heimische Knöterichgewächs Persicaria senegalensis (Meisn.) Soják (= Polygonum sengalense Meisn.) in der westafrikanischen Medizin genutzt wird[5]. Dieses ist aber bisher von der ägyptischen Volksmedizin nicht berichtet.

[1]Vartavan and Amorós, Codex, S. 211; [2]Dioskurides, IV, 4; Plinius, XXVII, 113 f.; Madaus, Lehrbuch, S. 2192 f.; [3]Boulos, Medicinal Plants, S. 146; Moursi, Heilpflanzen, S. 251; [4]Beaux, in: JEA 74, S. 248 f.; [5]Hans Dieter Neuwinger, African Traditional Medicine, Stuttgart 2000, S. 412.

Portulaca oleracea L.
Gemüse-Portulak

Familie: Portulacaceae (Portulakgewächse)

Verbreitung:

An feuchten Standorten ist der Gemüse-Portulak in ganz Ägypten als Unkraut auf Feldern vertreten, daneben wird er auch als Gemüsepflanze angebaut.

Beschreibung:

Das einjährige, meist nieder liegend wachsende, leicht sukkulente Kraut wird bis etwa 35 cm hoch und hat länglich-ovale, um 3 cm lange Blätter. Die Blüten bestehen aus zwei grünen Kelchblättern und vier bis sechs etwas kleineren, gelben Blütenblättern. Sie sitzen einzeln oder zu mehreren zusammen in den Verzweigungen der Stängel oder am Ende. Die Frucht ist eine mehrsamige Deckelkapsel.

Portulaca oleracea (nach Fuchs)

Inhaltsstoffe und pharmazeutische Wirkung:

Die ganze Pflanze ist reich an Vitaminen, Mineral- und Schleimstoffen, daneben wurden einige Alkaloide und Flavonoide nachgewiesen.

Funde:
Seit vorgeschichtlicher Zeit ist Portulaca oleracea durch Funde in Ägypten nachgewiesen[1].

Altägyptischer Name:
Als Bezeichnung für den Portulak wurde der Name *mḫmḫwt* vorgeschlagen, der nicht in den medizinischen Texten erwähnt ist[2].

Spätere medizinische Verwendung:
Nach Dioskurides[3] hat der Portulak kühlende und adstringierende Kraft, und er verordnet ihn entsprechend äußerlich vor allem bei Entzündungen, auch der Augen, innerlich bei Fieber, zur Behandlung von Störungen des Magen- Darmtraktes und der Niere sowie Blase. Außerdem soll der Saft bei Eingeweidewürmern helfen, und er unterdrückt den Drang zum Beischlaf.
In der koptischen Medizin findet Portulak ganz ähnliche Verwendung, äußerlich bei Entzündungen, ebenfalls der Augen und innerlich gegen Würmer[4].
Auch in der heutigen ägyptischen Volksmedizin findet der Garten-Portulak, dem allgemein bakterizide Wirkung zugeschrieben wird, noch eine vielfache Nutzung, äußerlich bei Abszessen und entzündeten Wunden, innerlich zur Behandlung von Magen- Darmstörungen sowie Würmern, und er wird auch noch immer als Libido hemmend angesehen[5].

Bemerkungen:
Es ist anzunehmen, dass der Garten-Portulak in pharaonischer Zeit bereits als Nahrungsmittel und Heilpflanze genutzt wurde.

[1]Vartavan and Amorós, Codex, S. 215; [2]Charpentier, Receuil, S. 356, Nr. 558; [3]Dioskurides, II, 150; [4]Till, Arzneikunde, S. 86; [5]Boulos, Medicinal Plants, S. 149; Moursi, Heilpflanzen, S. 253.

Pulicaria incisa (Lam.) DC.
Flohkraut

Familie: Compositae (Korbblütler)

Pulicaria incisa (nach Boulos)

Verbreitung:
In den Wüstengebieten, vor allem auf dem Sinai und an der Rote Meer-Küste ist diese Pflanze weit verbreitet.

Beschreibung:
Dieses einjährige Flohkraut ist reich verzweigt, 10-40 cm hoch, wollig behaart und die stängelumfassenden, bis 4 cm langen Blätter sind stark gewellt und gezähnt. Die im Durchmesser etwa 2,5 cm großen Blütenköpfchen haben lange, gelbe Zungenblüten und stehen einzeln oder zu wenig zusammen.

Inhaltsstoffe und pharmazeutische Wirkung:
Pulicaria incisa ist reich an ätherischen Ölen und dadurch eine stark aromatisch duftende Pflanze, außerdem enthält sie noch Gerbstoffe, Harz und Alkaloide[1].

Funde:
Von dieser Flohkraut-Art sind keine Funde aus archäologischem Kontext belegt.

Altägyptischer Name:
Der Name der Pflanze ist nicht bekannt.

Spätere medizinische Verwendung:
In der heutigen ägyptischen Volksmedizin wird ein Tee des Flohkrautes bei Herz- und Kreislaufbeschwerden und Magenstörungen getrunken[2].

Bemerkungen:
Vielleicht wurde das aromatisch duftende Flohkraut aus der Wüste bereits in der pharaonischen Medizin genutzt.

[1]Moursi, Heilpflanzen, S. 259; [2]Boulos, Medicinal Plants, S. 67; Moursi, Heilpflanzen, S. 259.

Punica granatum L.
Granatapfelbaum

Familie: Punicaceae (Granatapfelbaumgewächse)

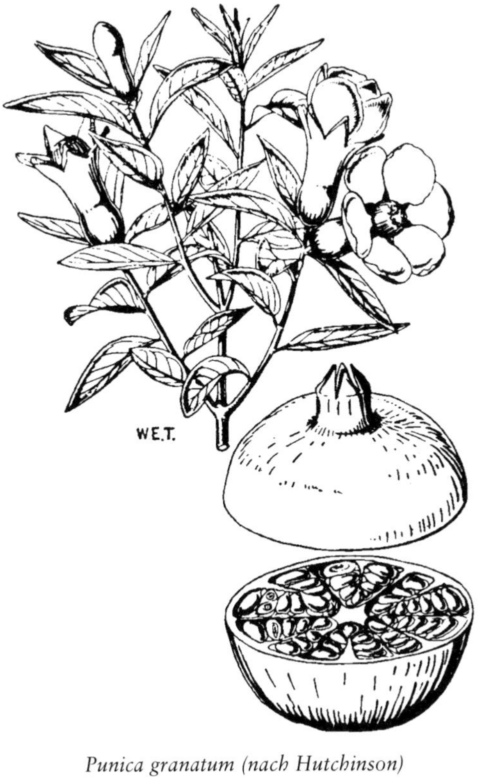

Punica granatum (nach Hutchinson)

Verbreitung:
Der Granatapfelbaum ist eine sehr alte Kulturpflanze, die ihren Ursprung im Ostmittelmeerraum hat. Wilde Formen sind im Kaspischen Gürtel, der nord-östlichen Türkei, Al-

banien und Montenegro gefunden worden. Von dort breitete sich die Kultur dieses Obstbaumes aus[1].

Beschreibung:

Punica granatum kommt meist als 2-3 m hoher, immergrüner Strauch, seltener als bis zu 8 m hoher Baum vor. In den Achseln der lanzettlichen Blätter stehen die roten, trichterförmigen Blüten. Der unterständige Fruchtknoten wächst zu einer apfelgroßen, rötlichen Trockenbeere aus, auf der ein ausdauernder 5- bis 9-zipfliger Kelch sitzt. Bei Reife wandelt sich die äußerste Samenschale der etwa erbsengroßen Samen zu einer rosa-glasigen, fleischigen Masse um.

Inhaltsstoffe und pharmazeutische Wirkung:

In der Rinde des Stammes, der Zweige und der Wurzel sind an Gerbstoffe gebunde Pyridin-Alkaloide vorhanden. Der Hauptwirkstoff ist das Isopelletierin ein sicher wirkendes Bandwurmmittel. Es lähmt das Nervensystem des Wurmes, der sich dann von der Darmwand seines Wirtes ablöst[2]. Gegen andere parasitäre Darmwürmer hilft Granatapfelbaumrinde allerdings nicht.

Funde:

Von der 2. Zwischenzeit an liegen Funde von Granatäpfeln vor[3]. Die der 12. Dynastie zugeordneten Früchte aus Dra Abu el Nega sind nicht sicher zu datieren[4]. Früheste Darstellungen von Granatäpfeln finden sich in der „Botanischen Kammer“ von Karnak aus der Zeit Thutmosis’ III.[5].

Altägyptischer Name:

Die Bezeichnung für den Granatapfelbaum war *inhmn*. Medizinisch wurde die Wurzel ganz spezifisch als Wurmmittel eingesetzt.

Spätere medizinische Verwendung:

Dioskurides[6] verordnet die Abkochung der Wurzel gegen Bandwürmer, daneben auch noch die Frucht, Blüte und Rinde als Adstringens.

Plinius[7] nennt Frucht und Blüten als Teile von Rezepturen gegen eine Vielzahl von Erkrankungen, erwähnt den Gebrauch gegen Bandwürmer jedoch nicht.

In der heutigen Volksmedizin Ägyptens dient die Fruchtschale in Form eines Aufgusses innerlich als Adstringens, der Wurzelauszug wird nach der Niederkunft gegeben, der Kaltauszug der gemahlenen Schale und Rinde äußerlich zur Wundbehandlung angewandt, innerlich bei Magen- und Darmstörungen. Die wichtigste Nutzung ist aber immer noch die gemahlene Rinde, vor allem der Wurzel, als Wurmmittel[8].

[1]Zohary and Hopf, Domestication, S. 162; [2]Madaus, Lehrbuch, S. 1481 f.; [3]Vartavan and Amorós, Codex, S. 218-219; [4]Keimer, Gartenpflanzen I, S. 47; [5]Keimer, in: W. Wreszinski, Atlas zur altägyptischen Kulturgeschichte, Leipzig, 1923-38, Bd. II, Pl. 26 f.; [6]Dioskurides, I, 151-153; [7]Plinius, XXIII, 106 f.; [8]Ducros, Droguier, S. 127; Boulos, Medicinal Plants, S. 149; Moursi, Heilpflanzen, S. 261.

Retama raetam (Forssk.) Webb & Berthel.
Weißer Besenginster

Familie: Leguminosae (Hülsenfrüchte)

Verbreitung:

Der Weiße Besenginster ist im mediterranen Küstenstreifen, den Wüstengebieten und auf dem Sinai recht häufig anzutreffen.

Beschreibung:

Der blattlose, bis 2 m hoch werdende Wüstenstrauch hat rutenähnliche, grüne Zweige an denen eine bis fünf Blüten zusammen in einem Blütenstand sitzen. Häufig sind die weißen Blütenblätter mit violetten Punkten versehen. Die leicht aufgeblähte etwa 2 cm lange und 1 cm breite Hülse ist an einem Ende hornartig und enthält nur einen bräunlichen Samen.

Inhaltsstoffe und pharmazeutische Wirkung:

In der Pflanze ist das herzwirksame Alkaloid Retamin vorhanden sowie Spartein,das Uteruskontraktionen hervorrufen kann. Die gesamte Pflanze ist deshalb giftig.

Die Samen enthalten fettes Öl, die Zweige gelbfärbende Flavonoid-Farbstoffe,die in der Textil-und Nahrungsmittelfärberei genutzt werden[1].

Retama raetam (nach Täckholm)

Funde:

Aus archäologischem Kontext sind keine Funde belegt.

Altägyptischer Name:

Der Name der Pflanze ist nicht bekannt.

Spätere medizinische Verwendung:

In der heutigen Volksmedizin Nordafrikas und Ägyptens dient ein Aufguss der Pflanzen vor allem als Spülmittel bei Augenerkrankungen. Des weiteren werden die Zweige zur Wundversorgung, als Abführ- und Brechmittel und in großen Dosen eingenommen als Abortivum eingesetzt[2].

Bemerkungen:

Es ist sehr wahrscheinlich, dass die altägyptischen Ärzte die Giftigkeit und pharmazeutische Wirkung des Weißen Besenginsters beobachtete haben und ihn auch in der Heilkunde einsetzten.

[1]Kotb Hussein, Medicinal Plants, S. 706; [2]Boulos, Medicinal Plants, S. 126.

Ricinus communis L.
Rizinusbaum (Wunderbaum)

Familie: Euphorbiaceae (Wolfsmilchgewächse)

Verbreitung:

Der Rizinusbaum wächst als Kulturpflanze und verwildert in Ägypten, vor allem in der Nähe von Wohnplätzen oder als Einfriedung von Feldern. Seine Heimat liegt möglicherweise im tropischen Afrika oder Indien[1].

Beschreibung:

In Ägypten erreicht der Strauch oder Baum meist eine Höhe von 3-5 m. Sein schnelles Wachstum war der Grund für den Namen Wunderbaum. Er trägt große, handförmig gelappte Blätter und in Rispen stehende Blüten. In diesen Rispen sitzen im oberen Teil die roten weiblichen, im unteren Bereich die gelben männlichen Blüten. Die stachligen Fruchtkapseln enthalten drei bohnengroße, marmorierte Samen.

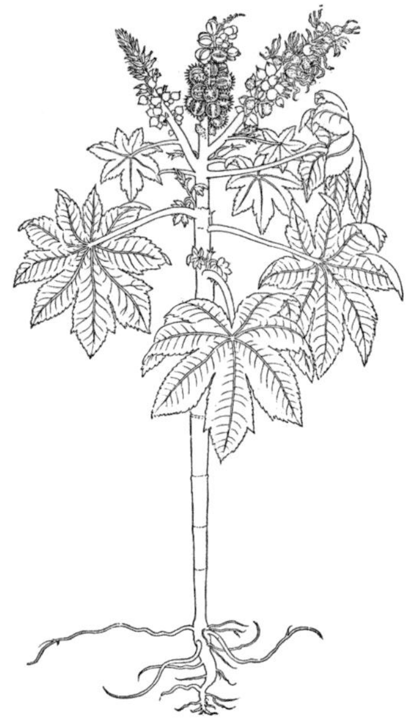

Ricinus communis (nach Fuchs)

Inhaltsstoffe und pharmazeutische Wirkung:

Die Samen können bis zu 50% fettes Öl enthalten, das stark abführende Wirkung hat. Weiterhin ist in den Samen noch das hoch giftige Alkaloid Ricin enthalten, es ist fettunlöslich und somit nicht im kalt gepressten Rizinusöl enthalten. Ricin hat herzstimulierende Wirkung[2], es inhibiert die Atmung, wirkt blutdrucksenkend, vermindert die Blutzufuhr zum Herzen und der Niere. Bereits drei verzehrte Samen können tödlich sein. Es kommt zu schweren gastroenterologischen Störungen mit blutigem Erbrechen, blutigen Durchfällen und Koliken. Der Tod tritt durch Atemlähmung und Herzversagen ein.

Holfelder[3] hat in seiner Diplomarbeit an der Universität Bayreuth die Inhaltsstoffe von Ricinus communis untersucht. Danach enthalten außer den Samen auch alle anderen Teile der Pflanze in geringen Mengen Ricin. Zudem konnte er in angeschnittenen Blättern Salicylsäure nachweisen. Salicylsäure wirkt entzündungshemmend.

Funde:

Rizinussamen sind seit vordynastischer Zeit als Grabbeigaben belegt[4]. Rizinusöl konnte als ein Bestandteil der bei der Balsamierung verwendeten Salbölgemische an einer ptolemäischen Mumie chemisch nachgewiesen werden[5].

Altägyptischer Name:

Die Pflanze hieß mit großer Wahrscheinlichkeit *dgm*, ebenso das aus den Samen gewonnene Öl, das vor allem als Lampen- und Kosmetiköl in den Texten erwähnt wird[6]. In der Medizin dienten die Samen eingenommen als drastisches Abführmittel, äußerlich als Mittel gegen diverse Erkrankungen, das Blatt äußerlich zum Wundverschluss, die Wurzel gegen einen kranken Kopf und das Öl zum Behandeln von Hauterkrankungen.

Spätere medizinische Verwendung:
Plinius[7] nennt das Öl eingenommen als Abführmittel, äußerlich zur Behandlung der Gelenke, von Verbrennungen und als Ohr- und Haarwuchsmittel. Frische Blätter helfen bei Brustbeschwerden und Augenentzündungen. Dioskurides[8] verordnet Rizinusöl innerlich zum Abführen und gegen Würmer, äußerlich zur Wundversorgung, bei Hauterkrankungen und als Ohrmittel. Aber auch die Samen und Blätter des Baumes finden Verwendung[9]. Seltsamerweise verordnet er 30 zerstoßene Samen, eine eigentlich letale Dosis. Er schreib: *„Werden 30 Stück Samen gereinigt, fein gestoßen und genossen, so führen sie Schleim, Galle und Wasser durch den Bauch ab, sie bewirken aber auch Erbrechen. Ein solches Purgieren ist aber unangenehm und beschwerlich, weil der Magen heftig erschüttert wird.“*

Äußerlich wirken nach Dioskurides zerstoßene Samen gegen Finnen und Sommersprossen, die Blätter helfen bei Ödemen und Entzündungen der Augen, geschwollenen Brüsten und bei Rose.

In der heutigen Volksmedizin Ägyptens findet das Öl innerlich als Abführmittel Verwendung, die Blätter äußerlich als entzündungshemmendes Mittel bei Geschwüren und Augenerkrankungen[10].

[1]Wolfgang Franke, Nutzpflanzenkunde, Stuttgart 1976, S. 164; [2]Ghazanfar, Handbook, S. 108; [3]Markus Holfelder, Identifizierung bioaktiver Inhaltsstoffe in Ricinus communis L., Diplomarbeit an der Universität Bayreuth, Organische Chemie; Holfelder et al., in: Phytochemistry, Vol. 47 No. 8, 1998, S. 146 f.; [4]Vartavan and Amorós, Codex, S. 224; [5]Alain Tchapla et al., in: Sydney H. Aufrère ed., Encyclopédie religieuse de l'Univers végétal, Vol. I, Montpellier 1999, S. 489 f.; [6]Charpentier, Receuil, S. 854, Nr. 1467; [7]Plinius, XXIII, 83; [8]Dioskurides, I, 38; [9]Dioskurides, IV, 161; [10]Moursi, Heilpflanzen, S. 267.

Salix mucronata Thunb. (= S. subserrata Willd. = S. safsaf Trautv.) Ägyptische Weide

Familie: Salicaceae (Weidengewächse)

Verbreitung:
Die Weide ist in ganz Ägypten sehr verbreitet, sie wächst an Kanalufern oder sogar im Wasser stehend, sowohl wild wie auch angepflanzt. Männliche Weidenbäume sind viel seltener als weibliche, der Baum fast ausschließlich vegetativ vermehrt[1].

Beschreibung:
Die Ägyptische Weide erreicht nur eine Höhe von etwa 10 m. Sie hat schmal-lanzettliche, bis 12 cm lange, am Rande gesägte Blätter und trägt in den Blattachseln aufrecht stehende, etwa 8 cm lange Kätzchen.

Inhaltsstoffe und pharmazeutische Wirkung:
In der Rinde, den Blättern und vor allem in den weiblichen Blüten findet sich das Glykosid Salicin. Dieses ist ein Derivat der Salicylsäure. Es wirkt fiebersenkend, entzündungshemmend, schmerzlindernd und antirheumatisch.

Funde:
Weidenholz ist seit vordynastischer Zeit belegt. Die Blätter von Salix mucronata sind dann von der 18. Dynastie an ein häufiger Bestandteil von Mumiengirlanden[2].

Altägyptischer Name:

Der Name der Ägypten Weide war *ṯrt*[3].

Spätere medizinische Verwendung:

Plinius[4] beschreibt die intensive Nutzung von Weidenteilen in der Medizin. Die Weidenart ist dabei nicht festgelegt. Er verordnet die Asche von Weidenrinde bei Verhärtungen, besonders aber den Weidensaft, der bei Anschnitt der Rinde oder Zweige ausfließt, zur Behandlung von Augen- und Ohrenerkrankungen, einen Auszug der Rinde und der Blätter bei Gicht. Die zermahlenen Blätter sollen antiaphrodisierend wirken.

Dioskurides[5] Angaben decken sich weitgehend mit denen von Plinius. Auch er nennt die Asche der Rinde bei Verhärtungen, den Saft bei Ohrenschmerzen und zur Behandlungen einer Augenerkrankung. Die Blätter in Wasser genommen verhindern die Empfängnis, Abkochung der Rinde und Blätter helfen bei Gicht.

Ebenso fanden Weiden-Produkte, die jungen Zweige, Blätter und das Holz, in der koptischen Medizin Verwendung[6].

Salix mucronata (nach Bekele-Tesemma)

Alpin[7] nennt eine in Ägypten zu Heilzwecken genutzte Weidenart, die von Forsskal als Salix aegyptiaca beschrieben wurde. Täckholm[8] vermutete darin eine andere Weidenart als Salix mucronata., aber nach Hepper und Friis[9] sind Salix aegyptiaca und Salix mucronata Synonyme. Aus den Blüten dieser Weide wurde damals ein Destillat oder eine Auskochung hergestellt, die zum Austrocknen von Fäulnis verwendet wurde, weiterhin gegen Gift und alle Arten von Fieber.

In der heutigen Volksmedizin[10] Ägyptens dient ein Aufguss der Rinde und der Blätter vor allem der Behandlung von Fiebern, Rheuma, Zuckerkrankheit und als krampflösendes Mittel.

Bemerkungen:

In der altägyptischen Medizin wurden die Teile der Weide mit hohem Salicinanteil wie Kätzchen, Blätter und Holz äußerlich zur Behandlung von Entzündungen, auch des Ohres, Wunden, Knochenbrüchen und Schwellungen verwendet, Indikationen, die der pharmazeutischen Eigenschaft der Pflanze entsprechen. Dennoch ist es erstaunlich, dass Weidenprodukte relativ selten in den medizinischen Papyri genannt sind.

[1]Boulos, Flora I, S. 13; [2]Vartavan and Amorós, Codex, S. 229-230; [3]Keimer, in: BIFAO 31, 1931, S. 177 f.; [4]Plinius, XXIV, 56; [5]Dioskurides, I, 135; [6]Till, Arzneikunde, S. 101; [7]Alpin, Plantes, 61; [8]Täckholm, in: Alpin, Plantes, S. 89; [9]Nigel Hepper and I. Friis, The Plants of Pehr Forsskal's "Flora Aegyptiaco-Arabica", The Royal Botanic Gardens, Kew, 1994, S. 225; [10]Moursi, Heilpflanzen, S. 271.

Salvadora persica L.
Senfbaum (Zahnbürstenbaum)

Familie: Salvadoraceae (Salvadoragewächse)

Verbreitung:

An sandigen Standorten der Küstenregionen, der Wadis, und Ränder der Oasen ist der Senfbaum in Ägypten anzutreffen.

Beschreibung:

Meist wächst der reich verzweigte Senfbaum in mannshohen Dickichten. Der Busch trägt an weißlichen Zweigen gegenständige, kurzgestielte, bis 8 cm lange, spitz-ovale Blätter. Die weißlich-grünen winzigen Blüten sitzen in endständigen Rispen. Sie bilden bei Reife rot werdende, fleischige, kugelige, bis 6 mm große Beerenfrüchte. Sowohl Blätter wie Früchte sind von scharfem Geschmack.

Salvadora persica (nach Crowfoot)

Inhaltsstoffe und pharmazeutische Wirkung:

In der Pflanze sind ätherische Öle, das Alkaloid Salvadorin, Trimethylamine sowie einige Gerbstoffe und Saponine nachgewiesen[1].

Funde:
Seit vorgeschichtlicher Zeit ist Salvadora persica belegt[2].

Altägyptischer Name:
Der Name der Pflanze ist nicht bekannt.

Spätere medizinische Verwendung:
In der heutigen ägyptischen Volksmedizin dienen die Zweige des Senfbaumes vor allem der Zahnpflege, die Rinde und Blätter zum Versorgen von Wunden, Geschwüren, Tierbissen und Skorpionsstichen. Die Früchte werden zur Regulierung der Menstruation gegessen, und sie wirken auch als leichtes Abführmittel. Ein mit dem Holz aufgekochtes Öl ist ein Einreibemittel bei Verrenkungen[3].

[1]Ghazanfar, Handbook, S. 190; [2]Vartavan and Amorós, Codex, S. 231; [3]Moursi, Heilpflanzen, S. 273; Boulos, Medicinal Plants, S. 158.

Senna alexandrina Mill. (= Cassia senna L.), Senna italica Mill. (= Cassia italica (Mill.) F. W. Andrews) Alexandrinische Senna (Arabische Senna), Italienische Senna

Familie: Leguminosae (Hülsenfrüchte)

Senna alexandrina (nach Crowfoot)

Senna italica (nach Crowfoot)

Verbreitung:
Beide Senna-Arten sind an trockenen Standorten wie dem Rand des Niltales, in Wadis und der östlichen Wüste heimisch, wobei die Senna italica dazu noch in den Oasen vorkommt und insgesamt häufiger anzutreffen ist.

Beschreibung:
Beide Pflanzenarten unterschieden sich wenig. Senna italica erreicht die Höhe von etwa 80 cm, die Büsche von Senna alexandrina werden etwas größer. Die Blüten sind gelb. Die

paarigen Fiederblätter von Senna alexandrina sind am Ende spitz und die abgeflachten, bis 5 cm langen Hülsen gerade, die von Senna italica abgerundet und die Hülsen leicht gebogen.

Inhaltsstoffe und pharmazeutische Wirkung:

In den Blättern und Hülsen sind mehrere Glykoside enthalten, vor allem Sennosid A und Sennosid B, die eine stark abführende Wirkung auf den menschlichen Organismus haben.

Funde:

Holzkohle aus palaeolithischer Zeit wurde in Nabta Plata als Senna alexandrina identifiziert und Pollen an einer ptolemäischen Mumie[1].

Altägyptischer Name:

Die Namen der Pflanzen sind nicht bekannt.

Spätere medizinische Verwendung:

Weder Plinius noch Dioskurides erwähnen die Senna, die von ihnen als Cassia bezeichnete Rinde stammt von einer anderen Pflanze.

In der ägyptischen Volksmedizin ist die Nutzung der Blätter und Hülsen beider Arten in Form eines Aufgusses als Abführmittel weit verbreitet[2].

Bemerkungen:

Sennablätter und -hülsen werden sicherlich schon vom altägyptischen Arzt als Abführmittel verordnet worden sein.

[1]Vartavan and Amorós, Codex, S. 66; [2]Boulos, Medicinal Plants, S. 119; Moursi, Heilpflanzen, S. 93.

Senecio vulgaris L.
Gemeines Kreuzkraut

Familie: Compositae (Korbblütler)

Senecio vulgaris (nach Weymar)

Verbreitung:

Im gesamten Nilgebiet und den Oasen ist das Gemeine Kreuzkraut ein weit verbreitetes Unkraut.

Beschreibung:

Das reich verzweigte,bis etwa 30 cm hoch werdende Kreuzkraut trägt im Umriss lanzettliche, gebuchtete, bis fiederteilige Blätter an einem rötlichen Stängel. Der Blattrand ist meist gezähnt. Die walzenförmigen, goldgelben Köpfchen sind von einem einreihigen Hüllkelch aus linealen, an der Spitze fast schwarzen Blättern umgeben und stehen in rispigen Blütenständen

Inhaltsstoffe und pharmazeutische Wirkung:

Die ganze Pflanze enthält zahlreiche Alkaloide, die unter anderem die Menstruation beeinflussen.

Funde:

Aus archäologischem Kontext sind keine Funde belegt.

Altägyptischer Name:
Der Name der Pflanze ist nicht bekannt.

Spätere medizinische Verwendung:
Dioskurides[1] verordnet einen Aufguss der ganzen Pflanze bei Magenbeschwerden, Plinius[2] den Stängel gegen Zahnschmerzen und den Aufguss zur Behandlung tränender Augen sowie entzündeter Wunden, wobei aber nicht sicher ist, dass es sich bei diesem Senecio um die Art vulgaris handelt.

In der nordafrikanischen und ägyptischen Medizin[3] findet das Gemeine Kreuzkraut vor allem in der Frauenheilkunde zur Regulierung der Menstruation Verwendung. und als blutstillendes Mittel.

[1]Dioskurides, IV, 95; [2]Plinius, XXV, 167; [3]Boulos, Medicinal Plants, S. 68; Kotb Hussein, Medicinal Plants, S. 750.

Sesbania sesban (L.) Merrill
Sesbanie

Familie: Leguminosae (Hülsenfrüchte)

Sesbania sesban (nach Alpin)

Verbreitung:
Der Strauch gehört zur heimischen Flora Ägyptens und wächst vor allen an Kanalufern, am Nil sowie an den Feldrändern.

Beschreibung:
Der dicht wachsende, bis 5 m hohe Busch trägt etwa 10 cm lange, zahlreich gefiederte Blätter und Blütenstände mit sechs bis zwölf Blüten. Diese sind gelb und haben einen violetten Fleck. Die schmalen, etwa 20 cm langen Hülsen enthalten bis zu 40 Samen.

Inhaltsstoffe und pharmazeutische Wirkung:
In der Sesbanie wurde ein Saponin mit schleimlösender Wirkung nachgewiesen[1].

Funde:
Aus archäologischem Kontext sind Funde seit vorgeschichtlicher Zeit belegt[2], die Blüten werden vom Neuen Reich an Bestandteil der Mumiengirlanden[3].

Altägyptischer Name:
Mit welchem Namen dieser Busch in pharaonischer Zeit bezeichnet wurde, ist nicht bekannt, Aufrère[4] hält das Wort *ḫt-ds* für möglich.

Spätere medizinische Verwendung:
Weder Plinius noch Dioskurides erwähnen die Sesbania.

Erst durch Alpin[5] hören wir von der Verwendung der Samen in der ägyptischen Volksmedizin zur Behandlung von Magenproblemen und allgemein zum Anhalten aller Ausscheidungen.

Dragendorff[6] beschreibt die Nutzung der Samen gegen Katarrh und Blutfluss, Moursi[7] die der Blätter und Samen bei Erkrankungen der oberen Luftwege und Asthma, sowie bei Vergiftungen.

[1]Ghazanfar, Handbook, S. 116; [2]Vartavan and Amorós, Codex, S. 238; [3]Germer, Flora, S. 75; [4]Aufrère, in: BIFAO 86, 1986, S. 11; ibid 87, 1987, S. 30; [5]Alpin, Plantes, 81; [6]Georg Dragendorff, Die Heilpflanzen, Stuttgart 1898, S. 321; [7]Moursi, Heilpflanzen, S. 278.

Silybum marianum (L.) Gaertn.
Mariendistel

Familie: Compositae (Korbblütler)

Verbreitung:
In ganz Ägypten ist Silybum marianum an Kanalufern sehr verbreitet.

Beschreibung:
Die bis 1,5 m hoch werdende Mariendistel trägt buchtig-fiederspaltige, stengelumfassende, weiß gefleckte Blätter mit gelblichen Stacheln am Blattrand. Ihre hellroten, kugeligen Köpfchen stehen endständig und einzeln. Die Spitzen der äußeren Blätter des Hüllkelches laufen in einen Dorn aus, an deren Ränder sitzen dornige Anhängsel. Die schwarz glänzenden, hartschaligen Früchten haben einen seidiger Pappus.

Inhaltsstoffe und pharmazeutische Wirkung:
In den Samen sind Bitterstoffe, ätherische Öle, Harze und der Wirkstoffkomplex Silymarin enthalten, der regenerierend auf die Leber wirkt.

Silybum marianum (nach Täckholm)

Funde:

Aus archäologischem Kontext sind keine Funde belegt.

Altägyptischer Name:

Der Name der Pflanze ist nicht bekannt.

Spätere medizinische Verwendung:

Dioskurides[1] erwähnt, dass die Wurzel der Mariendistel Erbrechen hervorruft, Plinius[2] spricht der Pflanze jeglichen medizinischen Wert ab.

In der heutigen ägyptischen Volksmedizin wird sowohl ein Aufguss des Krautes als auch der Samen bei Lebererkrankungen, Gallensteinen und als fiebersenkendes Mittel getrunken[3].

[1]Dioskurides, IV, 156; [2]Plinius, XXII, 85; [3]Moursi, Heilpflanzen, S. 281; Boulos, Medicinal Plants, S. 68.

Sinapis alba L.
Weißer Senf

Familie: Cruciferae (Kreuzblütler)

Verbreitung:

Der Weiße Senf wächst in Ägypten im Niltal und mediterranen Küstenstreifen als Unkraut in den Feldern. Ob er tatsächlich zur ursprünglichen Flora gehört, oder aus dem Anbau verwildert ist, lässt sich zur Zeit noch nicht entscheiden.

Sinapis alba (nach Fuchs)

Beschreibung:

Das einjährige, bis 80 cm hoch werdende, verzweigte Kraut trägt wechselständige, leierförmig tief-gelappte Blätter und gelbe Blüten in dichten, endständigen Trauben. Die Frucht ist eine weiß behaarte, bis 4 cm lange Schote mit flachem Schnabel, die vier bis acht braungelbe, kugelige Samen enthält.

Inhaltsstoffe und pharmazeutische Wirkung:

Der wichtigste Bestandteil der Senfsamen ist das Glukosid Sinigrin, das unter fermentativer Spaltung mit Myrosin das Senföl abspaltet. Äußerlich führt Senföl zu einer starken Reizung der Haut, innerlich der Magenschleimwand.

Funde:

Bisher sind keine Funde des Weißen Senfes aus archäologischem Kontext bekannt[1].

Altägyptischer Name:

Aufrère[2] möchte den Pflanzennamen *snp* als Weißen Senf deuten. Diese Pflanze wird allerdings nicht in den medizinischen Texten erwähnt.

Spätere medizinische Verwendung:

In der antiken Medizin sind Senfsamen ein vielseitig, innerlich wie äußerlich eingesetztes Heilmittel[3], das Gleiche gilt für die koptische Heilkunde, wo sie innerlich bei „Magenwinden“ und „alle inneren Krankheiten“ verordnet werden, äußerlich gegen Erkrankungen der Kopfhaut und Schläfenschmerzen[4].

Heute spielen Senfsamen in der ägyptischen Volksmedizin keine große Rolle, ihr Pulver wird bei chronischer Verstopfung eingenommen[5].

Bemerkungen:

Nichts deutet darauf hin, dass die Kultur des Weißen Senfes und seine Nutzung in der Medizin in Ägypten bereits vor der griechisch-römischen Zeit bekannt war.

[1]Vartavan and Amorós, Codex, S. 239; Germer, Flora, S. 52; [2]Aufrère, in: BIFAO 87, S. 31 f.; [3]Dioskurides, II, 183; [4]Till, Arzneikunde, S. 95; [5]Boulos, Medicinal Plants, S. 73.

Solanum incanum L.
Bitterapfel

Familie: Solanaceae (Nachtschattengewächse)

Verbreitung:

Im Nildelta und -tal wächst auf feuchten Böden der Bitterapfel.

Beschreibung:

Der aufrecht wachsende, reich verzweigte, dornige Strauch wird 1-2 m hoch. Er trägt gräuliche, spitzovale, am Rande gewellte Blätter. Aus den purpur-violetten Blüten, die in einem stachligen Kelch sitzen, entwickeln sich gelbe, im Durchmesser etwa 2,5 cm große, kugelige Beeren.

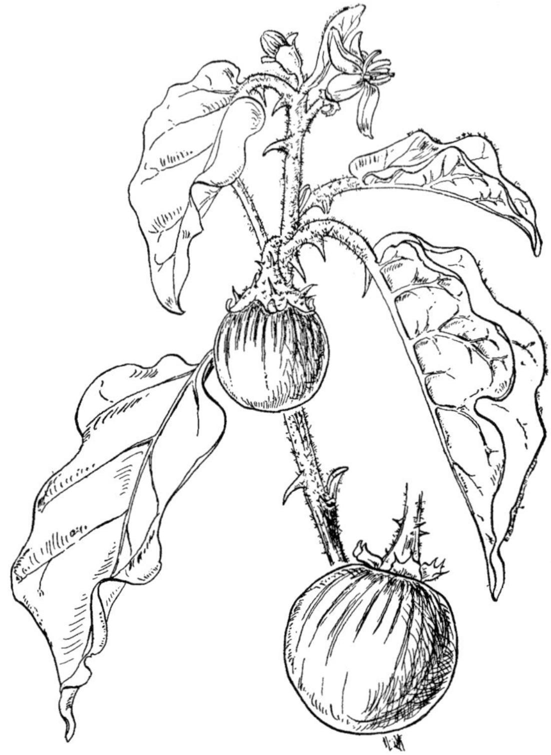

Solanum incanum (nach Crowfoot)

Inhaltsstoffe und pharmazeutische Wirkung:
Die Früchte enthalten in geringen Mengen Alkaloide, Saponine und Nitrate.

Funde:
In den Ruinen des koptischen Klosters Phoebammon des 5.-6. Jahrhunderts fanden sich Früchte des Bitterapfels[1].

Altägyptischer Name:
Der Name der Pflanze ist unbekannt.

Spätere medizinische Verwendung:
Eine aus den Früchten hergestellte Paste wird heute in der ägyptischen Volksmedizin bei Vitiligo auf die weißen Hautflecken aufgestrichen. Die Früchte dienen aber auch als Nahrungsmittel und kommen als Gerinnungsmittel für Milch zur Anwendung[2].

Bemerkungen:
Vermutlich wurden im pharaonischen Ägypten die Früchte des Bitterapfels gegessen, aber nicht als Grabbeigaben benutzt. Auch ihre Verwendung in der Heilkunde und als Koagulationsmittel für Milch ist wahrscheinlich.

[1]Vartavan and Amorós, Codex, S. 240; [2]Moursi, Heilpflanzen, S. 284.

Solanum nigrum L.
Schwarzer Nachtschatten

Familie: Solanaceae (Nachtschattengewächse)

Verbreitung:

Der Schwarze Nachtschatten ist ein stark verbreitetes Unkraut in ganz Ägypten. Er wächst auf feuchten Böden, bevorzugt an den Kanälen.

Beschreibung:

Die unangenehm riechende Pflanze wird um die 70 cm hoch, trägt spitzovale, an den Rändern oft gezähnte Blätter. Kleine, weiße Blüten stehen in leichten Rispen. Die Frucht ist eine etwa erbsengroße, schwarze Beere.

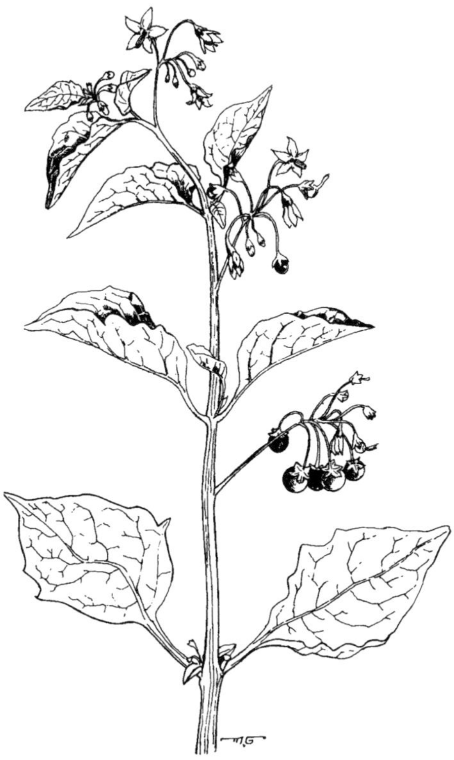

Solanum nigrum (nach Täckholm)

Inhaltsstoffe und pharmazeutische Wirkung:

Im Kraut und in den Früchten sind zahlreiche giftige Alkaloide enthalten, die leicht sedativ und krampflösend wirken.

Funde:

Seit vorgeschichtlicher Zeit ist der Schwarze Nachtschatten durch Funde belegt[1].

Altägyptischer Name:
Der Name der Pflanze ist nicht bekannt.

Spätere medizinische Verwendung:
In der koptischen Heilkunde wird ein Aufguss der Pflanze äußerlich bei Hauterkrankungen verordnet[2] und ein Brei der Blätter dient noch heute der Wundbehandlung, besonders bei Brandwunden[3]. Ein Aufguss findet als Augenlotion und Ohrentropfen Verwendung, ein Tee der Blätter als leichtes Schlafmittel, und die Beeren wirken leicht narkotisch[4]. Den Samen wird eine aphrodisierende Wirkung zugeschrieben[5].

Bemerkungen:
Diese Pflanze mit ihrer deutlichen pharmazeutischen Wirkung wurde sicherlich bereits in pharaonischer Zeit medizinisch genutzt.

[1]Vartavan and Amorós, Codex, S. 241; [2]Till, Arzneikunde, S. 78; [3]Moursi, Heilpflanzen, S. 285, [4]Ducrois, Drogier, S. 93; [5]Boulos, Medicinal Plants, S. 168.

Solenostemma arghel (Delile) Hayne
Argelstrauch

Familie: Asclepiadaceae (Seidenpflanzengewächse)

Verbreitung:
Der Argelstrauch wächst auf steinigen und sandigen Böden der östlichen Wüste und auf dem Sinai.

Beschreibung:
Von der Basis an ist dieser ausdauernde, bis 1 m hohe Busch reich verzweigt. Seine schmal elliptischen, blau-grünlichen Blätter sind samtig behaart, und in ihren Achseln stehen die kleinen, weißen Blüten in reichen Dolden. Die Frucht ist oval mit einer Spitze am Ende, sehr hart, dunkel purpurfarben und enthält zahlreiche mit einem kleinen Haartuff versehene Samen.

Solenostemma arghel (nach Crowfoot)

Inhaltsstoffe und pharmazeutische Wirkung:
In der Pflanze sind Gerbstoffe, ätherische Öle und Harze enthalten, ein Aufguss hat eine leicht abführende und krampflösende Wirkung.

Funde:
Aus archäologischem Kontext sind keine Funde belegt.

Altägyptischer Name:
Der Name der Pflanze ist nicht bekannt

Spätere medizinische Verwendung:
Von den Beduinen wird ein Aufguss des Argelkrautes zum einen als gutes Heilmittel bei Husten benutzt, daneben aber auch als verdauungsfördernder, krampflösender Tee bei Beschwerden im Magen- Darmtrakt[1].

[1]Boulos, Medicinal Plants, S. 32; Moursi, Heilpflanzen, S. 287.

Sonchus oleraceus L.
Kohl-Gänsedistel

Familie: Compositae (Korbblütler)

Verbreitung:
Fast überall in Ägypten ist die Kohl-Gänsedistel anzutreffen, als Unkraut auf Feldern, Ruderalpflanze,entlang von Wegen und in den Wüstenwadis,nur in der Wüste selbst fehlt sie.

Beschreibung:
Die Pflanze ist anpassungsfähig und in ihrem Aussehen sehr unterschiedlich. Die Höhe kann 10-80 cm betragen, mit einzeln stehenden oder verzweigten Stängeln. Besonders die Form der großen, bis 20 cm langen und 10 cm breiten Blätter ist variabel, von ungeteilt bis fiederspaltig mit gezähntem Rand. Die Blütenköpfchen mit gelber Blütenkrone in einem kegelförmigen Hüllkelch sitzen doldentraubig zusammen. Die braungelblichen Früchte sind beidseitig 2- bis 4-rippig und mit einem ausdauernden, bis 8 mm langen Pappus versehen.

Sonchus oleraceus (nach Weymar)

Inhaltsstoffe und pharmazeutische Wirkung:
In dem Kraut der Pflanze sind Bitterstoffe und Harze enthalten.

Funde:
Aus vorgeschichtlicher Zeit liegt der Fund von Sonchus-Blütenköpfchen vor, deren Art jedoch nicht bestimmt werden konnte[1].

Altägyptischer Name:
Der Name der Pflanze ist nicht bekannt.

Spätere medizinische Verwendung:
In Ägypten werden heute die Blätter der Kohl-Diestel roh als Salat gegessen und ihnen eine leicht abführende, harntreibende und auch milchbildende Wirkung zugeschrieben[2].

[1]Vartavan and Amorós, Codex, S. 241; [2]Moursi, Heilpflanzen, S. 288.

Styrax officinalis L.
Storaxbaum (Styraxbaum)

Familie: Styracaceae (Styraxgewächse)

Verbreitung:
Das Vorkommen des Storaxbaumes erstreckt sich von Griechenland über Kleinasien bis in den syrischen Raum.

Beschreibung:
Der 4-7 m hohe Strauch oder kleine Baum trägt eiförmige, an der Unterseite behaarte Blätter und weiße, fünfzählige, duftende Blüten in wenigblütigen Trauben.

Es ist nicht geklärt, ob das von den antiken Autoren genante Harz στύρακος das Harz dieses Baumes bezeichnet. Die Beschreibung des Baumes bei Dioskurides[1] passt zwar sehr gut zu Styrax officinalis, doch liefert dieser Baum heute kein Harz. Es besteht durchaus die Möglichkeit, dass das griechische Storax/Styrax das Harz von Liquidambar orientalis bezeichnet hat.

Styrax officinalis (nach Taylor)

Inhaltsstoffe und pharmazeutische Wirkung:
Über eine mögliche chemische Zusammensetzung des Harzes liegen keine Untersuchungen vor.

Funde:
Die chemischen Nachweise von Styraxharz an Mumienmaterial durch Reuter von 1914 sind heute nicht mehr haltbar[3].

Altägyptischer Name:
Der Name des Baumes oder seines Harzproduktes sind nicht bekannt[3].

Spätere medizinische Verwendung:
Da nicht geklärt ist, ob das Storax tatsächlich von diesem Baum stammte, sind keine gesicherten Aussage zur medizinischen Nutzung von Styrax officinalis in der Antike möglich.

στύρακος wurde innerlich zur Behandlung von Atemwegserkrankungen und Menstruationsbeschwerden, äußerlich als Bestandteil von Salben und als Räuchermittel verwendet.

[1]Dioskurides, I, 79; [2]Serpico, in: Nicholson and Shaw, Materials, S. 437; [3]Germer, Flora, S. 147.

Tamarix sp.
Tamariske

Familie: Tamaricaceae (Tamariskengewächse)

Verbreitung:

In Ägypten kommen mehrere Tamarisken-Arten vor, von denen Tamarix nilotica (Ehrenb.) Bunge und Tamarix aphylla (L.) H. Karst. die am häufigsten vertretenen sind. Die Systematik der Tamarisken ist noch nicht endgültig gesichert. Baum[1] gibt für Ägypten noch die Arten Tamarix arabica Bge., Tamarix arborea (Sieb. ex Ehrenb.) Bge., Tamarix mannifera (Ehrenb.) Bge., Tamarix tetragyna Ehrenb., Tamarix amplexicaulis Ehrenb., Tamarix macrocarpa (Ehrenb.) Bge. und Tamarix passerinoides Del. ex Desv. an, Täckholm[2] und Boulos[3] sehen hingegen in einigen dieser Arten Synonyme. Tamarisken wachsen überall in Ägypten, sowohl am Nilufer als auch in den Wadis und am Wüstenrand.

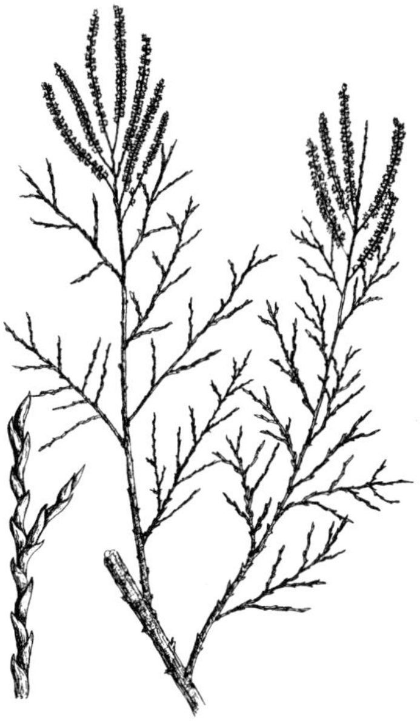

Tamarix nilotica (nach Migahid)

Tamarix aphylla (nach Crowfoot)

Beschreibung:

Tamarisken sind meist kleine Sträucher oder Büsche, nur Tamarix aphylla erreicht als Baum eine Höhe bis zu 10 m. Sie haben dünne, biegsame Zweige, an denen winzige, oft schuppenförmige Blätter sitzen. Die weißen oder rosafarbenen Blüten stehen in ährenförmigen Rispen, an denen sich bei Reife dann die Samenkapseln entwickeln.

Auf den Arten Tamarix mannifera, Tamarix aphylla und Tamarix macrocarpa lebende Insekten sondern ein Manna ab, das eingesammelt und gegessen wird. Mehrere Tamariskenarten entwickeln bei Anstich von Gallwespen rotbraune, nussgroße Gallen.

Inhaltsstoffe und pharmazeutische Wirkung:

Die Rinde aller Tamariskenarten und besonders die Gallen sind reich an Gerbstoffen, die entzündungshemmend wirken. Die Zweige enthalten Gummi und Harze.

Funde:

Tamarisken sind seit vorgeschichtlicher Zeit durch zahlreiche Funde belegt[4].

Altägyptischer Name:

Die Bezeichnung für die Tamariske war *isr*, die Gallen wurden entweder als *prt isr* = Frucht der Tamariske bezeichnet oder mit einem eignen, bisher noch nicht identifizierten Namen, wie auch heute in Ägypten die Tamariske *etel* heißt, die Gallen jedoch *takaout,* ohne Bezug auf den Namen des Baumes. *isr* wird in den medizinischen Texten nur vier mal genannt.

Spätere medizinische Verwendung:

Plinius[5] erwähnt die medizinische Verwendung von Tamariskenzweigen, in Wein und Honig gekocht heilen sie Geschwüre. Innerlich hilft der Saft vor allem bei Problemen der Milz.

Dioskurides[6] führt die ägyptische Tamariske auf, deren Gallen er als ihre Früchte ansieht. Diese, wie die Rinde, sind hilfreich als Augen- und Mundspülmittel, innerlich gegen Blutspeien und Magenprobleme, Gelbsucht und Schlangenbisse, eine Wurzelabkochung lindert Milzbeschwerden.

In der heutigen ägyptischen Volksmedizin haben die Produkte der Tamariske ihren festen Platz mit den gleichen Anwendungsbereichen die schon Alpin[7] aufführt: Die Verwendung der Blätter bei Verstopfungen und Milzbeschwerden sowie einen Auszug der Rinde innerlich oder als Vaginaleinguss bei Menstruations- und Uterusbeschwerden. Statt der Rinde können auch die Gallen genommen werden, diese außerdem noch zur Behandlung von Entzündungen der Augen und des Mundes[8].

Bemerkungen:

Nach der vielfachen Nutzung der Tamarisken in der heutigen Volksmedizin kann man davon ausgehen, dass diese in der altägyptischen Heilkunde eine größere Rolle gespielt haben, als es die vier Nennungen von *isr* vermuten lassen.

[1]Baum, Arbres et arbustes, S. 200 f.; [2]Täckholm, Students' Flora, S. 366 ff.; [3]Boulos, Flora II, S. 126 f.; [4]Vartavan and Amorós, Codex, S. 245 f.; [5]Plinius, XXIV, 67; [6]Dioskurides, I, 116; [7]Alpin, Plantes, 32 f.; [8]Ducros, Droguier, S. 32; Boulos, Medicinal Plants, S. 172; Moursi, Heilpflanzen, S. 293.

Teucrium polium L.
Grauer Gamander

Familie: Labiatae (Lippenblütler)

Verbreitung:

Auf trockenen Standorten im mediterranen Küstenstreifen, den Wüsten und auf dem Sinai wächst der Graue Gamander.

Beschreibung:
Der kleine, 10-40 cm hohe, ausdauernde, weiß filzig behaarte Strauch ist nur im unteren Bereich verholzt, die oberen Teile der Äste sind weich. Er trägt länglich-ovale, am Rande gezähnte, bis 3 cm lange Blätter und weiße Blüten in endständigen, köpfchenartigen Blütenständen.

Teucrium polium (nach Täckholm)

Inhaltsstoffe und pharmazeutische Wirkung:
Die Pflanze enthält zahlreiche ätherische Öle[1].

Funde:
Aus archäologischem Kontext sind keine Funde belegt.

Altägyptischer Name:
Der Name der Pflanze ist nicht bekannt.

Spätere medizinische Verwendung:
Dioskurides[2] nennt die Verwendung eines Aufgusses des Krautes zur Wundbehandlung, vor allem von giftigen Tierbissen, und als Mittel gegen Gelb- und Wassersucht, außerdem soll er auch leicht abführend und menstruationsanregend wirken.

In der heutigen ägyptischen Volksmedizin wird der Tee bei Magen- Darmproblemen und weiblicher Sterilität getrunken, in der arabischen Medizin diente er früher vor allem der Behandlung von Malaria und anderen Fiebern, die Blätter wurden bei Rheumatismus geraucht[1].

[1]Ghazanfar, Handbook, S. 126; [2]Dioskurides, III, 114.

Thymelaea hirsuta (L.) Endl.
Behaarte Spatzenzunge

Familie: Thymelaeaceae Seidelbastgewächse

Verbreitung:
An sandigen und steinigen Standorten des mediterranen Küstenstreifens, der Wüsten und des Sinai ist die Behaarte Spatzenzunge anzutreffen.

Beschreibung:
Der immergrüne, bis 1,5 m hoch werdende Strauch ist reich verzweigt. Die rutenähnlichen jungen, weiß behaarten Zweige tragen ovale, dicht ziegelartig angeordnete, 2 mm lange Blätter mit einer kahlen grünen Ober- und weiß wollig behaarten Unterseite. Gelbe, glockenblumenartige, im Durchmesser 3-4 mm große, getrennt geschlechtliche Blüten stehen axilar zu zweit bis fünft in Büscheln zusammen an den jungen Zweigen.

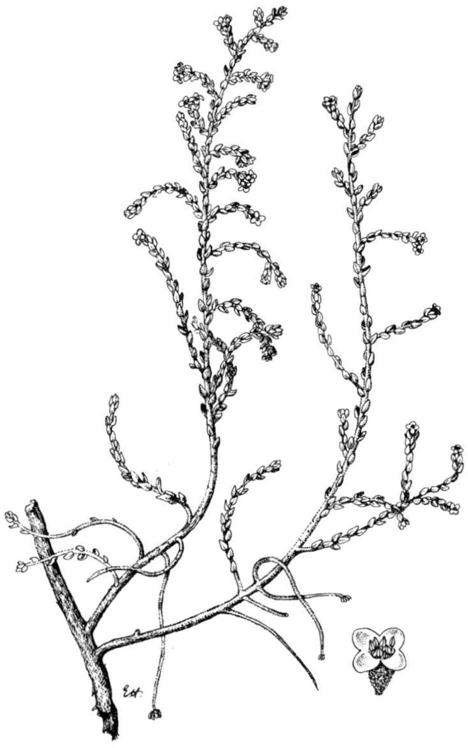

Thymelaea hirsuta (nach Zohary)

Inhaltsstoffe und pharmazeutische Wirkung:
Von dieser Pflanze sind keine speziellen pharmazeutischen Wirkungen nachgewiesen.

Funde:
Aus archäologischem Kontext sind keine Funde belegt.

Altägyptischer Name:
Der Name der Pflanze ist nicht bekannt.

Spätere medizinische Verwendung:
In der nordafrikanischen und ägyptischen Volksmedizin gelten die Blätter der Behaarten Spatzungen als wirksames Wurmmittel, sie regen die Wasserausscheidung an und helfen als schleimlösendes Mittel bei Atemwegserkrankungen[1].

[1]Boulos, Medicinal Plants, S. 172.

Trachyspermum ammi (L.) Sprague
Ajowankümmel

Familie: Umbelliferae (Doldengewächse)

Verbreitung:
Der Ajowankümmel ist heute nur in Kultur bekannt, er wird vor allem in Indien und dem Iran angebaut und findet sowohl als Heilpflanze als auch Gewürz Verwendung. Über seine Heimat wird spekuliert und sowohl Indien als auch das tropische Afrika vermutet.

Beschreibung:
Die bis knapp 1 m hoch werdende Pflanze ist reich verzweigt und trägt endständige sowie in den Blattachseln stehende, weiße Blütendolden. Ihre Blätter sind fiederschnittig, die etwa 2 mm großen Früchte seitlich leicht eingedrückt und warzig an der Oberfläche.

Inhaltsstoffe und pharmazeutische Wirkung:
Die Früchte sind reich an ätherischen Ölen, vor allem Thymol. Sie wirken verdauungsfördernd und auch leicht diuretisch.

Funde:
In Amarna fand man in der Arbeitersiedlunge in kleines Leinensäckchen, das Früchte des Ajowankümmels enthielt[1]. Undatierte Früchte sind in der Sammlungen Florenz und Berlin[2]. In Berenike, dem römischen Hafen am Roten Meer, wurden jetzt ebenfalls Früchte von Trachyspermum ammi entdeckt[3].

Trachyspermum ammi (nach Zohary)

Altägyptischer Name:
Der Name der Pflanze ist nicht bekannt.

Spätere medizinische Verwendung:
Plinius[4] nennt unter den Kümmelarten auch einen afrikanischen und einen äthiopischen, wobei nach ihm der letztere von den Griechen als „ami" bezeichnete wird. Auch Dioskurides[5] führt einen „Ammi" an. Er schreibt dazu, dass Ammi bei den Römern Ammi alexandrinum genannt wird und auch den Namen äthiopisches Kyminon trägt, andere würden jedoch behaupten, das äthiopische Kyminon sei eine ganz andere Art als Ammi. Diese Angaben sind verwirrend, und es läßt sich nicht entscheiden, ob mit Ammi der Ajowankümmel oder die Knorpelmöhre (Ammi visnaga) gemeint ist.

Medizinisch wird Ammi vielseitig eingesetzt, zur Behandlung von Nieren- und Blasenerkrankungen, Magenbeschwerden und Bissen giftiger Tiere.

In der heutigen Volksmedizin Ägyptens wird ein Aufguss der Früchte von Trachyspermum ammi vor allem bei Harnwegsproblemen als Diuretikum genutzt und manchmal auch gegen Würmer eingesetzt[6].

Bemerkungen:

Aufgrund der bereits aus der 18. Dynastie vorliegenden Funde ist es wahrscheinlich, dass der Ajowankümmel auch schon in der altägyptischen Medizin Verwendung fand.

[1]Samuel, in: Amarna Report VI, S. 372 f.; [2]Vartavan and Amorós, Codex, S. 256; [3]Cappers, in: Marijke van der Veen ed., The Exploitation of Plant Resources in Ancient Africa, New York, Boston, Dordrecht, London, Moscow 1999, S. 189; [4]Plinius, XX, 159 f.; [5]Dioskurides, III, 63; [6]Moursi, Heilpflanzen, S. 90.

Tribulus terrestris L.
Erdburzeldorn

Familie: Zygophyllaceae(Jochblattgewächse)

Verbreitung:

In Ägypten ist der Erdburzeldorn in den Wüstengebieten als Ruderalpflanze und Unkraut in Feldern überall anzutreffen.

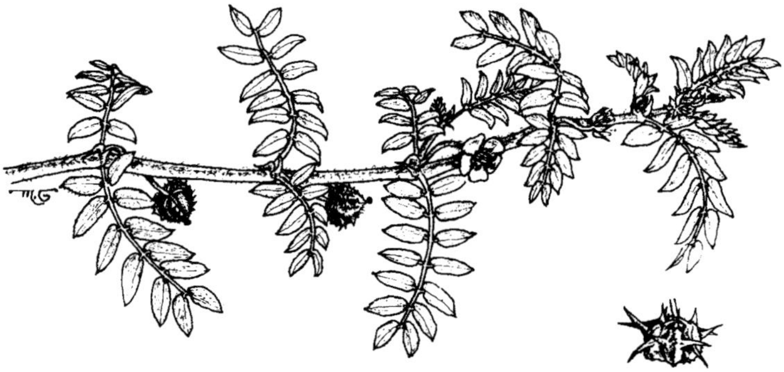

Tribulus terrestris (nach Täckholm)

Beschreibung:

Die niederliegend wachsende, behaarte Pflanze hat bis zu 60 cm lange Stängel mit in fünf bis acht Blättchenpaaren gefiederten Blättern. Gelbe Blüten stehen einzeln in den Blattachseln. Jeder Teil der 5-teiligen, sternförmigen Frucht ist mit zwei langen und zwei kurzen, starren Dornen versehen.

Inhaltsstoffe und pharmazeutische Wirkung:

Über eine pharmazeutische Wirkung dieser Pflanze liegen bisher keine Untersuchungen vor.

Funde:

Tribulus terrestris ist durch einen Fund der frühdynastischen Zeit belegt[1].

Altägyptischer Name:
Der Name der Pflanze ist nicht bekannt.

Spätere medizinische Verwendung:
Die Früchte des Erdburzeldorns werden heute in der ägyptischen und arabischen Volksmedizin vor allem zur Behandlung von Erkrankungen des Nieren-Blasensystems, bei Koliken und starkem Durchfall verwendet[2].

[1]Vartavan and Amorós, Codex, S. 257; [2]Boulos, Medicinal Plants, S. 195; Ducros, Droguier, S. 46; Ghazanfar, Handbook, S. 218.

Trigonella foenum graecum L.
Bockshornklee

Familie: Leguminosae (Hülsenfrüchte)

Verbreitung:
Im östlichen Mittelmeerraum und dem Nahen Osten wachsen einige, dem Bockshornklee sehr ähnliche, wilde Trigonella-Arten, unklar ist aber noch, aus welcher die Kulturpflanze gezüchtet wurde. Auf jeden Fall begann der Anbau in dieser Region. Heute ist die Kultur des Bockshornklees darüber hinaus vor allem in Südwest-Asien verbreitet[1], wo die aromatischen Samen Bestandteil vieler Currys und Suppen sind.

Beschreibung:
Der stark riechende Bockshornklee wird meist bis 50 cm hoch, die Stängel sind nur im oberen Bereich verästelt. Sie tragen 3-zählige Blätter, in deren Achseln ein bis zwei gelblich-weiße Blüten sitzen. Die bis 10 cm langen, zylindrischen Hülsen sind schwach sichelförmig und am oberen Ende zu einem langen Schnabel ausgezogen.

Trigonella foenum graecum (nach Weymar)

Inhaltsstoffe und pharmazeutische Wirkung:
In den Samen sind bis zu 45% Schleimstoffe enthalten, daneben ein hoher Anteil an Proteinen, Öl, ätherischen Ölen, Saponie, Sterolen und Flavonoiden. Sie sind sehr nährreich.

Funde:
Der Bockshornklee ist in Ägypten als Kulturpflanze seit vorgeschichtlicher Zeit belegt[2].

Altägyptischer Name:
Weder der Deutungsversuch von *ḥmꜣit* noch *šni-tꜣ* als Trigonella foenum graecum lässt sich belegen.

Spätere medizinische Verwendung:
Für die Samen des Bockshornklees lassen sich in der ägyptischen Volksmedizin zwei Anwendungsschwerpunkte nennen, äußerlich in Form von Breiumschlägen werden sie bei Furunkeln und Hauterkrankungen aufgebracht, innerlich dienen sie aufgrund ihres hohen Nährwertes vor allem als Stärkungsmittel[3].

Bemerkungen:
Wie andere Gewürz- und Nahrungsmittel wird der stark riechende Bockshornklee sicherlich auch in der altägyptischen Medizin verwendet worden sein.

[1]Zohary and Hopf, Domestication, S. 116; [2]Vartavan and Amorós, Codex, S. 258; [3]Alpin, Plantes, 135; Moursi, Heilpflanzen, S. 295; Boulos, Medicinal Plants, S. 128.

Triticum turgidum L. subsp. dicoccum (Schrank) Thell.
Emmer

Familie: Gramineae (Gräser)

Verbreitung:
Die Kultur des Emmer begann im Nahen Osten und breitete sich von dort schon im 5. Jahrtausend v. Chr. nach Ägypten aus.

Beschreibung:
Emmer ist eine Weizenart mit sehr dichter, seitlich zusammengedrückter, schmaler Ähre. Die Ährenspindel zerfällt beim Dreschen in jeweils zwei Samen tragende Ährchen. Da das Samenkorn bei Reife noch fest von der Spelzhülle umschlossen ist, muss diese durch Stampfen entfernt werden.

Inhaltsstoffe und pharmazeutische Wirkung:
Emmerkörner enthalten Stärke, Proteine und Klebstoffe, sie sind ein Nahrungsmittel ohne spezifische pharmazeutische Wirkung.

Funde:
Triticum turgidum subsp. dicoccum ist in Ägypten durch zahlreiche vorgeschichtliche Funde seit dem 5.Jahrtausend als Kulturpflanze gut belegt.

Altägyptischer Name:
Der Name des Emmer war *bdt,* und er wurde in der altägyptischen Medizin vor allem äußerlich zur Behandlung von entzündeten Wunden und Geschwüren eingesetzt.

Spätere medizinische Verwendung:
Da bereits seit römischer Zeit der Emmer in Ägypten durch den Anbau des Brotweizens Triticum aestivum abgelöst wurde, beziehen sich Angaben über spätere Verwendung von Weizen in der Heilkunde auf diese Art. In der heutigen ägyptischen Volksmedizin wird Brotweizen vor allem als leicht verdauliches Nahrungsmittel angesehen[1].

Triticum turgidum L. subsp. dicoccum (nach Schmeil)

[1]Moursi, Heilpflanzen, S. 296.

Typha domingensis (Pers.) Poir. ex Steud.
Schmalblättriger Rohrkolben

Familie: Typhaceae (Rohrkolbengewächse)

Verbreitung:
Der Rohrkolben ist eine typische Verlandungspflanze und in ganz Ägypten in Kanälen, Gräben und den Uferzonen von Teichen und Seen anzutreffen.

Beschreibung:
Aus einem kriechenden Rhizom erhebt sich der mit langen, schmalen Blättern besetzte Stängel der bis zu 3 m hohen Pflanze. Am oberen Ende sitzt der zylindrisch-kolbige Blütenstand mit männlichen Blüten im oberen und weiblichen im unteren Bereich, deutlich getrennt von einander. Die nackten Blüten sind am unteren Ende mit zahlreichen Haaren versehen, die Frucht ist ein einsamiges Nüsschen.

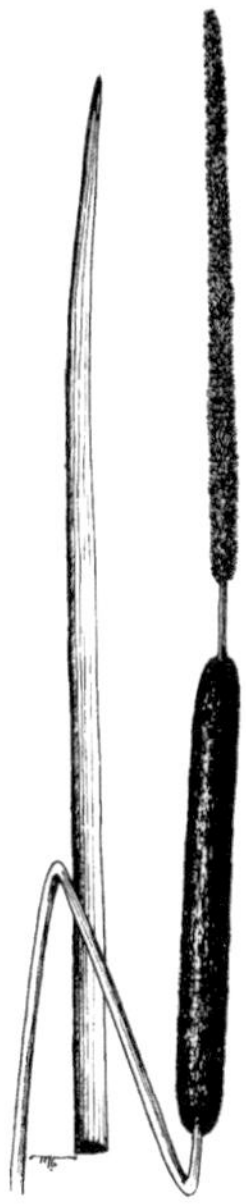

Typha domingensis (nach Täckholm)

Inhaltsstoffe und pharmazeutische Wirkung:
Die Rhizome enthalten viel Stärke und werden teilweise gegessen. Von der Pflanze ist keine pharmazeutische Wirkung bekannt.

Funde:
Der Schmalblättrige Rohrkolben ist seit vordynastischer Zeit belegt, vor allem als Flechtmaterial[1].

Altägyptischer Name:
Der Name der Pflanze ist nicht bekannt.

Spätere medizinische Verwendung:
Dioskurides[2] verordnet die Blüten des Rohrkolbens bei Brandwunden, eine Verwendung, die noch heute aus dem Jemen berichtete wird[3]. In der nordafrikanischen Medizin dient die Asche des Rhizoms als blutstillendes Mittel[4], und in Ägypten werden die Rhizome als Heilmittel bei Durchfallerkrankungen, Gonorrhoe und Magen- Darmgeschwüren gegessen[5].

[1]Vartavan and Amorós, Codex, S. 270; [2]Dioskurides, III, 123; [3]Ghazanfar, Handbook, S. 205; [4]Boulos, Medicinal Plants, S. 172; [5]Täckholm, Flora I, S. 90.

Urginea maritima (L.) Baker
Meerzwiebel

Familie: Liliaceae (Liliengewächse)

Verbreitung:
Die Meerzwiebel ist im mediterranen Küstenstreifen Ägyptens heimisch.

Beschreibung:
Aus einer sehr großen Zwiebel, deren Durchmesser mehr als 10 cm beträgt, entspringt im Herbst der bis zu 1,5 m hohe Blütenstand, bestehend aus einer dichten Rispe von weißen Blüten. Erst nach der Blüte erscheinen die Blätter in einer Rosette. Sie sind breit-lanzett-

lich, bis zu 10 cm breit und 30 cm lang. Aufgrund der Farbe der Zwiebelschalen unterscheidet man eine weiße und eine rote Form.

Urginea maritima (nach Zohary)

Inhaltsstoffe und pharmazeutische Wirkung:

Die Zusammensetzung der Inhaltsstoffe ist bisher nur ungenügend bekannt. Die Zwiebeln enthalten Scillaren, ein Gemisch mehrerer Glykoside, die ähnlich wie Strophantin und Digitalis auf das Herz wirken. Außerdem sind Stoffe vorhanden, die diuretische und abortive Reaktionen hervorrufen. Weiterhin befinden sich in den Schalen der Zwiebel Schleime und Zucker. In größeren Mengen verzehrt sind sie giftig[1].

Funde:

Aus archäologischem Kontext sind keine Funde belegt.

Altägyptischer Name:

Der Name der Pflanze ist nicht bekannt[2].

Spätere medizinische Verwendung:

Täckholm[3], Keimer[2] und Imbesi[4] listen die Nennungen der Meerzwiebel bei den antiken Autoren, dort Scilla genannt, auf. Danach erwähnen Epimenides und Pythagoras sie als eine den Griechen heilige Pflanze. Diese Vorstellung hätten sie allerdings von den Ägyptern übernommen. Theophrast schreibt, dass sie vor der Tür angepflanzt, alles Übel abwehre. Hippokrates verordnet frische Zwiebelschalen auf Wunden zu legen.

Nach Plinius[5] dient die weiße Meerzwiebel in Form eines Essigauszuges oder getrocknet als Diuretikum, hilft gegen Eingeweidewürmer und Husten mit Asthma, die rote, stärker wirkende, bei Hundebissen und anderen Wunden. Außerdem gilt sie als Aphrodisiakum und Mittel zum Beschleunigen der Geburt. Über der Tür aufgehängt wehre sie Übel ab.

Dioskurides[6] verordnet Meerzwiebeln vor allem innerlich als Diuretikum und bei Husten und Asthma, äußerlich bei Schlangenbissen und Hauterkrankungen. Auch er erwähnt die Sitte, die Pflanze über der Tür aufzuhängen, was Schweinfurth[2] noch Ende des 19. Jahrhunderts im Fayum beobachten konnte. In ganz Ägypten wurden damals zum Frühjahrsfest Schem-en-nessîm Bündel von Zwiebeln über der Tür aufgehängt oder zerquetscht und die Türschwelle damit bestrichen. Man nahm für diesen Zweck sowohl gewöhnliche Küchenzwiebeln als auch Meerzwiebeln.

Arabische Ärzte beschrieben erstmals die Wirkung der Schalen von Meerzwiebeln auf das Herz.

Heute werden sie in der ägyptischen Volksmedizin vor allem äußerlich zur Wund- und Geschwürbehandlung verwendet, innerlich bei Husten, Asthma und als Diuretikum und Herzmittel. Die rote Meerzwiebel dient als Rattengift[7].

Bemerkungen:

Die pharmazeutisch so wirksame Meerzwiebel gehörte sicherlich zu den Heilpflanzen, die auch die pharaonischen Ärzte intensiv nutzten.

[1]Madaus, Lehrbuch, S. 2479 f.; [2]Keimer, Gartenpflanzen II, S. 51 f.; [3]Täckholm, Flora III, S. 144; [4]Imbesi, in: The History of Medicinal and Aromatic Plants, Karachi, 1982, S. 180 f.; [5]Plinius, XX, 97; [6]Dioskurides, II, 202; [7]Ducros, Droguier, S. 22; Boulos, Medicinal Plants, S. 130.

Urtica urens L.
Kleine Brennessel

Familie: Urticaceae (Nesselgewächse)

Verbreitung:

Die Kleine Brennessel ist ein in ganz Ägypten verbreitetes Unkraut.

Beschreibung:

Die einjährige Pflanze wird etwa bis 50 cm hoch, ist von der Basis an reich verzweigt und trägt gegenständige, spitz-eiförmige, am Rande gesägte Blätter. Diese sind dicht mit Brennhaaren besetzt. Die Kleine Brennessel ist einhäusig, die männlichen und weiblichen Blüten stehen in dichten, ährenähnlichen Rispen.

Inhaltsstoffe und pharmazeutische Wirkung:

Neben Gerbsäuren, Vitamin A und C enthält des Blatt ein Nesselgift. Der starke Hautreizungen hervorrufende Hauptwirkstoff der Brennhaare ist nicht, wie früher angenommen, freie Ameisensäure, sondern es handelt sich um eine noch nicht ganz bekannte, stickstofffreie, den Harzsäuren nahestehende Substanz. Die Blätter wirken blutstillend und diuretisch.

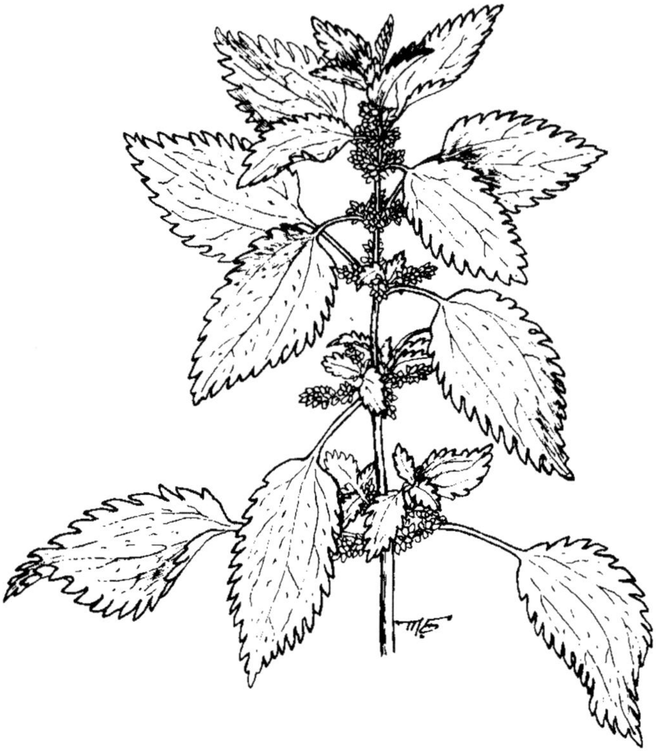

Urtica urens (nach Täckholm)

Funde:

An der Mumie Ramses' II. fanden sich an Pflanzenmaterial aus dem Bereich des Mumifizierungsschnittes zahlreiche Pollen, unter anderem die einer Brennessel Urtica sp.[1]. Aus anderem archäologischen Kontext sind keine Funde belegt.

Altägyptischer Name:

Der Name der Pflanze ist nicht bekannt.

Spätere medizinische Verwendung:

Plinius[2] berichtet, dass in Ägypten aus der Pflanze ein Öl gewonnen wird und die Samen aus Alexandria die besten seien. Diese wirken als Gegengift bei Schlangenbissen und Skorpionsstichen. Die Pflanze, vor allem die Wurzel, helfe bei Nasenbluten, Geschwüren, Gelenkschmerzen und Uterusbeschwerden. Ein Auszug ist diuretisch und beseitige Steine. Insgesamt sei die ganze Pflanze ein vielseitig zu verwendendes Heilmittel.

Dioskurides[3] nennt ganz ähnliche Indikationen, fügt noch hinzu, dass ein Verzehr der Samen zum Beischlaf reize.

Auch Alpin[4] führt die Samen der Brennessel als sexuelles Stimulanzmittel auf, die anderen Anwendungsbereiche decken sich mit den von Plinius und Dioskurides aufgelisteten.

Noch heute findet die frische Brennessel-Pflanze in der ägyptischen Volksmedizin Verwendung bei Rheumatismus, Ekzemen, Nasenbluten, als Aphrodisiakum, und ein Aufguss dient der Nierenbehandlung.

Bemerkungen:
Man kann wohl davon ausgehen, dass die Kleine Brennessel auch zum Heilpflanzenschatz der altägyptischen Ärzte gehörte[5].

[1]Lionel Balout ed., La Momie de Ramsès II, Paris 1985, S. 164; [2]Plinius, XXII, 31; [3]Dioskurides, IV, 92; [4]Alpin, Plantes, 129; [5]Boulos, Medicinal Plants, S. 191.

Verbena officinalis L.
Eisenkraut

Familie: Verbenaceae (Eisenkrautgewächse)

Verbreitung:
Das Eisenkraut ist heute ein kosmopolitisches Unkraut, das seine Heimat jedoch im Mittelmeerraum hat. In Ägypten wächst es bevorzugt auf feuchten Standorten entlang des Nils und seiner Kanäle sowie in den Oasen.

Beschreibung:
Das einjährige, in Ägypten bis 1 m hoch wachsende Eisenkraut trägt an vierkantigen Stängeln grob gekerbte bis fiederspaltige, leicht behaarte Blätter. Die blass-violetten Blüten stehen in zahlreichen, lockeren Ähren auf rutenförmigen Zweigen.

Verbena officinalis (nach Fuchs)

Inhaltsstoffe und pharmazeutische Wirkung:
In der Pflanze ist das Glykosid Verbenalin enthalten sowie mehrere ätherische Öle und Gerbstoffe. Sie hat eine schwache Wirkung als Antispasmodikum[1].

Funde:
Aus der Frühzeit ist der Fund eines Verbena-Samens belegt[2].

Altägyptischer Name:
Der Name der Pflanze ist nicht bekannt.

Spätere medizinische Verwendung:
Sowohl Plinius[3] als auch Dioskurides[4] führen eine medizinische Verwendung des Eisenkrautes auf, mit Schwerpunkt in der Behandlung von Wunden und Geschwüren. Daneben beschreibt Plinius die große magische Bedeutung dieser Pflanze, sowohl in Rom als auch in Gallien. Diese hielt sich noch bis in die mittelalterliche europäische Heilkunde.

Für Ägypten lässt sich jedoch keine besondere Wertschätzung des Eisenkrautes mit magischem Hintergrund in der Volksmedizin belegen.

Im heutigen Nordafrika dient ein Aufguss der Blätter als fiebersenkendes, harntreibendes und Magen- Darm beruhigendes Mittel, und es wird dem Eisenkraut allgemein eine krampflösende und anregende Wirkung zugeschrieben[5].

[1]Madaus, Lehrbuch, S. 2796 f.; Pahlow, Heilpflanzen, S. 117; [2]Vartavan and Amorós, Codex, S. 272; [3]Plinius, XXV, 105; [4]Dioskurides, IV, 60 und 61; [5]Boulos, Medicinal Plants, S. 191.

Vicia faba
Saubohne (Pferde-, Puffbohne)

Familie: Leguminosae (Hülsenfrüchte)

Verbreitung:
In ganz Ägypten ist heute die Saubohne als Kulturpflanze im Anbau.

Beschreibung:
Die einjährige, bis 1 m hoch werdende, kräftige Pflanze trägt bis 10 cm lange Blätter, bestehend aus zwei bis drei paarigen, großen, spitzovalen Fiederblättern ohne Wickelranke. Meist vier weiße, auf den Flügeln mit einem schwarzen Fleck versehene Blüten stehen in einer Traube. Die etwas ledrigen, leicht samtig behaarten, 7-12 cm langen Hülsen enthalten drei bis sieben rundlich-ovale, abgeplattete Samen.

Inhaltsstoffe und pharmazeutische Wirkung:
Die Saubohne ist eine Nahrungsmittelpflanze, deren Samen reich an Proteinen und Kohlenhydraten sind.

Funde:
Vicia faba ist in Ägypten seit der 5. Dynastie durch Funde belegt[1].

Altägyptischer Name:
Der Name der Bohnen war *pr*, der nicht in den medizinischen Texten erwähnt ist[2].

Vicia faba (nach Weymar)

Spätere medizinische Verwendung:
In der antiken Medizin spielte die Saubohne keine Rolle, die koptischen medizinischen Texte erwähnen sie in Rezepturen äußerlich angewandt gegen erkrankte Geschlechtsorgane, innerlich den Absud bei Leber- und Nierenleiden, Ausschlag sowie zur Anregung der Milchproduktion[3].

Heute ist die Saubohne,Foul genannt,eines der Grundnahrungsmittel in Ägypten. In der Volksheilkunde wird ein Aufguss der Blüten bei Leber- und Nierenschmerzen getrunken[4].

[1]Vartavan and Amorós, Codex, S. 274; [2]Charpentier, Receuil, Nr. 466, S. 298; [3]Till, Arzneikunde, S. 51; [4]Boulos Medicinal Plants, S. 128; Moursi, Heilpflanzen, S. 298.

Vigna unguiculata (L.) Walp.
Langbohne (Kuh-, Augenbohne)

Familie: Leguminosae (Hülsenfrüchte)

Verbreitung:
Vermutlich aus der in Abessinien und dem afrikanischen Savannengebiet wildwachsenden Vigna dekindtiana (Harms) Verdc. wurde die Langbohne gezüchtet[1]. Täckholm[2] ging noch davon aus, in Ägypten ganz vereinzelt Wildformen der Vigna unguiculata beobachtet zu haben, nach neueren Arbeiten von Boulos[3] handelt es sich dabei aber um verwilderte Kultur-Exemplare.

Beschreibung:
Die Langbohne hat in Kultur eine ungeheure Formenvielfalt entwickelt. Sie wächst einjährig oder ausdauernd, aufrechtstehend oder kletternd. Die Blätter bestehen meist aus drei Fiederblättern, die Blüten sind weiß, gelb oder purpurfarben, die Hülsen können bis zu 25 cm lang werden. Die Samenfarbe kommt von rein weiß, teilweise mit einem schwarzen Augenfleck, bis auch ganz schwarz in allen gepunkteten und gesprenkelten Übergangsformen vor.

Inhaltsstoffe und pharmazeutische Wirkung:
Die Langbohne ist ein Nahrungsmittel, spezielle pharmazeutische Wirkungen sind nicht von ihr bekannt.

Funde:
Bisher ist nur ein einziger Fund von Samenschalen-Bruchstücken der Langbohne aus pharaonischer Zeit bekannt geworden[4]. Sie stammen aus dem Totentempel des Sahure in Abusir aus der 5. Dynastie. An ihnen ist kein dunkler Augenfleck zu erkennen. Weitere Funde sind dann erst aus dem koptisch-arabischen Sayala in Nubien belegt[1]. Diese Samen sind schwarz, ohne Augenfleck.

Es gibt aber Fayencemodelle aus dem Mittleren Reich von kleinen weißen Samen mit einem dunklen Augenfleck, die eine sehr große Ähnlichkeit mit den Samen der Langbohne aufweisen.

Keimer[5] sah sie 1928 bei einem Antikenhändler in Kairo und fertigte davon Fotos an. Ganz ähnliche weiße Fayence-Samen, wenn auch nicht so detailliert gefärbte, fanden sich in einem Grab in Lischt aus dem Mittleren Reich und sind heute im Metropolitan Museum New York[6].

Fayencemodelle aus dem Mittleren Reich von Augenbohnen (?) (nach Keimer)

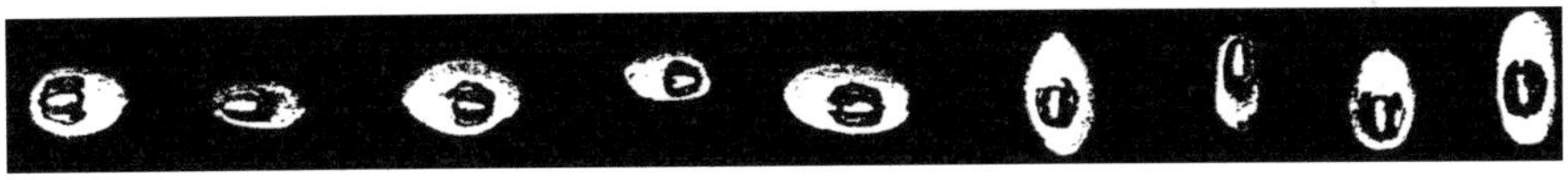

Rezente Samen von Augenbohnen (nach Keimer)

Aus diesem sehr dürftigen Material lässt sich nicht klären, wann die Kultur der Langbohne in Ägypten begann und ob dort sowohl ganz schwarze als auch weiße Formen mit schwarzem Augenfleck angebaut wurden.

Altägyptischer Name:
Keimer[7] hat den Pflanzennamen *iwrit*, der seit dem Alten Reich belegt ist, als Langbohne gedeutet. Diese Identifizierung ist bisher meist akzeptiert worden[8], wenn auch die Beleglage recht dünn ist.

Spätere medizinische Verwendung:
Weder in der Medizin der griechisch-römischen Antike noch der späteren ägyptischen Volksmedizin ist eine pharmazeutische Nutzung der Langbohne belegt.

Bemerkungen:

Wenn die Deutung *iwrit* = Vigna unguiculata richtig ist, wurde die Langbohne in der altägyptischen Medizin vor allem äußerlich zum „Erweichen" und Beseitigen von „Schwellungen" verordnet.

[1]Hopf und Germer, in: Manfred Bietak und Mario Schwarz, Nag El-Scheima II, Wien 1998, S. 549; [2]Täckholm, Students' Flora, S. 281; [3]Boulos, Flora I, S. 355; [4]Jetzt Sammlung Schweinfurth, Botanisches Museum Berlin-Dahlem, Inv. Nr. 385; [5]Keimer, in: BIFAO 28, 1929, S. 77 f. und Pl. V; [6]William C. Hayes, The Scepter of Egypt I, 5th ed., New York 1990, S. 337; [7]Keimer, Gartenpflanzen II, S. 5; [8]Charpentier, Receuil, S. 87, Nr. 89.

Vitis vinifera L.
Weinrebe

Familie: Vitaceae (Weinrebengewächse)

Verbreitung:

Der wilde Wein Vitis vinifera subsp. sylvestris ist fast im gesamten Mittelmeerraum verbreitet, er fehlt nur an der Küste Libyens und Ägyptens. Der Weinstock kam bereits als Kulturpflanzen von Palästina aus nach Ägypten. Sein Anbau erfolgte dort vor allem im Delta und in den Oasen, daneben wurde aber auch das fertige Produkt Wein in größerem Umfang aus Palästina eingeführt.

Beschreibung:

Vitis vinifera ist eine ausdauernde, holzige Liane, die mit verzweigten Ranken klettert. Ihre Blätter sind herzförmig, 3- bis 5-lappig und am Rande gezähnt. Bei der Kulturform stehen kleine, grüne, zwittrige Blüten in Rispen, die Frucht ist eine Beere. Nach den Darstellungen war in Ägypten ein Weinstock, der rotviolette Früchte trug, im Anbau.

Inhaltsstoffe und pharmazeutische Wirkung:

Die Weinbeeren enthalten Zuckers und wirken deshalb leicht laxierend, verschiedene Frucht-Säuren, vor allem Weinsteinsäuren und Apfelsäuren, weiterhin Gerbsäuren und Tannine. Der Alkoholgehalt des Weines beträgt zwischen 6-10%. Aus den Samen wird das fette Traubenkernöl gewonnen, das sich für Speisezwecke und zur Herstellung von Kosmetika eignet.

Funde:

Bei den frühesten, vorgeschichtlichen Funden von Gefäßen, die einst Wein enthielten, handelt es sich höchst wahrscheinlich um Importprodukte aus Palästina, die Kultur des Weinstockes ist in Ägypten ist dann seit der 1. Dynastie belegt[1].

Vitis vinifera (nach Fuchs)

Altägyptischer Name:
Der Name des Weines war *irp*, der Weinbeere *i3rrt* und der getrockneten Weinbeere, der Rosine, *wnši*. Wein diente in der Medizin vor allem als Lösungsmittel einzunehmender Rezepturen, die Weinbeeren als leichtes Laxans.

Spätere medizinische Verwendung:
Das berauschende, blutrote Getränk Wein hatte in allen frühen Kulturen einen hohen Stellenwert im Kultus. In Ägypten gehörte es zu den bevorzugten Opfergaben an die Götter und war als Getränk nur den höheren sozialen Schichten zugänglich.
Plinius[2] wie Dioskurides[3] führen die medizinische Nutzung der Blätter, Ranken und Gummi-Tränen des Weinstockes an, diese vor allem zur Behandlung von Hauterkrankungen. Die Traube wie die Rosine werden vielseitig verordnet, ebenso das Omphakion, ein aus unreifen Trauben hergestellter Saft. Mit der spezifischen Wirkung verschiedener Weine auf den menschlichen Körper befasst sich Dioskurides ausführlich in zahlreichen Kapiteln.
In der koptischen Heilkunde, wie zuvor in der pharaonischen, diente Wein als Lösungs- und Transportmittel in vielen Arznei-Mixturen, sowohl für die innerliche wie äußerliche Anwendung. Als Einzeldroge wurde er nach den Texten nicht verordnet[4].
In der heutigen ägyptischen Volksmedizin findet weiterhin ein Brei der Blätter zur Behandlung von Hauterkrankungen Verwendung[5].

[1]Vartavan and Amorós, Codex, S. 277; Germer, Flora, S. 116; [2]Plinius, XXII, 3; [3]Dioskurides, V, 1-16; [4]Till, Arzneikunde, S. 102; [5]Moursi, Heilpflanzen, S. 299.

Withania somnifera (L.) Dunal in DC
Schlafbeere

Familie: Solanaceae (Nachtschattengewächse)

Verbreitung:
In Ägypten findet sich die Schlafbeere auf trockenen, nicht bearbeiteten Standorten fast überall, nur nicht in den Wüstengebieten.

Beschreibung:
Der aufrechte, ausdauernde, an den Stängeln behaarte, bis 1 m hohe Busch ist nur im unteren Bereich leicht verholzt. Seine Blätter sind breit-oval, bis 11 cm lang, die kleinen, unscheinbaren, grünen Blüten sitzen zu dritt bis sechst in axillaren Blütenständen um den Stängel. Nach der Blüte vergrößert sich der Kelch und umschließt die erbsengroße, leuchtend rote Beere. Diese enthält flache, 2,5 mm große Samen.

Inhaltsstoffe und pharmazeutische Wirkung:
In der Pflanze, besonders in der Wurzel, sind mehrere Alkaloide enthalten sowie Steroidlactone vom Typ der Withanolide, vor allem Withaferin A. Die Wurzel wirkt leicht einschläfernd, antibakteriell und sie soll das Wachstum von Tumoren verlangsamen[1].

Funde:
In die Blütenhalskragen aus dem Bestattungsmaterial des Tutanchamun, 18. Dynastie, sowie in den großen Kragen auf seinem Goldsarg waren als dekorative Schmuckelemente die roten Schlafbeeren eingearbeitet. In römischer Zeit finden sie sich des öfteren in Mumien-Blumengebinden[2].

Altägyptischer Name:
Der Name der Pflanze ist nicht bekannt.

Spätere medizinische Verwendung:
Bereits Alpin[3] berichtet von der häufigen Nutzung der Wurzel als Schlafmittel in der ägyptischen Volksmedizin und der gekochten Blätter als Umschlag bei Brandwunden. Diese Verwendung hat sich bis heute erhalten, weiterhin wird die Wurzel jetzt rheumatischen Beschwerden, Fiebern und weiblicher Sterilität verabreicht[4]. Withania somnifera spielt bis heute in der ayurvedischen Medizin, vor allem als Beruhigungsmittel, eine große Rolle, daneben werden ihr auch aphrodisierende Wirkungen zugeschrieben.

Bemerkungen:
Man kann sicherlich davon ausgehen, dass bereits die altägyptischen Ärzte diese auffallende Pflanze mit ihren deutlichen pharmazeutischen Eigenschaften in der Heilkunde nutzten.

Withania somnifera (nach Täckholm)

[1]Ghazanfar, Handbook, S. 202; [2]Vartavan and Amorós, Codex, S. 279; [3]Alpin, Plantes, 130; [4]Boulos, Medicinal Plants, S. 168.

Zilla spinosa (L.) Prantl

Familie: Cruciferae (Kreuzblütler)

Verbreitung:
Auf trockenen, steinigen Böden wie den Wüstenrändern und Wadis ist die Zilla spinosa überall in Ägypten häufig anzutreffen.

Beschreibung:
Der dichotom verzweigt wachsende, blaugrüne, bis etwa 60 cm hoch werdende Busch hat als Dornen endende Zweige. Seine fleischigen, rund spatelförmigen Blätter fallen bald nach dem Erscheinen ab. Aus den rosafarbenen Blüten entwickeln sich 8-10 mm breite, kugelförmige Schoten mit einer Spitze.

Inhaltsstoffe und pharmazeutische Wirkung:
Untersuchungen über pharmazeutisch wirksame Inhaltsstoffe liegen nicht vor.

Funde:
Samenfunde sind seit vordynastischer Zeit belegt[1].

Altägyptischer Name:
Der Name der Pflanze ist nicht bekannt.

Spätere medizinische Verwendung:
Ein Aufguss der Pflanze dient heute in der nordafrikanischen Medizin als wirksames Mittel zur Behandlung von Nierensteinen[2].

[1]Vartavan and Amorós, Codex, S. 280; [2]Boulos, Medicinal Plants, S. 73.

Zilla spinosa (nach Täckholm)

Zizyphus spina Christi (L.) Desf. Christdorn
Christdorn

Familie: Rhamnaceae (Kreuzdorngewächse)

Verbreitung:

Der Christdorn gehört zur heimischen Flora Ägyptens. Er ist sowohl im Niltal, in den Oasen und an den Wüstenrändern wild wachsend und in Kultur anzutreffen.

Beschreibung:

Meist wächst der Christdorn als Busch oder kleiner Baum, der nur selten eine Höhe von mehr als 6 m erreicht. Die ovalen, 2- 6 cm langen Blätter sind ledrig und an der Unterseite leicht behaart. An den Zweigen sitzen bis 1 cm lange Dornen, die jedoch der Kulturform fehlen. Die gelb-bräunlichen, im Durchmesser etwa 2 cm großen, kugeligen Steinfrüchte schmecken apfelartig.

Zizyphus spina Christi (nach Crowfoot)

Funde:

Seit vorgeschichtlicher Zeit sind die Früchte als häufige Grabbeigaben belegt[2]. Sie waren in pharaonischer Zeit ein beliebtes Nahrungsmittel, und auch das Holz hatte eine vielfältige Nutzung.

Altägyptischer Name:

Der altägyptische Name des Christdorn war *nbs*. In der Medizin verordnete man vor allem die Früchte und Brot aus Früchten bei ganz verschiedenen Indikationen, die Blätter, zusammen mit Blättern anderer Bäume, mit einem Schwerpunkt zur Behandlung von Wunden.

Spätere medizinische Verwendung:

Bei dem von Plinius und Dioskurides erwähnten Paliuros handelt es sich um eine andere Zizyphus-Art, die Zizyphus zizyphus (L.) Meikle, die nicht in Ägypten vorkommt.

Alpin[3] berichtet von der Nutzung der Christdornfrüchte in der Medizin, in Form von Aufgüssen und Klistieren vor allem zur Behandlung des Magens und als Mittel gegen diverse Fieber.

Bis heute hat sich in der ägyptischen Volksmedizin die Wertschätzung der Früchte, des Holzes und der Blätter als Heilmittel erhalten. Äußerlich dienen Blätter und Holzasche zur Behandlung von Wunden, Geschwüren und Schlangenbissen, innerlich ein Aufguss der Blätter von Durchfall, Husten und der allgemeinen Blutreinigung. Die Früchte werden bei Magen- Darmstörungen gegessen[4].

[1]Ghazanfar, Handbook, S. 182; [2]Vartavan and Amorós, Codex, S. 281 f.; [3]Alpin, Plantes, 16 f.; [4]Moursi, Heilpflanzen, S. 164.

Zygophyllum coccineum L.
Jochblatt

Familie: Zygophyllaceae (Jochblattgewächse)

Verbreitung:

Zygophyllum coccineum ist in Ägypten auf trockenen Standorten weit verbreitet. Es wächst in Wadis und Wüstengebieten, auch auf leicht salzhaltigen Böden.

Beschreibung:

Dieses Jochblattgewächs ist ein kleiner, bis 75 cm hoher, reich verzweigter Busch mit weißen, solitären Blüten. Die fleischigen, grünen Blätter bestehen aus zwei zylindrischen, etwa 1 cm langen Fiederblättern. Aus den Blüten entwickeln sich 5-fächrige, 1 cm lange und 0,5 cm breite Kapseln.

Inhaltsstoffe und pharmazeutische Wirkung:

In den letzten Jahren wurden mehrere Zygophyllum-Arten chemisch analysiert. Dabei konnten eine Reihe von Saponinen nachgewiesen werden, die blutdruck- und fiebersenkend, entkrampfend und diuretisch wirken[1].

Funde:

Aus archäologischem Kontext sind keine Funde belegt.

Altägyptischer Name:

Der Name der Pflanze ist nicht bekannt.

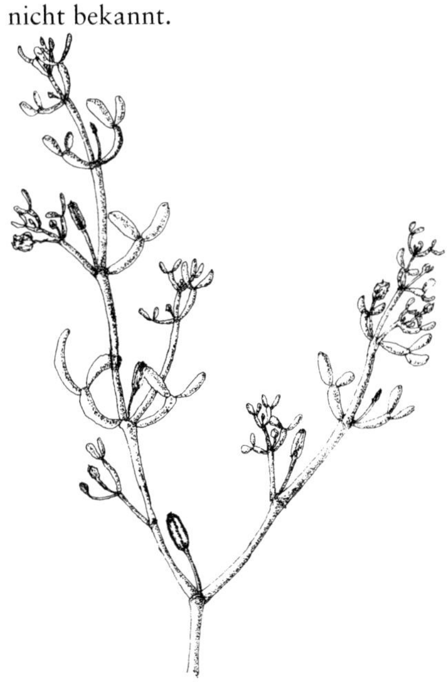

Zygophyllum coccineum (nach Moursi)

Spätere medizinische Verwendung:
In der heutigen ägyptischen Volksmedizin findet ein Aufguss der Samen oder der Pflanze vielfache Verwendung als Mittel gegen Rheuma, Gicht, Asthma, Diabetes, Bluthochdruck sowie als Diuretikum und Wurmmittel[2].

[1]Pöllmann et al., in: Phytochemistry, Vol. 44 No 3, 1997, S. 485 f.; Pöllmann et al., in: Phytochemistry Vol. 48, No 5, 1998, S. 875 f.; [2]Moursi, Heilpflanzen, S. 305.

Anhang 1: Bezeichnungen der „Propheten" nach Dioskurides

In seiner Aufzählung der Synonyma von Pflanzennamen erwähnt Dioskurides auch Bezeichnungen, die von den „Propheten" verwendet werden. Wie aus der folgenden Liste ersichtlich ist, haben diese kaum etwas mit altägyptischen Pflanzennamen zu tun.

Da die botanischen Identifizierungen einiger Pflanzen ungesichert ist, sind sie nach ihrem griechischen Namen alphabetisch geordnet.

Die hier angegebenen griechischen Schreibweisen sowie botanischen Identifizierungen beruhen auf Berendes und Mazal. Manniche führt in einigen Fällen eine leicht abweichende botanische Benennung an. Dies ist nur ein weiterer Hinweis darauf, wie ungesichert manche Deutungen sind.

άβρότονον Artemisia abrotanum L. Eberreute, *Nerven des Phönix, Kynanchites,* III, 26
άγνος Vitex agnus castus L. Keuschlammstrauch, *Der Verehrungswürdige, Blut des Ibis,* I, 134
άλιμος Atriplex halimus L. Staudenmelde, *Basis, Fuß des Merkur,* I, 120
αναγαλλις Anagallis arvensis L. Gauchheil, *Nykteritis,* II, 209
ανεμώνη Anemone coronaria L. Anemone, *Wilde Distel,* II, 207
άνηθον Anethum graveolens L. Dill, *Same des Hundsaffen,* III, 60
άπόκυνον Cynanchum erectum L. Aufrechter Hundswürger, *Paralysis,* IV, 81
άρνόγλωσσον Plantago major L. Breitwegerich, *Schwanz des Ichneumon,* II, 152
άρτεμισία Artemisia spicata Jacq. Beifuß, *Menschenblut,* III,117
άσαρον Asarum europaeum L. Haselwurz, *Blut des Mars,* I, 9
άτρακτυλις Carthamus lanatus L. Wolliger Saflor, *Aphedros,* III, 97
βαλλωτής Ballota nigra L. Schwarznessel, *Isionsblut,* III, 107
βάτος Rubus tomentosus Borkh. Brombeer, *Titansblut, Isisblut,* IV, 37
βούγλωσσον Anchusa italica Retz. Italienische Ochsenzunge, *Same des Wiesels, Ostanes, Sannuchi,* IV, 126
βούνιον Bunium pumilum Sm. Kleiner Erdknoten, *Paradakry,* IV, 122
έλλέβορος λευχός Veratrum album L. Weisser Nieswurz, *Same des Herakles, Polyeides, Anaphystos,* IV, 148
έλλέβορος μέλας Helleborus officinalis L. Schwarzer Nieswurz, *Zomaritis,* IV, 149
έρύσιμον Sisymbrium polyceratium L. Vielhörnige Rauke, *Graupen des Herakles,* II, 187
ήρύγγιον Eryngium sp Mannstreu, *Sisertos,* III, 21
θρίδαξ άγρία Lactuca scariola L. Wilder Lattich, *Titansblut,* II, 165
ιππομάραθρον Cachrys sp., *Thymarnolion,* III, 75
ϊππουρις nicht bestimmbar, vielleicht Equisetum fluviatile L. Flussschachtelhalm oder Ephedra fragilis L. Zerbrechliches Meerträubchen, *Nahrung des Saturn,* IV, 46
ισάτις Isatis tinctoria L. Waid, *Arusion,* II, 215
καππαρις Capparis spinosa L. Kaper, *Potera, Peuteron, Herz des Luchses, Haloskorodon, Krinon, Thalaspis,* II, 204
κατανάγχη Ornithopus compressus L. Gedrückter Vogelfuß, *Archaras, Arkopus,* IV, 132
κενταυριον το μέγα Centaurea centaurium L. Zentaurenkraut, *Blut des Herakles,* III, 6
κίκεως Ricinus communis L. Rizinus, *Fieberblut,* IV, 161
κρίνον βασιλικόν Lilium candidum L. Lilie, *Blut des Mars,* III, 106
κρόκος Crocus sativus L. Safran, *Blut des Herakles,* I, 25
κρόμμυον Allium cepa L. Zwiebel, *Kalabotis,* II, 180
κυκλάμιος Cyclamen graecum Link. Erdscheibe, *Miaspho,* II, 193
λειμώνίον Limonium sp. Strandflieder oder Wilder Mangold oder Beta vulgaris L. Mangold, *Wolfsherz,* IV, 16

λεοντοποδίον Gnaphalium leontopodium L. Löwentatzenartiger Immerschön oder Evax pygmaeus L. Löwentatze, *Krokodilsblut, Krokomerion,* IV, 129
λυχνίς ἀγρίας Agrostemma githago L. Korn-Rade, *Penis der Menstruierenden,* III, 105
λυχνίς στεφανωματική Agrostemma coronaria L.Kranznelke, *Geschlechtsteil des menstruierenden Weibes,* III, 104
μαλάχη κηπαία Malva sylvestris L. Gartenmalve, *Ziegenmilz,* II, 144
μανδραγόρος Mandragora autumnalis L. Alraune, *Hemionus, Gonogeonas* , IV, 76
μελιλότος Melilotus sp. Steinklee, *Thermuthis,* III 41 b
μυρτάχανθον Ruscus aculeatus L. Stechmyrte, *Same des Herakles,* IV, 144
παιονία Paeonia officinalis L. Gichtrose, *Selenogonon,* III, 147
πεντάφυλλον Potentilla reptans L. Kriechender Gäsefuß, *Ibisklaue, Ibisflügel,* IV, 42
περιστερεών ὀρθός Verbena officinalis L. Taubenkraut oder Lycopus exaltatus L. Hoher Wolfsfuß, *Tränen der Hera, Marderblut, Blut des Hermes,* IV, 60
πευκέδανον Peucedanum officinale L. Gemeiner Haarstrang, *Guter Geist, Pinasgelum,* III, 82
πολύγονον ἄρρην Polygonum aviculare L. Vogelknöterich, *Herossame, Mäuseklaue* , IV, 4
πράσιον Marrubium vulgare L. Gemeiner Andorn, *Ochsenblut, Aphedros, Same des Horus,* III, 109
πτερίς Aspidium filix mas L. Wurmfarn, *Zweig des Merkur,* IV, 183
πύρεθρον Anthemis pyrethrum L. Bertram-Kamille, *Pyrites,* III, 78
σάμψουχον Origanum majorana L. Majoran, *Esel des Priesters, süsses Kind der Isis,* III, 41 a
σιδηρίτις nicht zu bestimmende Pflanze, *Same oder Blut des Titanos, Skorpionsschweif,* IV, 33
σκαμμωνία Convolvulus scammonia L. Purgierwinde, *Apopleumonos,* IV, 168
σκολυπένδριον Asplenium ceterach L. Gebräuchlicher Milzfarn, *Marderblut,* III, 141
σκόρδιον ομοίως Teucrium scordium L. Knoblauch-Gamander, *Podosblut,* III, 115
στοιχάς Lavendula stoechas L. Ährenförmiger Lavendel, *Auge des Phythons,* III, 28
στρατιώτης Pistia stratiotes L. Schwimmende Krebsschere, *Katzenblut,* IV, 100
σφονδύλιον Heracleum sphondylium L. Bärenklau, *Osiris,* III, 80
στρούδιον Saponaria officinalis L. Seifenkraut, *Flüssiger Kalk,* II, 192
ὑοσκάμον Hyoscyamus niger L., H. aureus L., H. albus L. Bilsenkraut, *Rhapontika,* IV, 69
χαμαιπίτυς Ajuga iva Schreb. Schmalblättriger Günsel *Minervablut,* III, 165

Anhang 2: Von den Ägyptern verwendete Bezeichnungen nach Dioskurides

In seiner Aufzählung der Synonyma von Pflanzennamen erwähnt Dioskurides auch Bezeichnungen, die von den Ägyptern verwendet werden. Wie aus folgender Liste ersichtlich ist, haben diese kaum etwas mit altägyptischen Pflanzennamen zu tun. Da die botanische Identifizierung einiger Pflanzen ungesichert ist, sind sie nach ihrem griechischen Namen alphabetisch geordnet.

Die hier angegebenen griechischen Schreibweisen sowie botanischen Identifizierungen beruhen auf Berendes und Marzal. Manniche führt in einigen Fällen eine leicht abweichende botanische Benennung an. Dies ist nur ein weiterer Hinweis darauf, wie ungesichert manche Deutungen sind.

ἄγνος Vitex agnus castus L. Keuschlammstrauch, *Sum,* I 134
ἄγρωσις Cynodon dactylon (L.) Pers. Wucherndes Fingerkraut oder Agropyron repens (L.) P.B. Gemeine Quecke, *Anuphi,* IV, 30
ἀδίαντον Adiantum capillus-veneris L. Frauenhaar, *Epier,* IV, 134

άείζωον τό μέγα Sempervirens arboreum L. Großer Hauswurz, *Pamphanes,* IV, 88
άείζωον τό μικρόν Sedum amplexicaule D. C. Kleiner Hauswurz, *Etieikelta,* IV, 89
άκαλύφη Urtica urens L. Brennessel, *Selepsion,* IV, 92
άλιμος Atriplex halimus L. Staudenmelde , *Asontiri, Asphe, Aseloere, Asariphe,* I, 120
άμβροσία Ambrosia maritima L. Ambrosia, *Merseo,* III, 119
άναγαλλίς Anagallis arvensis L. Gauchheil, *Mikiei,* II, 209
άνδράφαξις Atriplex hortensis L. Gartenmelde, *Ochei,* II, 145
άνηθον Anethum graveolens L. Dill, *Arachu,* III, 60
άριστολοχία Aristolochia sp. Osterluzei, *sophoeph,* III, 4 (6)
άρκευθίς Juniperus phoenicea L. Zederwacholder, *Libium,* I, 103
άρνόγλωσσον Plantago major L. Breitwegerich, *Asonth,* II, 152
άσαρον Asarum europaeum L. Haselwurz, *Kereeran,* I, 9
άθρακτυλίς Carthamus lanatus L. Wolliger Saflor, *Cheno,*III, 97
άψίνθιον Artemisia absinthium L. Wermut, Absinth, *Somi,* III, 23
βαλλωτής Ballota nigra L. Schwarznessel, *Aspos, Eske,* III, 107
βάτος Rubus tomentosus Borkh. Brombeer, *Haimoinos,* IV, 37
βηχίον Tussilago farfara L. Huflattich, *Saartha,* III, 116
βλίτον Amaranthus sp. Amaranth, *Echlotoripan,* II, 143
βούγλωσσον Anchusa italica Retz. Italienische Ochsenzunge, *Anton erinbesor,* IV, 126
βούνιον Bunium pumilum Sm. Kleiner Erdknoten, *Erxoe,* IV, 122
γαλαίοψις Scrophularia peregrina L. Fremder Braunwurz, *Aithopi,* IV, 93
γιγγίδιον Daucus gingidium L. Gingidion, *Doryastru,* II, 166
γναφάλλιον Otanthus maritimus (L.) Hoffmanns & Link See-Santaline, *Semeon,* III, 122
δίψακον Dipsacus silvestris Huds. Wilde Karde, *Seseneor, Cheir, Meleta,* III, 11
έλαφόβοσκον Pastinaca sativa L. Pastinak, *Chemis.* III, 73
έλελίσφακον Salvia sp. Salbei, *Apusi,* III, 35
έλένιον Inula helenium L. Echter Alant, *Lenes,* I, 27
έλλέβορος λευκός Veratrum album L. Weißer Nieswurz, *Somphia,* IV, 148
έλλέβορος μέλας Helleborus officinalis L. Schwarzer Nieswurz, *Igaia, Elaphyses, Kemeleg,* IV, 149
έλξίνη Convolvulus arvensis L. Ackerwinde, *Hapap,* IV, 39
έρπυλλος Thymus serpyllum L. oder Thymus glabratus Link Quendel, *Meruopios,* III, 40
έρυθρόδανον Rubia peregrina L. Wilder Krapp, *Sophobi,* III, 150
έρύσιμον Sisymbrium polyceratium L. Vielhörnige Rauke, *Erethmon,* II, 187
εϋζωμον Eruca sativa L. Rauke, *Ethrekike,* II, 169
ήδύοσμον ήμερον Mentha sp. Minze, *Tis,* III, 36
ήμεροκαλλές nicht bestimmbar, *Iokroi,* III, 127
ήρύγγιον Eryngium sp. Mannstreu, *Krobysos,* III, 21
θέρμος Lupinus sp. Lupine, *Brechu,* II, 132
θλάσπι Capsella bursa-pastoris Mönch. Hirtentäschelkraut, *suitempson,* II, 185
θρίδαξ ήμερος Lactuca sativa L. Lattich, *Embrosi,*II, 164
θύμος Satureja capitata L. Satureistrauch, *Stephane,* III, 38
ίππομάραθρον Cachrys sp., *Sampsos,* III, 75
ϊππουρις nicht bestimmbar, vielleicht Equisetum fluviatile L. Flußschachtelhalm oder Ephedra fragilis L. Zerbrechliches Meerträubchen , *Pherphra,* IV, 46
ϊρις Iris germanica L. Schwerlilie, *Nar,* I, 1
καμαιλέοντος μέλανος Carthamus corymbosus L. Schirmsaflor, *Sobel,* III, 9
καπνός Fumaria officinalis L. Erdrauch, *Erxoe,* IV, 108

κάρδαμον Erucaria hispida (L.) Druce Orientalische Kresse oder Lepidium sativum L. Gartenkresse, *Semeth*, II, 184
καυκαλίς Pimpinella saxifraga L. Kleine Bibernell, *Seselis*, II, 168
κίκεως Ricinus communis L. Rizinus, *Systamna, Trixis*, IV, 161
κληματίδος Polygonum convolvulus L. Windenknöterich, *Phylakuon*, IV, 7
κλύμενον Calendula arvensis L. Acker-Ringelblume, *Oxivi*, IV, 13
κόνιζα λεπτόφυλλος Erigeron atticus Vill. Drüsiges Berufskraut, *Keti*, III, 126
κορίαννον Coriandrum sativum L. Koriander, *Ochion*, III, 64
κρίνον βασιλικόν Lilium candidum L. Lilie, *Symphairu, Tialos*, III, 106
κυκλάμινος Cyclamen graecum Link., Erdscheibe, *Theske*, II, 193
κώνιον Conium maculatum L. Gefleckter Schierling, *Apemphin*, IV, 79
λαμψάνη Hischfeldia incana (L.) Lagr.-Foss. Grauer Rempe, *Euthmoi*, II, 142
λεοντοποδιον Gnaphalium leontopodium L. Löwentatzenartiges Immerschön oder Evax pygmaeus L. Löwentatze, *Daphnoines*, IV, 129
λινοζώστις Mercurialis annua L. Schutt-Bingelkraut, *Aphlopho*, IV, 188
λυχνίς άγρία Agrostemma githago L. Korn-Rade, *Semura*, III, 105
λυχνίς στεφανωματική Agrostemma coronaria L. Kranznelke, *Semeon*, III, 104
μαλάχη κηπαία Malva sylvestris L. Gartenmalve *Chokorte*, II, 144
μανδραγόρας Mandragora autumnalis L. Alraune, *Apemum*, IV, 76
μελιλότος Melilotus sp. Steinklee, *Haimeith*, III, 41 b
μήδιον Convolvulus althaeoides L. ? Eibischblättrige Winde ?, *Epaphu*, IV, 18
μήκων ήμερος Papaver somniferum L. Schlafmohn, und Papaver rhoeas L. Klatschmohn, *Nanti*, IV, 65
μήκων ροιάς Papaver dubium L. Saat-Mohn oder Papaver hybridum L. Bastard-Mohn ?, *Nanti*, IV, 64
νηρίον Nerium oleander L. Oleander, *Skinphe*, IV, 82
όρθοσέλινον Athamantha sp. Augenwurz oder Seseli annuum L. Steppenfenchel, *Anonis* III, 69
πεντάφυλλον Potentilla reptans L. Kriechender Gänsefuß, *Orphitebeoke, Enotron*, IV, 42
περικλύμενον Lonicera etrusca Santi. oder Lonicera periclymenum L. Deutsches Geissblatt, *Turkon*, IV, 14
περιστερεών όρθός Verbena officinalis L. Eisenkraut oder Lycopus exaltus L. Hoher Wolfsfuß , *Pempsemte*, IV, 60
περιστερεών ϋπτιο Verbena officinalis L. Eisenkraut, *Pemphthemphtha, Pythagoras, Erysiskeptron*, IV, 61
πήγανον άγριον Peganum harmala L. Steppenraute, *Epnubu*, III, 46
πολύγονον άρρην Polygonum aviculare L. Vogelknöterich, *Thephis, Memphis*, IV, 4
ποταμογείτων Potamogeton natans L. Schwimmendes Laichkraut, *Ethenchis*, IV, 99
πράσιον Marrubium vulgare L. Gemeiner Andorn, *Asterope*, III, 109
πτερίς Aspidium filix mas L. Wurmfarn, *Eselsblut*, IV, 183
σάμψουχον Origanum majorana L. Majoran, *Sopho*, III, 41 a
σέρως Cichorium intybus L. Zichorie, *Agon*, II, 159
σέσελι αίθιοπικόν Bupleurum fructicosum L. Strauchartiges Hasenohr, *Kyonos phrike*, III, 54
σιδηρίτις nicht bestimmbar, *Sendionor;* IV, 33
σκαμμωνία Convolvulus scammonia L. Purgierwinde, *Sanilum*
σκόλυμος Scolymus maculatus L. Golddistel, *Chnus*, III, 14
σκόρδιον ομίως Teucrium scordium L. Knoblauch-Gamander, *Apho*, III, 115
σμίλαξ τραχεία Smilax aspera L. Rauher Smilax, *Lyisthe*, IV, 142
σταφίς άγία Delphinium staphisagria L. Stephanskraut, Läusepfeffer, *Ibesaoide*, IV, 153

σταφυλίνος Daucus carota L. Gemeine Möhre, *Babibyru,* III, 52
στοιχάς Lavendula stoechas L. Ährenförmiger Lavendel, *Suphlo,* III, 28
στρατιώτης Pistia stratiotes L. Schwimmende Krebsschere, *Tibus,* IV, 100
στρούθιον Saponaria officinalis L. Seifenkraut, *Oino,* II, 192
στρύχνον Solanum nigrum L. Schwarzer Nachtschatten, *Allelo,* IV, 71
σφονδύλιον Heracleum sphondylium L. Bärenklau, *Apsapher,* III, 80
τηλέφιον Cerinthe aspera L. Rauhe Wachsblume, *Anoth,* II, 217
τῆλις Trigonella foenum graecum L. Bockshornklee, *Itasin,* II, 124
τράγιον αλλο nicht bestimmbar, *Sober,* IV, 50
ὑοσκυάμον Hyoscyamus niger L., H. aureus L., H. albus L., Bilsenkraut, *Saphtho,* IV, 69
ὕσσωπον Origanum smyrnaeum L. Smyrnäischer Dosten, III, 27
φοίνιζ Lolium perenne L. Englisches Raigras, *Athnon,* IV, 43
χαμαιλέοντος λευκου Atractylis gummifera L. Mastixdistel, *Epher, Ephthosephin,*III, 8
χελιδόνιον Chelidonium majus L. Großes Schöllkraut, *Mothot,* II, 211

Anhang 3: Pflanzen und Pflanzenprodukte der koptischen medizinischen Schriften, die bereits den altägyptischen Ärzten zur Verfügung standen

Pflanzen
Acacia spec. (Akazie) ϣⲟⲛⲧⲉ altäg. *šnḏ.t*
Allium cepa L. (Küchenzwiebel) ⲙⲝⲱⲗ und ϩⲧⲧ altäg. *ḥḏw*
Allium porrum L. (Porree) ⲛϭⲉ altäg. *ỉꜣḳt*
Allium sativum L. (Knoblauch) ϣⲭⲏⲛ altäg. *ẖtn* (?)
Anethum graveolens L. (Dill) ⲉⲙⲓⲥⲉ altäg. *imst*
Apium graveolens L. (Sellerie) ⲥⲉⲗⲓⲛⲏ altäg. *mꜣtt*
Artemisia spec. (Beifuß) ⲁⲣⲧⲉⲙⲓⲥⲓⲁⲥ
Beta vulgaris L. (Mangold) ϩⲧⲧ
Capparis spinosa L. (Ägyptischer Kapernstrauch) ⲕⲉⲙⲉⲗⲉⲟⲥ
Carthamus tinctorius L. (Färberdistel, Saflor) ϭⲟⲩϭ altäg. *kt*
Ceratonia siliqua L. (Johannisbrotbaum) ϫⲓⲉⲓⲣⲉ altäg. *nḏm*
Convolvulus scammonia L. (Purgierwinde) ⲥⲁⲕⲁⲙⲟⲩⲛⲓⲁ
Cucurbitaceae (Melonenart) ϣⲱⲃⲉ, ⲃⲟⲛⲧⲉ und ϭⲗⲟϭ altäg. *šspt* und *šbt*
Cuminum cyminum L. (Kreuzkümmel) ⲧⲁⲡⲛ altäg. *tpnn*
Eruca sativa Mill. (Rauke) ϭⲓⲛϭⲓⲛ
Ficus carica L. (Ess-Feige) ⲕⲛⲧⲉ altäg. *dꜣb*
Ficus sycomorus L. (Sykomorenfeige) ⲛⲟⲩϩⲉ altäg. *nht*
Glaucium corniculatum (L.) J. H. Rudolph (Hornmohn) ⲙⲉⲙⲓⲑⲁ
Hordeum vulgare L. (Gerste) ⲉⲓⲱⲧ altäg. *it*
Iris spec. (Schwertlilie) ⲉⲓⲉⲣⲉⲟⲥ, ⲓⲉⲣⲉⲥ, ⲓⲉⲣⲉⲟⲥ und ⲓⲉⲣⲉⲱⲥ
Lactuca sativa L. oder L. serriola L. (Lattich) ⲱϥ altäg. *ꜥbw*
Lens culinaris Medik. (Linse) ⲁⲣϣⲓⲛ altäg. *ꜥršn* ?
Lepidium spec. (Kresse) ϣⲓⲧⲣⲁϭ ϩⲛⲧⲓ und ϣⲗⲉⲓⲛ bzw. ϣⲗⲗⲉⲓⲛ
Linum usitatissimum L. (Lein) ⲉϥⲣⲁ ⲙⲁϩⲉ altäg. *mḥi*
Lupinus spec. (Lupine) ⲑⲁⲣⲙⲟⲩⲥ
Malva sylvestris L. (Malve) ⲙⲟⲗⲟⲭⲏ
Matricaria recutita L. (Kamille) ⲭⲁⲙⲉⲙⲉⲗⲟⲛ
Melilotus spec. (Steinklee) ⲙⲉⲗⲓⲗⲓⲧⲟⲛ

Nigella sativa L. (Schwarzkümmel) ⲥϯⲕⲉⲙⲉ
Phoenix dactylifera L. (Dattel) ⲃⲏⲛⲛⲉ altäg. *bnr*
Piper nigrum L. (Pfeffer) ⲙⲓⲙⲉⲣ
Pistacia vera L. (Pistazie) ⲫⲓⲧⲧⲁⲅⲓⲛ
Portulaca oleracea L. (Portulak) ⲙⲉϩⲙⲟⲩϩⲉ
Punica granatum L. (Grantapfelbaum) ϩⲉⲣⲙⲁⲛ altäg. *inhmn*
Raphanus sativus L. (Rettich) ⲥⲓⲙ
Ricinus communis L. (Rizinus) ⲕⲓⲕⲓ altäg. *dgm*
Salix mucronata Thunb. (Ägyptische Weide) ⲧⲱⲣⲉ altäg. *ṯrt*
Sinapis spec. (Senf) ϣⲁⲗⲧⲁⲙ und ⲥⲓⲛⲁⲙⲉ
Solanum nigrum L. (Schwarzer Nachtschatten) ⲉⲗⲉⲗⲟⲩⲱⲛϣ und ⲉⲗⲟⲗⲉ ⲛⲟⲩⲱⲛϣ
Triticum spec. (Weizen) ⲥⲟⲩⲟ
Urginea maritima (L.) Baker (Meerzwiebel) ⲥⲕⲓⲗⲗⲁ
Verbena officinalis L. (Eisenkraut) ⲙⲉⲣⲓⲥⲧⲉⲣⲉⲱⲛⲟⲥ
Vicia ervilia (L.) Willd. (Linsenwicke) ⲟⲣⲟⲃⲟⲩ
Vicia faba L. (Saubohne) ⲃⲁⲗ ⲛⲁⲃⲱⲕ
Vitis vinifera L. (Wein) ⲏⲣⲙ altäg. *irp*
Zizyphus spina christi (L.) Willd. (Christdorn) ⲕⲉⲛⲛⲁⲣⲉ altäg. *nbs*

Pflanzenprodukte
Verschiedene Harze von Koniferen ⲥⲓϥⲉ altäg. *sfṯ*, ⲙⲓⲧⲏⲛⲏⲥ, ⲕⲟⲗⲟⲫⲱⲛⲓⲁⲥ, ⲗⲁⲙⲭⲁⲧⲙ
Myrrhe (Harze von Commiphora-Arten) ⲥⲙⲏⲣⲛⲏⲥ, ⲙⲱⲣ und ϣⲁⲗ altäg. *ʿntiw*
Weihrauch (Harze von Boswellia-Arten) ⲗⲓⲃⲁⲛⲟⲥ altäg. *snṯr*
Terebinthenharz (Harz von Pistacia terebinthus L.) ⲧⲉⲣⲉⲃⲓⲛⲑⲟⲥ altäg. *snṯr*
Galbanum (Harz von Ferula gummosa Boiss.) ⲭⲁⲗⲃⲁⲛⲏ
Mastix (Harz von Pistacia lentiscus L.) ⲙⲁⲥⲧⲓⲭⲉ
Storax (Styrax) (Harz von Styrax officinalis L.) ⲥⲧⲏⲣⲝ
Asa foetida (Harz von Ferula asa foetida L.) ϩⲉⲗⲑⲓⲑ
Sarkokolla (Harz von Astragalus sp.) ⲥⲁⲣⲕⲁⲕⲱⲗⲉⲱⲥ
Traganth (Harz von Astragalus gummifera Labill.) ⲧⲣⲁⲕⲁⲕⲁⲛⲑⲏⲥ
Gummi Arabicum (Harze von Acacia-Arten) ⲕⲟⲙⲙⲉ, ⲕⲟⲙⲉⲟⲥ, ⲕⲙ̄ⲙⲉ und ⲕⲏⲙⲙⲉ altäg. *kmit*
Olivenöl (Öl von Olea europaea) ⲛⲉϩ altäg. *nḥḥ*
Opium (Milchsaft von Papaver somnifera L.) ⲟⲡⲓⲟⲛ

VII Abgekürzt aufgeführte Literatur und Kurzbezeichnungen der medizinischen Papyri

Alpin, Médicine: Prosperi Alpini Medicina Aegyptiorum, Venedig 1591, in französicher Übersetzung von R. de Fenoyl, Institut Français d'Archéologie Orientale, Kairo 1980

Alpin, Plantes: Prosperi Alpini de Plantis Aegypti liber. Accesit etiam liber de Balsamo, Venedig 1592, in französischer Übersetzung von R. de Fenoyl und botanischen Kommentaren von Vivi Täckholm, Institut Français d'Archéologie Orientale, Kairo 1980

Baum, Arbres et arbustes: Nathalie Baum, Arbres et Arbustes de l'Egypte Ancienne, Orientalia Lovaniensia Analecta 31, Leuven 1988

Berendes: siehe Dioskurides

Boulos, Medicinal Plants: Loutfy Boulos, Medicinal Plants of North Africa, Algonac, Michigan 1983

Boulos, Flora: Loutfy Boulos, Flora of Egypt I–IV, Cairo 1999–2005

Charpentier, Receuil: Gérard Charpentier, Recueil de matériaux épigraphiques relatifs à la botanique de l'Égypte antique, Paris 1981

Dioskurides: J. Berendes, Des Pedanios Dioskurides Arzneimittellehre, Stuttgart 1902

Ducros, Droguier: M. A. H. Ducros, Essai sur le droguier populaire arabe de l'Inspectorat des Pharmacies du Caire, Mémoires présentés à l'Institut d'Égypte Bd. 40, Kairo 1930

Germer, Arzneimittelpflanzen: Renate Germer, Untersuchungen über Arzneimittelpflanzen im Alten Ägypten, Diss. Hamburg 1979

Germer, Flora: Renate Germer, Flora des pharaonischen Ägypten, Deutsches Archäologisches Institut Abteilung Kairo, Sonderschrift 14, Mainz 1985

Germer, Katalog: Renate Germer, Katalog der altägyptischen Pflanzenreste der Berliner Museen, Ägyptologische Abhandlungen Bd. 47, Wiesbaden 1988

Ghazanfar, Handbook: Shahina A. Ghazanfar, Handbook of Arabian Medical Plants, Boca Raton, 1994

Grapow, Grundriß: Hermann Grapow, Wolfhardt Westendorf und Hildegard von Deines, Grundriß der Medizin der Alten Ägypter, Bd. I–IX, Berlin 1954–1973

Grapow, Drogenwörterbuch: Hildegard von Deines und Hermann Grapow, Wörterbuch der ägyptischen Drogennamen, Grundriß der Medizin der Alten Ägypter, Bd. VI, Berlin 1959

Helck, Materialien: Wolfgang Helck, Materialien zur Wirtschaftsgeschichte des Neuen Reiches, AMAW, 1961–1970

Keimer, Gartenpflanzen I: Ludwig Keimer, Die Gartenpflanzen im Alten Ägypten I, Hamburg und Berlin 1924

Keimer, Gartenpflanzen II: Ludwig Keimer, Die Gartenpflanzen im Alten Ägypten, Renate Germer ed., Deutsches Archäologisches Institut Abteilung Kairo, Sonderschrift 13, Mainz 1984

Kotb Hussein, Medicinal Plants: Fawzy Taha Kotb Hussein, Medicinal Plants in Lybia, Beirut 1985

Kurth, Oasenmann: Dieter Kurth, der Oasenmann, Kulturgeschichte der antiken Welt Bd. 103, Mainz 2003

Loret, Flore: Victor Loret, La Flore pharaonique, 2nd ed., Paris 1892

Madaus, Lehrbuch: Gerhard Madaus, Lehrbuch der biologischen Heilmittel, Leipzig 1938, Nachdruck Ravensburg 1987
Manniche, Herbal: Lise Manniche, An Ancient Egyptian Herbal, London 1989
Mazal: Kommentar von Otto Mazal, in: Der Wiener Dioskurides, Graz 1998
Moursi, Heilpflanzen: Hanifa Moursi, Die Heilpflanzen im Land der Pharaonen, Kairo 1992

Nicholson and Shaw, Materials: Paul T. Nicholson and Ian Shaw ed., Ancient Egyptian Materials and Technology, Cambridge 2000

Pahlow, Heilpflanzen: M. Pahlow, Das große Buch der Heilpflanzen, Augsburg 2005
Plinius: Plinii Naturalis Historia, Loeb Classical Library, Cambridge Massachusetts

Sauneron, Schlangenpapyrus: Serje Sauneron, Un traité égyptien d´ophiologie, Publication de l'Institut Français d´Archéologie Orientale, Bibliothèque Générale, T XI, Kairo 1989

Täckholm, Flora I: Vivi and Gunnar Täckholm, Flora of Egypt I, in: Fouad I University, Bulletin of the Faculty of Science, Vol. 17, Kairo 1941
Täckholm, Flora II: Vivi Täckholm and Mohammed Drar, Flora of Egypt II, in: Fouad I University, Bulletin of the Faculty of Science, Vol. 28, Kairo 1950
Täckholm, Flora III: Vivi Täckholm and Mohammed Drar, Flora of Egypt III, in: Cairo University, Bulletin of the Faculty of Science, Vol. 30, Kairo 1954
Täckholm, Flora IV: Vivi Täckholm and Mohammed Drar, Flora of Egypt IV, in: Cairo University, Bulletin of the Faculty of Science, Vol. 36, Kairo 1969
Täckholm, Students´ Flora: Vivi Täckholm, Student´s Flora of Egypt, 2nd ed., Beirut 1974
Till, Arzneikunde: Walter C. Till, Die Arzneikunde der Kopten, Berlin 1951

Vartavan und Amorós, Codex : Christian de Vartavan and Victoria Asensi Amorós, Codex of Ancient Egyptian Plant Remains, London 1997

Westendorf, Heilkunst: Wolfhardt Westendorf, Erwachen der Heilkunst - Die Medizin im Alten Ägypten, Zürich 1992
Westendorf, Handbuch: Wolfhardt Westendorf, Handbuch der altägyptischen Medizin, Handbuch der Orientalistik, Der Nahe und Mittlere Osten, Band 36, Leiden, Boston und Köln 1999

Zohary, Flora Palaestina: Michael Zohary, Flora Paelestina I–IV, Jerusalem 1966–1986
Zohary and Hopf, Domestication: Daniel Zohary and Maria Hopf, Domestication of Plants in the Old World 2nd ed., Oxford 1993

Die Ägyptologische Literatur ist in der vom Lexikon der Ägyptologie, herausgegeben von Wolfgang Helck und Eberhard Otto, Wiesbaden 1975, Bd. I. vorgeschlagenen Form zitiert.

Folgende Abkürzungen wurden nach Westendorf,Handbuch, Sauneron,Schlangenpapyrus und Grapow,Grundriß für die einzelnen medizinischen Papyri benutzt:

- Bln .... pBerlin 3038
- Brk......... pBrooklyn 47.218.48 und .85
- Bt .... pChester Beatty VI
- Carlsberg .... pCarlsberg Nr. VIII
- Eb .... pEbers
- H .... pHearst
- Kah .... pKahun (med.)
- L ....pLondon (Brit. Museum 10059)
- Mutt. u. Kind .... pBerlin 3027
- O Berlin 5570 .. Ostrakon Berlin P 5570
- Pap. Beatty V ....pChester Beatty V
- Pap. Beatty VIII..... pChester Beatty VIII
- Pap. Leiden .... pLeiden I 343 + I 345
- Pap. Louvre E 4864 ....pLouvre 4864
- Ram III ....pRamesseum III
- Ram IV ....pRamesseum IV
- Ram V ....pRamesseum V
- Sm ....pEdwin Smith

VIII Bildquellen

Abgekürzt aufgeführte Literatur

Alpin: Prosperi Alpini de Plantis Aegypti liber. Accesit etiam liber de Balsamo, Venedig 1592, in französischer Übersetzung von R. de Fenoyl und botanischen Kommentaren von Vivi Täckholm, Institut Français d'Archéologie Orientale, Kairo 1980

Andrews: F. W. Andrews, The Flowering Plants of the Anglo-Egyptian Sudan, Arbroath 1952, Vol. II

Bekele-Tesemma: Azene Bekele-Tesemma, Useful Trees and Shrubs for Ethiopia, Nairobi, 1993

Boullard: Bernard Boullard, Plantes Médicinales du Monde, Paris 2001

Boulos: Loutfy Boulos, Medicinal Plants of North Africa, Algonac, Michigan 1980

Cook: Cristopher D. K. Cook et al., Water Plants of the World, Den Haag 1974

Crowfoot: Grace M. Crowfoot, Flowering Plants of the Northern and Central Sudan, Leominster 1928

Delile: Description de l'Egypte, Paris 1809–1828, H. N. vol. II

Engler 1897: Adolf Engler, Die natürlichen Pflanzenfamilien, Bd. III, 4, Leipzig 1897

Engler 1908: Adolf Engler und Oskar Drude, Die Vegetation der Erde IX, Bd. II, Leipzig 1908

Engler 1910: Adolf Engler und Oskar Drude, Die Vegetation der Erde IX, Bd. I, Leipzig 1910

Esdorn: Ilse Esdorn, Die Nutzpflanzen der Tropen und Subtropen der Weltwirtschaft, Stuttgart 1961

Franke: Wolfgang Franke, Nutzpflanzenkunde, Stuttgart 1976

Fuchs: Leonhart Fuchs, Kreutterbuch, Basel 1543

Hayne: F. G. Hayne, Getreue Darstellung und Beschreibung der in der Arzneikunde gebräuchlichen Gewächse, Berlin 1827, Bd. IX

Hegi: Gustav Hegi, Illustrierte Flora von Mitteleuropa, Bd. V, 2, München 1926

Hutchinson: J. Hutchinson, The Families of Flowering Plants^3, Oxford 1973

Jávorka: Sándor Jávorka und Vera Csapody, Ikonographie der Flora des südöstlichen Mitteleuropas, Stuttgart 1979

Keimer: Keimer, in: Wresz. Atlas II, 1925, Pl. 26 f

Köhler: Köhler's Atlas der Medizinal-Pflanzen, Gera 1887

Migahid: Ahmad Mohammad Migahid, Flora of Saudi Arabia, Riyadh, 1978

Moldenke: Harold N. Moldenke and Alma L. Moldenke, Plants of the Bible, Waltham 1952

Moursi: Hanifa Moursi, Die Heilpflanzen im Land der Pharaonen, Kairo 1992

Neuwinger: Hans Dieter Neuwinger,Afrikanische Arzneipflanzen und Jagdgifte,Stuttgart 1994

Offenbach: Peter Offenbach, Kräuterbuch des uralten und in aller Welt berühmtesten Griechischen Scribenten Pedacii Dioscorides Anazarbaei, Frankfurt 1610

Rosellini: Ippolito Rosellini, I monumenti dell'Egitto e della Nubia Pisa 1832–44, Monumenti civili II

Rothmaler: Werner Rothmaler, Exkursionsflora III, Berlin 1966

Schmeil: Otto Schmeil, Pflanzenkunde II, Heidelberg 1951

Schweinfurth: Schweinfurth, in: Adolf Engler, Botanische Jahrbücher 55, Leipzig 1919
Stocker: Otto Stocker, Grundriß der Botanik, Berlin, Göttingen, Heidelberg 1952

Täckholm: Vivi Täckholm, Students´ Flora of Egypt, 2nd ed., Beirut 1974
Taylor: Sally Taylor, A Traveller´s Guide to the Woody Plants of Turkey, Istanbul 1984
Townsend: C. C. Townsend, Evan Guest and Ali Al-Rawi, Flora of Iraq, Vol. IX, 1968
Townsend & Guest: C. C. Townsend & Evan Guest ed.; Flora of Iraq, Vol. III, Bagdad 1974

Weymar, Korbblütler: Herbert Weymar, Buch der Korbblütler; Radebeul, 1957
Weymar, Lippenblütler: Herbert Weymar, Buch der Lippenblütler und Rauhblattgewächse, Radebeul 1966
Weymar, Doldengewächse: Herbert Weymar, Buch der Doldengewächse, Melsungen 1966
Weymar, Schmetterlingsblütler: Herbert Weymar, Buch der Schmetterlingsblütler, Melsungen 1966
Weymar, Gräser: Herbert Weymar, Buch der Gräser, Melsungen 1967
Weymar, Kreuzblütler: Herbert Weymar, Buch der Kreuzblütler, Leipzig 1988

Zohary: Michael Zohary, Flora Palaestina I–IV, Jerusalem 1966–1986

Abbildungsnachweis

Abrus precatorius: Köhler
Acacia nilotica: Crowfoot, Nr. 78
Acacia seyal: Crowfoot, Nr. 78
Acacia tortilis: Crowfoot, Nr. 80
Achillea fragrantissima: Täckholm, S. 580 und Achillea santolina: Boulos, S. 50
Adansonia digitata: Crowfoot, Nr. 49
Adiantum capillus-veneris: Fuchs, Pl. 45
Ajuga iva: Offenbach, S. 244
Alhagi mauorum: Townsend & Guest, S. 501
Alkanna lehmanii: Täckholm, S. 447
Allium cepa: Duell, Mereruka I, Pl. 65
Allium kurrat und A. porrum: Franke, S. 204
Allium sativum: Offenbach, S. 126
Ambrosia maritima: Migahid, S. 612
Ammi majus: Rothmaler, S. 386
Ammi visnaga: Täckholm, S. 389
Amygdalus communis: Zohary II, Pl. 31
Anastatica hierochuntica: Stocker, S. 210
Anethum graveolens: Weymar, Doldengewächse, S. 93
Anthemis sp.: Alpin, 119
Apium graveolens: Weymar, Doldengewächse, S. 61
Arisarum vulgare: Täckholm, S. 765
Artemisia judaica: Täckholm, S. 580
Arum sp.: Zohary IV, Pl. 434; Schweinfurth, S. 469
Asparagus stipularis: Täckholm, S. 646
Atriplex halimus: Zohary I, Pl. 204
Balanites aegyptiaca: Crowfoot, Nr. 99
Blepharis ciliaris: Crowfoot, Nr. 144
Boerhavia repens: Crowfoot, Nr. 30
Boswellia sp.: Bekele-Tesemma, S. 115 und Engler 1910, S. 202
Brassica nigra: Rothmaler, S. 256
Bupleurum: Täckholm, S. 386
Calotropis procera: Crowfoot, Nr. 116
Capparis decidua: Crowfoot, Nr. 12
Capparis spinosa: Täckholm, S. 163
Capsella bursa-pastoris: Weymar, Kreuzblütler, S. 104
Carthamus tinctorius: Weymar, Korbblütler, S. 253
Centaurium spicatum: Täckholm, S. 406
Ceratonia siliqua: Weymar, Schmetterlingsblütler, S. 18
Cichorium endivia: Weymar. Korbblütler; S. 257
Cistanche phelypaea: Crowfoot, Nr. 139
Cistus creticus: Zohary II, Pl. 495
Citrullus colocynthis: Crowfoot, Nr. 36
Citrullus vulgaris: Fuchs, Pl. 401
Cocculus pendulus: Crowfoot, Nr. 3
Commiphora: Engler 1897, S. 253; Täckholm, S. 336
Convolvulus althaeoides und Convolvulus arvensis: Täckholm, S. 428 und 427

Corchorus olitorius: Alpin, 93
Cordia sinensis und Cordia myxa: Crowfoot, Nr. 128; Hayne, Nr. 33
Coriandrum sativum: Zohary II, Pl. 579
Cressa cretica: Täckholm, S. 434
Crinum zeylanicum: Neuwinger S. 10 und Boullard, S.166
Crocus sativus: Offenbach, S. 17
Cucumis. melo: Fuchs, Pl. 402
Cuminum cyminum: Hegi, S. 1138
Cymbopogon schoenanthus: Moursi, S. 144
Cynodon dactylon: Townsend, S. 457
Cynomorium coccineum: Täckholm, S. 381
Cyperus esculentus: Engler 1908, S. 198
Cyperus papyrus: Alpin, 111
Cyperus rotundus : Täckholm, S. 787
Dalbergia melanoxylon: Engler, 1908, S. 629
Dracunculus vulgaris: Fuchs, Pl. 130 und Schweinfurth, S. 472
Eminium spiculatum: Täckholm, S. 767 und Keimer
Ephedra alata: Täckholm, S. 48
Erodium cicutarium: Fuchs, Pl. 113
Eruca sativa: Fuchs, Pl. 304
Eryngium campestre: Fuchs, Pl. 166
Euphorbia helioscopia: Fuchs, Pl. 465
Ferula gummosa: Jávorka, S. 378, Fig. 2596
Ficus carica: Offenbach, S. 84
Ficus sycomorus: Offenbach, S. 83
Gynandropis gynandra: Crowfoot, Nr. 10 a
Haloxylon scoparium: Zohary I, Pl. 238
Haplophyllum tuberculatum: Täckholm, S. 335
Heliotropium bacciferum: Zohary III, Pl. 94
Herniaria hirsuta: Zohary I, Pl. 191
Hyoscyamus muticus und Hyoscyamus albus: Boulos, S. 165 und 166
Hyphaene thebaica: Delile, Pl. 1 und 2
Imperata cylindrica: Townsend, S. 535
Iris sp.: Schweinfurth, S. 478
Juniperus oxycedrus: Zohary I, Pl. 18
Lactuca sativa und Lactuca serriola: Offenbach, S. 116
Lawsonia inermis: Crowfoot, Nr. 29
Lens culinaris: Weymar, Schmetterlingsblütler, S. 158
Lepidium sativum: Fuchs, Pl. 204
Leptadenia pyrotechnica: Andrews, S. 410
Linum usitatissimum: Jávorka, Nr. 2222
Liquidambar orientalis: Taylor, S. 100
Lolium temulentum: Weymar, Gräser, S. 240
Lupinus albus: Fuchs, Pl. 173
Maerua crassifolia: Täckholm, S. 166 und Boulos, Flora I, S. 175
Malva parviflora und Malva sylvestris: Täckholm, S. 350 und Boulos, S. 133
Mandragora autumnalis: Köhler und Rosellini Pl. LXXIV
Marrubium vulgare: Weymar, Lippenblütler, S. 66
Matricaria recutita: Fuchs, Pl. 13
Mentha pulegium und Mentha longifolia: Fuchs, Pl. 164 und 110
Mercurialis annua: Boulos, S. 84
Mimusops laurifolia: Bekele-Tesemma, S. 315
Moringa aptera: Crowfoot, Nr. 15
Narcissus tazetta: Moldenke, S. 146
Nasturtium officinale: Fuchs, Pl. 415
Nigella sativa: Fuchs, Pl. 284
Nymphaea: Täckholm, S. 146
Olea europapaea: Esdorn, S. 40
Papaver rhoeas: Jávorka, Nr. 1395
Papaver somnifera: Jávorka, Nr. 1391
Peganum harmala: Täckholm, S. 310
Pergularia tomentosa: Täckholm, S. 412
Phoenix dactylifera:Bekele-Tesemma,S.349
Phragmites australis: Townsend, S. 373
Piper nigrum: Köhler
Pistacia lentiscus und P. therebinthus: Zohary II, Pl. 439 und 437
Pistia: Täckholm, S. 764
Plantago sp.: Täckholm, S. 512; Zohary III, Pl. 372; Täckholm, S. 515; Zohary III, Pl. 389
Pluchea dioscorides: Täckholm, S. 550
Polygonum aviculare: Fuchs, Pl. 349
Portulaca oleracea: Fuchs, Pl. 61
Pulicaria incisa: Boulos, S. 66
Punica granatum: Hutchinson, S. 384

Retama raetam: Täckholm, S. 228
Ricinus communis: Fuchs, Pl. 192
Salix mucronata: Bekele-Tesemma, S. 401
Salvadora persica: Crowfoot, Nr. 93
Senna alexandrina und Senna italica: Crowfoot Nr. 66 und 65
Senecio vulgaris: Weymar, Korbblütler, S. 212
Sesbania aegyptica: Alpin, 82
Silybum marianum: Täckholm, S. 537
Sinapis alba: Fuchs, Pl. 304
Solanum incanum: Crowfoot, Nr. 129
Solanum nigrum: Täckholm, S. 472
Solenostemma arghel: Crowfoot, Nr. 115
Sonchus oleraceus: Weymar, Korbblütler, S. 269
Styrax officinalis: Taylor, S. 97
Tamarix sp.: Migahid, S. 107 und Crowfoot, Nr. 31
Teucrium polium: Täckholm, S. 470
Thymelaea hirsuta: Zohary II, Pl. 487
Trachyspermum ammi: Zohary II, Pl. 602
Tribulus terrestris: Täckholm, S. 310
Trigonella foenum graecum: Weymar, Schmetterlingsblütler, S. 55
Triticum turgidum: Schmeil, S. 231
Typha domingensis: Täckholm, S. 770
Urginea maritima: Zohary IV, Pl. 69
Urtica urens: Täckholm, S. 56
Verbena officinalis: Fuchs, Pl. 337
Vicia faba: Weymar, Schmetterlingsblütler; S. 145
Vigna unguiculata: Keimer, BIFAO 28, 1928, Pl. V
Vitis vinifera: Fuchs, Pl. 46
Withania somnifera: Täckholm, S. 475
Zilla spinosa: Täckholm, S. 196
Zizyphus spina Christi: Crowfoot, Nr. 96
Zygophyllum coccineum: Moursi, S. 304

IX Indices

Index der genannten altägyptischen Pflanzennamen und Pflanzenprodukte

ꜣꜥꜥm 18
ꜣhm 18
i͗ꜣr 18
i͗ꜣrrt 18f., 32, 362f.
i͗ꜣḳt 19f., 187ff.
i͗wri͗t 20f., 361
i͗wḥw 21f.
i͗bw 22f.
i͗br 23f.
i͗bs 24
i͗bsꜣ 24f.
i͗pt 25
i͗mꜣ 25ff., 290f.
i͗mst 14, 27, 197f.
i͗ni͗w 27
i͗nwn 27
i͗nb 28
i͗n(n)k 28f., 325
i͗nhmn 30, 329f.
i͗nst 30f.
i͗rt-pt 31
i͗rp 32, 362f.
i͗rti͗w 32
i͗hmt 32f.
i͗ḥi͗ 33
i͗ḥw 33f.
i͗sw 34, 317
i͗sr 34f., 347f.
i͗šd 35ff., 207
i͗ḳrw 37
i͗ṯrw 10, 37f., 41, 216
i͗t 15, 38, 122
ꜥꜣb 38
ꜥꜣmw 38f.
ꜥꜥꜣm 39
ꜥwnt 39f., 195f.
ꜥbw 14, 278ff.
ꜥfꜣ 40, 41
ꜥfi͗ 10, 41
ꜥmꜣw 41f.
ꜥnnw 42
ꜥnḫ-i͗mi͗ 9, 42f.
ꜥnti͗w 43ff., 88, 117, 122, 230ff.
ꜥrw 45f.
ꜥršn 282
ꜥḫ 46
ꜥš 47ff., 233
wꜣm 49f.
wꜣnb 50
wꜣdw 50
wꜥn 14, 46, 50ff., 276ff.
wꜥḥ 53f., 249
wnši͗ 32, 54f., 362f.
bꜣi͗ 55f.
bꜣḳ 56ff., 302f.
bꜣgs.w 58
bbt 58f.
bni͗w 62
bnr 15, 59ff., 314ff.
bnrt 64, 314ff.
bḥḥ 64
bḫb 64
bsbs 64f.
bšꜣ 65f.
bdt 66f., 354
bdd 67
bddw-kꜣ 68
pꜣꜥrt 69
pꜣḫ 69
pꜣḫ-sri͗t 69
ppt 69
pr 360
prt-šni͗ 9, 69ff.
pḫt ꜥꜣ 72
psḏ 72f.
mꜣꜣ 73
mꜣft 74
mꜣmꜣ 273f.
mꜣtt/mꜣṯt 74ff., 200f., 215
mi͗mt 76
mi͗mi͗ 76ff.
mnwḥ 10, 78, 133
mnḥ 78, 80, 249ff.
mnḳ 78f.
mri͗ 79
mḥi͗ 79, 284f.
mḥi͗t 78, 80, 249ff.
mḫmḫwt 328
msḏr-ꜥꜣ 80, 96
msḏr-ḥḏrt 80
mgꜣ 80
ni͗ꜣi͗ꜣ/ni͗wi͗w 81f., 298
nwꜣ 82
nwꜣn 82
nb 82
nbi͗t 82f.
nbḥ 83
nbs 83f., 365f.
nfr.t 84f.
nni͗b/ni͗b/ni͗wbn 85
nht 85ff., 264f.
nḥꜣ-s-ꜥwj (?) 88
nḥḥ 88, 307f.
nḥd/nḥdt 89
nsti͗w 89, 186f.
nšꜣ.w 90
nṯr 90

nḏm ... 91, 221ff.
nḏḥꜥḏꜥt ... 91
rnt ... 91
rkrk ... 91
rdnw ... 92, 226
hbni ... 92, 253f.
hr(i) ... 93, 224
hdn ... 93, 214
ḥbt ... 93
ḥpꜥpꜥt ... 93
ḥmꜣit ... 94f.
ḥmꜣw ... 95
ḥni ... 95, 96
ḥni-tꜣ ... 95
ḥnw ... 96, 281
ḥnn-ꜥꜣ ... 96
ḥknw ... 96
ḥḏw ... 96ff., 187ff.
ḥḏw/ḥḏt ... 98
ḥḏw/ḥḏt ... 98
ḫꜣsit ... 98ff.
ḫbw ... 100
ḫpr-wr ... 100f.
ḫfꜥ ꜥ-i ꜣm ꜥ-i ... 101
ḫnš ... 101
ḫsꜣw ... 101
ḫt-ꜥwꜣ ... 102
ḫt-n-ḥfꜣ ... 9, 102f.
ḫt-ds ... 103ff., 339
ḫt-dšr ... 9, 105
ḫtn ... 105, 191
ḫsꜣit ... 105f.
sꜣ-wr ... 106f.
sꜣit ... 107f.
sꜣpt ... 108, 306f.
sꜣr ... 108f.
sꜥꜣm ... 38f., 109f., 111, 191f.
sꜥm ... 109, 110f., 203
swt ... 111ff.
swt ... 113f.
sbttit ... 114
sprt ... 114, 223
sfṯ ... 48, 115, 233
smt ... 115, 283f.
sn-wtt ... 9, 10, 115f., 141, 233
snw ... 116
snb ... 116
snp ... 341
snn ... 117
snṯr ... 45, 115, 117ff., 212, 320
srmt ... 63
sḫt ... 122
sšp ... 140
sšn ... 116, 123, 306f.
sd-pnw ... 9, 123f.
šꜣw ... 124f., 238
šꜣwit ... 125
šꜣbt ... 125
šꜣms ... 126f.
šꜣs ... 127
šꜣšꜣ ... 127ff.
šꜥt ... 78, 80, 249ff.
šw ... 78, 80, 249ff.
šwt-Nmti ... 129, 246
šwꜣb ... 130, 300f.
šb/šbt ... 130f., 228, 243
šbt ... 131
šbb ... 131
špn/špnn ... 131f.
šmšmt ... 132f.
šn n ꜣꜥꜥn ... 133
šni-tꜣ ... 10, 78, 133f.
šnꜥw ... 134
šnft ... 134f.
šnḏt ... 15, 46, 135ff., 176ff.
šspt ... 140, 228, 243f.
ḳꜣꜣ ... 140
ḳꜣdt ... 9, 10, 116, 140f.
ḳwpr ... 281
ḳwḳw ... 273f.
ḳbw ... 141f.
ḳmꜣ Kꜣš ... 129
ḳmit ... 142
ḳnt ... 142
ḳni ... 142
ḳstt/ḳsntt ... 142f.
ḳtḳt.w ... 143
kꜣt-šwt ... 143
kꜣkꜣ ... 143f.
ksbt ... 144f.
kṯ/kꜣṯ ... 219f.
git ... 145f.
giw ... 91, 146ff., 251
gngnt ... 148
grš ... 149
gsfn ... 149
tiꜣ ... 149
tiꜥm ... 150
tiw ... 150
ti-šps ... 151f.
twt-Ḥr ... 9, 152
twt-stš ... 152
twr ... 152f.
tbtt ... 153
tpnn ... 115, 153f., 244f.
tnti ... 155
tntm ... 155
tḫwꜣ ... 155ff.
tḫw ... 10, 38, 157
ṯꜣm-ṯꜣm ... 157
ṯꜣti ... 157
ṯwn ... 158f.
ṯrt ... 159f., 333f.
ṯrḥs ... 160
dꜣb ... 160f., 263f.
dwꜣt ... 162
dbit ... 162
dr-nkn ... 162f.
dḥꜣ ... 163
dḥꜥꜥ ... 163
dšr ... 163f.
dgm ... 14, 164f., 332f.
ḏꜣꜥ ... 165f.
ḏꜣrt ... 166ff., 223
ḏꜣs/ḏꜣis ... 171f., 312f.
ḏꜥꜥ ... 172

Index der lateinischen Namen der erwähnten Heilpflanzen

Abies cilicica 49
Abrus precatorius .... **175f.**
Acacia nilotica .... **135ff.**, 142, **176ff.**
Acacia seyal .... **178f.**
Acacia tortilis .... 145, **179f.**
Achillea fragrantissima und
Achillea santolina .... **180f.**
Adansonia digitata .... **181ff.**
Adiantum capillus-veneris .... **183f.**
Ajuga iva .... **184f.**
Alhagi graecorum .... **185f.**
Alkanna lehmanii .... 89, **186f.**
Allium cepa .... **96ff.**, **187ff.**
Allium kurrat und A. porrum .... **19f.**, **189f.**
Allium sativum .... 105, **190f.**
Ambrosia maritima .... 109, **191f.**
Ammi majus .... **192f.**
Ammi visnaga .... **193ff.**
Amygdalus communis .... 40, 94, **195f.**
Anastatica hierochuntica .... **196f.**
Anethum graveolens .... 14, 27, **197f.**
Anthemis sp. .... **199f.**
Apium graveolens .... **74ff.**, **200f.**
Arisarum vulgare .... **201f.**
Artemisia judaica .... 111, **202f.**
Arum sp. .... **203ff.**
Asparagus stipularis .... **205f.**
Atriplex halimus .... **206f.**
Balanites aegyptiaca .... 37, **207f.**
Blepharis edulis **209**
Boerhavia repens **210**
Boswellia sp. .... 121, **210ff.**
Brassica nigra M **213**
Bupleurum .... 93, **213f.**
Calotropis procera .... **215f.**
Capparis decidua 10, 37f., **216**
Capparis spinosa .... **217f.**
Capsella bursa-pastoris .... **218f.**
Carthamus tinctorius .... **219f.**
Cedrus libani 49, 79
Centaurium spicatum **221**
Ceratonia siliqua .... **91**, 170, **221ff.**
Cichorium endivia .... 93, **223ff.**
Cistanche phelypaea und
Cistanche tubulosa **225**
Cistus creticus **226**
Citrullus colocynthis .... 170, **227f.**
Citrullus lanatus .... **228f.**
Cocculus pendulis und C. hirsutus .... **229f.**
Commiphora .... 32, 45, 106, **230ff.**
Coniferae .... **232f.**
Convolvulus althaeoides und
Convolvulus arvensis .... 116, **233f.**
Corchorus olitorius .... **234ff.**
Cordia myxa und Cordia sinensis .... **236f.**
Coriandrum sativum .... 125, **237f.**
Cressa cretica .... **239f.**
Crinum zeylanicum .... **240f.**
Crocus sativus .... **241f.**
Cucumis melo .... **242ff.**
Cuminum cyminum .... **153f.**, **244f.**
Cupressus sempervirens 49
Cymbopogon schoenanthus .... **245f.**
Cynodon dactylon .... **247f.**
Cynomorium coccineum **248**
Cyperus alopecuroides 95
Cyperus esculentus **53f.**, **249**
Cyperus papyrus .... **78**, **80**, 116, **249ff.**
Cyperus rotundus .... 147f., **251f.**
Dalbergia melanoxylon .... **92**, **253f.**
Dracunculus vulgaris .... **254f.**
Eminium spiculatum .... **256f.**
Ephedra alata **257**
Erodium cicutarium .... **258f.**
Eruca sativa .... **259f.**
Eryngium campestre .... **260f.**
Euphorbia helioscopia **261**
Ferula gummosa .... **262f.**
Ficus carica .... **160f.**, **263f.**
Ficus sycomorus .... **85ff.**, **264f.**
Gynandropis gynandra .... **265f.**
Haloxylon scoparium .... **267f.**
Haplophyllum tuberculatum .... **268f.**
Heliotropium bacciferum .... **269f.**
Herniaria hirsuta .... **270f.**
Hordeum vulgare 38, 122

Hyoscyamus albus und
Hyoscyamus muticus .... **271f.**
Hyphaene thebaica .... **273f.**
Imperata cylindrica .... **274f.**
Iris sp. .... **275f.**
Isatis tinctoria 32, 163
Juniperus oxycedrus .... **50ff.**, **276ff.**
Juniperus phoenicea 14, 277
Lactuca sativa und
Lactuca serriola .... 14, **278ff.**
Lawsonia inermis .... 96, **280ff.**
Lens culinaris .... **282f.**
Lepidium sativum .... 115, **283f.**
Leptadenia pyrotechnica .... **284f.**
Linum usitatissimum 79, 286
Liquidambar orientalis .... 85, **287f.**
Lolium temulentum .... **288f.**
Lupinus albus .... **289f.**
Maerua crassifolia .... 26, **290f.**
Malva parviflora und
Malva sylvestris .... **292f.**
Mandragora autumnalis .... **293f.**
Marrubium vulgare .... **294f.**
Matricaria recutita .... **296f.**
Mentha pulegium und
Mentha longifolia .... 81, **297ff.**
Mercurialis annua .... **299f.**
Mimusops laurifolia .... **130**, **300f.**
Moringa peregrina .... **56ff.**, **302f.**
Narcissus tazetta 303
Nasturtium officinale 304
Nigella sativa .... **304f.**
Nymphaea .... 108, **123**, **306f.**
Olea europaea .... 88, **307f.**
Papaver rhoeas .... **309f.**
Papaver somniferum .... 132, **310ff.**
Peganum harmala .... 172, **312f.**
Pergularia tomentosa 314
Phoenix dactylifera .... **59ff.**, **314ff.**
Phragmites australis .... **316f.**
Piper nigrum .... **317ff.**
Pistacia lentiscus und
Pistacia terebinthus .... 121, **319ff.**
Pistia stratiotes .... **321f.**
Plantago sp. .... **322ff.**
Pluchea dioscurides .... **324f.**
Polygonum aviculare .... **325f.**
Portulaca oleracea .... **327f.**
Pulicaria incisa .... **328f.**
Punica granatum .... 30, **329f.**
Retama raetam 331
Ricinus communis .... 14, **164f.**, **332f.**
Salix mucronata .... **159f.**, **333f.**
Salvadora persica .... **335f.**
Senna alexandrina und Senna italica... **336f.**
Senecio vulgaris .... **337f.**
Sesbania aegyptica .... 105, **338f.**
Silybum marianum .... **339f.**
Sinapis alba .... **340f.**
Solanum incanum .... **341f.**
Solanum nigrum .... **343f.**
Solenostemma arghel 344
Sonchus oleraceus 345
Styrax officinalis .... **345ff.**
Tamarix sp. .... **34f.**, **347f.**
Teucrium polium .... **348f.**
Thymelaea hirsuta .... **350f.**
Trachyspermum ammi .... **351f.**
Tribulus terrestris .... **352f.**
Trigonella foenum graecum .... 94, **353f.**
Triticum turgidum **66f.**, 113, 354
Typha domingensis 355
Urginea maritima .... **355ff.**
Urtica urens .... **357ff.**
Verbena officinalis 359
Vicia faba 360
Vigna unguiculata .... 21, **360ff.**
Vitis vinifera .... 18f., **32**, 54f., **362f.**
Withania somnifera .... **363f.**
Zilla spinosa .... **364f.**
Zizyphus spina Christi .... **83f.**, **365f.**
Zygophyllum coccineum .... **367f.**

Alkanna tinctoria s. u. **Alkanna lehmanii**
Capparis aegyptia s. u. **Capparis spinosa**
Cassia italica s. u. **Senna italica**
Cassia senna s. u. **Senna alexandrina**
Conyza dioscorides
s. u. **Pluchea dioscorides**

Ferula galbaniflua s. u. **Ferula gummosa**
Hammada scoparia
s. u. **Haloxylon Scoparium**
Lupinus termis s. u. **Lupinus albus**
Mandragora officinarum
s. u. **Mandragora autumnalis**
Matricaria chamomilla
s. u. **Matricaria recutita**
Mimusops schimperi
s. u. **Mimusops laurifolia**
Peucedanum galbanifluum
s. u. **Ferula gummosa**
Prunus amygdalus
s. u. **Amygdalus communis**
Salix safsaf s. u. **Salix mucronata**
Salix subserrata s. u. **Salix mucronata**

Index der deutschen Namen der erwähnten Heilpflanzen

Ackerwinde 116, **233f.**
Afrikanisches Ebenholz 14, **92**, **253f.**
Affenbrotbaum **181ff.**
Ägyptische Lupine **289f.**
Ägyptische Weide **159f.**, **333f.**
Ägyptischer Kapernstrauch **217f.**
Ägyptischer Lotus **306f.**
Ägyptischer Zahnbaum 37, **207f.**
Ägyptisches Bilsenkraut **271f.**
Ährenförmiges Tausendgüldenkraut **221**
Ajowankümmel **351f.**
Akazie 9, 15, 26, 46, 85, **135ff.**,142, 145,158, 167, 171, **176ff.**, **178f.**, **179f.**
Alexandrinische Senna **336f.**
Alraune **293f.**
Amberbaum **287f.**
Andorn **294f.**
Argelstrauch **344**
Aronstab **203ff.**
Augenbohne 21, **360ff.**
Bartgras **245f.**
Baumwacholder **276ff.**
Behaarte Sptzenzunge **350f.**
Behaartes Bruchkraut **270f.**
Beifuß **202f.**
Benbaum **56ff.**, **302f.**
„Bildnis des Horus" 9, **152**
„Bildnis des Seth" **152**
Bilsenkraut **271f.**
Bingelkraut **299f.**
„Binse aus Kusch" **129**
Bitterapfel **341f.**
Blauer Lotus **306f.**
Bockshornklee 94, **353f.**
Brennessel **357ff.**
Bruchkraut **270f.**
Brunnenkresse **304**
Chate(-Melone) 228, **242ff.**
Christdorn 9, **83f.**, **365f.**
Dattelpalme **59ff.**, **314ff.**
Dill 14, 27, **197f.**
Dornbusch 58
Drachenwurz **254f.**
Dumplame **273f.**
Ebenholz 14, **92**, **253f.**
Echte Kamille **296f.**
Echte Melone 228, **242ff.**
Einjähriges Bingelkraut **299f.**
Eisenkraut **359**
Emmer **66f.**, 113, **354**
Endivienwegwarte **223ff.**
Erdburzeldorn **352f.**
Erdmandel **53f.**, **249**
„Esels-Ausscheidung" **72**
„Esels-Ohr" **80**, **96**
„Esels-Phallus" **96**
Ess-Feige **160f.**, **263f.**
„Fauliges Holz" **102**
„Feder des Gottes Nemti" **129**
Feige 86f., **160f.**, **263f.**, **264f.**
Feld-Mannstreu **260f.**
Ferberdistel **219f.**
Fingergras **247f.**
Flachs 79, **284f.**
Flohkraut **328f.**
Frauenhaar **183f.**

Fuchsschwänziges Cyperngras 95
Gartenkresse .... 115, **283f.**
Gartensalat .... 14, **278ff.**
Gemeiner Andorn .... **294f.**
Gemeiner Drachenwurz .... **254f.**
Gemeiner Kappen-Aron .... **201f.**
Gemeines Hirtentäschelkraut .... **218f.**
Gemeines Kreuzkraut .... **337f.**
Gemeines Schilfrohr .... **316f.**
Gemüse-Portulak .... **327f.**
Gerste 15, **38**, 66, 122
Granatapfelbaum .... **30**, **329f.**
Grauer Gamander .... **348f.**
Große Knorpelmöhre .... **192f.**
„Großer Schutz" .... **106f.**
Gummihaltiges Steckenkraut .... **262f.**
Günsel .... **184f.**
„Haar der Erde" .... 10, 78, **133f.**
„Haar des Pavians" 133
„Haarfrucht" .... 9, **69ff.**
Hakenlilie .... **240f.**
Hand der Fatima .... **196f.**
Hand der Maria .... **196f.**
Hängender Kokkelstrauch .... **229f.**
Harmalstaude .... 172, **312f.**
Harzkraut .... **239f.**
Hasenohr .... 93, **213f.**
Heiligenkrautige Schafgarbe .... **180f.**
Hennastrauch .... 96, **280ff.**
Hirtentäschelkraut .... **218f.**
Hundskamille .... **199f.**
Hundskolbengewächs 248
Hundszahngras .... **247f.**
Indigo 163
Italienische Senna .... **336f.**
Jochblatt .... **367f.**
Johannisbrotbaum ...... **91**, 114, 170, **221ff.**
Jüdäischer Beifuß .... **202f.**
Kameldorn .... **185f.**
Kamelgras .... **245f.**
Kamille .... **296f.**
Kapernstrauch .... 37f., 216, **217f.**
Kappen-Aron .... **201f.**
Kappenwurz .... **201f.**
Klatschmohn .... **309f.**
Kleinblütige Malve .... **292f.**
Kleine Brennessel .... **357ff.**
Kleine Zichorie .... 93, **223ff.**
Knoblauch .... 105, **190f.**
Knorpelmöhre .... 192f., **193ff.**
Knöterich .... **325f.**
Kohl-Gänsedistel **345**
Kokkelstrauch .... **229f.**
Koloquinthe .... 170, **227f.**
Koniferen (Nadelhölzer) .... **232f.**
Koriander .... 125, **237f.**
Kretische Zistrose **226**
Kreuzkraut .... **337f.**
Kreuzkümmel .... **153f.**, **244f.**
Kriechende Wunderblume **210**
Krokus .... **241f.**
Küchenzwiebel .... **96ff.**, **187ff.**
„Kugeln des Seth-Tieres" 68
Kuhbohne .... 21, **360ff.**
Kurrat .... **19f.**, **187ff.**
Langbohne .... 21, **360ff.**
Langkapseljute .... **234ff.**
Lattich .... 14, **278ff.**
Lauch .... **19f.**, **187ff.**
„Leben ist darin" .... 9, **42f.**
Lein .... **79**, **284f.**
Libanonzeder 49, 79
Linse .... **282f.**
Lotus .... 9, 10, 14, 38, 108, **123**, **306f.**
Lupine .... **289f.**
Malve .... **292f.**
Malvenblättrige Winde .... **233f.**
Mandelbaum .... 40, 94, **195f.**
Mandragora .... **293f.**
Mannstreu .... **260f.**
Mariendiestel .... **339f.**
„Mäuseschwanz" .... 9, **123f.**
Meerträubchen **257**
Meertraubenkraut .... **191f.**
Meerzwiebel .... **355ff.**
„Meine Hand fasst, meine Hand packt" **101**
Melone(nart) .... 130f., 140, **228f.**, **242ff.**
Minze .... 81, **297ff.**
Myrrhe .... 32f., 45, 106, **230ff.**

Nilakazie (Dornakazie) ... 15, 46, **135ff.**, 142, **176ff.**
Nussgras ... 147f., **251f.**
Ochsenzunge ... 89, **186f.**
„Ohr des *ḥḏrt*-Tieres“ ... 80
Ölbaum ... **307f.**
Orientalischer Amberbaum ... **287f.**
Papyrus ... 78, 80, 116, **249ff.**
Paternostererbse ... **175f.**
Persea-Baum ... 130, **300f.**
Pfeffer ... 16, **317ff.**
Pferdebohne ... **360**
Pistazie ... 121, **319ff.**
Polei-Minze ... 81, **297ff.**
Porree ... **19f.**, **187ff.**
Puffbohne ... **360**
Reiherkraut ... **258f.**
Rizinus(baum) ... 14, **164f.**, **332f.**
Rohrkolben ... 355
Rose von Jericho ... **196f.**
Ross-Minze ... **297ff.**
„Rotes Holz“ ... 9, 105
Ruke ... **259f.**
Saflor ... **219f.**
Safran-Krokus ... **241f.**
Saubohne ... **360**
Saxaul ... **267f.**
„Schadenbeseitiger“ ... **162f.**
Schafgarbe ... **180f.**
Schilf(rohr) ... 34, 83, 317
Schierlings-Reiherkraut ... **258f.**
Schlafbeere ... **363f.**
Schlafmohn ... **310ff.**
„Schlangenholz“ ... 9, **102f.**
Schmalblättriger Günsel ... **184f.**
Schmalblättriger Rohrkolben ... 355
Schminkwurz ... 89, **186f.**
Schwarzer Nachtschatten ... **343f.**
Schwarzer Pfeffer ... **317ff.**
Schwarzer Senf ... **213**
Schwarzkümmel ... **304f.**
Schwerlilie ... **275f.**
Sellerie ... **74ff.**, **200f.**, 215
Senf ... **213**, **340f.**
Senfbaum ... **335f.**
Senna ... **336f.**
Sesbanie ... **338f.**
Seyal-Akazie ... **178f.**
Sodomsapfel ... 75, **215f.**
Sonnenwende ... **269f.**
Sonnenwolfsmilch ... **261**
Spargel ... **205f.**
Stachellattich ... **278ff.**
Steckenkraut ... **262f.**
Steppenraute ... 172, **312f.**
Storaxbaum (Styraxbaum) 85, **287f.**, **345ff.**
Strandtraubenkraut ... 109
Strauch-Melde ... **206f.**
Sykomore(nfeige) ... 26, 10, **85ff.**, **264f.**
Tamariske ... 10, **34f.**, **347f.**
Tanne ... 49, 233
Taumellolch ... **288f.**
Tausendgüldenkraut ... **221**
Tazette ... **303**
Venushaar ... **183f.**
Vogel-Knöterich ... **325f.**
Wachholder ... 46
„Was der Himmel geschaffen hat“ ... 31
Wassermelone ... **228f.**
Wassersalat ... **321f.**
Wegerich ... **322ff.**
Weide ... **159f.**, **333f.**
Weihrauchbaum ... 121, **210ff.**
Wein(rebe) ... 18f., **32**, 54f., **362f.**
Weißer Besenginster ... **331**
Weißer Lotus ... **306f.**
Weißer Senf ... **340f.**
Weißes Bilsenkraut ... **271f.**
Wilde Malve ... **292f.**
Wilder Sellerie ... **74ff.**, **200f.**, 215
Wilder Spargel ... **205f.**
Winde ... **233f.**
Wolfsmilch ... **261**
Wohlriechende Schafgarbe ... **180f.**
Wunderbaum ... 14, **164f.**, **332f.**
Wunderblume ... **210**
Zahnbaum ... 37, **207f.**
Zahnbürstenbaum ... **335f.**
Zahnstocher-Ammi ... **193ff.**
Zeder ... 233